全国高等学校计算机教育研究会"十四五"规划教材

U0286646

计算机应用教程（第11版）
（Windows 10 与 Office 2013环境）

卢湘鸿　主　编

卢　卫　陈志云　周林志　副主编

清华大学出版社
北京

内 容 简 介

本书是根据教育部高等教育司组织制订的《高等学校文科类专业大学计算机教学要求》公共课的基本要求编写的。

本书的第一个版本是 1996 年出版的《计算机应用教程（A 类）》，加上后续的《计算机应用教程（B 类）》，以及《计算机应用教程（DOS 6.2 及 Windows 3x/95/98/2000/XP/Server 2003/7/10 环境）》等版本，所以实际上本书已是第 15 个版本。

全书包括计算机基础知识、操作系统 Windows 10、中英文键盘输入法、文字处理软件 Word 2013、电子表格软件 Excel 2013、多媒体基础应用及 PDF 格式文件、图像处理软件 Adobe Photoshop CC 2020、演示文稿制作软件 PowerPoint 2013、网络基础知识、Internet 的使用、大数据应用基础及人工智能基础等 12 章，并配有丰富的例题和大量的习题，以方便教与学。

本书能够满足当前大学文科类计算机公共课教学的基本需要，可作为大学文科类计算机公共课的教材，也可作为其他非计算机专业公共课和考试培训班的教材，还可满足办公自动化人员的自学需要。

图书在版编目（CIP）数据

计算机应用教程：Windows 10 与 Office 2013 环境/卢湘鸿主编．—11 版．—北京：清华大学出版社，2022.4（2025.1 重印）

ISBN 978-7-302-60034-3

Ⅰ．①计⋯　Ⅱ．①卢⋯　Ⅲ．①Windows 操作系统－高等学校－教材 ②办公自动化－应用软件－高等学校－教材　Ⅳ．①TP316.7 ②TP317.1

中国版本图书馆 CIP 数据核字（2022）第 021634 号

责任编辑：谢　琛
封面设计：傅瑞学
责任校对：郝美丽
责任印制：刘　菲

出版发行：清华大学出版社
　　　　　网　　　址：https://www.tup.com.cn，https://www.wqxuetang.com
　　　　　地　　　址：北京清华大学学研大厦 A 座　　　　　邮　　编：100084
　　　　　社 总 机：010-83470000　　　　　　　　　　　　邮　　购：010-62786544
　　　　　投稿与读者服务：010-62776969，c-service@tup.tsinghua.edu.cn
　　　　　质量反馈：010-62772015，zhiliang@tup.tsinghua.edu.cn
　　　　　课件下载：https://www.tup.com.cn，010-83470236
印 装 者：三河市人民印务有限公司
经　　销：全国新华书店
开　　本：185mm×260mm　　　　印　　张：27　　　　字　　数：624 千字
版　　次：1996 年 7 月第 1 版　2022 年 6 月第 11 版　　印　　次：2025 年 1 月第 7 次印刷
定　　价：79.00 元

产品编号：092032-01

前　言

　　进入多媒体网络人工智能时代的计算机,以各种形式出现在生产和生活的各个领域,成为人们经济活动、社会交往和日常生活中不可须臾或缺的工具。使用计算机的基本技能及科学思维意识,应用计算机获取、表示、存储、传输、处理、控制和应用信息、协同工作、解决实际问题等方面的能力,已成为衡量一个人文化素质高低的重要标志之一。

　　目前,我国大学普通高校本科设有 700 多个专业,分为 14 个学科门类。各个门类对计算机都有着自身不同的要求。根据 20 世纪 80 年代初以来 50 多年的教学实验,非专业的计算机教育的目标、要求与基本内容,应该根据本科文史哲法教类、经济管理类、艺术类、理工类、农林类、医药类和交叉学科等大系列,而且要根据这些大系列对计算机大公共课,以及计算机与各专业某些知识点相结合、多学科交融、互相渗透形成新的学科的课程两个层次的不同需要进行教学。这有利于促进大文科八大学科门类和理工农医的不同程度的学科交融,产生新学科的新文科专业的出现。

　　虽然目前我国大学大文科各专业都已开设了相应的计算机课程,并且随着社会对文科专业学生在计算机知识、技能和应用方面要求的提高而逐步增加了相关的内容。但是从总体上说,我国大学文科专业计算机的教学情况与信息化社会、专业本身,以及创新型、复合型、应用型人才培养对计算机方面的要求都还有一定的差距。因此,对大文科各个专业的学生进一步加强以计算机应用技术为核心内容的大数据和人工智能为基础的现代信息技术的教育,对进一步打破各学科的专业壁垒,促使大文科不同学科之间、大文科与理工农医学科之间的深度融通,都具有极其重要的意义。

　　为此教育部高等教育司曾组织高等学校文科计算机基础教学指导委员会编写了《高等学校文科类专业大学计算机教学要求》[①](简称《教学要求》)。其中,计算机大公共课程按知识领域(模块化)形式进行设计。由分属于计算机软硬件基础、办公信息处理、多媒体技术、计算机网络、数据库技术、程序设计、大数据、人工智能等知识领域的知识点组成。这些内容都是大文科专业的学生应知应会的,是培养学生信息素养的基本保证,起着基础性和先导性的作用。

　　根据社会就业、自身专业以及创新创业人才培养对大学生在计算机应用方面的要求,普通高校非计算机类各专业今后仍然有在普通高中信息技术课程标准的要求之上普遍开设计算机公共课的必要。

　　本书是根据计算机大公共课程的教学要求编写而成的。全书包括计算机基础知识、操作系统 Windows 10、中英文键盘输入法、文字处理软件 Word 2013、电子表格软件 Excel 2013、多媒体基础应用及 PDF 格式文件、图像处理软件 Adobe Photoshop CC

---

　　① 教育部高等教育司重新组织制订的《高等学校文科类专业大学计算机教学要求(2011 年版)》,系教育部高等学校文科计算机基础教学指导委员会编写,由高等教育出版社出版。

2020、演示文稿制作软件 PowerPoint 2013、网络基础知识、Internet 的使用、大数据应用基础,以及人工智能基础等 12 章,并配有丰富的贴切文科生需要的例题和大量的习题,以方便教与学。

本书可以满足 36～72 学时(其中上机学时不少于一半)的教学需要,可分三个层次安排:第一层次,安排 36 学时,以掌握计算机基础知识、操作系统 Windows 10、中英文键盘输入法、文字处理软件 Word 2013、演示文稿制作软件 PowerPoint 2013、Internet 的使用为基本内容,重点是掌握中文操作系统 Windows 10、中文文字处理的技能与 Internet 的使用;第二层次,安排 54 学时,除了熟练掌握第一层次规定那些模块的内容外,还需掌握多媒体应用基础与 PDF 格式文件、图像处理软件 Adobe Photoshop CC 2020、电子表格软件 Excel 2013 的使用,以及网络基础知识等内容;第三层次,安排 72 学时,除了第二层次规定的内容外,还需掌握大数据应用基础,以及人工智能基础等内容。

当然,如何安排教学,应从不同专业学生毕业后对计算机最需要的基本要求出发,还要考虑到学时的允许,以及软硬件设备和师资等方面的条件来决定在教学中对知识模块的取舍。

本书由卢湘鸿[①]组织编写并任主编,卢卫、陈志云、周林志任副主编。为本书前期提供初稿的主要有卢卫、卢湘鸿、陈洁、何杰、周林志、潘晓南。此版本主要作者:第 1 章卢湘鸿,第 2 章卢卫,第 3 章卢湘鸿,第 4～5 章周林志,第 6 章卢湘鸿,第 7～8 章周林志,第 9～11 章卢卫,第 12 章陈志云。以不同形式对一些章节部分内容给予帮助的有:卢婉帆、刘丽、李娅娣等。全书最后由卢湘鸿审定[②]。本书在编写过程中,北京大学唐大仕,东华大学刘晓强、宋晖,华中师范大学杨青,华东师范大学白玥等老师仔细审阅了部分章节,提供了许多宝贵的意见,也得到清华大学出版社谢琛老师的许多帮助,在此一并表示感谢。

本书能够满足当前大学文科类计算机公共课教学的基本需要,也可作为其他非计算机专业公共课和等级考试培训班的教材,还可用于办公自动化人员的自学需要。

由于计算机现代信息技术及其应用的发展日新月异,书中不妥之处敬请同行与读者不吝指正。

作　者

2021 年 12 月于北京

---

①　卢湘鸿,北京语言大学信息科学学院计算机科学与技术系教授、原教育部高等学校文科计算机基础教学指导委员会副主任、秘书长,原全国高等院校计算机基础教育研究会常务理事、文科专业委员会主任、秘书长。

②　本书前言中编写者排名按姓氏笔画为序。

目　录

第1章 计算机基础知识

1.1 计算机概述

1.1.1 计算机的定义、特点与发展简史

1. 计算机的定义

现代计算机也称为电脑或电子计算机（Computer），本书此后简称为计算机。这是一种能够存储程序和数据、自动执行程序、快速而高效地完成对各种数字化信息处理、能部分地代替人的脑力劳动的电子设备。

2. 计算机的基本特点

运算速度快，计算精确度高，可靠性好，记忆和逻辑判断能力强，存储容量大而且不易损失，具有多媒体以及网络功能等。

3. 计算机发展简史

计算机孕育于英国、诞生于美国、遍布于全世界。在计算机的发展过程中，最杰出的代表人物是英国的图灵（1912—1954）和美籍匈牙利人冯·诺依曼（1903—1957）。

人类第一台电子计算机是美国艾奥瓦州立大学的美籍保加利亚移民后裔约翰·文森特·阿坦那索夫（1903—1995）和其助手克利夫·贝瑞（1918—1963）于1939年10月制造的电子数字计算机ABC（Atanasoff-Berry-Computer）。

人类第一台具有内部存储程序功能的电子离散变量自动计算机（Electronic Discrete Variable Automatic Computer，EDVAC）是根据冯·诺依曼的构想制造成功的，并于1952年正式投入运行。EDVAC采用了二进制编码和存储器，其硬件系统由运算器、控制器、存储器、输入设备和输出设备5部分组成。EDVAC把指令存入计算机的存储器，省去了在机外编排程序的麻烦，保证了计算机能按事先存入的程序自动地进行运算。

事实上，第一台内存储程序式电子计算机是英国剑桥大学的威尔克斯（M.V.Wilkes）根据冯·诺依曼设计思想领导设计的电子延迟存储自动计算器（Electronic Delay Storage Automatic Caculator，EDSAC），于1949年5月制成并投入运行。冯·诺依曼提出的内存储程序的思想和规定的计算机硬件的基本结构沿袭至今。程序内存储工作原理也被称为冯·诺依曼原理。因此，常把发展到今天的计算机习惯地统称为"冯氏计算机"或"冯·诺依曼式计算机"。计算机的发展大体分为6个阶段。

（1）大型主机阶段。20世纪30年代末至50年代诞生了第一代电子管计算机。大型主机逻辑元件经历了电子管、晶体管、集成电路和大规模集成电路的发展历程，计算机技术逐渐走向成熟。

2017年世界计算机浮点运算速度最快峰值达每秒12.5亿亿次，持续速度为每秒

9.3亿亿次(中国"神威•太湖之光")。计算机研制水平、生产能力及应用程度已成为衡量一个国家经济实力与科技水平的重要标志。

(2) 小型计算机阶段。20世纪60至70年代,是对大型主机进行的第一次"缩小化",可以满足中小企业事业单位的信息处理要求,成本较低,价格可被接受。

(3) 微型计算机阶段。20世纪70至80年代,是对大型主机进行的第二次"缩小化"。微型计算机,即常说的PC,这是20世纪70年代出现的新机种,1977年美国苹果公司推出了Apple Ⅱ计算机,1981年美国IBM公司推出IBM-PC,此后它经历了若干代的演进,使个人计算机走进寻常百姓家。

PC无所不在、无所不用,带有更强的多媒体效果和更贴近现实的体验,向着体积更小、重量更轻、携带更方便、运算速度更快、功能更强、更易用、价格更便宜的方向发展。除了台式机,还有笔记本电脑、掌上电脑、平板电脑、嵌入式电脑等。

(4) 客户机/服务器阶段,即C/S阶段,始于1964年。在客户机/服务器网络中,服务器是网络的核心,而客户机是网络的基础,客户机依靠服务器获得所需要的网络资源,而服务器为客户机提供网络必需的资源。C/S结构的优点是能充分发挥客户端PC的处理能力,很多工作可以在客户端处理后再提交给服务器,大大减轻了服务器的压力。

(5) Internet阶段,也称因特网、互联网阶段。互联网即广域网、局域网及单机按照一定的通信协议组成的计算机网络。互联网始于1969年,其特征是全球性、海量性、匿名性、交互性、成长性、扁平性、即时性、多媒体性、成瘾性、喧哗性,其意义在于人类迈向地球村坚实的一步。

(6) 云计算时代。云计算(Cloud Computing)的概念逐渐流行于2008年,它使超级计算能力通过互联网自由流通成为可能。企业与个人用户无须再投入昂贵的硬件购置成本,只需要通过互联网购买租赁计算力,用户只用为自己需要的功能付钱,同时消除传统软件在硬件、软件、专业技能方面的花费。云计算让用户脱离技术与部署上的复杂性而获得应用。云计算囊括开发、架构、负载平衡和商业模式等,是软件业的未来模式。它基于Web的服务,也是以互联网为中心的。

最近60多年来,计算机出现了超乎人们预想的奇迹般的发展,特别是微机以排山倒海之势形成了当今科技发展的潮流。多媒体、网络、人工智能都如火如荼地发展着,互联网也从1995年开始涌进普通家庭。所以今天把计算机的发展称为进入了网络、微机、多媒体、人工智能时代,或者简单地称为进入了计算机互联网人工智能时代,似乎更合适一些。

1.1.2 计算机的主要应用领域及发展趋向

1. 计算机的主要应用领域

(1) 科学计算,也称数值运算,指解决科学研究和工程技术中所提出的复杂的数学问题。这是计算机最早、最重要的应用领域,其比重虽不足10%,但重要性依然存在。

(2) 数据处理,也称信息处理,指对获取的信息进行记录、整理、加工、存储和传输等,包括管理信息系统和办公自动化等。计算机80%的机时用于各种非数值数据处理。

(3) 自动控制,也称实时控制或过程控制,指对动态过程(如控制配料、温度、阀门的开闭、人造卫星、航天飞机、巡航导弹等)进行控制、指挥和协调。

（4）辅助设计。计算机辅助设计(Computer Aided Design,CAD)是指借助计算机的帮助，人们可以自动或半自动地完成各类工程设计工作。

（5）多媒体应用。多媒体(Multimedia)是把文本、音频、视频、动画、图形和图像等各种媒体综合起来，在医疗、教育、商业、银行、保险、行政管理、军事、工业、广播和出版等领域中广泛地加以应用。

（6）数据库应用。从国民经济信息系统和跨国科技情报网到亲友通信、银行储蓄账户、办公自动化与生产自动化等，均需要数据库的支持。

（7）网络应用。利用计算机网络使一个地区、一个国家甚至在世界范围内的计算机与计算机之间实现信息、软硬件资源和数据共享，大大促进地区间、国际间的通信与各种数据的传输与处理，改变了人对时空的概念。计算机的应用已离不开网络。

（8）人工智能(Artificial Intelligence,AI)。这是研究、开发用于模拟、延伸和扩展人的智能的理论、方法、技术及应用系统的一门技术科学。人工智能是对人的意识、思维的信息过程的模拟。这不是人的智能，但能像人那样思考，也可能超过人的智能。人工智能将涉及计算机科学、心理学、哲学和语言学等学科，可以说几乎是自然科学和社会科学的所有学科。该领域的研究包括机器人、语言识别、图像识别、自然语言处理和专家系统等。自20世纪70年代起一直被认为是世界三大尖端技术之一。

计算机的应用还有计算机辅助制造、计算机模拟、计算机辅助教学(Computer Aided Instruction,CAI)等。

2. 计算机的发展趋向

计算机的发展表现为两方面：一是巨(型化)、微(型化)、多(媒体化)、网(络化)和智(能化)5种趋向；二是朝着非冯·诺依曼结构模式发展。

（1）5种趋向。

① 巨型化：指高速、大存储容量和强功能的超大型计算机。

② 微型化：不同类型的一体机把运算器和控制器集成在一起，一直到对存储器、通道处理机、高速运算部件、图形卡、声卡等的集成，进一步将系统的软件固化。嵌入式微机渗透到诸如仪表、家用电器、导弹弹头等中、小型机无法进入的领地。

③ 多媒体化：多媒体是指以数字技术为核心的图像、声音与计算机、通信等融为一体的信息环境。其实质是使人们利用计算机以更接近自然的方式交换信息。

④ 网络化：计算机网络是现代通信技术与计算机技术结合的产物。从单机走向联网是计算机应用发展的必然结果，它把国家、地区、单位和个人联成一体。

⑤ 智能化：让计算机模拟人的感觉、行为、思维过程的机理，使它具备视觉、听觉、语言、行为、思维、逻辑推理、学习、证明等能力，形成智能型、超智能型计算机，越来越多地代替或超越人类某些方面的脑力劳动。

总体可归纳为三个方向。一是向"高"的方向发展。性能越来越高，速度越来越快(计算机整体性能提高，主要表现在计算机的主频越来越高)。二是向"广"度方向发展，计算机应用渗透生活的各个方面，无处不在。三是向"深"度方向发展，即向信息的智能化发展。也就是说，新一代计算机与前一代相比，性能(速度、可靠性、信息智能化)提高，体积更小,寿命更长,能耗、价格进一步下降,应用范围进一步扩大。

（2）发展非冯·诺依曼结构模式。

从第一台电子计算机诞生到现在,各种类型的计算机都以存储程序原理和二进制编码方式进行工作,仍然属于冯·诺依曼型计算机。

自20世纪60年代开始提出了制造非冯·诺依曼式计算机的想法。从两个大方向努力,一是创建新的程序设计语言,即所谓"非冯·诺依曼语言";二是从计算机元件方面,比如提出了量子器件等方面的探索。

非冯·诺依曼语言主要有 LISP、PROLOG、F.P.。

20世纪80年代初陆续研制量子计算机、分子计算机、纳米计算机、生物计算机、神经计算机。2001年,IBM Almaden 研究中心创建了7量子位的经典量子计算机;2017年5月中国又出现了超越这一计算机的量子计算机。量子计算机的许多技术堡垒已经被逐一攻克,估计到21世纪40年代就能看到真正实用的量子计算机。

1.2 信息化社会与计算机文化

1.2.1 信息化社会

1. 信息化社会与信息技术

信息化社会也称信息社会,指以信息技术为基础,以信息产业为支柱,以信息价值的生产为中心,以信息产品为标志的社会。

信息化社会的基本特征就是"万事万物皆为智力信息",就连人本身也将信息化,如身份证编码、证件编码、人脸识别等。

在人类社会漫长的发展过程中,不同的阶段出现过不同的社会技术。社会技术一般应具有3个条件,即

（1）以某些创新技术为核心与其他新技术相结合,形成具有时代特征的综合技术。

（2）这些具有时代特征的综合技术普及到人类社会的各个角落,并在那里扎根成长。

（3）其结果是产生了空前的生产力。

所以社会技术是在不同的发展时期能从根本上改变人类社会文明面貌的技术,是指以某种技术为核心的技术群,这种技术群在某一历史时期能给整个社会文明、人类文化带来重大的影响和变革。

人类社会发展至今,已经过狩猎技术、农业技术、工业技术三种社会技术,今天正面临着第四种社会技术——信息技术的发展。

狩猎技术的核心是石器和语言。人类的原始语言大约产生于公元前10万年,正式语言大约产生于公元前4万年。这阶段的本质是人类从被动地适应环境(觅食活动)转变为能动地改造环境(劳动),这是人类进步中巨大的质的变化。

农业技术的核心是以锄为代表的农具和文字。古埃及人在公元前2900年开始使用象形文字进行书写。古中国大约距今五六千年出现了象形文字,公元前1600年的殷商时期,中国人创造了甲骨文,公元前220年秦始皇统一了汉字。文字的产生有助于人类智慧

的记忆、保存和交流,使智慧的保存和交流冲破了时间和空间的限制。

工业技术的核心是以蒸汽机为象征的动力机械,人以机器生产代替手工劳动。利用蒸汽机,人类第一次实现了热能到机械能的转换,成为人类征服和改造自然的强大物质力量。产业革命的实质是能源的利用。这阶段,中国发明了造纸术和印刷术,它使人类文化传播上升到批量阶段,推动了人类信息大量生产、规模复制、加速交流和广泛传播,极大地推动了人类文明进步。

信息技术的核心是计算机、微电子和通信技术的结合。以往,把能源和物质材料看成人类赖以生存的两大要素。而今组成社会物质文明的要素除了能源和材料外,还有信息,而且信息技术从生产力变革和智力开发这两个方面推动着社会文明的进步,成为社会发展更为重要的动力源泉,在信息化社会中信息将起到主要作用。

2. 人类面临的第六次信息革命

人类在认识世界的过程中,逐步认识到信息、物质材料和能源是构成世界的三大要素。信息交流在人类社会文明发展的过程中发挥着重要作用。人类历史上曾经历了五次信息革命。第一次是语言的使用,第二次是文字的使用,第三次是印刷术的发明,第四次是电话、广播、电视的使用,第五次是计算机和互联网的诞生。近十年来,正面临着第六次信息革命。

第六次信息革命用得最多的词汇是云计算、大数据、移动互联网、智慧城市等,但其标志也许用"人工智能"来表述更为恰当。

人工智能是研究、开发用于模拟、延伸和扩展人的智能的理论、方法、技术及应用系统的一门新的技术科学,是对人的意识、思维的信息过程的模拟。这虽然不是人的智能,但能像人那样思考,也可能超过人的智能。目前人工智能已经能够在特定领域中战胜人类,至少是绝大部分的人类。因此,人工智能将改变人类生活、学习、工作、娱乐等的方方面面。

1.2.2　计算机文化

文化是一个模糊的概念。关于文化,世人莫衷一是,据统计有200多种定义。中国比较多的提法是:文化是人类在社会历史发展中所创造的物质财富和精神财富的总和。文化分为广义文化和狭义文化。广义文化是指人类创造的与自然界相区别的一切,既包括物质和意识的活动及其成果,也包括各种社会现象和意识成果。狭义文化把文化只归结为与意识产生直接有关的意识活动和意识成果。从构成来看,文化可分为物质文化与精神文化,或者细分为物质生活、精神文化、政治文化、行为文化等。显然,上层建筑涵盖不了文化,文化也不是经济基础的简单反映。

可以认为,文化离不开语言,所以当技术触动了语言,也就动摇了文化本身。计算机技术已经创造并且还在继续创造出不同于传统自然语言的计算机语言。这种计算机语言已从简单的应用发展到多种复杂的对话,并逐步发展到能像传统自然语言一样表达和传递信息。可以说,计算机技术引起了语言的重构与再生。数据库的诞生使知识和信息的存储,在数量上与性质上都发生了质的变化,这引起了人类社会记忆系统的更新。

计算机技术使语言和知识以及语言和知识的相互交流发生了根本性的变化,因此引起了思维概念和推理的改变。也就是说,计算机技术冲击着人类创造的基础、思维和信息交流,冲击着人类社会的各个领域,改变着人的观念和社会结构,这就导致了一种全新的文化模式——计算机文化(Computer Literacy)素养[①]的出现,也就是信息时代文化的出现。

计算机具有逻辑思维功能,这样就可以使计算机独立进行加工,产生进一步的思维活动,最后产生思维成果。于是也就出现了具有智力的计算机,造就了它战胜国际象棋大师卡斯帕罗夫的奇迹。可以认为,计算机思维活动是一种物化思维,是人脑思维的一种延伸,克服了人脑思维和自然语言方面的许多局限性,其高速、大容量、长时间自动运行等特性大大提高了人类的思维能力。可以说,现代人类的文化创造活动越来越离不开计算机的辅助。

计算机已不是单纯的一门科学技术,它是跨国界、进行国际交流、推动全球经济与社会发展的重要手段。虽然计算机也是人脑创造的,但是它具有语言、逻辑思维和判断功能,有着部分人脑的功能,能完成某些人脑才能完成甚至完成不了的任务。这也是计算机文化有别于汽车文化、茶文化、酒文化或其他文化的地方。计算机文化也被称为人类在书本世界之外的第二文化(the Second Literacy)。这是信息时代的特征文化,它不是属于某一国家、某一民族的一种地域文化,而是一种时域文化,是人类社会发展到一定阶段的时代文化。

信息社会的文化与以往的文化有着不同的主旋律。农业时代文化的主旋律是人在大自然中谋求生存;工业时代文化的主旋律是人对大自然的开发、改造以谋求发展;信息时代文化的主旋律是人对其自身大脑的开发,以谋求智力的突破和智慧的发展,要求人们面向未来,预见未来,立足长远,不能在发展中堕落、在科学中愚昧,再失去一片片净土、净水和净空,使自身生活在雾霾之中,而应该在顺应大自然中寻求更广阔的生存空间。

计算机作为当今的信息处理工具,在信息获取、存储、处理、交流传播方面充当着核心的角色。PC 的出现只有 40 多年[②],在人类文明发展的历史长河中仅仅是一瞬。但在人类现代文明史中,还没有任何一个产业能够像 PC 这样在如此短的时间内取得如此辉煌的成就,也没有任何一种产品能够在人们生活和工作中发挥如此重要的作用。随着 PC 的出现,计算机的应用渗透到人类生活的各个方面。计算机信息技术使人类智慧得以充分发挥,在人类历史"一天"的最后 3 秒钟里[③]创造了真正的人间奇迹。

---

① Computer Literacy 一词最初出现在 1981 年召开的第三次世界计算机教育会议上。

② 被业界普遍认可的世界上第一台个人计算机是 Altair 8800,出现于 1975 年 1 月。

③ 传播学大师宣韦伯把人类出现在地球的时间定为 100 万年,并把这 100 万年压缩成一天,则人类历史"一天"的"1 小时"=41 666.67 年,"1 分"=694.44 年,"1 秒"=11.57 年。这样人类原始语言在公元前 10 万年已经存在,相当于"一天"中的晚上 9 点 30 分;人类正式有语言约在公元前 4 万年,相当于晚上 11 点;文字大约发明于公元前 3500 年,相当于晚上 11 点 53 分,即午夜前 7 分;公元前 200 年,字母已经使用,相当于午夜前 4 分 35 秒;公元 1450 年出现现代印刷技术,相当于午夜前 46 秒;1839 年摄影术使用,相当于午夜前 12 秒;1925 年电视首次公开播映,相当于午夜前 5 秒;1946 年、1957 年电子计算机和人造卫星的先后问世,则相当于午夜前的最后 3 秒。

这个比喻告诉我们,若把到目前为止的人类历史压缩成"一天",则前 23 小时在人类文化史上几乎是空的,一切重大发展都集中在这一天的最后 7 分里,而最后 3 秒的发展,更是令人咋舌。

1.3 计算机信息的表示、存储单位及其他

1.3.1 信息与数据

信息(Information)是人们表示一定意义的符号的集合,即信号。它可以是数字、文字、图形、图像、动画、声音等,是人们用以对客观世界直接进行描述、可以在人与人之间进行传递的一些知识。它是观念性的,与载荷信息的物理设备无关。数据(Data)是指人们看到的形象和听到的事实,是信息的具体表现形式,是各种各样的物理符号及其组合,它反映了信息的内容。数据的形式要随着物理设备的改变而改变,可以在物理介质上记录或传输,并通过外围设备被计算机接收,经过处理而得到结果。数据是信息在计算机内部的表现形式。当然,有时信息本身是数据化了的,而数据本身就是一种信息。例如,信息处理也叫数据处理,情报检索(Information Retrieval)也叫数据检索,所以信息与数据也可视为同义。

1.3.2 数制和数据的存储单位

1. 数制的定义

用一组固定的数字(数码符号)和一套统一的规则表示数值的方法叫作数制(也称记数制)。这一定义主要的内涵如下。

(1) 数制的种类很多。除了十进制,还有二十四进制(24 小时为 1 天)、六十进制(60 分为 1 小时,60 秒为 1 分)、二进制(手套、筷子等 2 只为 1 双),等等。

(2) 在一种数制中,只能使用一组固定的数字表示数的大小。数字在一个数中所处的位置称为数位。具体使用多少个数字表示一个数值的大小,就称为该数制的基数(Base)。例如,十进制数(Decimal)的基数是 10,使用 0~9 十个数字,二进制数(Binary)的基数为 2,使用 0 和 1 两个数字。

在计算机文献中,十进制数是在数的末尾加字母 D 标识,例如 2007_D,表示十进制数 2007。一般情况下,2007 就是一个十进制数,不在后面加 D。二进制数是在数的末尾加字母 B 标识。例如 101_B,表示二进制数的 101,即十进制数的 5。

(3) 在各种数制中,有一套统一的规则。R 进制的规则是逢 R 进 1 或者借 1 为 R。

2. 权

权或称位权,是指数位上的数字乘上一个固定数值。十进制数是逢十进一,所以每一位数可以分别赋以位权 $10^0,10^1,10^2,\cdots$。用这样的位权就能够表示十进制的数。

3. 基数

某一基数中的最大数是基数减 1,而不是基数本身,如十进制基数中的最大数为 $10-1=9$;二进制基数中的最大数为 $2-1=1$,最小数均为 0。数位、基数和位权是进位记数制中的 3 个要素。

4. 二进制数

二进制是"逢二进一"的记数方法。用到的是 0 和 1 两个数字。

计算机的机内数据,不论是数值型(Numeric)还是非数值型(Non Numeric),诸如数字、文字、图形、图像、色彩、动画和声音等信息,都是用二进制数表示的。

在计算机中用若干位二进制数表示一个数或者一条指令,前者称为数据字,后者称为指令字。总之,计算机存储器内部存储的所有信息是一个二进制数字的世界。

计算机内采用二进制记数法的主要原因是二进制数在技术操作上的可行性、可靠性、简易性及其逻辑性(通用性)所决定的。

5. 数据的存储单位

数据的存储单位有位、字节和字等。

(1) 位,也称比特,记为 bit(Binary Digit 的缩写)或 b,是度量信息的最小单位,即用 0 或 1 表示的一位二进制信息。

(2) 字节,也称拜特,记为 Byte 或 B,是数据存储中最常用的基本单位。由 8 个二进制位构成一字节,从最小的 00000000 到最大的 11111111,即一字节可表示 256 个值。也可以表示由 8 个二进制位构成的其他信息。一字节可存放一个半角英文字符的编码(ASCII 码)。两字节或四字节可存放一个汉字编码,一个汉字至少需要两字节或两个字符表示。这里所说的字符是指 ASCII 码字符,即半角下的英文字母、数字或其他符号。

1B=8b,通常将 2^{10},即 1024 字节称为 1K 字节(Kilobytes),记为 1KB(注意:普通物理和数学上的 1k=1000,而计算机中的 1K=1024=2^{10}),读作千字节。2^{20} 字节约为 100 万字节,记为 1MB(Megabytes),读作兆字节。2^{30} 字节约为 10 亿字节,记为 1GB(Gigabytes),读作吉字节或者千兆字节。2^{40} 字节约为一万亿字节,记为 1TB(Terabytes),读作太字节。2^{50} 字节约为 1000 万亿字节,记为 1PB(Petabytes),读作拍字节。2^{60} 字节约为百亿亿字节,记为 1EB,读作艾字节。2^{70} 字节记为 1ZB。2^{80} 字节记为 1YB。2^{90} 字节记为 1BB。2^{100} 字节记为 1NB。

说明:大多数存储器厂商是以 1000 进位,而不是 1024 进位衡量容量,即 1GB=1000MB,而不是 1GB=1024MB。

(3) 字,记为 Word 或 W,是位的组合,是信息交换、加工、存储的基本单元(独立的信息单位)。用二进制代码表示,一个字由一字节或若干字节构成(通常取字节的整数倍)。它可以代表数据代码、字符代码、操作码和地址码或它们的组合。字又称计算机字,用来表示数据或信息长度,它的含义取决于机器的类型、字长及使用者的要求。常用的固定字长有 32 位(如 386 机、486 机)、64 位(如 Pentium 机系列)等。

(4) 字长,CPU 内每个字所包含的二进制数码的位数(能直接处理参与运算寄存器所含有的二进制数据的位数)或字符的数目叫字长,它代表了机器的精度。机器的设计决定了机器的字长。一般情况下,基本字长越长,容纳的位数越多,内存可配置的容量就越大,运算速度就越快,计算精度也越高,处理能力就越强。所以字长是计算机硬件的一项重要的技术指标。微机的字长有 32 位和 64 位两种。传统的大、中、小型机的字长为 48~128 位。

1.3.3 指令、指令系统、程序和源程序

1. 指令

计算机所能识别并能执行某种基本操作的命令称为指令。每条指令明确规定了计算

机运行时必须完成的一次基本操作,即一条指令对应着一种基本操作。

指令是一系列二进制代码,是对计算机进行程序控制的最小单位。计算机能直接识别并能执行的指令称为机器指令。用机器指令编写的程序称为机器语言程序,所以指令也称为机器语言的语句。

一条指令通常分成操作码(Operation Code)和地址码(Address Code)两部分。操作码表示计算机应该执行的某种操作的性质与功能,地址码则指出被操作数据(简称操作数Operand)存放的地址。

指令按其功能,主要分为两类:一是操作类(数据处理)指令;二是控制转移类(程序控制)指令。

2. 指令系统

一种计算机所能执行的所有指令就是这种计算机的指令系统或指令集合;指令系统集中了计算机的基本功能。不同型号的计算机其指令系统也不同,这是人为规定的。使用某种型号的计算机就必须使用该型号计算机的指令系统中所包含的指令,否则计算机就不能识别与执行,所以指令必须按照机器的指令系统编写,不能随己心意。

从计算机系统结构的角度来看,指令系统是软件和硬件的界面。

指令系统的内核是硬件,当一台机器的指令系统确定之后,硬件设计师根据指令系统的约束条件构造硬件结构,由硬件支持指令系统功能得以实现。软件设计师在指令系统的基础上建立程序系统,扩充和发挥机器的功能。

3. 程序

计算机为完成一个既定任务必须执行的一组指令序列称为程序(Program)。

4. 源程序

用户为解决自己的问题而编制的程序称为源程序(Source Program)。

1.3.4 速度

(1) 主频,也称主时钟频率,是时钟周期的倒数,等于 CPU 在 1 秒内能够完成的工作周期数。用兆赫兹(MHz)作为单位。主频越高表示 CPU 的运算速度越快。例如 Pentium(奔腾)机系列的主频为 60MHz～4.7GHz,甚至更高,但主频不能直接表示每秒运算的次数。

(2) 运算速度,这是衡量计算机性能的一项主要指标,它取决于指令的执行时间。运算速度的计算方法有多种,目前常用单位时间执行多少条指令表示,因此,在一些典型题目计算中,常根据各种指令执行的频度以及每种指令执行的时间折算出计算机的运算速度。直接描述运行次数的指标为 MIPS,即每秒百万条指令。某一 Intel Pentium 的速度可达 400MIPS,即表示每秒执行 4 亿条指令以上。

1.3.5 主存储器容量和外存储器容量

(1) 主存储器容量,也称内存储器容量,简称主存容量或内存容量,反映计算机内存所能存储信息(字节数)多少的能力,这是标志计算机处理信息能力强弱的一项技术指标,以字节为单位。常用单位是 KB、MB 或 GB。

一般微机的内存容量至少为 640KB。内存容量越大,功能越强。其大小可根据用户应用的需要配置。目前主流微机 RAM 的一般配置为 2～8GB,若是 64 位系统,RAM 配置可达到 128GB。

(2) 外存储容量,也称外存容量或辅存容量,反映计算机外存所能容纳信息的能力,这是标志计算机处理信息能力强弱的又一项技术指标。传统微机的外存容量一般指其硬驱的磁盘,也就是常说的硬盘大小。

1.3.6　性能指标

性能指标也称计算机技术指标。以 PC 为例:一是 CPU 的类型、字长;二是速度,诸如主频率(时钟周期的倒数),主频率越高,则 PC 处理数据的速度相对就快;三是内存容量,内存容量越大,则计算机所能处理的任务越复杂;四是外存等外设配备能力与配置情况,例如硬盘的数量、容量与类型,显示模式与显示器的类型等;五是运行速度,这是由主频率、内存与外存速度等因素所综合决定的;六是机器的兼容性、系统的可靠性、可维护性及性能价格比等。对于 Pentium 4 等微机,还应考虑上网及多媒体诸方面的能力。

1.3.7　ASCII 码和汉字码

1. ASCII 码

计算机中用二进制表示字母、数字、符号及控制符号,目前主要用 ASCII 码(American Standard Code for Information Interchange,美国标准信息交换码)。ASCII 码已被国际标准化组织(ISO)定为国际标准,所以又称为国际 5 号代码。ASCII 码有 7 位 ASCII 码和 8 位 ASCII 码两种。

(1) 7 位 ASCII 码,称为基本 ASCII 码,是国际通用的。这是用 7 位二进制字符编码表示 128 种字符编码,包括 34 种控制字符、52 个英文大小写字母、10 个数字、32 个字符和运算符。用一字节(8 位二进制位)表示 7 位 ASCII 码时,最高位为 0,它的范围为 00000000B～01111111B。

(2) 8 位 ASCII 码,称为扩充 ASCII 码。这是 8 位二进制字符编码,其最高位有些为 0,有些为 1,它的范围为 00000000B～11111111B,因此可以表示 256 种不同的字符。其中 00000000B～01111111B 为基本部分,范围为 0～127,共计 128 种;10000000B～11111111B 为扩充部分,范围为 128～255,也有 128 种。尽管对扩充部分的 ASCII 码美国国家标准信息协会已给出定义,但在实际中多数国家都将 ASCII 码扩充部分规定为自己国家语言的字符代码,例如中国把扩充 ASCII 码作为汉字的机内码。

2. 汉字输入码

汉字输入码,又称外部码,简称外码,指用户从键盘上输入代表汉字的编码。它由拉丁字母(如汉语拼音)、数字或特殊符号(如王码五笔字型的笔画部件)构成,千变万化。各种输入方案就是以不同的符号系统代表汉字进行输入的,所以汉字输入码是不统一的,智能 ABC、王码五笔字型码、仓颉码等都是其中的代表。

3. 汉字机内码

汉字机内码又称汉字 ASCII 码、机内码,简称内码,由扩充 ASCII 码组成,指计算机内部存储、处理加工和传输汉字时所用的由 0 和 1 符号组成的代码。输入码被接受后就由汉字操作系统的"输入码转换模块"转换为机内码,与所采用的键盘汉字输入码无关。

机内码是汉字最基本的编码,不论何种汉字系统和汉字输入方法,输入的汉字外码到机器内部都要转换成机内码,才能被存储和进行各种处理。目前世界各地的汉字系统所使用的汉字机内码还不相同。要制定世界统一的标准化的汉字机内码是必需的,但尚需时日。

4. 国标交换码基本集及其扩充

我国汉字目前使用的是单、双、四字节混合编码。

(1) 英文与阿拉伯数字等外来符号采用一个字符编码。

(2) 1980 年制定的国家标准 GB 2312—80《信息交换用汉字编码字符集基本集》中的 6763 个汉字和中文标点符号的二进制编码采用两字节 ASCII 码对应一个编码,称为国标交换码(简称国标码)。国标码对应的两字节的最高位都置 0。这虽然使得汉字与英文字符能够完全兼容,但是当英文与汉字混合存储时,还是会发生冲突或混淆不清,故实际上中国总把汉字国标码每字节的最高位都置 1 后再作为汉字的内码使用,作为对应汉字的机内码(也称汉字的 ASCII 码或变形的国标码)。这样汉字机内码既兼容英文 ASCII 码,又不与基本 ASCII 码(字节最高位为 0)产生二义性,且国标码与汉字机内码有着一一对应的关系。

(3) 国标基本集 6763 汉字之外的汉字采用四字节编码。这是中国在国标码的基础上,从 2001 年 9 月 1 日开始执行的国家标准 GB 18030—2000《信息交换用汉字编码字符集基本集的扩充》(简称 GB 18030),其中收录了 27 484 个汉字,还有藏文、蒙古文、维吾尔文等少数民族文字,总编码空间在 150 万个码位以上,从根本上解决了计算机汉字用字的问题,以满足信息化社会在中文信息处理方面的需要。

1.4 微型计算机系统结构

1.4.1 计算机系统构成

完整的计算机系统是由硬件系统和软件系统两大部分组成的。硬件(Hardware)也称硬设备,是计算机系统的物质基础。软件(Software)是指所有应用计算机的技术,是看不见、摸不着的程序和数据,但能让人感觉到它的存在,是介于用户和硬件系统之间的界面;它的范围非常广泛,普遍认为是指程序系统,是发挥机器硬件功能的关键。硬件是软件建立和依托的基础,软件是计算机系统的灵魂。没有软件的硬件"裸机"不能供用户直接使用;没有硬件对软件的物质支持,软件的功能则无从谈起。所以把计算机系统当作一个整体来看,它既含硬件,也包括软件,两者不可分割。硬件和软件相互结合才能充分发挥电子计算机系统的功能。计算机系统的组成如图 1.1 所示。

以上介绍的是计算机系统的狭义定义。广义的说法认为计算机系统是由人员(People)、数据(Data)、设备(Equipment)、程序(Program)和规程(Procedure)5 部分组成。本书只对狭义的计算机系统予以介绍。

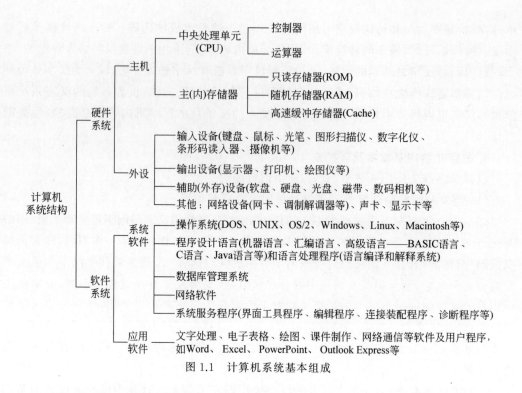

图 1.1 计算机系统基本组成

1.4.2 计算机的硬件系统

计算机系统的硬件系统结构如图 1.2 所示,由 5 大基本部件组成。

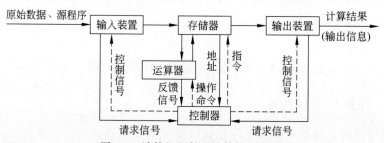

图 1.2 计算机硬件系统结构示意图

1. 输入装置(Input Unit)

将程序和数据的信息转换成相应的电信号让计算机能接收,这样的装置叫输入装置。例如,传统的有键盘、鼠标、触摸屏、光笔、扫描仪、图形板、外存储器、数码相机,还有条形码读取器、无线射频识别(RFID)阅读器、生物识别阅读器等。

2. 输出装置(Output Unit)

能将计算机内部处理后的信息传递出来的设备叫输出设备。例如,传统的有显示器、打印机、绘图仪、投影仪、外存储器、数码相机,还有 3D 显示器、可穿戴式显示器、干涉式调制器(IMDO)显示器、3D 打印机等。

3. 存储器（Memory Unit）

计算机在处理数据的过程中，或在处理数据之后把程序和数据存储起来的装置叫存储器。这是具有记忆功能的部件，分为主存储器和辅助存储器。

（1）主存储器（Main Memory），它与中央处理器组装在一起构成主机，直接受 CPU 控制，因此也被称为内存储器，简称主存或内存。由随机存取存储器（RAM）、只读存储器（ROM）、CMOS 或 EEPMOS 组成。目前的计算机内存大多是半导体存储器，采用大规模或超大规模集成器件。计算机把信息存储在这里，就好像人们把事物记忆在头脑中一样。

（2）辅助存储器（Auxiliary Memory），也称外存储器，简称辅存或外存，隶属内存，是内存的补充和后援，存储容量大，用来存储当前不在 CPU 的系统软件、待处理的程序和数据。当要用到外存中的程序和数据时，才将它们从外存中调入内存，所以外存只同内存交换信息，不能被计算机中的其他部件直接访问。

内存与外存相比，其读写速度快，直接影响主机执行指令的速度。但内存有两点不足：一是存储量不够大，二是关机后 RAM 中存储的程序和数据就会丢失。

外存目前常见的技术有磁存储技术、光存储技术、固态存储技术、云存储技术、全息存储。

4. 运算器（Arithmetic Unit）

它是计算机的核心部件，是对信息或数据进行加工和处理（主要功能是对二进制编码进行算术运算和逻辑运算）的部件。运算器由加法器（Adder）和补码器（Complement）等组成。算术运算按照算术规则进行运算，例如进行加法时，要把这两个加数送入加法器，在加法器中进行加法运算，从而求出和。逻辑运算一般泛指非算术性质的运算。

5. 控制器（Control Unit）

它是计算机的神经中枢和指挥中心，计算机硬件系统由控制器控制其全部动作。

运算器和控制器一起称为中央处理器（Central Processing Unit，CPU）。内存、运算器和控制器（通常都安放在机箱里）统称为主机。输入装置和输出装置统称为输入输出装置（Input/Output Unit）。通常把输入输出装置和外存一起称为外部设备。外存既是输入设备，又是输出设备。

1.4.3 微型机的硬件构成

常用台式 PC 硬件系统传统的基本配置有 14 大配件：CPU、主板、内存、硬盘、光驱、显示器、显卡、声卡、音箱、键盘、鼠标、机箱、电源和打印机，还有 U 盘、扫描仪、光笔、绘图仪、投影仪、数码相机、数码摄像机等。

主机箱有卧式和立式两种。机箱内带有电源部件。卧式的主板水平安装在主机箱的底部；而立式的主板垂直安装在主机箱的右侧。立式具有更多的优势。

主板是一块多层印制信号电路，外表两层印制信号电路，内层印制电源和地线。来自电源部件的直流（DC）电压和一个电源正常信号一般通过两个 6 线插头送入主板。

主板上插有 CPU，它是微机的核心部分。还有 6～8 个长条形插槽，用于安插显示卡、声卡、网卡（或内置 Modem）等各种选件卡，以及用于插内存条的插槽。

机箱内还装有硬驱和光驱等。

由于微机是一种开放式、积木式的体系结构,因此各厂家都可以开发微机的各个部件,并可在微机上运行各种产品,包括主板扩展槽内可插的选件卡、外部设备、系统软件和各种应用软件,便于用户利用来自不同厂家的组件和软件组装自己的计算机。

微机目前多采用总线结构。经典微机的硬件体系基本结构由主机箱(主要有 CPU、内存、外存)及输入输出设备(显示器、键盘、鼠标、打印机、音箱)等组成,如图 1.3 所示。

传统的输入设备有触摸屏、光笔、扫描仪、图形板、数码相机等。传统的输出设备有投影仪、绘图仪、数码相机等。此外,用户可以根据需要,通过外设接口与各种外设连接,还可以通过通信接口连接通信线路进行信息传输。

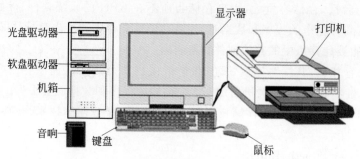

图 1.3　经典微机硬件体系基本结构示意图

1. CPU

CPU 在微机中也称微处理器,主要由运算器、控制器、寄存器等组成。运算器按控制器发出的命令完成各种操作。控制器是规定计算机执行指令的顺序,并根据指令的信息控制计算机各部分协同动作。控制器指挥机器各部分工作,完成计算机的各种操作。

CPU 的类型(字长)与主频是 PC 最主要的性能指标(决定 PC 的基本性能)。CPU 是微机系统的核心部件,但本身不构成独立的微机系统,因而也不能独立地执行程序。

2. 内存

微机的存储器由内存、外存和管理这些存储器的软件组成,以字节为单位。在计算机中,内存相当于人的大脑,外存相当于人用的记事本。

内存用来存放指令和数据,也就是用来记忆或存放执行程序、待处理数据及运算结果的部件,能由 CPU 随机提取。内存根据基本功能分为只读存储器(Read Only Memory,ROM)、随机存储器(Random Access Memory,RAM)、CMOS 和 EEPROM。

(1) ROM,常用于存储各种固定程序和数据,整机工作过程中只能读出不能写入。其信息通常是厂家制造时在脱机情况或者非正常情况下写入的。ROM 的最大特点是在电源中断后信息也不会消失或受到破坏,因此常用来存放重要的、经常用到的程序和数据,如引导程序、开机自检程序等,只要接通电源,就可调入 RAM。在打开计算机时,RAM 是没有任何指令和数据的,开机后,CPU 可以调用 ROM 中的程序和指令集以访问硬盘,找到操作系统并加载到 RAM 中,加载完成后计算机才能通过 RAM 正常运行。

(2) RAM,可随机读出和写入信息,是计算机对信息进行操作的工作区域,就是一般所指的内存。因此,总要求其存储容量再大一些,速度再快一些,价格再低一些。因为

RAM 空间越大,计算机所能执行的任务就越复杂,相应计算机的功能就越强。其存储容量一般用 GB 衡量,传统微机初始内存配置一般为 56MB。目前主流微机的 RAM 一般为 2～8GB。例如要想很好地运行 Windows 10,就需要 8GB 的内存,若需要有更多的任务,流畅地运行图像视频处理应用程序,就需要 16GB 的内存。为了更好地运行微机,要尽可能地配置更大的 RAM。64 位系统可以配置 128GB 的内存。

RAM 在工作时可以存放用户的程序和数据,也可以存放临时调用的系统程序。关机后 RAM 中的内容自动消失,且不可恢复。若需保存信息,则必须在关机前把信息先存储在磁盘或其他外存储介质上。

(3) CMOS 与 EEPMOS 存储器。ROM 与 RAM 都不适用于存储信息,ROM 的信息只能读不能修改,写入 RAM 的信息一断电就消失。CMOS 或 EEPMOS 保存时间比 RAM 长,但又不像 ROM 那样不可修改,可用来存放计算机当前的配置信息,如日期和时间、硬盘的格式和容量等在调入操作系统前必须知道的信息。

CMOS(Complementary Metal Oxide Semiconductor,互补金属氧化物半导体)数据可随系统的配置或用户的设置而改变,CMOS 芯片可通过主板上的小型电池供电,因此关机后其存储的数据不会丢失。

EEPMOS(Electrically Erasable Programmable Read-Only Memory,电可擦除可编程只读存储器)是非易失存储的,无须供电就能存放信息,当更改计算机系统配置时,其存储的信息也会随之更新。由于 EEPMOS 无需电源的优势,因此 CMOS 技术正被 EEPMOS 所取代。

(4) 高速缓冲存储器,这是存在于主存与 CPU 之间的一级存储器,由静态存储芯片 (SRAM)组成,容量比较小但速度比主存高得多,接近于 CPU 的速度。在计算机存储系统的层次结构中,是介于中央处理器和主存储器之间的高速小容量存储器。它和主存储器一起构成一级的存储器。高速缓冲存储器和主存储器之间信息的调度和传送是由硬件自动进行的。

(5) 典型的存储层次信息包括高速缓存(Cache)、主存、辅存(Auxiliary Storage)3 级,如图 1.4 所示。

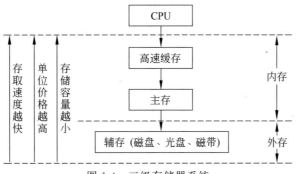

图 1.4　三级存储器系统

高速缓存和主存由集成电路实现,如图 1.4 所示,从上而下,价格不断降低,容量不断增大,速度不断减少。

3. 外存

外存是数据存储系统的简称。既是输入设备,也是输出设备,是内存的后备和补充。

数据存储系统通常由存储介质以及对存储介质上数据的写入与读取的装置两部分组成。PC 常见的存储系统是指磁盘存储器、光盘存储器、固态存储器——存储卡、U 盘、固态硬盘等。目前的微机一般硬盘容量为 120GB～2TB。

(1) 硬盘存储器,简称硬盘(Hard Disk),是微机的主要外部存储设备,是内存的主要后备存储器。硬盘系统通常由硬盘机(HDD,又称硬驱)、硬盘控制适配器及连接电缆组成。硬盘从结构上分为固定式与可换式两种。固定式硬盘又称为温式(温切斯特,Winchster)硬盘,俗称温盘。它是以一个或多个不可更换的硬磁盘作为存储介质的硬盘,故又称为固定盘(Fixed Disk)。还有一种是可更换盘片的硬盘,称为可换式硬盘。硬盘机大部分组件都密封在一个金属体内,制造时都做过精确的调整,用户无须也不应再作任何调整。

PC 硬盘按硬盘的直径大小划分,有 5.25 英寸、3.5 英寸、2.5 英寸及 1.8 英寸等数种。目前台式微机一般配置有 3.5 英寸的 320GB 硬盘。现有高达 2TB 的硬盘。单碟最大容量为 500GB(主流为 320GB)。硬盘的使用寿命为 20 万小时左右(一般达不到该水平)。

目前硬盘普遍的转速为 7200r/min。新款硬盘的转速已达 15000r/min。

硬盘也带有高速缓存(作用相当于 CPU 中的一、二级高速缓存)。主流 IDE 硬盘一般分为 512KB 和 2MB 两种,现在多采用 8MB,也有达到 16MB 的。

硬盘容量的大小和硬驱的速度也是衡量计算机性能技术的指标之一。目前主流的机械硬盘有 80GB～2TB。

硬盘的安全使用注意事项如下。

① 无震动,温度为 5～55℃,净化使用环境(少灰尘,禁吸烟,经验证明烟雾微粒有害硬盘)。湿度为 20%～80%(太干燥易产生静电),电源稳定。

② 数据和程序文件要经常备份,防止硬盘一旦出现故障(破损、感染病毒等)而必须对硬盘进行格式化时造成重大损失。

③ 避免频繁开关机器,防止电容充放电时产生的高电压击穿器件。

④ 出现故障,应分清故障性质。若是硬件故障,则不能随便拆开,要请专业人员进行维修或者更换。若是软件故障,则可进行低级格式化和格式化,以便重新安装。

(2) 光盘存储器(Optical Disk Memory,ODM)。目前最常用的光盘为 CD(Compact Disc),意为高密度光盘。

光盘的主要特点如下。

① 存储容量大。一般 CD-ROM 盘片直径约 4.72 英寸(120mm),主流容量为 650～700MB,也有更大的。CD-ROM 盘片直径也有约 3.15 英寸(80mm)的。

DVD 光盘(Digital Video Disc,数字影视光盘)有单面单层、单面双层、双面单层和双面双层 4 种结构。

蓝光 DVD(Blue-RayDisc)盘片单面单层盘有 23.3GB、25GB 及 27GB 三种规格盘片,另外单面双层有 46GB、50GB 及 54GB 三种规格盘片。此外,4 层容量为 100GB 的蓝光光盘也已推出,也有 128GB 容量的。这将成为存储业的主导力量。

② 读取速度快。CD-ROM 光驱的读取速率以 150KB/s 为单位，以"X 倍速"表示。目前其主流速度是 50 倍速或 52 倍速，即 7500KB/s 或 7800KB/s。

DVD-ROM 光驱的读取速率以 1350KB/s 为单位，以"X 倍速"表示。目前其主流速度是 24 倍速，传输速度为 32400KB/s。

CD-RW 可读/可擦/可写，读取速率以 4.5MB/s 为单位，允许 1X～12X，即每秒 4.5～54MB/s 的记录速度。市场上的主要规格为 2X、4X、6X。

③ 可靠性高，信息保留寿命长，价格低，携带方便。

光盘按性能可分为 3 个基本类型：只读型、可写一次型和可重写型。

① 只读型光盘，又称 CD-ROM，直径大小约 4.72 英寸(120mm)，特点是信息由厂家写入，只能读出不能修改。主要用于视频盘、数字化唱盘和多媒体出版物，目前各种软件也以此种光盘为介质。

② 可写一次型光盘，又称 WORM(Write Once Read Many)或简称 WO 光盘，也称追记只读型光盘(CD-R)。这种光盘买来时为空白盘，可一次或几次写入，写操作采用追加方式，已写入的不可修改而只能读取。常用于资料永久性保存、自制多媒体或光盘复制。

③ 可重写型光盘，又称可擦写光盘或可抹型光盘(Erasable Optical Disk 或 CD-RW)。主要有 3 种类型：磁光型、相变型、染料聚合型。目前多使用磁光型可重写光盘(Magneto Optic Disk，MO；可重复写入 1500 次左右)，具有高容量、方便的可换性以及随机存取等优点。

光盘从使用角度大体分为两类，一是用于存放计算机的数据和程序，二是用于存放音乐和影片。

目前微机上都预装光盘驱动器。一般的光盘驱动器只能读光盘，而不能进行刻录。只有光盘刻录机(CD-RW)才可对光盘进行读取、写入或复制的操作。

在外观上，CD-RW 与 CD-ROM、DVD-ROM 光驱没有差异。刻录机产品及其配套技术已非常成熟，平均无故障时间都在 10 万小时以上，已成为建立数字化环境的又一重要工具。

CD-RW 写入、改写不如硬盘方便，这是光盘目前不如硬盘的主要方面。

光盘及光盘驱动器如图 1.5 所示。

(a) CD–ROM光盘

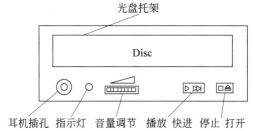

(b) 光盘驱动器示意图

图 1.5　CD-ROM 盘片

光盘的安全使用和日常维护。

① 光盘不能受重物挤压，不能用金属等硬物刻画，应防高温日晒、强磁、浸水受潮。光驱最佳的工作环境温度为 10℃～30℃。

② 不用手触摸盘片存储面。手持盘片时，应用食指插入盘孔，拇指抠住盘片外沿。对经常使用的光盘，宜将其内容复制到硬盘。盘片不要久置于光驱，不用就及时取出，以免在光驱内不读盘也在高速旋转。用后要放入盘盒（架），防止尘埃落到盘面。

③ 光驱是设计用来读取计算机的数据和程序的，其准确性不能有半点差错，因此不宜用计算机的光驱看 VCD 影碟、听音乐或玩游戏，以免影响其精确性。如果需要看影碟等活动，可用 MP3、MP4、MD 播放机等，或将内容复制到硬盘上再播放。

④ 降低光驱的读盘速度可提高其读盘精确性。

（3）固态存储器。

① 固态硬盘（Solid State Disk 或 Solid State Drive，SSD）也称作电子硬盘或者固态电子盘。它与传统硬盘相比，主要长处是存取速度快，抗震性好，工作温度适应性强（－40℃～85℃）；主要不足是价格贵，存储容量比传统硬盘小，使用寿命短，不能中断供电。目前广泛应用于军事、车载、工控、视频监控、网络监控、网络终端、电力、医疗、航空等、导航设备等领域。

② U 盘，也称优盘或 USB 闪存盘（Flash Memory）。这是一种移动存储设备，可像硬盘一样读写。其优越性如下。

- 在 Windows 10 下均不需要驱动程序，无需驱动器和额外电源，只需要从其采用的标准 USB 接口总线取电，可直接热拔插，真正即插即用。
- 通用性高、容量大（目前主流是 8～128GB，也有 1TB）、读/写速度快（读 40MB/s，写 30MB/s）。
- 抗震防潮、耐高低温、带写保护开关（防病毒、安全可靠），可反复使用 10 年。
- 体积小（一般只有拇指一样大），轻巧精致，美观时尚，易于携带。

注意：

- 要从接口上拔下 U 盘，必须等待指示灯停止闪烁，在处于关闭状态时方可进行。
- 写保护的关闭和打开，均需在把它从接口上拔下的状态下进行。

③ 存储卡，广泛应用于手机、数码相机、媒体播放器等设备中。

（4）云存储技术。云存储并不是存在于你身边的计算机硬盘或其他存储设备所提供的，而是指将网络中大量各种不同类型的存储设备通过应用软件集合起来协同工作，共同对外提供数据存储和业务访问功能的一个系统。这是利用应用软件对网络上闲置的存储设备资源实现共享的一种技术。随着越来越多的应用基于云存储，因此云存储会成为数据存储的重要形式。

（5）全息存储。全息存储是一种三维存储系统。目前全息数据存储系统使用的是单个存储容量为 300～500GB 的可拆卸、可录制全息光盘。大多数系统都可容纳多张全息光盘。

全息光盘容量大，访问速度快，存储时间长（至少 50 年），能耗低，目前还只有只读类型，因此被用于只需要快速检索而不需要数据修改的存储服务，如医疗记录、商业数据存档、电视节目存档等场合。

4. 键盘

PC 的输入设备,目前最常用的还是键盘和鼠标,其次是触摸屏、光笔与扫描仪。

(1) 键盘分类。键盘按工作原理与按键方式分为机械式、塑料薄膜式、导电橡胶式与电容式四种。电容式键盘触感好,使用灵活,操作省力。目前常见的键盘是电容式的。键盘通过键盘连线插入主板上的键盘接口与主机相连接,有 AT、PS/2、USB 三种接口。除USB 接口支持热插拔外,使用其他接口时,都必须在断电下进行。

微机的键盘有 83 键、101 键、102 键、104 键、106 键、108 键的,目前最为普遍的是 104键(如图 1.6 所示)。

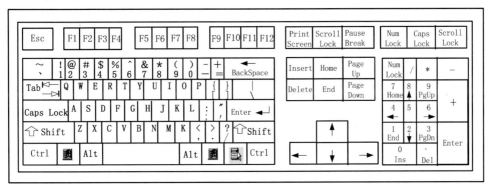

图 1.6　104 键键盘示意图

(2) 键盘的分区配置。标准键盘盘面可分为 4 个区。

① 功能键(Function Keys)。F1～F12 共 12 个,分布在键盘左侧最上一排。在不同的软件系统环境下功能键的作用也不同。用户可根据软件的需要自己加以定义。在 108键 Windows 键盘中增加了 Power(电源开关)、Sleep(转入睡眠)和 WakeUp(睡眠唤醒)3个功能。

② 打字机键盘区(又称英文主键盘区、字符键区,Typewriter),盘面分布如图 1.6 左下部分所示。具有标准英文打字机键盘的格式,包括字母键、数字键、运算符号键、特殊符号键(！@＃＄％^&_[]|,.;:"'等)、特定符号键。104 键 Windows 键盘还增加了两个Windows 徽标键和一个功能菜单键 3 个功能。特定符号键的功能说明见表 1.1。

表 1.1　屏幕编辑时数字小键盘区中光标控制键的功能

键帽符号	功　　能	键帽符号	功　　能
↑	光标上移一行	Home	光标移至所在行左端
↓	光标下移一行	End	光标移至所在行右端
→	光标右移一字符	Page Up	光标不动,屏幕向上滚 13 行
←	光标左移一字符	Page Down	光标不动,屏幕向下滚 13 行

③ 数字键区(Numeric Keypad,又称副键盘区)在键盘右边,其中 NumLock 键为数字锁定键,用于切换方向键与数字键。其功能见表 1.2。

表 1.2 特定符号键的功能说明

名　　称	键帽符号	功　　能
回车键	Enter	也称 Return 键或回车换行键；按此键后结束逻辑行，或使一条命令开始执行
大写锁定键	CapsLock	切换字母大小写。按此键指示灯亮，再按字母键为大写；反之为小写
上档键	Shift	要输入大写字母或双符键上方符号，需先按下此键不放
制表键	Tab	制表定位键。用来定位移动光标。按一次，光标就跳到右边的位置。系统隐含为 1,8,15,… 个字符位置。在很多编辑软件中，用户可定义 Tab 位置
退格键	BackSpace	光标回退（左移）1 个字符，且删除光标左边 1 字符
空格键	（无字长键）	每按一下光标右移 1 字符位，原光标所在处变为空格
删除键	Del	删除光标所在处的字符或光标右面的一个字符，光标位置不动
插入键	Ins	开关键。插入状态时可在光标处插入字符，光标右边字符右移；在改写状态，输入的字符将覆盖原有字符
屏幕显示复制键	PrintScreen	把屏幕上当前显示内容复制到 Windows 的剪贴板，然后通过剪贴板可将屏幕画面插入文档
活动窗口复制键	PrintScreen	同时按 Alt 键，把屏幕上活动窗口内容复制到剪贴板，然后通过剪贴板可将屏幕画面插入文档
控制键	Ctrl	与其他键配合使用，组合出大多数的复合键
Windows 徽标键	🪟或 🪟	快速启动或关闭 Windows 的"开始"
功能菜单键	📋	弹出当前可操作的功能菜单和选项，单击菜单外后退出
交替换挡键	Alt	与其他键配合使用，组合出一些复合键
热启动键	Ctrl+Alt+Del	结束任务排除困境，或关机，或在加电下重新启动系统

注意：Ctrl、Alt 和 Shift 3 个键不能单独使用，需与其他一些键配合使用（尤以 Ctrl 键用得最多），完成一些特殊的功能，称为组合键。当 Ctrl 键与其他字母键组合使用时，一般简记为^。例如：Ctrl+P 可以简记为^P。

④ 屏幕编辑键和光标移动键区（数字小键盘区和主键盘区中间的 13 个按键）。

把数字小键盘区的光标移动键、插入和删除键集中于此，便于编辑操作。其功能如表 1.1 所示。

以上所讲的是一般台式 PC 及其兼容机的键盘在 Windows 操作系统环境下所显示的功能。其他类型的键盘在布局上可能略有不同，每键功能与键帽表示也未必完全相符，故使用键盘前，应根据所用软件规定，先弄清各键的作用。

注意事项：

① 不同机型的键盘不要随意更换，相互之间不一定匹配。

② 保持键盘清洁。需要拆卸清洗时，均应在断电状态下进行，用柔软的湿布沾上少

量中性洗衣粉清洗,再用干净柔软的湿布擦净,但不能使用酒精作为清洗剂。如不小心把液体溢入键盘,应立即把键盘翻过来使液体排出,然后用冷风吹干。

5. 鼠标

鼠标(Mouse)是一种"指点"设备。利用它可快捷、准确、直观地使光标在屏幕上定位,对屏幕上较远距离光标的移动远比用键盘移动光标方便。鼠标与键盘的功能各有长短,宜混合使用。

现在大多数高分辨率的鼠标都是光电鼠标(Optical Mouse)。

鼠标分为有线与无线两类。无线鼠标以红外线遥控,遥控距离一般在2m以内。

鼠标的一般使用如下。

(1) 使用前可通过"开始|控制面板|鼠标|鼠标键、指针、指针选项、轮、硬件"对鼠标加以设置。

(2) 鼠标的外壳都装有按钮,上面一般是两个,外加一或两个转轮,有的在左侧面还有一个按钮。按钮是一种简单的开关,按下表示接通,放开表示断开。初始状态下鼠标左键设为主键,右键设为辅键。本书是按鼠标左键为主键、右键为辅键叙述的。

(3) 鼠标左键用于大多数的鼠标操作,右键常用于弹出快捷菜单(列出适于不同场合下的操作命令)。其基本操作如下。

① 指向(Point)。将鼠标指针移到屏幕的某一位置或对象上,为下一个鼠标动作做准备。

② 单击(Click)。将鼠标指针移到目标后,快速按一下鼠标按键(也有拨动转轮的时候,视需而定)。

③ 双击(Double-Click)。将鼠标指针移到目标后,快速连续按两下鼠标左键,启动某项功能,如执行一个程序。

④ 拖动(Drag)。将鼠标指向目标后按住左键不放,移动鼠标到目的地(可拖动对象到新位置)。

鼠标指针的形状取决于它所在的位置以及和其他屏幕元素的相互关系。例如,鼠标指针通常是一个指向左上方的箭头,表示等待操作;当把它移近窗口边缘时,它会变成一个双箭头,表示此时可以拖动边界、改变窗口尺寸等。

6. 扫描仪

扫描仪(Scanner)是常用的图形、图像等输入设备。这是一种纸面输入设备,利用它可以快速地将图形、图像、照片、文本(有些还可以将小型物品)等信息从外部环境输入计算机,然后再进行编辑加工。一般通过 RS-232 接口或 USB 接口与主机相连。从外形上可分平板式、馈纸式、实物和3D扫描仪等。

扫描仪从工作原理上分两类:CCD扫描仪和PMT扫描仪。

(1) CCD扫描仪。这是由电荷耦合器件(Charge-Coupled Device)阵列组成的电子扫描仪。CCD扫描仪常见的有平板式(台式)扫描仪和手持式扫描仪。若按灰度和彩色划分,有二值化扫描仪、灰度扫描仪和彩色扫描仪等多种。

CCD扫描仪的主要性能指标如下。

① 扫描幅面,即对原稿尺寸的要求,台式扫描幅面一般可达 $8.5in \times 14in$(A4)。

② 分辨率,即每英寸扫描的点数(dpi),用于屏幕显示或打印,只需 300~600dpi 的分辨率;要输出成网片印刷,则要达到 1200dpi 以上。

③ 灰度层次,即灰度扫描仪可达灰度级别,目前有 16、64 及 256 层(位数分别为 4b、6b 和 8b)。

④ 扫描速度,依赖于每行感光的时间,一般为 3~30ms。

平板式扫描仪比手持式扫描仪价格贵、质量好,使用普遍。

(2) PMT 扫描仪。这是用光电倍增管(PMT)构成的电子式扫描仪,它比 CCD 扫描仪的动态范围大、线性度好、灵敏度高、扫描质量高,因此扫描的效果更加逼真,常被用于照相、地图等要求较高的扫描,但价格较高。

(3) 扫描仪的使用。平板式扫描仪(如图 1.7 所示)大多符合 TWAIN 标准(即工业用声音图像接口标准),能在 Windows 2000 及以上版本系统或应用软件(如 Adobe Photoshop)中使用。

图 1.7　平板式扫描仪

用扫描仪扫描彩色图像时,要设定颜色和分辨率两项参数,颜色位数越多,能扫描到的颜色就越多;而分辨率越高,像素就越多,图像也就越清晰。如果扫描的只是文字或其他的黑白图文信息,则应选择黑白扫描方式,这样能节省时间和存储空间。另外,使用扫描仪之前最好预热一段时间(约 10 分钟),这样扫描出来的图像品质会更好。

(4) 扫描仪的维护保养。

① 扫描仪不要临窗放置,避免阳光直射或靠近热源,远离诸如苏打水、咖啡、茶水等液体,不用时应放在柜子里或用布盖好,防止溅入液体或落入灰尘。

② 应在一个水平的平稳台面上工作,避免震动。有些型号的扫描仪是可以扫描小型立体物品的,在使用这类扫描仪时,放置物品时要一次定位准确,不要随便移动以免刮伤玻璃,更不要在扫描过程中移动物品。

③ 在扫描一个多页装订的原稿时,不要把整个原稿都放在扫描仪的玻璃板上,而是应放一页,并用一个相同大小的书压在待扫描一面的上方,使玻璃与要扫描的页面紧密接触,这样可避免扫描的图像出现大片痕迹,保证扫描质量。

④ 不要随意带电插拔数据传输线。不要经常插拔电源线与扫描仪的接头。

⑤ 扫描完毕后不要马上切断电源。必须等扫描仪的镜组完全归位后再切断电源。

⑥ 机械部分的保养。扫描仪使用一段时间后,要拆下盖子,用浸有机油的棉布擦拭镜组两条轨道上的油垢,擦净后,再将适量的缝纫机油滴在传动齿轮组及皮带两端的轴承上,最后装机测试。

7. 其他输入设备

条形码读取器、无线射频识别(RFID)阅读器、生物识别阅读器。

8. 显示器

输出设备的主要作用是把计算机处理的数据、计算结果等内部信息转换成人们习惯接收的信息形式(如字符、图像、表格、声音等)送出或以其他机器所能接收的形式输出,常见的有显示器、打印机、绘图仪等。

显示器是计算机的窗口,由监视器(Monitor)和显示控制适配器(Adapter,又称显示卡)两部分组成,常说的显示器是指监视器。目前常用的显示器是液晶显示器,其具有工作电压低、能耗低、辐射低、无闪烁、体积小、厚度薄、重量轻、环保等优点。

9. 打印机

(1)打印机的分类。打印机是 PC 最常用的输出设备。其种类和型号很多,一般按成字方式分为击打式(Impact Printer)和非击打式(Nonimpact Printer)两种。

目前常用的是非击打式的激光打印机和喷墨打印机。

(2)激光印字机(Laser Printer),俗称激光打印机,这是一种高速度、高精度、低噪声的页式打印机。它是激光扫描技术与电子照相技术相结合的产物。其打印噪声低、速度快、分辨率高、效果清晰、美观,可以产生高质量的图像及复杂的图形,已广泛应用于办公系统及桌上印刷系统,但彩色打印效果不如喷墨打印机。

(3)喷墨印字机,俗称喷墨打印机,这是靠墨水通过精细的喷头喷到纸面而产生图像,也是一种非击打式打印机。可输出彩色图案,常用于广告和美术设计。缺点是彩色保持不及激光耐久,时间长容易褪色,受潮易化。

(4)打印机的发展前景。彩色打印将成为未来打印技术的主流,将向着低档彩色喷墨打印和高档彩色激光打印发展。

集扫描仪、打印机、传真机、复印机等多功能于一体的产品已具有良好的发展空间。

10. 绘图仪

绘图仪(Plotter)是一种输出图形的硬复制设备。绘图仪在绘图软件的支持下能够绘制出复杂、精确的图形,是各种计算机辅助设计(CAD)不可缺少的工具。

绘图仪有笔式、喷墨式和发光二极管(LED)式 3 类。目前使用最为广泛的是笔式绘图仪。常见的有两种类型:平板型和滚动型。平板型的绘图纸平铺在绘图板上,依靠笔架的二维运动绘制图形。滚动型是靠笔架的左右移动和滚动带动图纸前后滚动画出图形。

绘图仪的性能指标主要有绘图笔数、图纸尺寸、分辨率、接口形式及绘图语言等。

11. 数码相机和数码摄像机

数码相机和数码摄像机具有即时拍摄、图片数字化存储(即所照即所得)、便捷浏览等功能,即将照片和动态影像进行数字化存储,使用户能够直接利用计算机对图像进行浏览、编辑和处理(目前很多手机也具有这些功能)。

若只通过网络传递基本图像的数码图片,可选择百万像素或 1400 万像素级以上的产品。200 万像素的产品已经能够满足目前普通消费者的大多数应用。用于军事上的早有 40 亿像素级以上的相机。相机存储容量的大小取决于相机存储芯片的大小。

数码相机和数码摄像机也为在全球范围内实时在 Internet 上传输图文信息提供了方便的条件。

12. 其他输出设备

3D 显示器、可穿戴式显示器、干涉式调制器(IMOD)显示器以及 3D 打印机等。

1.4.4　计算机的软件系统

软件是具有重复使用和多用户使用价值的程序,泛指能在计算机上运行的各种程序,甚至包括各种有关的资料。没有配置任何软件的计算机称为裸机,在裸机上只能运行机器语言源程序,几乎不具备任何功能。软件一般分为系统软件和应用软件两大类。

1. 系统软件

系统软件是生成、准备和执行其他软件所需要的一组程序,通常负责管理、监督和维护计算机各种软硬件资源。其作用是缩短用户准备程序的时间,给用户提供友好的操作界面,扩大计算机处理程序的能力,提高其使用效果,充分发挥计算机各种设备的作用等。常见的系统软件主要如下。

(1) 操作系统。操作系统是高级管理程序,是系统软件的核心,如存储管理程序、设备管理程序、信息管理程序、处理器管理程序等。没有操作系统,其他软件很难在计算机上运行(另见 1.4.5 节)。

(2) 程序设计语言。程序设计语言可分为下列 5 种。

① 机器语言,直接为 CPU 识别的一组由二进制(0 和 1)构成的指令码就称为机器语言(Machine Language,也称二进制代码语言)。例如机器指令就是机器语言,一条机器指令就是机器语言的一个语句。用机器语言编写的程序执行效率高,但存在编程费时费力、不便记忆阅读、无通用性等缺点。这是第一代语言。

计算机也只能接受以二进制形式表示的机器语言。这也是唯一让 CPU“一看就懂”,不需要任何翻译的语言。机器语言从属于硬件设备。

② 汇编语言(Assembler Language)是第二代语言,是一种符号化了的机器语言(用助记符表示每一条机器指令),也称为符号语言,在 20 世纪 50 年代初开始使用,它更接近机器语言而不是人的自然语言,所以仍是一种面向机器的语言。

与高级语言相比,用机器或汇编语言编写的程序节省内存,执行速度快,并且可以直接利用和实现计算机的全部功能,完成一般高级语言难以做到的工作。它常用于编写系统软件、实时控制程序、经常使用的标准子程序、直接控制计算机的外部设备或端口数据输入/输出的程序。但编制程序的效率不高,难度较大,维护较困难,属低级语言。

③ 高级语言、算法语言,这是第三代语言,也称过程语言,于 20 世纪 50 年代中期开始使用。它与自然语言和数学语言更为接近,可读性强,编程方便,从根本上摆脱了语言对机器的依附,使之独立于机器,由面向机器改为面向过程,所以也称为面向过程语言。目前世界上有几百种计算机高级语言,常用的和流传较广的有几十种。在我国常用的有BASIC、PASCAL、LISP、COBOL、FORTRAN、C 等。C 语言特别适用于编写应用软件和系统软件,是当前流行的程序设计语言之一。

高级语言共同的特点如下。

- 完全独立或基本上独立于机器语言,而不必知道相应的机器码。
- 用其编制出来的程序不需要经过太多的修改就可以在其他机器上运行。
- 一个执行语句通常包含若干条机器指令。
- 所用的一套符号、标记更接近人们的日常习惯,便于理解、掌握和记忆。

④ 非过程化语言,这是第四代语言。使用这种语言不必关心问题的解法和处理过程的描述,只要说明所要完成的加工和条件,指明输入数据以及输出形式,就能得到所要的结果,而其他工作都由系统完成,因此它比第三代语言具有更多的优越性。

如果说第三代语言要求人们告诉计算机怎么做,那么第四代语言只要求人们告诉计算机做什么。因此,人们称第四代语言是面向目标(或对象)的语言。如 Visual C++ 和 Java 语言等。Java 语言是面向网络的程序设计语言,具有面向对象、动态交互操作与控制、动画显示、多媒体支持及不受平台限制等特点,以及很强的安全性和可靠性等优势,被称为 Internet 上的世界语言和网络开发的最佳语言。

⑤ 智能性语言,这是第五代语言。它具有第四代语言的基本特征,还具有一定的智能和许多新的功能。如 PROLOG 语言(Programming in Logic)广泛应用于抽象问题求解、数据逻辑、公式处理、自然语言理解、专家系统和人工智能的许多领域。

计算机语言的日益人性化,其结果是使计算机的功能更强,对它的使用更加便捷。

(3) 语言处理程序。

① 源程序,用汇编语言或各种高级语言各自规定的符号和语法规则,并按规定的规则编写的程序称为源程序。

② 目标程序,将计算机本身不能直接读懂的源程序翻译成相应的机器语言程序称为目标程序。

计算机将源程序翻译为机器指令时,有解释方式和编译方式两种。编译方式与解释方式的工作过程如图 1.8 所示。

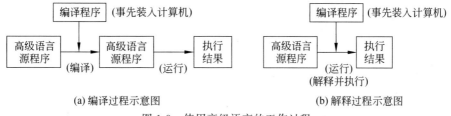

(a) 编译过程示意图　　　　　　　　　(b) 解释过程示意图

图 1.8　使用高级语言的工作过程

由图 1.8 看出,编译方式就是把源程序用相应的编译程序翻译成相应的机器语言的目标程序,然后再通过连接装配程序,连接成可执行程序,再执行可执行程序而得结果。在编译之后形成的程序称为目标程序,连接之后形成的程序称为可执行程序,目标程序和可执行程序都以文件方式存放在磁盘上,再次运行该程序只需要直接运行可执行程序,不必重新编译和连接。

解释方式就是将源程序输入计算机后,用该种语言的解释程序将其逐条解释,逐条执行,执行完只得结果,而不保存解释后的机器代码,下次运行此程序时还要重新解释执行。

(4) 数据库管理系统,主要由数据库和其管理软件组成。

(5) 网络软件,主要指网络操作系统。

(6) 系统服务程序,或称软件研制开发工具、支持软件、支撑软件、工具软件,主要有编辑程序、调试程序、装配和连接程序、测试程序等。

2. 应用软件

应用软件是用户为了解决某些特定具体问题而开发和研制或外购的各种程序,这些程序可以用机器语言、汇编语言、C 语言或 Java 语言等编写,它往往涉及应用领域的知识,并在系统软件的支持下运行。如文字处理、电子表格、绘图、课件制作、网络通信等软件(如 Word、WPS 系列、Excel、PowerPoint、E-mail 等),以及用户程序(如工资管理程序、库房管理程序、财务管理程序等)。

下面将对 Word 2013、Excel 2013、PowerPoint 2013、Photoshop CS6 和一些常用工具软件逐一予以介绍。

1.4.5 操作系统基础知识

1. 操作系统概述

(1) 操作系统(Operation System,OS)是直接控制和管理计算机系统基本资源、方便用户充分而有效地使用这些资源的程序集合(是计算机系统中所有硬件、软件和数据资源的组织者和管理者,是一个大型程序)。它是系统软件的基础或核心,是最基本的系统软件,其他所有软件都是建立在操作系统之上的。计算机系统中主要部件之间的相互配合和协调一致的工作,都是靠操作系统的统一控制才得以实现的。

用户都是先通过操作系统使用计算机的,所以它又是沟通用户和计算机之间的"桥梁",是人机交互的界面,也就是用户与计算机硬件之间的接口(如图 1.9 所示)。没有操作系统作为中介,一般用户对计算机就不能使用。

计算机的硬件系统主要指主机(CPU+存储器)和输入、输出设备。汇编程序、解释程序、编译程序、数据库管理系统等属软件系统中的系统软件,文本编辑器等属软件系统中的应用软件。由图 1.9 可见,操作系统如同一个管理中心,计算机系统的软、硬件和数据资源利用,都必须通过这个中心向用户提供正确利用这些资源的方法和环境。

图 1.9　用户与操作系统等关系示意图

(2) 操作系统的主要作用:一是提高系统资源的利用;二是提供方便友好的用户界面,如果没有操作系统这个接口软件,用户将面对一台只能识别 0、1 组成的机器代码的裸机;三是提供软件开发的运行环境。在开发软件时,需要使用操作系统管理下的计算机系统,调用有关的工具软件及其他软件资源。进行一项开发时,先问在哪种操作系统环境下开发;当要使用某种保存在磁盘中的软件时,还要考虑在哪种操作系统支持下才能运行。因为任何一种软件不是在任何一种系统上都可以运行,所以操作系统也称为软件平台。操作系统的性能在很大程度上决定了计算机系统工作的优劣。具有一定规模的计算机系统,包括中、高档微机系统,都可以配备一个或几个操作系统。

(3) 操作系统的功能。操作系统管理的对象是计算机的软、硬件,传统的主要功能是 CPU 管理、存储器管理、文件管理、设备管理与作业管理 5 个方面。

（4）操作系统的分类。

① 按使用环境分为批处理、分时、实时系统。

② 按用户数目分为单用户（单任务、多任务）、多用户、单机、多机系统。

③ 按硬件结构分为网络、分布式、并行和多媒体操作系统等。

这样的分类仅限于宏观。因操作系统具有很强的通用性，具体使用哪一种操作系统要视硬件环境及用户的需求而定。

（5）常见的操作系统。历代微机系统上常见的操作系统有 CP/M、DOS、UNIX、AIX、OS/2（IBM）、Windows、Macintosh、Linux、Lindows 等。其中 Linux 是一套免费使用和自由传播的类 UNIX 操作系统。

不同类型的微机可以使用相同的操作系统，同一微机也可同时使用几种操作系统。

操作系统的人机交互的界面有以键盘为工具的字符命令方式，如 DOS 操作系统；也有以文字图形相结合的图形界面方式，如 Windows 操作系统。

2. 个人计算机操作系统和网络操作系统

（1）个人计算机操作系统（Personal Computer Operating System）是一种联机交互的单用户操作系统，其提供的功能比较简单，规模较小。它分单任务、多任务两种。只支持一个任务，即内存中只有一个程序运行的称为单任务操作系统，如 DOS 系统等。可支持多个任务，即内存中同时存在多个程序并发运行的称为多任务操作系统，如 Windows 10系统等。

个人计算机操作系统的特点一是单用户个人专用，重视方便友好的用户界面和比较完善的文件管理功能；二是联机操作、人机交互与分时系统类似。

（2）网络操作系统（Network Operating System）适合多用户、多任务环境，支持网间通信和网络计算，具有很强的文件管理、数据保护、系统容错和系统安全保护功能，如Windows 10 系统。

网络操作系统一般由四部分软件组成：工作站操作系统、通信协议软件、服务器操作系统和网络实用程序。工作站系统使工作站成为一个独立的计算机系统；通信协议软件提供运行在工作站的操作系统与运行在服务器上的操作系统之间的通信连接；服务器操作系统用于处理网络请求，并发运行各工作站上的用户程序，并将运行结果发送到工作站；网络实用程序则为工作站和服务器提供开发工具和各种应用服务。

3. 微机操作系统操作环境的演变与发展

用户使用计算机是通过操作系统提供的用户接口（或称用户界面）进行的。微机上配置的操作系统一般是联机交互式的单用户操作系统。

用户接口决定了用户以什么方式与计算机交互，也就是采用什么手段向计算机发出指令，以实现自己的操作要求。

用户接口大体上分为两种：一是基于字符的界面，二是基于图形界面。

在 20 世纪 80 年代以前，用户接口主要基于键盘字符界面。

20 世纪 80 年代初，苹果公司率先将图形用户界面（Graphic User Interface，GUI）引入 PC，其友好、方便的界面迅速发展成了当今操作系统和应用程序的主流界面。图形界面的引入彻底改变了计算机的视觉效果和使用方式，使用户能以更直观、更贴近于生活的方式上机操作。

如今,图形用户界面层出不穷,其主要的特点如下。

(1) 直观明了引人入胜。例如 Windows 10 的"开始"按钮的设计充分体现了这一点。"开始"按钮不仅使用户能毫无困难地开启应用程序和文档,还帮助他们了解怎样完成一项工作。用户在 Windows 10 中学会运行一个程序约需几十秒就可以了。

(2) 文本与图形相结合。在优秀图形界面设计的同时十分重视文字的作用。例如,Microsoft Office 2013 的界面全都提供 Tool Tips 功能,即一旦鼠标指向某个工具按钮,都会弹出一个"文本泡"告知用户该图标的名称,同时屏幕底端的状态条给出了有关该按钮的功能简介或操作提示。这种图文相结合的界面胜过单独的图形界面或文本界面。

(3) 一致的操作环境。现在流行的图形界面都提供一致的显示窗口、命令选单、对话框、屏幕帮助信息及联机帮助系统。这种一致性降低了用户使用计算机的难度,节省了学习和掌握软件操作的时间,使用户将注意力集中于任务的实现而不是适应每一种应用程序带来的界面变化。例如 Microsoft Office 2013 尝试将其本身集成为一致性程序,使它的组件 Word、Excel 和 PowerPoint 等具有类似的界面,并且数据能够共享。

(4) 用户自定义的功能。为了减少图标冗余,许多软件都提供了用户自定义工作环境的功能,即根据用户要求安排屏幕布局,使其上机环境更具个性化。

计算机技术的不断发展推动了用户界面向更为友好的方向改进。未来的用户界面会呈现声音、视频和三维图像——新一代的多媒体用户界面(Multimedia User Interface)。多媒体用户界面中的操作对象不仅是文字图形,还有声音、静态动态图像,使机器呈现出一个色彩缤纷的声光世界。计算机能听懂人的语言,用户可用"开机"或"关机"的口语命令替代手动开关计算机电源和显示器按钮开关的动作,给人们带来更多的亲切感。

第 2 章将介绍 Windows 10 操作系统,读者可以从中领略图形用户界面的使用方法。

1.4.6　文件的概念、命名、类型及文件夹结构

1. 文件和文件系统的概念

(1) 文件的概念。文件(File)是具有名字、存储于外存的一组相关且按某种逻辑方式组织在一起的信息的集合。计算机的所有数据(包括文档、图形、图像、动画或声音等各种媒体信息)和程序都以文件形式保存在存储介质上。文件具有驻留性和长度的可变性,是操作系统能独立进行存取和管理信息的最小单位。

(2) 文件系统的概念。操作系统中负责管理和存取文件的软件模块称为文件管理系统,简称文件系统。文件系统负责为用户建立文件,存取、修改和转储文件,控制文件的存取,用户可对文件实现"按名存取"。

2. 文件的命名

每个文件必须有也只能有一个标记,称为文件全名,简称文件名。文件全名由盘符名、路径、主文件名(简称文件名)和文件扩展名 4 部分组成。

<文件名>也就是主文件名,在 Windows 10 环境下由不少于 1 个 ASCII 码字符组成,不能省略。文件名可由用户取定,但应尽量做到"见名知义"。扩展名一般由系统自动给出,做到"见名知类",由 3 个字符组成;也可省略或由多个字符组成。系统给定的扩展

名不能随意改动,否则系统将不能识别。扩展名左侧须用圆点"."与文件名隔开。文件全名总长度可达 255 个字符(若使用全路径,则可达 260 个字符)。

文件名组成的字符有 26 个英文字母(大写和小写同义)、0~9 的数字和一些特殊符号 $ # & @ % ( ) ^ _ - { } ! 等。文件名中可有空格和圆点,宜由字母、数字与下画线组成。汉字也可用作文件名,但禁用 \ | / ? * < > : " 等 9 个字符用作文件名。

注意:同一磁盘同一文件夹下不能有同名文件(文件夹也是文件,文件夹名与文件名结构相同,故同级的文件夹名与文件名不能相同)。用户取的文件名中不能使用系统保留字符串以及 DOS 的命令动词和系统规定的设备文件名等。

3. 文件名通配符

通配符也称统配符、替代符、多义符或全称文件名符,就是可以表示一组文件名的符号。通配符有两种,即星号" * "和问号"?"。

(1) * 通配符,也称多位通配符,代表所在位置开始的所有任意字符串。例如,在 Windows 文件夹或文件名的查找中, * . * 表示任意的文件夹名、文件名、文件扩展名;文件名 P * .DOC,表示以 P 开头后面为任意字符而文件扩展名为 DOC 的文件。

(2) ? 通配符,也称单位通配符,仅代表所在位置上的一个任意字符。例如文件名 ADDR?.TXT 表示以 ADDR 开头后面一个字符为任意字符而文件扩展名为 TXT 的文件。

4. 文件的类型

文件可分为系统、通用与用户文件 3 类。前两类常由专门人员装入硬盘,其文件名与扩展名由系统约定好(常用以表明文件性质、类型),用户不可随便改名或删除。用户文件可由用户根据文件命名原则命名。用户建立的文件多为文本文件。

文本文件又称文字文件,是指可在屏幕上显示或打印在纸页上供用户直接阅读的文件,可分为文书文件与非文书文件两种。文书文件(在 Word 中称文档)包括文章、表格,其扩展名可任选,也可省略。非文书文件(在 Word 中称纯文本文件)是指用汇编语言或各种高级程序设计语言编写的源程序文件、数据文件及用户编写的批处理文件、系统配置文件等,其扩展名常需要按系统约定。对有了约定的扩展名,用户不能另取,否则就不能正确辨认。

常见约定的扩展名见表 1.3。

5. 文件夹

文件夹是用来存放程序、文档、快捷方式和子文件夹等的地方。

只用来放置子文件夹和文件的文件夹称为标准文件夹。一个标准文件夹对应一块磁盘空间。文件夹的路径是一个地址,它指引操作系统怎样找到该文件夹。例如,许多 Windows 系统文件都存放在 C:\Windows 的文件夹中。当打开一个文件夹时,它以窗口形式呈现在屏幕上;关闭它时,则收缩为任务栏上的一个图标。文件夹以图标的形式显示其中的内容。使用文件夹可访问大部分应用程序和文件,方便实现对对象的复制、移动与删除。

除了标准文件夹,还有一种特殊的文件夹,它可用来放置诸如控制面板、打印机、硬盘、光盘、U 盘等。这类文件夹不能用来存储子文件夹和文件,实际上是应用程序。

表 1.3　常见约定的扩展名

扩 展 名	说 明	扩 展 名	说 明
asc	ASCII 码文件	accdb(mdb)	Access 文件
avi	视频文件	bak	编辑后的备用文件
bmp	位图文件	docx(doc)	Word 文件
dwg	CAD 图形文件	exe	可执行文件
hlp	帮助文件	htm(html)	网页文件
jpg	图形文件	m4a	Mpeg4 音频标准文件
map	链接映像文件	mid	midi(乐器数字接口)文件
mpp	Project 文件	pdf	便携文件格式
prn	列表文件	pptx(ppt)	PowerPoint 文件
rar	WinRAR 压缩文件	rtf	富文本格式(跨平台文档格式)
swf	Flash 动画发布文件	sys	系统文件
tab	文本表格文件	tmp	临时文件
txt	纯文本文件	visio	VSD 文件
wav	音频资源格式文件	wps	WPS 文档
xlsx(xls)	Excel 文件	%a%(或 $ $ $)	暂存或不正确文件

没有特别说明的情况下,文件夹都是指标准文件夹。通常并不需要关心这两种文件夹的不同,可以用相同的方式使用这两种文件夹中的内容。

1.4.7　用户与计算机软件系统和硬件系统的层次关系

归结起来,硬件结构是计算机系统看得见摸得着的功能部件的组合,而软件是计算机系统的各种程序的集合。在软件的组成中,系统软件是人与计算机进行信息交换、通信对话、按人的思想对计算机进行控制和管理的工具。用户与计算机软件系统和硬件系统的层次关系如图 1.10 所示。

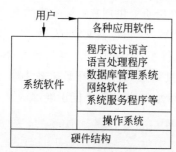

图 1.10　用户与计算机软件系统、硬件系统的层次关系

当然,在计算机系统中并没有一条明确的硬件与软件的分界线,软件、硬件之间的界线是任意的和经常变化的。今天的软件可能就是明天的硬件,反之亦然。这是因为任何一个由软件所完成的操作也可以直接由硬件实现,而任何一条由硬件所执行的命令也能够用软件完成。从这个意义上说,硬件与软件在逻辑功能上是可以等价的。

1.5　计算机的安全使用知识

正确、安全地使用计算机,加强对计算机的维护和保养,才能充分发挥计算机的功能,延长其使用寿命。本节主要介绍计算机的环境要求、使用注意事项、病毒及其防治。

1.5.1　计算机的环境要求

良好的环境是计算机正常运行的基础。

1. 电源

电源应安全接地。计算机在 180～260V 均可正常工作,因此无须外加稳压电源。由于稳压电源在调整过程中将出现高频干扰,反而会造成计算机出错或宕机。若所在地区经常断电,可配备不间断电源 UPS,以使机器能不间断地得到供电。使用 UPS 时,应在其标定容量的三分之二负载下运行,绝不能使其在满负载下运行。

2. 温度

计算机虽和日常使用的家电一样耐用,但是环境温度在 10℃～30℃为宜。过冷或过热对机器寿命、正常工作均有影响。最好置于装有空调的房间内。

3. 湿度

机房相对湿度在 20%～80%为宜。湿度太大会影响计算机的正常工作,甚至对元件造成腐蚀;湿度太小则易发生静电干扰。

4. 防尘

一定要保持清洁的环境,灰尘和污垢会使机器发生故障或者受到损坏。要定期清刷部件尘埃,经常用软布和中性清洗剂(或清水)擦净机器表面。机房内一般应备有除尘设备。禁止在机房内吃东西、喝水和吸烟。

1.5.2　计算机的使用注意事项

1. 开机和关机

由于系统在开机和关机的瞬间会有较大的冲击电流,因此开机时一般要先打开显示器(显示器也需要预热),后开主机;打印机可在需要时再打开。关机时务必先退出所有运行的程序,然后再关主机,最后关闭外部设备,断开电源。

机器要经常使用,不要长期闲置。但在使用时必须防止频繁开关机器,禁止刚关机又开机,或者刚开机又关机。开机与关机之间,宜相隔 10s 以上。

2. 开机后不要搬动

开机加电后主机及相关设备不要随意搬运,不要插拔各种接口卡,不要连接或断开主机和外设之间的电缆。这些操作都应该在断电的情况下进行。

3. 备份数据

磁盘和 U 盘中的重要信息要注意备份,以防发生突然事故造成破坏。

4. 维修

机器出现故障时,没有维修能力的用户不要打开箱盖插拔插件,应及时与维修部门联系。厂商的售后服务是用户购买机器时必须谈妥的重要条件。

1.5.3　计算机病毒及其防治

1. 病毒的定义

1983 年 11 月美国学者 Fred.Cohen 第一次从科学角度提出计算机病毒(Computer

Virus)的概念。1987 年 10 月,美国公开报道了首例造成灾害的计算机病毒。

什么是计算机病毒?根据《中华人民共和国计算机信息系统安全保护条例》第二十八条的规定,计算机病毒是指编制或者在计算机程序中插入的破坏计算机功能或者毁坏数据,影响计算机使用并能自我复制的一组计算机指令或者程序代码。

因为它就像病毒在生物体内部繁殖导致生物患病一样,所以把这种程序形象地称为计算机病毒。不过这类病毒并不影响人体的健康。

2. 病毒的特征

病毒最重要的特征是破坏性和传染性,还具有隐蔽性、破坏性、传染性、潜伏性、非授权性(对用户不透明性)、可激活性和不可预见性。此外,还都具有以下两个特征,缺其一则不为病毒。

(1) 一种人为特制的程序,不独立以文件形式存在,且非授权入侵而隐藏、依附于其他程序。当调用该程序时,此病毒则首先运行,并造成计算机系统运行管理机制失常或导致整个系统瘫痪。

(2) 具有自我复制能力,能将自身复制到其他程序中。

3. 病毒的症状

全世界的计算机病毒以每天成百成千种的速度递增,所以已出现的病毒不计其数。这些病毒按大的类型来分则不足 10 类。其中,操作系统病毒最为常见,危害性也最大。

病毒的一般症状如下。

(1) 显示器出现莫名其妙的信息或异常显示(如白斑、小球、雪花、提示语句等)。

(2) 内存空间变小,对磁盘访问或程序装入时间比平时长,运行异常或结果不合理。

(3) 定期发送过期邮件。

(4) 宕机现象增多,在无外界介入下自行启动,系统不承认磁盘,或硬盘不能引导系统,异常要求用户输入口令。

(5) 打印机不能正常打印,汉字库不能正常调用或不能打印汉字。

4. 病毒的传播条件

(1) 通过媒体载入计算机,如硬盘、U 盘、网络等。

(2) 病毒被激活,随着所依附的程序被执行后才能取得控制权(机器传染上病毒后,未被运行的病毒程序是不会起作用的)。

总之,病毒的传染以操作系统加载机制和存储机制为基础,有的也危及硬件。

5. 病毒危害

从计算机病毒的定义中可以知道,计算机病毒的危害如下。

(1) 破坏计算机功能,影响计算机使用。

(2) 毁坏数据。

(3) 造成计算机系统运行失常或导致整个系统瘫痪,可能彻底毁坏系统软件,甚至是硬件系统。

6. 病毒对策

(1) 病毒预防。阻止病毒的侵入比病毒侵入后再发现和排除要重要得多,堵塞病毒的传播途径是阻止病毒侵入的最好方法。

① 软件预防。主要使用计算机病毒疫苗程序,监督系统运行并防止某些病毒入侵。比如在机器和网上安装杀毒软件和防火墙,实时监控病毒的入侵和感染。

② 硬件预防。主要有两种方法:一是改变计算机的系统结构,二是插入附加固件,如将防毒卡插到主板上,当系统启动后先自动执行,从而取得 CPU 的控制权。

③ 管理预防。这也是最有效的预防措施,主要途径如下。

制订防治病毒的法律手段。对有关计算机病毒问题进行立法,不允许传播病毒程序。对制造病毒者或有意传播病毒从事破坏者要追究其法律责任。

建立专门机构负责检查发行软件和流入软件有无病毒。为用户无代价消除病毒,不允许销售含有病毒的程序。

宣讲计算机病毒的常识和危害性;尊重知识产权,使用正版软件,不随意复制软件,不运行不知来源的软件。养成定期清除病毒的习惯,杜绝制造病毒的犯罪行为。

(2) 安全管理计算机的措施。

① 限制网上可执行代码的交换,控制共享数据,一旦发现病毒,立即断开联网的工作站;不打开来路不明的电子邮件,直接删除;能在单机下完成的工作,应在脱网状态下完成,这是最为重要的。

② 用硬盘启动机器。凡无须再写入的 U 盘都应作写保护。借给他人的 U 盘都应作写保护(最好只借副本),收回时应先检查有无病毒。

③ 不要把用户数据或程序写到系统盘上,并保护所有系统盘和文件。

④ 对重要的系统数据和用户数据定期进行备份。

7. 病毒清除

一旦发现病毒,应立即清除。一般使用常说的反病毒软件。反病毒软件使用方便安全,一般不会因清除病毒而破坏系统中的正常数据。

常见的国产反病毒软件有奇虎 360 杀毒软件、瑞星杀毒软件、江民杀毒软件、金山毒霸等。

有关杀毒软件的使用,在常用工具软件一章中将再作介绍。

1.5.4　计算机黑客与网络犯罪

1. 计算机黑客

黑客一词来源于英文 Hacker,原指热心于计算机技术、水平高超的计算机专家,尤其是程序设计人员,早期在美国的计算机界是带有褒义的词语。但在媒体报道中,黑客一词往往指那些"软件骇客"(Software Cracker)。

黑客被划分为三种类型。

(1) "白帽子"黑客,也称红客或"匿名客"(Sneaker),正面的黑客,专门发现网络或者软件存在的安全问题,不从事恶意攻击,主动提供解决漏洞的方案,有的更成为了网络安全工程师。这些人大多是网络安全的维护者,包括美国政府在内的各级机构在解决网络安全问题时,也会请他们参与。

(2) 灰帽子黑客,他们擅长攻击技术,但不轻易造成破坏,他们精通攻击与防御,同时头脑里具有信息安全体系的宏观意识。

（3）黑帽子黑客，平常所说的计算机黑客。他们利用计算机、网络作为工具进行犯罪活动，研究攻击技术唯一的目的就是惹是生非，对计算机信息系统、国际互联网安全构成危害。主要手段有寻找系统漏洞、非法侵入涉及国家机密的计算机信息系统、非法获取口令、偷取特权、侵入他人计算机信息系统，或者窃取他人商业秘密、隐私，或者挪用、盗窃公私财产，或者对计算机资料进行删除、修改、增加，或者传播复制非法作品，或者制作、传播计算机病毒等。常以一个结点为根据地攻击其他结点，如进行电子邮件攻击等。

黑客的非法行为可招致行政乃至刑事处罚，必须受到相应法律的制裁。此外，黑客还应该赔偿其侵权行为给国家、集体或他人造成的损失。当然被黑客用作攻击的商业网站也应承担相应的赔偿责任。

2. 计算机黑客犯罪的特点

（1）知识水平高。单就专业知识水平来讲，黑客可以称得上是专家。

（2）手段隐蔽。犯罪者可以在千里之外的网上而非现场作案。在一国实施，却可以在他国或多国造成严重后果。

虽然通过网络进行犯罪有一定的隐蔽性（有时使用一些更隐蔽的手段），但每一步操作在计算机内都有记录，一些网络安全应用，如防火墙（Fire Wall）技术等可以反复锁定黑客的 IP 地址，轻易地认证黑客的来源，不难查到操作者的身份。例如在美国，虽然利用网络犯罪的案例较多，而引起政府重视的大案都无一漏网。

习 题 1

1.1 思考题

1. 计算机的定义与特点是什么？计算机自 1939 年诞生以来，哪几件事情对它的普及影响最大？为什么？

2. 什么是计算机的主要应用领域？试分别举例说明。

3. 计算机的主要类型有哪些？从 1975 年到现在，PC 发生了哪些巨大的变化？试用几句话概括这些变化的特点。

4. 计算机文化知识为什么应该成为当代人们知识结构的重要组成部分？

5. 计算机内部的信息为什么要采用二进制编码表示？

6. 一个完整的计算机系统由哪些部分构成？各部分之间的关系如何？

7. 微处理器、微机、微机硬件系统、微机软件系统、微机系统相互之间的区别是什么？

8. 存储器为什么要分为内存储器和外存储器？两者各有何特点？

9. 什么是机器语言、汇编语言、高级语言、面向过程语言、非过程语言和智能性语言？

10. 什么是操作系统？它的主要功能是什么？

11. 什么是文件与文件夹？文件的命名原则是什么？文件如何存放较好？

12. 什么是计算机病毒？它具有哪些特征？对计算机病毒应如何预防和应对？

1.2 选择题（1）

若无特别说明，选择题均指单项选择题。

1. 对于计算机，下面的描述不正确的是（　　）。

（A）能自动完成信息处理 （B）能按编写的程序对原始输入数据进行加工

（C）计算器也是一种小型计算机 （D）虽说功能强大，但并不是万能的

2．一个完整的计算机系统是由（　　　）组成的。

（A）主机及外部设备 （B）主机、键盘、显示器和打印机

（C）系统软件和应用软件 （D）硬件系统和软件系统

3．指挥、协调计算机工作的设备是（　　　）。

（A）输入设备 （B）输出设备 （C）存储器 （D）控制器

4．在微机系统中，硬件与软件的关系是（　　　）。

（A）在一定条件下可以相互转化的关系 （B）逻辑功能等价关系

（C）整体与部分的关系 （D）固定不变的关系

5．在计算机内，信息的表示形式是（　　　）。

（A）ASCII 码 （B）拼音码 （C）二进制码 （D）汉字内码

6．基本字符的 ASCII 编码在机器中的表示方法准确地描述应是（　　　）。

（A）使用 8 位二进制码，最右边一位为 1 （B）使用 8 位二进制码，最左边一位为 0

（C）使用 8 位二进制码，最右边一位为 0 （D）使用 8 位二进制码，最左边一位为 1

7．微机的常规内存储器的容量是 640KB，这里的 1KB 为（　　　）。

（A）1024 字节 （B）1000 字节 （C）1024 二进制位 （D）1000 二进制位

8．微机在工作中，由于断电或突然"死机"，重新启动后计算机（　　　）中的信息将全部消失。

（A）ROM 和 RAM （B）ROM （C）硬盘 （D）RAM

9．计算机的配置信息一般存储在（　　　）中。

（A）RAM （B）ROM （C）EEPROM （D）存储设备

10．计算机能够直接识别和处理的程序是（　　　）。

（A）汇编语言程序 （B）源程序 （C）机器语言程序 （D）高级语言程序

11．把高级语言编写的源程序变为目标程序，要经过（　　　）。

（A）汇编 （B）解释 （C）编译 （D）编辑

12．计算机软件系统一般包括系统软件和（　　　）。

（A）字处理软件 （B）应用软件 （C）管理软件 （D）科学计算软件

13．操作系统是一种（　　　）。

（A）系统软件 （B）应用软件 （C）源程序 （D）操作规范

14．具有多媒体功能的微机系统目前常用 CD-ROM 作外存储器，它是一种（　　　）。

（A）只读存储器 （B）光盘 （C）硬盘 （D）U 盘

15．既能向主机输入数据又能向主机输出数据的设备是（　　　）。

（A）CD-ROM （B）显示器 （C）硬盘驱动器 （D）光笔

16．光驱的倍速越大，表示（　　　）。

（A）数据传输越快 （B）纠错能力越强

（C）所能读取光盘的容量越大 （D）播放 VCD 效果越好

17．速度快、分辨率高、噪声小的打印机类型是（　　　）。

（A）击打式 （B）针式 （C）激光式 （D）点阵式

18．同时按下 Ctrl＋Alt＋Del 组合键的作用是（　　　）。

（A）停止微机工作 （B）立即热启动微机 （C）冷启动微机

（D）使用任务管理器关闭不响应的应用程序

（E）检查计算机是否感染部分病毒，清除部分已感染的病毒

1.3 选择题(2)

以下是多项选择题。

1. 计算机的输入设备有( )，输出设备有( )。

   (A) 打印机   (B) 绘图仪   (C) 硬盘   (D) 扫描仪

   (E) 显示器   (F) 可擦写光盘   (G) 光笔   (H) 键盘

   (I) 条形码阅读器   (J) 生物识别阅读器   (K) 3D 显示器   (L) 3D 打印机

2. 计算机的系统软件有( )。

   (A) 操作系统   (B) BASIC 源程序   (C) 汇编语言   (D) 编译程序

   (E) 监控、诊断程序   (F) FoxPro 库文件   (G) 编辑程序

3. 用高级语言编写的程序不能直接运行，需要经过( )。

   (A) 汇编   (B) 编译   (C) 解释   (D) 翻译

1.4 填空题

1. 世界上公认的第一台电子计算机于_____年诞生，它的名字是_____。

2. 到目前为止，电子计算机经历了多个发展阶段，发生了很大变化，但都基于同一个基本思想。这个基本思想是由_____提出的，其要点是_____。

3. 传统计算机的发展趋向是_____、_____、_____、_____、_____。

4. 一个完整的计算机系统是由_____和_____两部分组成的。

5. 微机的运算器、控制器和内存三部分的总称是_____。

6. 软件系统又分_____软件和_____软件，磁盘操作系统属于_____软件。

7. 计算机能够直接执行的程序，在机器内部，数据的计算和处理是以编码形式表示的，原因是_____。

8. 在计算机中，bit 的中文含义是_____；字节是常用的单位，它的英文是_____。一字节包括的二进制位数是_____。32 位二进制数是_____字节。1GB 是_____字节。

9. 8 位二进制无符号定点整数的数值范围是_____。

10. 在微机中，应用最普遍的字符编码是_____。

11. CPU 不能直接访问的存储器是_____。

12. 在 RAM、ROM、PROM、CD-ROM 4 种存储器中，易失性存储器是_____。

13. 内存有随机存储器和只读存储器，其英文简称分别为 RAM 和_____。

14. 直接由二进制编码构成的语言是_____。

15. 编译语言是对机器语言的改进，以_____来表示指令。

16. 用某种高级语言编写、人们可以阅读(计算机不一定能直接理解和执行)的程序称为_____。

17. 用高级语言编写的源程序，必须由_____程序处理翻译成目标程序，才能被计算机执行。

18. 计算机病毒实质上是_____。其主要特点是具有_____、潜伏性、_____、激发性和隐蔽性。文件型病毒传染的对象主要是_____、_____类型文件。

19. 计算机病毒的主要特性是_____。

20. 当前微机中最常用的两种输入设备是_____和_____。

21. 目前常用的 VCD 光盘盘面的直径是 120mm，其存储容量一般是_____MB。

22. 使用计算机时，开关机顺序会影响主机寿命，正确的开机顺序是_____，正确的关机顺序是_____。

23. 在图 1.11 所示的计算机硬件系统结构示意框图中，填写方框①至方框⑤所代表的含义。

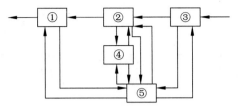

图 1.11　计算机硬件系统结构示意框图

第 2 章　Windows 10 操作系统

2.1　Windows 10 概述

2.1.1　Windows 10 简介

Windows 10 是微软(Microsoft)公司于 2015 年推出的新一代跨平台及设备应用的操作系统。与此前的 Windows 操作系统版本相比,Windows 10 整合了运行在手机、平板电脑、个人电脑、游戏机、智能眼镜等各类设备上的所有操作系统。通过系统整合,未来所有的设备都将运行在统一的 Windows 10 系统核心之上,这样的设计使得同一款应用,例如计算器、记事本、Office 等,可以运行在任何装有 Windows 10 的设备上,从而消除了同一款应用为适应不同操作系统而产生的重复开发和维护的成本。

1. Windows 10 的各个版本

Windows 10 共包括 7 个版本。

(1) **家庭版**提供了 Windows 10 操作系统的主要功能,面向使用个人电脑、平板电脑的用户。

(2) **专业版**以家庭版为基础,提供了可配置的安全性策略,支持远程和移动办公、系统自动更新等功能。

(3) **企业版**以专业版为基础,具备更高级别的系统安全性和可靠性,并提供批量许可证等服务。

(4) **教育版**以企业版为基础,面向学校员工及学生等用户。

(5) **移动版**集成了与家庭版相同的通用 Windows 应用和针对触控操作优化的 Office 软件,面向尺寸较小、配置触控屏的移动设备,例如智能手机和小尺寸平板电脑。

(6) **移动企业版**以移动版为基础,面向企业用户,并提供了批量许可证、系统自动更新等服务。

(7) **物联网核心版**主要针对物联网设备,例如智能家居产品中的冰箱、空调、电视、工业化生产中用到的电梯、石油运输管道、英特尔和高通开发的单片机等。

2. Windows 10 的主要功能特点

(1) 跨平台。与此前每类设备都建有各自的 Windows 操作系统不同,Windows 10 旨在整合并为所有设备提供统一的操作系统。目前,Windows 10 内置的 Continuum 功能能够根据用户使用的设备(例如笔记本电脑、平板电脑或者智能手机终端)情况询问用户是否需要调整到最适合当前模式的输入方式以便提供最佳的输入模式。

(2) 虚拟桌面。桌面是操作系统将计算机的终端系统虚拟化后形成的一个交互界面。通俗地讲,桌面就是用户打开计算机并登录系统之后看到的显示器主屏幕区域,用户向系统发出的各种操作命令都是直接或间接地通过桌面接收和处理的。以往版本的 Windows 操作系统只有一个桌面,Windows 10 允许用户创建多个虚拟桌面,每个桌面被用来处理不同的应用场景,而桌面之间的应用互不干扰,从而带来使用和管理上的便利。

(3) 增强的智能分屏。随着显示器的屏幕变得越来越大,Windows 10 提供了更强大的分屏功能。在以往版本的 Windows 操作系统中,用户将窗口拖到屏幕左右两侧热区时,系统会自动安排窗口占 1/2 屏幕的比例完成分屏。在 Windows 10 中,这样的热区被增加至七个,除了之前的左、上、右三个边框热区外,还增加了左上、左下、右上、右下四个边角热区以实现更为强大的 1/4 分屏。

(4) 新版浏览器。IE(Internet Explorer)浏览器是以往 Windows 各个版本操作系统中默认安装的网页浏览器,而在 Windows 10 操作系统中,Microsoft Edge(以下简称 Edge)取代了 IE,成为系统默认安装的网页浏览器。与 IE 相比,Edge 浏览器提供了智能语音助理和网页阅读模式两大功能,并针对触控操作进行了优化,而且深度融合了 Bing 搜索服务,增强用户的使用体验。

(5) 全新的开始菜单。Windows 10"开始"菜单融合了 Windows 7"开始"菜单以及 Windows 8"开始"屏幕的特点。与 Windows 7 类似,Windows 10"开始"菜单左侧显示最常用项目、文件资源管理器、设置、电源和所有应用列表。为了兼容平板电脑、手机等触控操作类型的设备,Windows 10"开始"菜单右侧用来固定应用磁贴、图标,方便用户快速定位和打开应用。

(6) 同步云共享服务。同步云共享服务 OneDrive 提供相册的自动备份功能,通过自动将设备中的图片上传到云端保存,用户即使在设备出现故障时仍然可以从云端获取和查看图片;同步云共享服务提供在线 Office 功能,用户可以在线创建、编辑和共享文档,文档实时保存本地磁盘并同步到云端,这样的设计可以避免本地编辑时因为宕机而造成的文件内容丢失,提高了文件的可靠性;通过同步云共享服务,用户可以分享指定的文件、照片或者整个文件夹,通过提供一个共享内容的访问链接给其他用户,其他用户就可以访问这些共享内容了。

本章将介绍 Windows 10 专业版在文件管理、任务管理和设备管理方面的基本功能和用法。此后提到的 Windows,如果没有特别说明,都是指运行在个人计算机上的 Windows 10 专业版操作系统。

2.1.2　Windows 10 的运行环境、安装和激活

1. 安装的硬件要求

安装 Windows 10 的计算机,CPU 主频至少为 1GHz;内存容量至少为 1GB(基于 32 位 CPU)或 2GB(基于 64 位 CPU);硬盘容量至少为 16GB 可用空间(基于 32 位 CPU)或 20GB 可用空间(基于 64 位 CPU);带有 WDDM 1.0 或更高版本驱动程序的 DirectX 9 图形设备;光盘驱动器、彩色显示器、键盘以及 Windows 支持的鼠标或兼容的定点设备等。

若希望 Windows 10 提供更多的功能,则系统配置还有其他要求,例如:需要在 Windows 下执行打印的用户,需要一台 Windows 支持的打印机;若要声音处理功能,则需要声卡、麦克风、扬声器或耳机;若要进行网络连接,还需要网卡或无线网卡等设备。

2. Windows 10 的安装

在安装前,需要确定计算机可安装 32 位还是 64 位的 Windows 10 操作系统。安装时有以下三种安装类型。

(1) 升级安装。将原有操作系统(Windows 7 或更高版本)的文件、设置和程序保留在原位置的安装类型。使用升级安装前,首先要确认当前系统为正版系统,并且系统激活状态为"已激活"。需要说明的是,只有 Windows 7 及后续版本的操作系统才能升级到某些版本的 Windows 10,例如,Windows 7 家庭版(包括家庭普通版、家庭高级版)只能升级为 Windows 10 家庭版,而 Windows 7 之前版本的操作系统,例如 Windows XP、Windows Vista 等,必须通过全新安装方式安装 Windows 10。升级安装 Windows 10 需要从微软中国官方网站下载安装工具,通过安装提示向导完成一个个的"下一步"操作直至升级完成。

(2) 全新安装。完全删除原有系统,全新安装 Windows 10 系统。此时原系统所在分区的所有数据会被全部删除。方法可参考"多系统安装"类型。

(3) 多系统安装。在保留原有系统的前提下,将 Windows 10 安装在另一个独立的分区中。在安装的过程中,该分区里的内容会被完全删除。因此在执行多系统安装(包括全新安装)前,一定要把该分区中有用的数据备份到 U 盘或移动硬盘中。此时新的系统将与原有系统同机分区存在,互不干扰。安装成功后,可允许用户选择启动不同的操作系统。

以下为执行"多系统安装"的步骤,并设原系统为 Windows 7。

① 启动 Windows 7,将 Windows 10 专业版的 DVD 安装盘插入光驱。

② 光盘自行运行,出现 Windows 安装程序的窗口,如图 2.1 所示,选择"现在安装"项,在随后出现的窗口中,通过安装程序的引导完成一个个的"下一步"操作:输入"产品密钥";选择"我接受许可条款",在随后出现的如图 2.2 所示的界面中,选择安装 Windows 所在的分区,单击"下一步"按钮便开始整个安装过程。在此过程中,安装程序会重新启动计算机两次。

图 2.1　Windows 10 安装界面之一

图 2.2　Windows 10 安装界面之二

③ 重启之后,通过安装程序的引导完成一个个的"下一步"操作配置 Windows 系统,主要包括将区域设置定义为"中国",设置键盘布局为"微软拼音",创建账户与密码以及设置系统时间等。设置完成之后便可进入 Windows 10 桌面。

3. Windows 10 的激活

激活 Windows 10 的目的是推广正版软件的需要。其零售产品中包含一项基于软件的产品激活技术,激活限期为 30 天。如果过期未激活,系统将采用"黑色桌面"提醒,同时,Windows 无法完成自动更新。Windows 10 的激活策略主要有两种:(1)针对个人用户,其采用的策略是一个产品密钥激活一台机器;(2)针对企业用户,其采用的策略是一个产品密钥激活多台机器。为激活产品,用户可以使用激活向导将安装的产品密钥通过 Internet 或电话提供给微软公司。微软公司会对发送过来的产品密钥进行验证,如果验证通过,则 Windows 会自动完成激活过程。

图 2.3　选择要启动的操作系统

2.1.3　Windows 10 操作系统的启动与关闭

1. Windows 10 的启动

启动 Windows 10 即启动计算机的一般步骤如下。

(1)依序打开外部设备的电源开关和主机电源开关。

(2)计算机执行硬件测试,测试无误后即开始系统引导。如果计算机中有 Windows 7 和 Windows 10 双操作系统,将出现如图 2.3 所示的选择提示。

（3）选择"Windows 10"，并按 Enter 键，启动 Windows 10。若安装 Windows 10 过程中设置了多个用户使用同一台计算机，启动过程将出现如图 2.4 所示的"选择用户名"提示界面，选择左下角合适的用户名，在新出现的界面中输入密码，单击"->"按钮后继续完成启动。

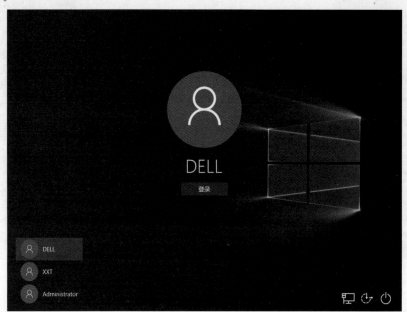

图 2.4　提示选择用户的界面

（4）启动完成后，出现清新简洁的 Windows 10 桌面，如图 2.5 所示。

图 2.5　启动 Windows 10 后出现的界面

2. 退出 Windows 10 并关闭计算机

退出 Windows 10 并关闭计算机，必须遵循正确的步骤，而不能在 Windows 10 仍在运行时直接关闭计算机的电源。因为 Windows 10 是一个多任务、多线程的操作系统，有时前台运行一个程序，后台还可能运行着多个程序，不遵循正确步骤关闭系统可能造成程序数据和处理信息的丢失，严重时可能会造成系统的损坏。另外，由于 Windows 10 的多任务特性，运行时需要占用大量的磁盘空间以保存临时信息，这些保存在特定文件夹中的临时文件会在正常退出 Windows 10 时被清除掉，以免资源浪费；非正常退出将使系统来不及处理这些临时信息。

正常退出 Windows 10 并关闭计算机的步骤如下。

（1）保存所有应用程序中处理的结果，关闭所有运行着的应用程序。

（2）单击桌面左下角的"开始"按钮▦，在弹出的开始菜单中选择"电源"，单击快捷菜单中的"关机"项即可关闭计算机。当关闭计算机时，如果打开的文件还未来得及保存，系统会弹出如图 2.6 所示的界面，提示用户保存打开的这些文件。选择"取消"按钮则表示暂不退出 Windows，单击"强制关机"按钮，则关闭计算机。关闭计算机后，使用 ATX 电源结构的计算机将自动切断主机电源，用户只要关闭外部设备电源开关即可。

单击"开始"菜单中的"电源"项后弹出的快捷菜单栏中，除了"关机"选项外，还包含"重启"和"睡眠"两个选项。单击"重启"按钮将重新启动计算机；选择"睡眠"将使计算机进入休眠状态，在此状态下计算机将关机以节省电能，但在关机前首先会将内存中所有内容全部存储在硬盘上，当重新操作计算机时，计算机将精确恢复到休眠之前时的状态。工作过程中较长时间离开计算机时，应当使用休眠状态节省电能。如果系统中存在多个用户账号，可选择切换用户，具体操作步骤为：单击"开始"菜单按钮，在弹出的"开始"菜单中，选择左上角的"当前登录账户"，这时将会出现如图 2.7 所示的界面，选择其他用户，例如选择图 2.7 中的 lucy_ jiale@outlook.com 账户登录计算机；当工作过程中需要短时间离开计算机时，可选择"锁定"，使计算机处于锁定状态，在当前用户解除锁定之前，所有人无法看到和操作计算机的工作桌面，从而保护当前用户的数据不被泄露。选择"注销"将退出本次登录，重新回到如图 2.4 所示的界面。

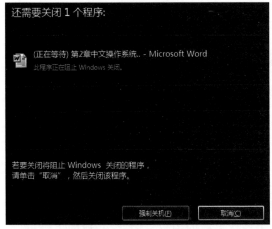

图 2.6　关机前仍打开的文件名和程序名列表

图 2.7　切换用户对话框

2.2 Windows 10 的基本概念和基本操作

2.2.1 鼠标的操作方法与鼠标指针的不同形状

在 Windows 10 中,用户大部分的命令都是借助图形界面向系统发出的。因此,只有使用鼠标一类的定位系统才能较好地发挥其操作方便、直观、高效的特点。

1. 鼠标的操作方法及其设定

在 Windows 10 中,鼠标的基本操作有指向、单击、双击、三击和拖动(或称拖曳)等。"指向"只是鼠标其他操作,如单击、双击或拖动的先行动作;在系统默认情况下,"单击"用于选定一个具体项;"双击"通常用于直接打开一个文件或文件夹、启动一个程序等;"三击"在 Word 中可用于在段落中选定整个段落,或在选定区选定整个文档。在 Windows 中,"选定"是指在一个项目上作标记,以便对这个项目执行随后的操作或命令。

用户也可修改打开项目的方式,其操作如下。

(1) 单击文件夹窗口或文件资源管理器窗口的"查看"按钮,在出现的菜单中选择"选项"命令,出现如图 2.8 所示的对话框。

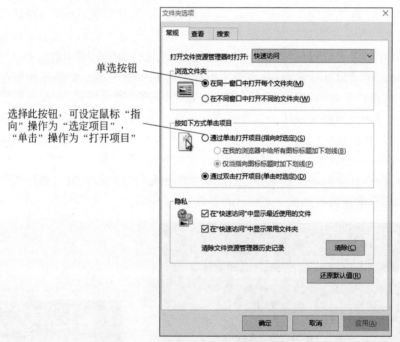

图 2.8 文件夹选项窗口的"常规"选项卡

(2) 在"常规"选项卡中的"按如下方式单击项目"栏中修改打开项目的方式,例如选择"通过单击打开项目(指向时选定)"。

如没有特殊说明,本书的介绍对"指向"和"单击"仍沿用系统默认设置(即双击打开项目,单击时选定),而且面向习惯于用右手操作鼠标的用户。因此,一般的单击、双击均指单击、双击鼠标左键；拖动则指按住左键的同时移动鼠标，需要操作鼠标右键时，将会特别点明。

习惯用左手操作鼠标的用户可以利用"控制面板"中的"鼠标"项作相应的设置（见2.5.4节）。

2. 鼠标指针的不同标记

Windows 10 中，鼠标指针有各种不同的符号标记，出现的位置和含义也不同，用户应注意区分。表2.1列出了 Windows 10 中常见的一些鼠标指针符号。

表 2.1　常见的鼠标指针符号

指针符号	指针名	指针符号	指针名
↖	标准选择指针	⟷	调整水平大小指针
↖?	求助指针	⤢	对角线调整指针
↖○	后台操作指针	✛	移动指针
○	忙状态指针	👆	链接指针
I	文字选择指针/I 型光标	↗	选定区指针
⊘	当前操作无效指针	↖▫	复制对象指针
↕	调整垂直大小指针	＋	精准选择指针

2.2.2　桌面有关的概念与桌面的基本操作

1. 桌面

桌面俗称工作桌面或工作台，是指操作系统将计算机的终端系统虚拟化后形成的一个交互界面，直接的表现形式为窗口、图标、对话框等工作界面所在的屏幕背景。用户向系统发出的各种操作命令都是直接或间接地通过桌面接收和处理的。

安装成功后 Windows 10 的桌面如图 2.5 所示。初始化的 Windows 10 桌面给人清新、明亮、简洁的感觉。此外，为了满足用户个性化的需要，计算机中每个用户都可以分别设置不同的主题（包括桌面的背景、图标和声音等）。桌面的最底端是任务栏，平时打开的程序、文件、文件夹等，在未关闭之前都会出现在任务栏中。桌面的左上角是系统文件夹图标，例如"此电脑""网络""回收站"等。需要注意的是，在系统安装成功之后，桌面上呈现的只有"回收站"图标（设置其他系统文件夹图标参见下面的段落）。设置系统文件夹图标的目的是方便用户快速地访问和配置计算机中的资源。在使用过程中，用户可以将自己常用的应用程序的快捷方式、经常要访问的文件或文件夹的快捷方式放置到桌面上，通过对应用程序、文件或文件夹的替身——快捷方式的访问，达到快速访问应用程序、文件或文件夹本身的目的。

2. 桌面的个性化设置

在桌面的空白处单击鼠标右键（以后简称为"右击"），会弹出如图 2.9 所示的快捷菜单（关于快捷菜单参见 2.2.7 节的介绍），选择"个性化"菜单项，将出现如图 2.10 所示的"个性化"窗口。单击窗口左侧的"主题"项，在出现的界面右侧单击"主题设置"链接，打开如图 2.11 所示的"主题设置"窗口。通过该窗口,用户可以选择不同的 Windows 10 主题。设置后的主题将影响桌面的整体外观,包括桌面背景、屏幕保护程序、图标、窗口和系统的声音事件等。

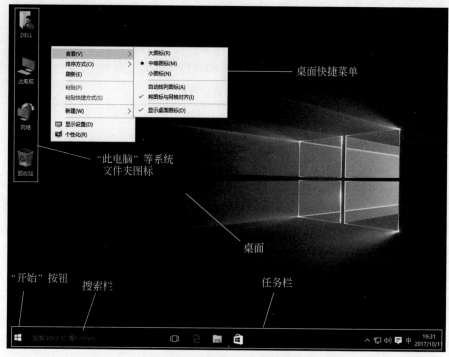

图 2.9　Windows 10 桌面

　　用户也可以对计算机的背景、颜色以及锁屏界面等进行单独设置。具体操作是：单击图 2.10 所示窗口左侧的"背景"选项进入"背景设置"窗口,通过该窗口,用户可以选择自己喜欢的图片或颜色作为自己的桌面背景;类似地,用户也可在如图 2.10 所示的窗口中单击"锁屏界面"选项,可为 Windows 选择一种屏幕保护程序并可设置监视器的节能模式;单击"颜色"按钮,用户可根据自己的意愿为 Windows 窗口的颜色进行定义。为了避免误操作造成个性化信息设置的丢失,用户可以单击如图 2.11 所示窗口中"我的主题"栏下的"保存主题"按钮,将如上个性化的设置保存为一个自定义主题,下次可以通过调用该主题重现该主题下的背景、颜色、锁屏界面等选项的设置。

　　用户也可设置显示在桌面左上角的系统文件夹图标。单击如图 2.10 所示的"桌面图标设置"项,会出现如图 2.12 所示的对话框。在"桌面图标"栏中,用户可选择哪些图标出现在桌面的左上角。设置完成之后,单击"确定"或"应用"按钮即可成功设置。单击"确定"按钮和"应用"按钮的区别在于前者激活用户的设置后会关闭当前对话框,而后者仅仅激活用户的设置,不关闭当前对话框。

3. 桌面上的"网络"

　　当用户的计算机连接到网络时,这个文件夹才真正起作用。通过这个文件夹,用户可以访问整个网络或邻近计算机中的共享资源,也可以提供共享资源供邻近的计算机访问。

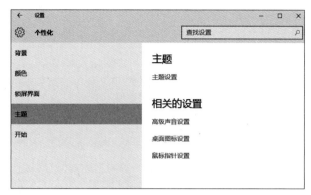

图 2.10　Windows 10 个性化设置窗口

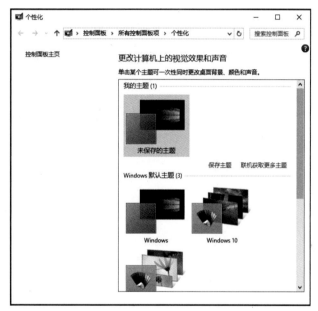

图 2.11　主题设置窗口

4. 桌面上的"回收站"

用于存放用户删除的文件或文件夹。将文件或文件夹图标拖放到"回收站",表示将删除这些文件或文件夹。

双击桌面上的"回收站"图标,可以打开其窗口。如果用户已经删除文件和文件夹到回收站中,则会出现类似于图 2.13 所示的窗口。在其中的某个删除项目上右击,可以打开图中所示的快捷菜单,选择"还原"选项可以将选定的项目从回收站送回该项目原来所在的位置,即取消对该项目的删除操作;选择"删除"选项表示将该项目真正删除。如果要删除回收站中的所有项目,可以右击窗口空白处,在弹出的快捷菜单中选择"清空回收站"选项。

如果拖放一个项目到回收站的同时按住 Shift 键,该项目将直接被删除而不保存到"回收站"中;选定一个项目后,按 Shift+Del 键也将直接删除之。

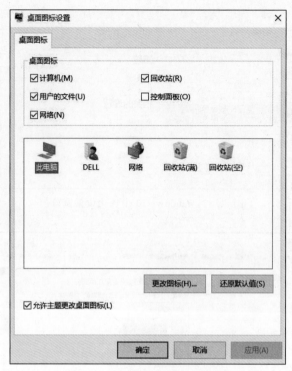

图 2.12　Windows 桌面图标设置

图 2.13　"回收站"窗口

2.2.3　图标与图标的基本操作

1. 图标概念

图标也称为"肖像",是 Windows 中各种项目的图形标识。图标因标识项目(或称对象)的不同分为文件夹图标、应用程序图标、快捷方式图标、文档图标、驱动器图标等(参见表 2.2)。图标的下面或旁边通常有标识名,被选定的图标,其标识名高亮反显。

表 2.2　Windows 中的部分图标

图标	标　识	图标	标　识
	文件夹		隐藏文件夹（显示时颜色较一般文件暗淡）
	应用程序		应用程序快捷方式
	应用程序创建的文档文件		纯文本文件
	其他文件		应用程序扩展文件
	配置设置或安装信息等文件		可移动磁盘（如 U 盘等）
	硬盘驱动器		DVD-驱动器

从表 2.2 可以看出，Windows 的图标设计十分形象，但应用程序和它的快捷方式（即它的替身）的图标差别不大，应注意区分。

2. 图标的排序与查看

桌面上图标的排序方式有两种：自动排序和非自动排序。自动排列又分为按名称、按大小、按项目类型、按修改日期的不同排列方式。鼠标右击桌面的空白处，将出现如图2.14 的快捷菜单，从"排序方式"的子菜单中选择一种合适的排列方式。在如图 2.14 所示的快捷菜单中选择"查看"时将出现如图 2.15 所示的快捷菜单。当"自动排列图标"不起作用时，用户可以拖动图标按自己的喜好安排它们在桌面上的位置。快捷菜单中的"将图标与网格对齐"命令不会改变图标已有的排列方式，只是使图标按一定间隔对齐而已。单击"显示桌面图标"可显示或隐藏桌面上的图标。

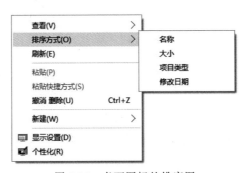

图 2.14　桌面图标的排序图

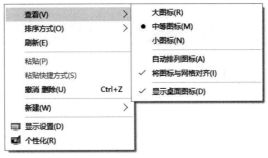

图 2.15　桌面图标的查看方式

3. 图标的基本操作

Windows 中的任务操作有多种方式,例如鼠标方式、菜单方式、快捷键方式等,这里仅介绍鼠标方式。

(1)移动图标。鼠标指向图标,按下左键(不松开),拖动图标到目的位置,松开按键。此操作不仅可以在桌面或某窗口内移动图标,还可将图标从一个文件夹窗口移动到同一磁盘的另一个文件夹中。

(2)开启图标。鼠标指向并双击应用程序图标或其快捷方式,将启动对应的应用程序;指向并双击文档文件图标,将启动创建文档的应用程序并打开该文档;指向并双击文件夹图标,将打开文件夹窗口。

(3)复制图标。复制文件或文件夹的图标,将生成与原文件或文件夹相同空间大小的文件或文件夹。复制的方式分以下几种情况。

① 在桌面或同一个文件夹窗口内复制图标:移动图标,松开鼠标按键前先按住 Ctrl 键。

② 在同一磁盘的不同文件夹间复制图标:移动图标,松开鼠标按键前先按住 Ctrl 键。

③ 在不同磁盘间复制图标:移动图标到另一磁盘图标中即可。

注意:如果复制的是快捷方式图标,将不会真正复制原文件或文件夹。

(4)图标更名。右击图标并从其快捷菜单中选"重命名"或选定图标并按功能键 F2(或者按组合键 Fn+F2)。

(5)删除图标。移动图标到"回收站"图标上,直到"回收站"图标反显时松手,可将此图标暂放在回收站,打开回收站,对此图标再次执行删除(选定后按 Del 键)才真正从磁盘中删除;若移动图标到回收站时按住 Shift,则一次就真正删除之。

(6)创建图标的快捷方式。右击图标,从其快捷菜单中选"创建快捷方式"命令。

2.2.4　任务栏

任务栏默认位于桌面的底端(参见图 2.5 或图 2.9),其最左边是"开始"按钮,单击此按钮出现"开始"菜单;从左往右依次是"搜索栏""快速启动区""活动任务区"和"系统区"(参见图 2.16)。

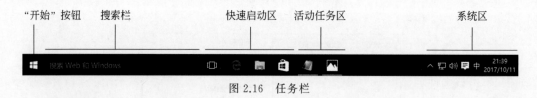

图 2.16　任务栏

1. 搜索栏

使用搜索栏可以快速检索 Windows 系统安装的应用程序、创建的文件和文件夹、互联网中的 Web 网页等内容。在搜索栏中输入查找的文件或程序名称,系统将返回匹配该名称的所有文件、程序,并提供互联网搜索建议。例如,用户输入"计算器",系统从本地

Windows 中搜索到"计算器"应用程序作为最佳搜索结果,单击该应用即可打开计算器工具;用户也可单击"搜索建议"中提示的"查看网络搜索结果",利用搜索引擎 Bing 检索互联网中描述"计算器"的 Web 网页。

2. 快速启动区

Windows 默认设置"Edge 浏览器""文件资源管理器"和"应用商店"为"快速启动区"中的项,单击其中的图标可以快速启动相应程序。用户可以将自己经常要访问程序的快捷方式放入到这个区中(只需将其从其他位置,例如桌面,拖动到这个区即可)。如果用户想要删除"快速启动区"中的项,可右击对应的"图标",在出现的快捷菜单中选择"从任务栏取消固定此程序"。

3. 活动任务区

"活动任务区"显示着当前所有运行中的应用程序和所有打开的文件夹窗口所对应的图标。需要注意的是,如果应用程序或文件夹窗口所对应的图标在"快速启动区"中出现,则其不在"活动任务区"中出现。此外,为了使任务栏能够节省更多的空间,用相同应用程序打开的所有文件只对应一个图标。为了方便用户快速地定位已经打开的目标文件或文件夹,Windows 提供了两个强大的功能:实时预览功能和跳转列表(Jump List)功能。

(1)实时预览。使用实时预览功能可以快速地定位已经打开的目标文件或文件夹。移动鼠标指向任务栏中打开程序所对应的图标,可以预览打开文件的多个界面,如图 2.17 所示。单击预览的界面,即可切换到该文件或文件夹。

图 2.17　实时预览功能

(2)跳转列表(Jump List)。使用跳跃菜单可以访问经常被指定程序打开的若干个文件。鼠标右击"快速启动区"或"活动任务区"中的图标,出现如图 2.18 所示的快捷菜单。快捷菜单的上半部分("最近"栏)显示的是用户使用该程序最近打开的文件名列表,单击该文件名即可访问该文件。通常来说,快捷菜单的底端部分包括三个操作:启动新的应用程序,例如单击图 2.18 中所示的"记事本"可启动一个新的"记事本"程序;如果一个图标位于"快速启动区",则单击"从任务栏取消固定此程序",可从"快速启动区"删除该图标;单击"关闭窗口"项,则可关闭用该程序打开的所有文件。需要注意的

图 2.18　快捷菜单

是，不同图标所对应的快捷菜单会略有不同，但是基本上都具备如上所述的两个部分。

4. 系统区

系统在开机状态下常驻内存的一些项目，如反病毒实时监控程序、系统时钟显示等，显示在系统区中。单击系统区中的 ∧ 图标，会出现常驻内存的项目。对系统区的 中 图标进行单击，可以实现中英文输入状态的切换。双击时钟显示区将出现日期/时间属性窗口，可用以设定系统的日期时间。移动鼠标指向系统区的最右侧，则可预览桌面，或单击系统区的最右侧，则可显示桌面。

5. 任务栏的相关设置

任务栏中还可以添加显示其他的工具栏，右击任务栏的空白区，出现如图 2.19 所示的快捷菜单，从工具栏的下一级菜单中选择，可决定任务栏中是否显示地址工具栏、链接工具栏、桌面工具栏等。当"锁定任务栏"不起作用时，用户可调整任务栏的高度。

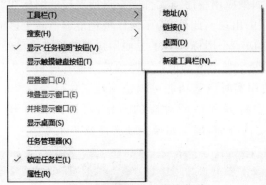

图 2.19　任务栏的快捷菜单

右击任务栏的空白处，在弹出的快捷菜单中选择"属性"项，出现如图 2.20 所示的对

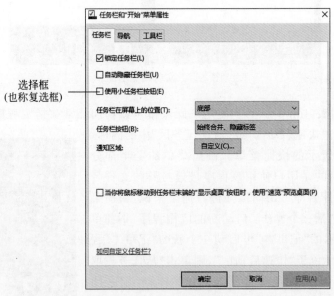

图 2.20　"任务栏和'开始'菜单属性"对话框

话框。在"任务栏"选项卡中,可设定任务栏的有关属性。例如,选择"自动隐藏任务栏"项可隐藏任务栏。任务栏隐藏起来后,可将鼠标移动到任务栏原位置使其显示出来。

2.2.5 "开始"菜单

1. "开始"菜单概述

单击任务栏的"开始"按钮将出现"开始"菜单,如图 2.21 所示。"开始"菜单是 Windows 的一个重要操作元素。用户可以由此快速启动常用应用,也可以快速访问"文件资源管理器"等系统文件夹。再一次单击"开始"按钮或在"开始"菜单外单击,可取消"开始"菜单。按键盘上的 Windows 键⊞(在 Ctrl 键和 Alt 键之间),也可以启动或取消"开始"菜单。

图 2.21 "开始"菜单

2. "开始"菜单中的主要项目

Windows 10 继承了 Windows 8 操作系统"开始"菜单的架构。菜单左上角区域显示了当前登录用户名称 Administrator。菜单的左中区域提供了常用程序与最新添加应用的快捷方式,例如记事本、计算器等,用户近期频繁使用的程序以及最新安装的应用的快捷方式会自动加入这个区域;菜单左下区域显示着常用的一些系统文件夹,包括"文件资源管理器"和"设置"等。用户单击"设置"按钮⚙,可以打开如图 2.22 所示的"设置"窗口,通过该窗口,用户可以对系统的设备、网络的访问等功能进行相关的设置。"开始"菜单右侧是用来固定应用磁贴或图标的区域,主要面向使用触控操作的设备,例如手机、平板电脑等,用户可以将常用应用添加到此处以方便快速打开。

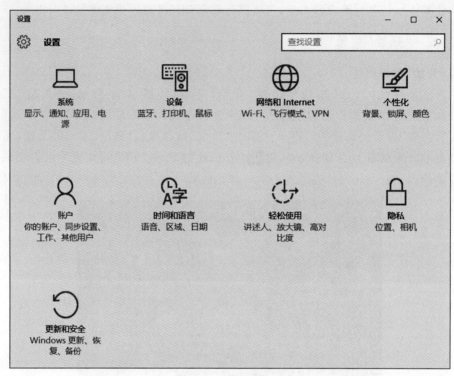

图 2.22 "设置"窗口

"开始"菜单中的"关机"项在 2.1.3 节已做了介绍,另一些重要的项目如下。

(1) 所有应用。单击"所有应用",其子菜单也内置在"开始"菜单中,子菜单放置的是系统提供的程序和工具以及用户安装的所有程序的快捷方式,通过单击相关的项可以启动相应的程序。

(2) Administrator(文件名与当前登录用户账号名称相同)。对应的是一个方便用户快速存取文件的特殊系统文件夹。Windows 安装成功后,其为每个使用计算机的用户分别创建一个特定的位置作为该用户对应的系统文件夹,其路径为操作系统所在的盘符\用户\用户名。Windows 10 在其中预先生成了几个子文件夹,即"图片""文档""音乐"和"视频"等(它们的快捷方式也出现在"开始"菜单中)。右击目标文件或文件夹,可以将其快速地发送到 Administrator 下指定的某个子文件夹中。另外,当用户在 Windows 提供的应用程序中保存创建的文件时,默认的位置是"文档"所对应的文件夹。如果要改变"文档"对应的文件夹位置,可以从右击"文档"出现的快捷菜单中选择"属性",在出现的对话框中选择"位置"选项卡,在其文本框键入新的路径,或单击"移动"按钮,再选择一个新的目标文件夹位置。单击"位置"选项卡中的"还原默认值"按钮可以使"我的文档"对应的文件夹恢复为 Windows 安装完成时所默认的位置。

(3) 文件资源管理器。选择此项,可打开如图 2.23 所示的"文件资源管理器"窗口,其中对应列出计算机系统的全部资源。右击左侧窗口的"此电脑",在出现的快捷菜单中选择"属性"项,出现如图 2.24 所示的窗口。该窗口显示的是该计算机的基本信息,包括处理器型号、内存大小、操作系统、计算机名称、计算机所在的工作组等。单击"更改设置"链接,用户可修改计算机的名称。如果系统已经成功激活,则会在该窗口中显示"Windows 已激活"。"此电脑"和"文件资源管理器"是访问和管理系统资源的两个重要工具,二者的操作方法和作用类似(见 2.3.2 节)。

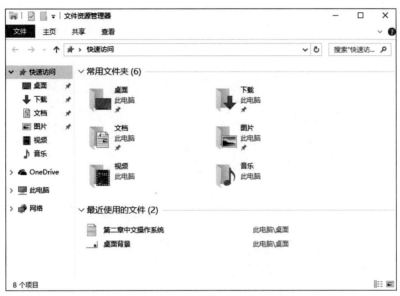

图 2.23 "文件资源管理器"窗口

图 2.24 "查看有关计算机的基本信息"窗口

3. 层阶菜单及其操作

"开始"菜单中的一些项,如"文件资源管理器""所有应用"等,如果其左侧或右侧有向下或向右指向的箭头,则表明这些项还有下一层子菜单。当鼠标沿"开始"菜单单击这些项中的某一项时,该项颜色反显。为简化这种层阶菜单(也称级联菜单)操作的描述,以后多采用以下的表达方法:例如要执行如图 2.25 中的"磁盘清理"命令,需要单击"开始"按钮,单击"所有应用",再单击"Windows 管理工具",最后指向并单击"磁盘清理",表示选择"磁盘清理"命令,即运行磁盘清理程序。该操作涉及的步骤可更简单地表述为选择"开始|所有应用| Windows 管理工具|磁盘清理"。

图 2.25 "开始"菜单中"磁盘清理"项

4. 了解"开始"菜单中项目的属性和重新组织"开始"菜单

右击"开始"菜单中的特定项目,可出现与之相应的快捷菜单,选择"属性"命令可以了解或设定特定项目(特别是系统文件夹)的属性。组织"开始"菜单中的项目,可以开展的工作如下所述。

(1) 在"开始"菜单中添加或删除特定项目。用户右击"开始"菜单中的特定项目,在弹出的快捷菜单中选择"固定到开始屏幕",如图 2.26 所示,便可将该项目添加到"开始"菜单中,如需从"开始"菜单中删除某项目,则右击该项目并在弹出菜单中选择"从开始屏幕取消固定"。

(2) 个性化"开始"界面。在桌面空白处右击选择"个性化",在个性化窗口中选择"开始"将显示如图 2.27 所示界面,在该界面中可以设置"开始"界面的显示内容和显示方式,如可设置"开始"界面是否全屏显示、是否显示常用应用等。

图 2.26　重新组织"开始"菜单

图 2.27　个性化"开始"界面

2.2.6　窗口与窗口的基本操作

1. 窗口的概念

窗口是桌面上用于查看应用程序或文档等信息的一块矩形区域。Windows 中有应用程序窗口、文件夹窗口、对话框窗口等。在同时打开的几个窗口中,有"前台"和"后台"窗口之分。用户当前操作的窗口,称为活动窗口或前台窗口;其他窗口则称为非活动窗口或后台窗口。前台窗口的标题栏颜色和亮度稍显醒目,后台窗口的标题栏呈浅色显示。利用有关操作(如单击后台窗口的任一部分)可以改变后台窗口为前台窗口。

2. 窗口的组成

在 Windows 中,大部分窗口的组成元素如图 2.28 所示。

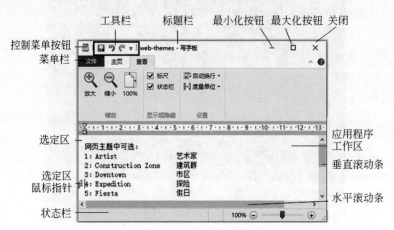

图 2.28 窗口的组成

(1) 标题栏,位于窗口最上部。标题栏中的标题也称窗口标题,通常是应用程序名、对话框名等。应用程序的标题栏中常常还有利用此应用程序正在创建的文档名,文档未保存并命名前则有"无标题""未命名"或"文档 X"等字样。多数窗口标题栏的左边有"控制菜单"钮,右边有"最小化""最大化"和"关闭"按钮,分别用于最小化窗口、最大化窗口和关闭窗口。对窗口执行最大化操作后,"最大化"按钮将被"还原"按钮代替。

(2)"控制菜单"钮与控制菜单。"控制菜单"钮是窗口标题栏左边的图形按钮。单击窗口的"控制菜单"钮可打开控制菜单(参见图 2.29),双击可关闭对应窗口。控制菜单中包含窗口操作,如窗口的关闭、移动、改变大小、最大化、最小化以及还原(恢复)等命令。窗口的控制菜单内容都基本相同。取消控制菜单,可单击菜单外任意处或按 Esc 键。

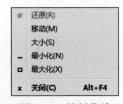

图 2.29 控制菜单

(3) 菜单栏与程序菜单。菜单栏是位于标题栏下面的水平条,其中包含应用程序或文件夹等的所有菜单项。不同窗口的菜单栏中通常有不同的菜单项,但不同的窗口一般都有一些共同的菜单项,如"主页"或者"文件""编辑""查看"等。单击菜单栏中的一个菜单项,便打开其相应的子菜单,这些子菜单列出其包含的各命令选项。

(4) 工具栏提供了一些执行常用命令的快捷方式,单击工具栏中的一个按钮相当于从菜单中选择某一个命令。在 Windows 应用程序窗口中,常有多种工具栏。

(5) 状态栏常显示一些与窗口中的操作有关的提示信息。

(6) 滚动条。当窗口的内容不能全部显示时,在窗口的右边或底部出现的条框称为滚动条。滚动条通常有两个滚动箭头和一个滚动框(或称滚动块),滚动框的位置显示出当前可见内容在整个内容中的位置。滚动条的具体操作如下。

① 使窗口内容上滚一行:单击"向下滚动"箭头。

② 使窗口内容下滚一行:单击"向上滚动"箭头。

③ 使窗口内容上滚一窗口长:单击滚动框和向下滚动箭头之间的部分。

④ 使窗口内容下滚一窗口长:单击滚动框和向上滚动箭头之间的部分。

⑤ 显示任意位置的内容:可沿滚动条拖动滚动框到任意位置。当拖动滚动框到顶部时,将显示最前面的内容;到底部时将显示最后面的内容。

注意:利用滚动条只能改变窗口中显示内容的位置,而不能改变文本插入点的位置。要改变插入点的位置,可利用滚动条使特定位置显示在窗口中,再将"I型光标"指向特定位置后单击。

(7) 应用程序工作区、文本区、选定区、文本光标和I型光标。窗口中面积最大的部分是应用程序工作区。有的应用程序如写字板、记事本等,利用这个区域创建、编辑文档,则称此区域为文本区。文本区中有一根闪动的小竖线,指示着插入点的位置,即各种编辑操作生效的位置,被称为插入点或文本光标。应该注意文本光标和鼠标在文本区的指针符号"I"的区别,后者也被称为"I型光标"或"I光标"。另外,在写字板等应用程序文本区的左边还有一个向上下延伸的狭窄区域,称为选定区,鼠标指针移入此区时,变为向右倾斜的箭头(参见图2.28),可以方便地进行文字块的选择。

3. 文件夹窗口和应用程序窗口的基本操作

(1) 窗口的打开。双击文件夹图标或应用程序图标,即可打开它们的窗口。打开应用程序窗口相当于启动一个应用程序。

(2) 窗口的关闭。单击窗口的"关闭"按钮;或双击"控制菜单"钮;或从窗口的控制菜单中选择"关闭"命令;或按快捷键 Alt＋F4(或者按组合键 Alt＋Fn＋F4)。

(3) 移动整个窗口。将鼠标指针指向标题栏,按下左键,不放开,拖动鼠标到合适位置再松开按键;也可以从控制菜单中选"移动"命令后,按方向键(或称箭头键),移动窗口到合适位置后按 Enter 键。

(4) 调整窗口大小。移动鼠标到窗口边框或窗口角,当指针变成双箭头形状时,按下左键,拖动鼠标至合适处,松开按键;也可以从控制菜单中选"大小"命令后,按方向键,移动窗口边框到合适处后按 Enter 键。

(5) 使窗口最小化。单击窗口的"最小化"按钮或从控制菜单中选择"最小化"命令。对应用程序或文件夹窗口执行最小化后,任务栏上仍保留着它们对应的标题栏按钮,左键单击按钮可以重新打开其窗口(说明窗口最小化后应用程序仍处于运行状态);右击按钮可打开控制菜单,选择其中的"还原"命令,亦可重新打开窗口。

(6) 使窗口最大化。单击窗口的"最大化"按钮或从控制菜单中选择"最大化"命令。

(7) 使最大化的窗口恢复原尺寸。单击窗口的"还原"钮,或从控制菜单中选择"还原"命令。

4. 窗口的切换操作

Windows 桌面上可打开多个窗口,但活动窗口只有一个,切换窗口就是将非活动窗口切换成活动窗口的操作,方法有多种。

(1) 利用快捷键 Alt＋Tab。按 Alt＋Tab 时,屏幕中间位置会出现一个矩形区域。矩形区域上半部显示着所有打开的应用程序和文件夹的图标(包括处于最小化状态的),按住 Alt 键不动并反复按 Tab 键时,这些图标会轮流凸出显示,如图 2.30 所示,凸出显示的项周围有矩形框,下面显示其对应的应用程序名或文件夹名,在欲选择的项出现凸出显示时,松开 Alt 键,便可以使这个项对应的窗口出现在最前面,成为活动窗口。按住 Alt＋Shift 键不动并反复按 Tab 键时,这些图标会反方向轮流凸出显示。

图 2.30　利用快捷键 Alt＋Tab 进行窗口切换

(2) 利用任务栏。所有打开的应用程序或文件夹在任务栏中均有对应的按钮,通过单击按钮,也可以使其对应的应用程序或文件夹的窗口成为活动窗口。

(3) 单击非活动窗口的任何部位,可以使非活动窗口成为活动窗口,此法也可实现一个应用程序的不同文档窗口间的切换。不同文档窗口的切换还可以利用快捷键 Ctrl＋F6(或者按功能组合键 Ctrl＋Fn＋F6)。

5. 在桌面上平铺或层叠窗口

桌面上可能打开若干个窗口,必要时,可以层叠或平铺这些窗口。为此,可以在任务栏的空白处右击,在出现的快捷菜单(参见图 2.19)中选择"层叠窗口"命令,可使在桌面上打开的若干窗口在桌面上按层叠方式排列,即每个窗口的标题栏和部分区域均可见,最前面的窗口为活动窗口。

从任务栏的快捷菜单中选择"堆叠显示窗口"或"并排显示窗口",可使在桌面上打开的若干窗口横向或纵向平均分享桌面的空间。

6. 增强的智能分屏

随着显示器的屏幕变得越来越大,Windows 10 提供了更强大的分屏功能。拖动窗口到屏幕上边框热区,系统会自动安排窗口占整个屏幕;拖动窗口到屏幕左右两侧热区时,系统会自动安排窗口占 1/2 屏幕的比例完成分屏;拖动窗口到屏幕左上、左下、右上、右下四个边角热区,系统会自动安排窗口占 1/4 屏幕的比例完成分屏。

2.2.7 菜单的分类、说明与基本操作

1. 菜单的分类

Windows 中有各类菜单,如"开始"菜单、控制菜单、文件夹窗口菜单、应用程序菜单、快捷菜单等。"开始"菜单和控制菜单前面均已介绍,快捷菜单是指右击一个项目或一个区域时弹出的菜单列表。

2. 应用程序菜单和文件夹窗口菜单的一些说明

这些菜单均指菜单栏中的各菜单项,如"文件""编辑""帮助"等。单击一菜单项,可展开其菜单选项卡。如图 2.31 所示,展开的是"查看"的菜单选项卡,其中列出该菜单的各有关命令。

命令名中,显示暗淡的表示当前不能选用。

命令名后有符号"…"的,表示选择该项命令时会弹出对话框,需要用户提供进一步的信息,如图 2.31 所示,"查看"菜单下"排序方式"菜单中的"选择列"选项。

命令名旁有选择标记✓的,表示该项命令正在起作用。如图 2.31 所示,"查看"菜单下"排序方式"选项卡中的"递增"选项,若再次选择此命令,将删去该选择标记,该项命令失效。

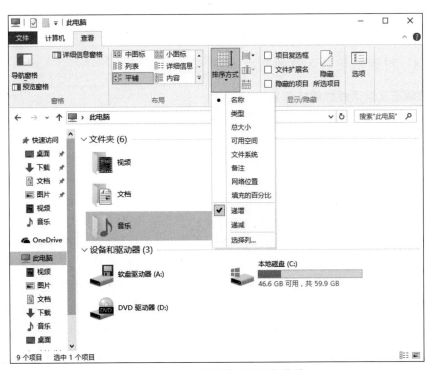

图 2.31 "查看"菜单项的下拉菜单

命令名后有顶点向右或向下的实心三角符号时,表示该项命令有下一级菜单,选定该命令时,则会弹出其子菜单,如图 2.31 所示的"查看"菜单下的"排序方式"。

命令名旁有标记●的,表示该命令所在的一组命令中只能任选一个,有●的为当前

选定者,如图 2.31 所示的"查看"菜单中"排序方式"选项卡下的"名称"选项。

命令名的右边若还有另一键符或组合键符,则为快捷键,例如"编辑"菜单中的"复制",组合键 Ctrl+C 就是执行该命令对应的快捷键。

3. 菜单的基本操作

(1) 选择菜单项,即打开某菜单项的下拉菜单,有以下几种方法:

① 将鼠标指针指向某菜单项,单击。

② 菜单项旁的圆括号中含有带下画线的字母,按 Alt+对应字母键,相当于用鼠标选择该菜单项。例如,按 Alt+V 就可展开如图 2.31 所示的"查看"菜单项的下拉菜单。

③ 按 Alt 键(或 F10 键),激活菜单栏,移动方向键到目标菜单项,按 Enter 键。

(2) 在下拉菜单中选择某命令,方法如下。

① 指向并单击对应命令。

② 按方向键到对应命令处,按 Enter 键。

③ 打开下拉菜单后,键入命令名旁圆括号中有带下画线的英文字母,表示选择该命令。

(3) 取消下拉菜单。在菜单外单击,或按 Alt 键(或 F10 键)均可取消下拉菜单。

说明:为简单起见,在以后的内容中,将把"从某菜单项中选择某命令"表述为"选择'某菜单项|某命令'",例如,"选择'查看|刷新'"即表示"从'查看'菜单中选择'刷新'命令"。

2.2.8　对话框与对话框的基本操作

1. 对话框及对话框的组成元素

对话框是为提供信息或要求用户提供信息而临时出现的窗口,如图 2.8、图 2.20 所示。

对话框中通常有不同的选项卡(也称标签),如图 2.8 所示的对话框中,有"常规""查看""搜索"选项卡。一个选项卡对应一个主题信息,单击不同的选项卡标题,该标题凸出显示,对话框窗口便出现不同的主题信息,如图 2.8 所示的"常规"选项卡凸出显示,对话框窗口出现的正是该选项卡的信息。

对话框中选项卡的信息可以由不同的功能部分(也称栏)和各命令按钮组成。如图 2.32 所示,有"屏幕保护程序"栏和"电源管理"栏。不同栏中可包含的元素有文本框、选项按钮(或称单选按钮)、选择框(或称复选框)、列表框、微调按钮、命令按钮等。对话框的某一栏中可能有若干个圆形选项按钮,供单项选择,被选择者其圆钮中间出现黑点(参见图 2.8)。对话框的某一栏中也可能有若干个复选框,允许选择多项(参见图 2.20)。

文本框是提供给用户输入一定的文字和数值信息的地方,其中可能是空白,也可能有系统填入的默认值。

微调按钮前的文本框,一般要求用户确定或输入一个特定的数值,单击微调按钮也可改变文本框中的数值。

列表框中列出可选择内容,框中内容较多时,会出现滚动条。有的列表框是下拉式

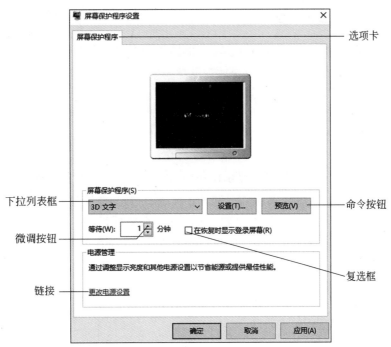

图 2.32 "屏幕保护程序设置"对话框

的,称为下拉式列表框,平时只列出一个选项,当单击框右边的向下箭头时,可显示其他选项。

2. "对话框"的有关操作

(1) 在对话框的各栏间移动,即选定不同部分。直接单击相应部分;或按 Tab 键移向前一部分,按 Shift+Tab 键移向后一部分。

(2) 文本框的操作。用户可保留文本框中系统提供的默认值;也可以删除默认值,再输入新值;若在默认值基础上进行修改,必须将插入点定位在一定位置,再进行修改,按 BackSpace 键可删除插入点左边的字符,按 Del 键可删除插入点右边的字符。

(3) 打开下拉列表框,并从中选项。在列表框右边的箭头处单击,利用滚动条使待选项显示,然后在选项上单击。

(4) 选定某选项按钮。在对应的圆形选项按钮上或在选项按钮后的文字上单击。

(5) 选定或清除选择框。在对应选择框上单击,方框内出现"√"表示选定,再单击,清除"√",中空表示不选定。

(6) 选择一个命令按钮,即执行这个按钮对应的命令。在命令按钮处单击,当某个命令按钮的命令名周围出现黑框时,表示这个按钮处于选定状态,这时按 Enter 键即表示选择这个命令按钮,执行它所对应的命令。命令名后带省略号(…)的命令按钮,被选择后将打开另一个对话框,如图 2.32 所示的"设置(T) …"按钮。

(7) 取消对话框。单击"取消"命令按钮或单击窗口关闭钮,按 Esc 键也可取消对话框。

2.2.9　获取系统的帮助信息

Windows 提供了综合的联机帮助系统，借助帮助系统，用户可以方便地找到问题的答案，以便更好地了解和驾驭计算机系统。获取系统帮助信息的途径主要有以下三种。

1. 询问微软小娜（Cortana）智能语音助理

微软小娜是 Windows 10 自带的智能语音助理，它不仅具有搜索功能，还可以回答用户问题，因此当用户遇到问题需要获取帮助时，最快捷的方法就是询问 Cortana 智能语音助理。单击"开始"菜单，打开"所有应用"，找到"Cortana"并单击即可打开 Cortana 智能语音助理，如果是第一次使用，按照提示操作即可完成相应设置并进入 Cortana 智能语音助理界面。用户单击 Cortana 智能语音助理界面的 🎤 按钮，并通过麦克风说出帮助需求，Cortana 即可提供相应的帮助，如用户需要 Cortana 帮助打开记事本应用程序，只需要在单击 🎤 按钮后通过麦克风大声说出"帮我打开记事本"，Cortana 便会帮助用户打开记事本应用程序。

2. 使用 F1 快捷键（或者组合键 Fn＋F1）

如果应用程序提供了自己的帮助文档，那么用户在该应用中单击 F1 快捷键，便可以获得关于该应用的帮助信息。

3. 使用提示应用

Windows 10 内置了一个"提示"应用，通过该应用用户可以获取 Windows 10 系统各方面的帮助和配置信息。在任务栏的"搜索 Web 和 Windows"搜索框中输入"提示"，然后单击搜索结果最顶端的"提示"项即可打开该应用，其界面如图 2.33 所示。

图 2.33　"提示"界面

2.2.10　在 Windows 10 下执行 DOS 命令

在 Windows 10 下执行 DOS 命令,可单击"开始|所有应用|Windows 系统"菜单,选择"命令提示符",可以打开如图 2.34 所示的窗口。在 DOS 状态提示符后,输入需要执行的 DOS 命令。例如输入"ipconfig /all"可以查看计算机的名称。单击窗口的关闭钮,可退出"命令提示符"状态。

注意:不是所有的 DOS 命令都可以在 Windows 中执行,因此,在 Windows 下执行 DOS 命令要慎重,要注意查阅 DOS 和 Windows 手册的有关部分。

图 2.34　DOS 命令提示符窗口

2.3　文件、文件夹与磁盘管理

2.3.1　基本概念介绍

1. 文件与文档

前面介绍过,文件指被赋予名字并存储于磁盘上的信息的集合,这种文件可以是文档或应用程序;而文档则通常指使用 Windows 的应用程序创建并可编辑的任何信息,例如文章、信函、电子数据报表或图片等。

一个应用程序可以创建无数的文档。文档文件总是与创建它的应用程序保持一种关联。打开一个文档文件时,其所关联的应用程序会自动启动,并将该文档文件的内容由磁盘调入内存展现在窗口中。

在 Windows 中,文件以图标和文件名标识,每个文件都对应一个图标,删除文件图标即删除文件,前面介绍的图标操作实际上已介绍了文件管理的许多方面。一种类型的文件对应一种特定的图标。文档文件和创建它们的应用程序的关系就像孩子们和妈妈的关系一样,因此,文档文件的图标和创建它们的应用程序的图标十分相像。

2. 文件与文件夹

在 Windows 95 以上版本中,文件夹有了更广的含义,它不仅用来存放、组织和管理具有某种关系的文件和文件夹,还用来管理和组织计算机的资源,例如"设备和打印机"文件夹就是用来管理和组织打印机等设备的;"此电脑"则是一个代表用户计算机资源的文件夹。

文件夹中可存放文件和子文件夹;子文件夹中还可以存放子文件夹,这种包含关系使得 Windows 中的所有文件夹形成一种树形结构。例如,单击"此电脑"相当于展开文件夹树形结构的"根",根的下面是磁盘的各个分区,每个分区下面是第一级文件夹和文件,依此类推。

在 Windows 中,针对文件、文件夹、磁盘的管理都是直接或间接地通过文件资源管理器进行的。

2.3.2 文件资源管理器

Windows 利用文件资源管理器实现对系统软、硬件资源的管理。在文件资源管理器中同样可以访问控制面板中的各个程序项,以及对有关的硬件进行设置等,本节主要突出其文件管理的作用。

1. 文件资源管理器的打开

打开文件资源管理器的方法如下。

(1) 同时按下 Windows+E 键。

(2) 选择"开始|文件资源管理器"命令。

(3) 在"开始"按钮上右击,从弹出的快捷菜单中选择"文件资源管理器"。

打开后的文件资源管理器如图 2.35 所示。

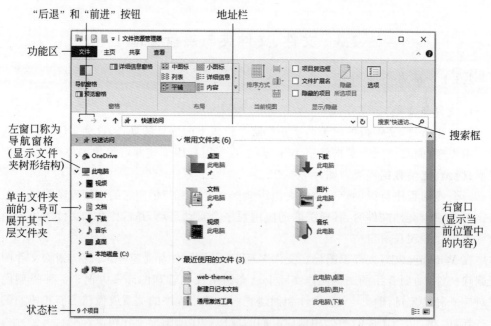

图 2.35 "文件资源管理器"窗口

2. 文件资源管理器窗口组成

(1) 组成概述。前面介绍了一般窗口的组成元素,而文件资源管理器的窗口更具代表性,也更能体现 Windows 的特点。文件资源管理器窗口中除了一般窗口的元素,如标题栏、菜单栏、工具栏、状态栏等外,还有地址栏、导航窗格、详细信息窗格和预览窗格等。文件资源管理器窗口的各个组成部件如表 2.3 所示。

表 2.3 文件资源管理器窗口的组成部件及其功能

组成部件	功　　能
"后退"和"前进"按钮	单击"后退"按钮可返回前一操作位置,"前进"相对于"后退"而言
地址栏	显示当前文件或文件夹所在目录的完整路径。使用地址栏可以导航至不同的文件夹或库,或返回上一文件夹或库,也可以直接输入网址访问因特网上的站点
搜索框	在搜索框中输入文件名或文件中包含的关键字时,即时搜索程序便立即开始搜索满足条件的文件,并高亮显示结果
工具栏	快速地执行一些常见任务,如更改文件和文件夹的显示方式、将文件刻录到光盘中等。需要注意的是,单击系统文件夹、用户文件夹和文件,工具栏显示的按钮会有不同
导航窗格	工作区的左窗口中显示着整个计算机资源的文件夹树形结构,所以其也被称为文件夹树形结构框或文件夹框。使用导航窗格可以快速地访问库、文件夹、保存的搜索结果
右窗口	当前文件夹中的内容显示在右窗口中。所以,右窗口也被称为当前文件夹内容框,或简称文件夹内容框
预览窗格	使用预览窗格可以查看大多数文件的内容。例如,如果选择电子邮件、文本文件或图片,则无须在程序中打开即可查看其内容。如果看不到预览窗格,则可以单击工具栏中的"预览窗格"按钮打开预览窗格
状态栏	显示选中文件或文件夹的一些信息

　　文件资源管理器的工作区分成左右两个窗口,左、右窗口之间有分隔条,鼠标指向分隔条呈现双向箭头时,可拖动鼠标改变左右两窗口的大小。

　　(2) 同步云共享服务 OneDrive。OneDrive 是微软公司推出的云存储服务,用户使用微软账户注册 OneDrive 后,可以免费获取一定容量大小(默认为 7GB)的云存储空间,如需使用更多云存储空间,则需要支付额外的费用。OneDrive 主要提供了三方面的功能:共享文件或文件夹的功能,用户只需要提供一个共享内容的链接给其他用户,其他用户就可以对这些内容进行访问;相册自动备份功能,OneDrive 可以在没有用户干预的情况下将设备端(包括台式电脑、平板电脑、手机等)的图片上传到云端保存;在线 Office 功能,微软将办公软件 Office 与 OneDrive 进行了结合,用户可以在线创建、编辑和共享文档,在线编辑文档会实时保存,可以避免本地编辑时宕机造成的文件内容丢失,提高了文件的安全性。

　　(3) 快速访问,类似于 Windows 7 库文件夹的功能,其目的是快速地访问用户重要的资源,其实现方式有点类似于应用程序或文件夹的"快捷方式"。默认情况下,快速访问中存在四个文件夹(子库),分别是"文档""图片""音乐"和"视频"文件夹。当用户在Windows 提供的应用程序中保存创建的文件时,默认的位置是"文档"所对应的文件夹(文档库)。从因特网下载的歌曲、视频、网页、图片等也会默认分别存放到相应的这四个文件夹中。用户也可在快速访问中建立"链接"指向磁盘上的文件夹,具体做法是:右击目标文件夹,在弹出的快捷菜单中选择"包含到库中",在其子菜单中选择希望加到哪个子库中即可(参见图 2.36)。通过访问这个子库,用户可以快速地找到其所需的文件或文件夹。

图 2.36　添加用户文件夹到库中

（4）工具栏。选中目标文件夹，工具栏中显示如图 2.35 所示的按钮，包括"主页""共享""查看"。用户借助"主页"按钮下的菜单选项卡，可以对选中的文件或文件夹进行编辑操作，包括粘贴、复制、移动以及重命名等；单击该按钮下"新建文件夹"选项卡可以快速地在当前文件夹下创建一个新的子文件夹。使用"共享"按钮下的菜单选项卡，用户可以对

选中的文件或文件夹的共享进行设置，主要包括设置共享的用户、设置共享读写权限以及停止共享等。单击"查看"按钮后，用户可以设置文件窗口的布局（例如显示或隐藏详细信息窗格等）、设置文件和文件夹选项等。在"查看"按钮的"布局"选项卡下，用户可以通过单击不同布局选项改变文件和文件夹的显示方式，显示方式主要包含大图标、中图标、平铺、内容以及列表等，如图 2.37 所示。

图 2.37　文件窗口布局选项

3. 文件资源管理器的一些基础操作

文件资源管理器中的许多操作是针对选定的文件夹或文件进行的，因此首先需要了解"展开文件夹""选定文件夹或文件"的操作。

（1）展开文件夹。在文件资源管理器的导航窗格中，当一个文件夹的左边有 ❯ 符号时，表示它有下一级文件夹，单击其左边的 ❯ 符号，可在导航窗格中展开其下一级文件夹；若单击此文件夹的图标，该文件夹将成为当前文件夹，并展开其下一级文件夹在右窗口中。

（2）折叠文件夹。在文件资源管理器的导航窗格中，当一个文件夹的左边有 ∨ 符号时，表示已在导航窗格中展开其下一级文件夹，单击 ∨ 符号，可令其下一级文件夹折叠起来。

（3）选定文件夹。选定文件夹也就是使某个文件夹成为"当前文件夹"。单击一个文

件夹的图标,便可选定这个文件夹。在导航窗格中选定文件夹,常常是为了在右窗口中展开它所包含的内容;在右窗口中选定文件夹,常常是准备对文件夹作复制、移动等操作。

(4)选定文件。首先设法使准备选定的目标文件显示在右窗口中,然后单击其图标或标识名即可。要同时选定几个连续的文件,可借助 Shift 键;要同时选定几个不连续的文件,可借助 Ctrl 键。

2.3.3　文件与文件夹的管理

1. 新建文件或文件夹

(1)在桌面或任一文件夹中新建文件或文件夹。在桌面或文件夹的空白位置右击,出现快捷菜单,将鼠标指向其中"新建",出现其下一层菜单,如图 2.38 所示。若要新建一个文件,如文本文档,则将鼠标指向在"新建"的下一层菜单中的"文本文档"并单击,则立即在桌面或文件夹中生成一个"新建文本文档.txt"的图标,双击该图标可启动记事本应用程序,并展开新文档的窗口,进入创建文档内容的过程。若要新建一个文件夹,则将鼠标指向在"新建"的下一层菜单中的"文件夹"并单击,则立即在桌面或文件夹中生成一个名为"新建文件夹"的文件夹。

图 2.38　桌面快捷菜单与其中"新建"的下一级菜单

(2)利用文件资源管理器在特定文件夹中新建文件或文件夹。在文件资源管理器的导航窗格中选定该文件夹,在右窗口的空白处中右击,也将出现如图 2.38 所示的快捷菜单,新建文件或文件夹的方法与前面所述相同;也可选择工具栏中的"新建文件夹"命令。

(3)启动应用程序后新建文件。这是新建文件最常用的方法。启动一个特定应用程序后立即进入创建新文件的过程,或从应用程序的"文件"菜单中选择"新建"命令新建一个文件。

2. 文件夹或文件的打开

打开文件夹或文件的方法有多种。

(1)鼠标指向文件夹或文件的图标后双击。

（2）在文件夹或文件图标上右击，出现图 2.39 所示的快捷菜单，选择"打开"命令。

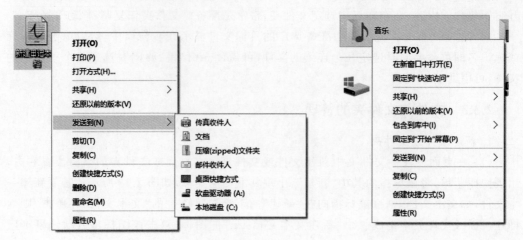

(a) 文件图标对应的快捷菜单　　　　　　　(b) 文件夹图标对应的快捷菜单

图 2.39　快捷菜单

（3）在文件资源管理器或文件夹窗口中，选定文件夹或文件，再选择"文件|打开"命令。

打开文件夹意味着打开文件夹窗口；而打开文件则意味着启动创建这个文件的 Windows 应用程序，并把这个文件的内容在文档窗口中展开。

如果要打开的文件是非文档文件，即在系统中找不到创建这个文件对应的 Windows 应用程序，则将出现如图 2.40 所示的对话框，从中选择相应的程序后，单击"确定"按钮，

图 2.40　打开方式询问对话框

即可完成打开操作。如果在图2.40所示窗口中没有找到所需程序,则单击"在这台电脑上查找其他应用"选项,在出现的图2.41所示的对话框中选择一个特定的应用程序,从而打开相应文件。

图2.41 "打开方式"对话框

3. 文件或文件夹的更名

(1)从文件或文件夹的快捷菜单中选择"重命名"命令,文件或文件夹图标对应的标识名进入可编辑状态,输入新名后按Enter键。

(2)选定文件或文件夹,按功能键F2(或者按组合键Fn+F2),其标识名也会进入可编辑状态。

4. 文件或文件夹的移动或复制

(1)文件或文件夹的移动,可用以下任一种方法。

① 利用快捷菜单。鼠标指向文件或文件夹图标并右击,从快捷菜单中选择"剪切"命令(执行剪切命令后,图标将显示暗淡);定位目的位置;在目的位置的空白处右击,从快捷菜单中选择"粘贴"命令,便可以完成文件或文件夹的移动。

如果在文件夹窗口或文件资源管理器窗口中,利用"编辑|剪切"命令和"编辑|粘贴",依照上述方法,同样可以实现文件或文件夹的移动。

② 利用快捷键。选定文件或文件夹,按Ctrl+X键执行剪切;定位目的位置,按Ctrl+V键执行粘贴。

③ 鼠标拖动法。在桌面或文件资源管理器中均可以利用鼠标的拖动操作完成文件或文件夹的移动:若在同一驱动器内移动文件或文件夹,则直接拖动选定的文件或文件夹图标到目的文件夹的图标处,释放鼠标键即可;若移动文件或文件夹到另一驱动器的文件夹中,则拖动过程需按住Shift键。这种方法不适宜长距离的移动。

(2)文件与文件夹的复制。可用以下任一种方法。

① 利用快捷菜单。鼠标指向文件或文件夹图标并右击,从快捷菜单中选择"复制"命令;定位目的位置(可以是别的文件夹或当前文件夹);在目的位置的空白处右击,从快捷菜单中选择"粘贴"命令,便可以完成文件或文件夹的移动。

在文件夹窗口或文件资源管理器窗口中,利用"编辑|复制"命令和"编辑|粘贴",依照上述方法,同样可以实现文件或文件夹的复制。

② 利用快捷键。选定文件或文件夹,按 Ctrl+C 键执行复制;定位目的位置,按 Ctrl+V 键执行粘贴。

③ 鼠标拖动法。在桌面或文件资源管理器中均可以利用鼠标的拖动操作,完成文件或文件夹的复制:若复制文件或文件夹到另一驱动器的文件夹中,则直接拖动选定的文件或文件夹图标到目的文件夹的图标处,释放鼠标键即可;若复制文件或文件夹到同一驱动器的不同文件夹中,则拖动过程需按住 Ctrl 键。这种方法不适宜长距离的复制。

④ 若复制文件或文件夹到基于 USB 口的存储设备中(例如 U 盘),还可以从快捷菜单中选择"发送到",再从其下一级菜单中选择"可移动磁盘"。

5. 文件或文件夹的搜索

当文件缺乏有效的组织时,在经过一段时间后,用户经常会忘记一些重要文件或文件夹存放的位置。为了快速定位其所在的位置,Windows 提供了强大的搜索功能。用户通过设定查找目录和输入查找内容,系统就会返回满足该查找条件的文件或文件夹信息。

(1) 基本搜索。在文件资源管理器导航窗格中设定要查找的目录,例如 C 盘;在搜索框中输入要查找的内容后,例如 win,单击其右侧的搜索按钮,搜索结果会显示在文件资源管理器的右侧窗口,如图 2.42 所示。搜索内容在结果中高亮显示。单击工具栏中的"保存搜索"按钮可保存搜索结果,以便日后寻找使用。

图 2.42　在 C 盘中查找有关 win 的结果

需要注意的是,对于设定目录下的文件或文件夹,如果其名称包含搜索词,则该文件会被包含到搜索结果当中。当搜索的文件和文件夹的数量较庞大时,就需要为搜索内容建立索引。索引应用于很多场合，例如黄页、书本的目录等，其作用就是快速地定位到所要查找内容的位置。

然而，在很多情况下，用户的目的是期望找到其内容包含搜索词的文件集合。正因为此，Windows还提供了基于内容的搜索方法。在"文件资源管理器"窗口中，选择"组织|文件夹和搜索选项"，出现"文件夹选项"对话框，单击"搜索"选项卡（参见图2.43）。选择"始终搜索文件名和内容(此过程可能需要几分钟)"项，单击"确定"按钮后，下次搜索时就会一起检查文件内容是否包含搜索内容。用户也可设置其他的搜索选项。

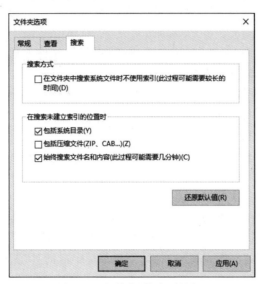

图2.43　文件夹"搜索"的设置

(2) 筛选搜索。用户如果提前知道搜索文件、文件夹的修改日期，或者其文件的大小，则可以设置筛选条件，提高搜索的效率。单击"文件资源管理器"窗口右上角的搜索框，激活其筛选搜索界面。在"优化"栏中，提供了"修改日期""类型""大小"和"其他属性"四项，用户可根据可确定的项目进行相关搜索条件的设置。

6. 文件或文件夹的删除

删除文件或文件夹的方法如下。

(1) 选定目标后按 Del 键。

(2) 右击目标后，从其快捷菜单中选择"删除"命令。

(3) 选定目标后，在文件夹或文件资源管理器窗口执行"主页|组织|删除"命令。

(4) 直接拖动目标到"回收站"中。

删除后的文件或文件夹将被丢弃到"回收站"中。在"回收站"中再次执行删除操作，才真正将文件或文件夹从计算机的外存中删除。如果在删除的过程中同时按住了 Shift 键，则从计算机中直接删除该项目，而不暂存到"回收站"中。

7. 被删除的文件或文件夹的恢复

打开回收站，选定准备恢复的项目，从快捷菜单中选择"还原"命令，将它们恢复到原位。

8. 文件或文件夹属性的查看与设置

要了解或设定文件夹或文件的有关属性,可以从文件夹或文件的快捷菜单中选择"属性"命令,出现图 2.44 或图 2.45 所示的对话框。

从图 2.44 中可以看出,文件的常规性质包括文件名,文件类型,文件打开方式,文件存放位置,文件大小及占用空间,创建、修改及访问时间,文件属性等。文件属性有只读和隐藏两种,其中:

只读属性:设定此属性后可防止文件被修改。

隐藏属性:一般情况下,有此属性的文件将不出现在桌面、文件夹或文件资源管理器中。

利用"常规"选项卡中"属性"栏的选择框,可以设置文件的属性。单击对话框的"更改"按钮,可改变该文件的打开方式。

文件夹属性窗口"常规"选项卡的内容基本与文件相同;"共享"选项卡可以设置该文件夹成为本地或网络上共享的资源;"自定义"选项卡可以更改文件夹的显示图标。

9. 文件或文件夹快捷方式的创建

可以从文件或文件夹的快捷菜单中选择"创建快捷方式"命令。

10. 显示文件的扩展名

在 Windows 中,文件常常仅以图标和主文件名标识,Windows 用图标区分文件的类型,事实上,区分不同文件类型的关键在于其扩展名。若希望显示文件的扩展名,可单击文件资源管理器选项卡中的"查看|选项"按钮,会出现"文件夹选项"对话框(参见图 2.43),选择"查看"选项卡,在其"高级设置"一栏的下拉菜单中取消对"隐藏已知文件类型的扩展名"选择框的选择。

图 2.44　文件属性窗口

图 2.45　文件夹属性窗口

2.3.4　磁盘管理

在"此电脑"或"文件资源管理器"窗口中,欲了解某磁盘分区的有关信息,可右击目标分区,从其快捷菜单中选择"属性",在出现的磁盘分区属性窗口中选择"常规"选项卡(参见图2.46),可以了解磁盘的卷标(可在此修改卷标)、类型、采用的文件系统以及该分区空间使用情况等信息。单击此选项卡中的"磁盘清理"按钮,可以启动磁盘清理程序(见2.6.1节)。

磁盘属性窗口的"工具"选项卡(见图2.47),实际上提供了两个磁盘维护程序。选择"查错"栏中的"检查"按钮,相当于启动了"磁盘扫描程序";选择"对驱动器进行优化和碎片整理"栏中的"优化"按钮,相当于启动了"优化驱动器程序",这些磁盘维护程序的功能和用法将在2.6.1节中予以介绍。

图2.46　磁盘属性"常规"选项卡

图2.47　磁盘属性"工具"选项卡

2.4　任　务　管　理

2.4.1　任务管理器简介

1. 任务管理器的作用

任务管理器可以提供正在计算机上运行的程序和进程的相关信息。用户使用任务管理器快速查看正在运行的程序的状态,或者终止已停止响应的程序,或者切换程序,或者运行新的任务。利用任务管理器还可以查看CPU和内存使用情况的图形和数据等。

2. 任务管理器的打开

方法一是右击任务栏的空白处,从其快捷菜单(参见图 2.19)中选择"任务管理器";方法二是同时按住 Ctrl＋Alt＋Del 组合键,在出现的界面中选择"任务管理器"。

在任务管理器的"进程"选项卡(参见图 2.48)中,列出了目前正在运行中的所有应用程序名称、后台进程名以及 Windows 进程名,及各个进程和应用程序所占用的计算机资源(包括 CPU、内存、磁盘、网络等信息)。当某个应用程序或者进程无法响应时,可选定其对应的名称,单击右键,选择"结束任务"按钮,结束该进程的运行状态。

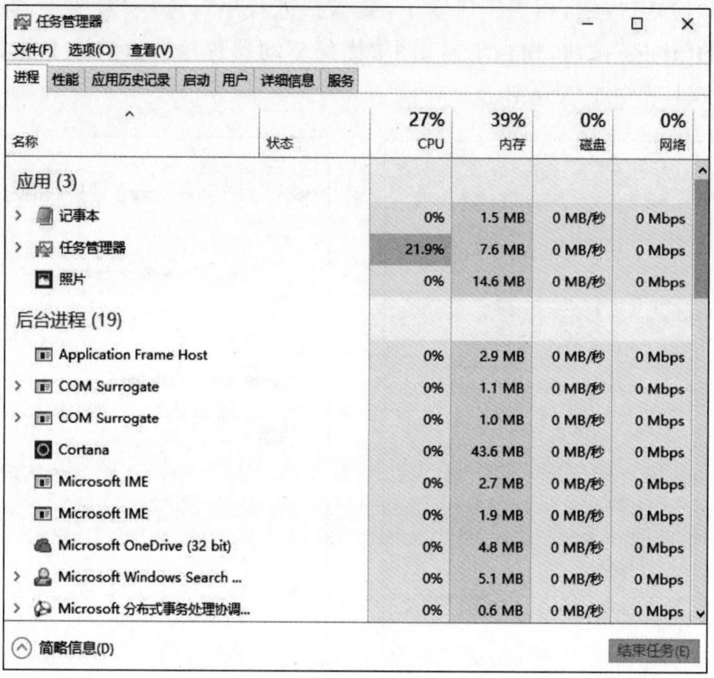

图 2.48　任务管理器的"进程"选项卡

单击任务管理器的"性能"选项卡,在出现如图 2.49 所示的窗口中详细显示了 CPU 和内存使用的相关数据和图形。

2.4.2　应用程序的有关操作

本节对应用程序的启动、关闭、程序间的切换、应用程序中菜单和命令的使用等操作进行总结,另介绍一些其他的有关操作。

1. 应用程序的启动

(1) 选择"开始"菜单或其层阶菜单中程序对应的快捷方式。

(2) 选择桌面或任务栏(快速启动栏或活动任务区)或文件夹中的应用程序快捷方式,或直接选择应用程序图标。选择方法也有多种,或双击目标;或从目标的快捷菜单中选"打开"或程序名;或选定目标后选择"文件|打开"命令等。

(3) 选择"开始|所有应用|Windows 系统|运行"项,出现"运行"对话框后,在"打开"后面的文本框输入要运行的程序的全名,或利用"浏览"按钮在磁盘中查找定位要运行的

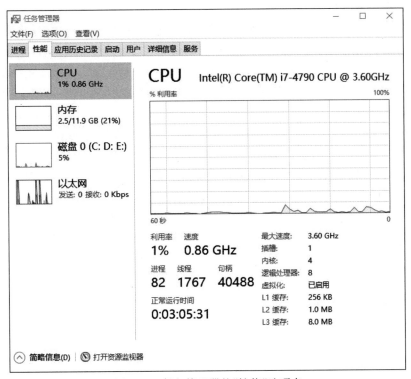

图 2.49　任务管理器的"性能"选项卡

程序。

（4）在任务栏的"搜索 Web 和 Windows"搜索框中输入要查找的程序名，在查找的结果中选中要打开的程序。

（5）在任务管理器的"启动"选项卡中单击右键，选择"打开文件所在的位置"命令，会出现该应用程序在磁盘中的位置，之后可以双击目标应用程序打开，或者从其快捷菜单中选"打开"命令打开该应用程序。

2. 应用程序之间的切换

（1）利用任务栏活动任务区中的应用程序标题栏按钮。

（2）利用 Alt＋Tab 或 Alt＋Shift＋Tab 组合键。

（3）在任务管理器的"应用程序"选项卡中选定要切换的程序名，单击"切换到"按钮。

3. 关闭应用程序与结束任务

关闭应用程序是指正常结束一个程序的运行。方法如下。

（1）按 Alt＋F4 组合键（或者按组合键 Alt＋Fn＋F2）。

（2）单击窗口的"关闭"按钮，或选择"文件|退出"命令。

（3）双击"控制菜单"按钮，或单击"控制菜单"按钮后选择"关闭"命令。

结束任务的操作通常指结束那些运行不正常的程序的运行。为此，可以在任务管理器的"进程"选项卡中选定要结束任务的程序名，然后单击右键，选择"结束任务"选项。

4. 安装应用程序

（1）自动执行安装。目前大多数软件安装光盘中附有 Autorun 功能，将安装光盘放入光驱就自动启动安装程序，用户根据安装程序的导引就可以完成安装任务。

（2）运行安装文件。打开安装文件所在的目录，双击安装程序的可执行文件即可。通常情况下，其文件名为 setup.exe 或者"安装程序名.exe"。根据安装程序的导引可完成安装任务。

5. 更改或删除程序

（1）在"开始"菜单中找到目标程序，通常情况下每个程序都会对应一个"卸载"，选"卸载"会出现如图 2.40 所示的窗口。在该窗口中，列表给出了已安装的程序，右击列表中的某一项，在出现的快捷菜单中选择"卸载/更改"命令。用户根据删除程序的导引就可以完成删除任务。

（2）选择"开始|所有应用|Windows 系统|此电脑"，在出现的"此电脑"窗口中，单击工具栏中的"计算机|卸载或更改程序"按钮，出现如图 2.50 所示的窗口。在该窗口中，列表给出了已安装的程序，右击列表中的某一项，在出现的快捷菜单中选择"卸载/更改"命令。

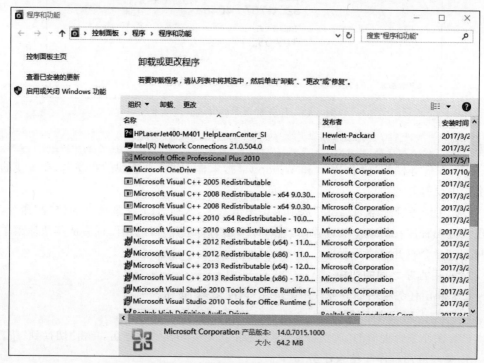

图 2.50　"卸载或更改程序"窗口

2.5　控制面板与环境设置

2.5.1　控制面板简介

从功能上讲，计算机中的控制面板类似于电视机的遥控器，计算机中绝大多数的参数设置都可以通过控制面板进行操作。在计算机中,控制面板是 Windows 系统工具中的一个重要文件夹,其中包含许多独立的工具或称程序项(参见图 2.51),它允许用户查看并操作基本的系统设置和控制,包括添加新硬件、对设备进行设置与管理、管理用户账户、调整系统的环境参数和各种属性等。

打开控制面板的方法如下。

(1) 选择"开始|所有应用|Windows 系统|控制面板"。

(2) 在开始菜单右侧的"搜索栏"中输入"控制面板",在出现的"最佳结果"栏中选择"控制面板"项。

(3) 右击"开始"按钮,在出现的快捷菜单中选择"控制面板"。

在打开的"控制面板"窗口中,单击"查看方式"所在的下拉列表框,选择"小图标"的显示方式,会出现如图 2.51 所示的窗口。

图 2.51 "控制面板"窗口

2.5.2 显示属性设置

在"控制面板"中选择"显示"项,将出现如图 2.52 所示的窗口,在窗口右侧,用户可为屏幕上的文本和项目设置合适的显示大小。

窗口左侧显示的是导航链接,若要更改文本、应用和其他项目的大小,单击"更改显示器设置"链接,会出现如图 2.53 所示的"自定义显示器"窗口,单击"高级显示设置",会进入如图 2.54 所示的"高级显示设置"窗口,在该窗口中可以根据用户需要设定合适的显示器分辨率,分辨率的选定范围由监视器和显示适配器共同决定。此外在出现的窗口中还可以为监视器设置颜色和屏幕刷新频率等。

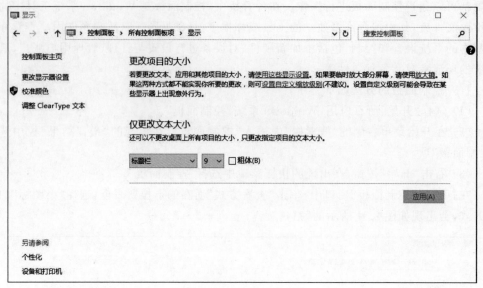

图 2.52 "显示"窗口

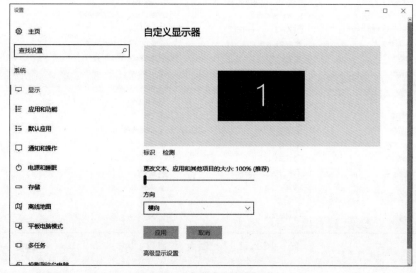

图 2.53 "自定义显示器"窗口

2.5.3 添加新的硬件设备

当添加一个新的硬件设备到计算机时,一般应先将新硬件连接到计算机上。Windows 会自动尝试安装该设备的驱动程序。驱动程序的作用就像在设备与计算机之间架起的一座桥梁,保证两者之间能够进行正常的通信。

Windows 10 对设备的支持有了很大的改进。通常情况下,当连接设备到计算机时,Windows 会自动完成对驱动程序的安装,这时不需要人工的干预,安装完成后,用户可以

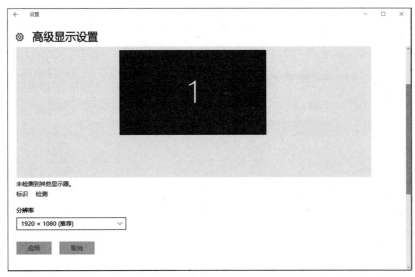

图 2.54 "高级显示设置"窗口

正常地使用设备,否则需要手工安装驱动程序,手工安装驱动程序有以下两种方式。

(1) 如果硬件设备带安装光盘或可以从网上下载安装程序,则可根据 2.4.2 节介绍的安装应用程序进行安装。

(2) 如果硬件设备未提供用来安装的可执行文件,但提供了设备的驱动程序(无自动安装程序),则用户可手动安装驱动程序。其操作步骤是:打开"控制面板"窗口中"设备管理器"窗口,如图 2.55 所示。右击计算机名称(例如本机名为 DESKTOP-6PLHS04),在出现的快捷菜单中选择"添加过时硬件"。在出现的"欢迎使用添加硬件向导"对话框中

图 2.55 "设备管理器"窗口

单击"下一步"按钮,出现如图 2.56 所示的对话框。选择"安装我手动从列表选择的硬件(高级)",根据向导选择硬件的类型、驱动程序所在的位置后,即可完成安装过程。

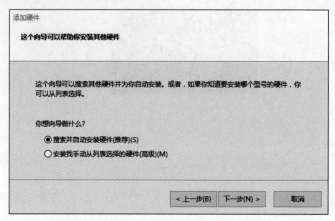

图 2.56　添加硬件向导

2.5.4　常见硬件设备的属性设置

在"控制面板"窗口(参见图 2.51 所示)中可以对常用的硬件设备如键盘、鼠标、打印机、显示器等进行相关的设置。

1. 键盘属性的设置

单击"键盘"项会出现如图 2.57 所示的对话框。用户可根据需要适当调整键盘按键反应的快慢以及文本光标的闪烁频率等。

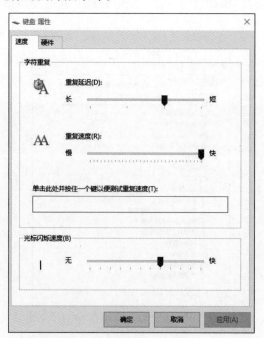

图 2.57　"键盘属性"对话框

2. 鼠标属性的设置

单击"鼠标"项会出现如图 2.58 所示的对话框。用户可在"鼠标键"子菜单中将一般用户习惯的鼠标左/右键操作方式，改为右/左键操作方式（选中"切换主要和次要的按钮"），还可设置鼠标双击的速度和是否启用单击锁定；可在"滑轮"子菜单中设置鼠标滑轮垂直滚动时一次滚动的行数和水平滚动时一次滚动显示的字数；可在"指针选项"子菜单中设置鼠标指针在屏幕上移动的速度和"是否显示指针的轨迹"；还可以在"指针"子菜单中选择不同的鼠标指针方案等。

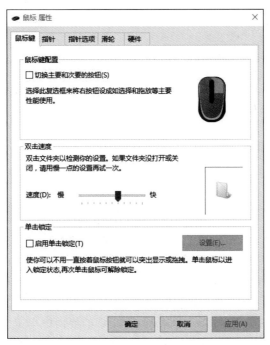

图 2.58　"鼠标属性"对话框

3. 打印机的管理

单击"设备和打印机"项，可出现如图 2.59 所示的窗口（从任务栏的搜索框搜索"设备和打印机"项，同样可打开此窗口）。在窗口的工具栏中，选择"添加设备"或"添加打印机"，可添加新的设备或打印机到计算机中。右击目标打印机，例如图 2.59 中的"HP LaserJet 400 M401 PCL 6"，在其快捷菜单中可以选择并执行与选定的打印机有关的任务，例如，"查看打印机现在正在打印什么""设置为默认打印机""打印首选项""打印机属性"等。选择"打印机属性"，可设置打印机为工作组的其他计算机所共享。

2.5.5　系统日期和时间的设置

在一些情况下，用户需要设置系统的日期/时间，如下列情况。

（1）初次安装 Windows 10 后。

（2）修正时间误差。

（3）为某种原因，例如为避开某种病毒的发作时间等。

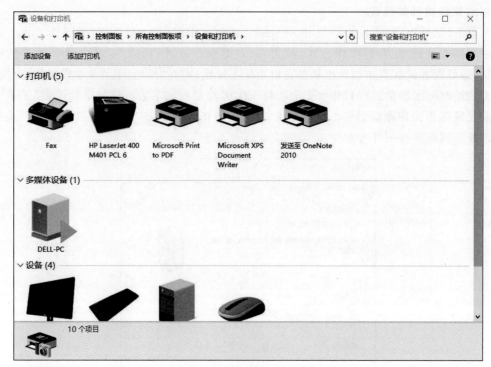

图 2.59 "设备和打印机"窗口

(4) 携带计算机到其他时区工作时。

在"控制面板"(参见图 2.51)中单击"日期和时间"项,在打开窗口的"日期和时间"选项卡中可设置正确的年、月、日、时间,也可设置所在的时区。

也可以双击"任务栏"右下角的时间图标,在出现的界面中单击"调整日期/时间"项,会出现"时间和语言"设置窗口。如果在计算机联网的情况下,把窗口右侧"日期和时间"栏中的"自动设置时间"开关置于打开状态,则可更新本地时间;否则,把"自动设置时间"开关置于关闭状态,单击"更改日期和时间"项下面的"更改"按钮可设置正确的年、月、日、时间。

2.5.6 Windows 中汉字输入法的安装、选择及属性设置

1. 安装新的输入法

可以参考 2.4.2 节中关于"安装应用程序"的介绍。目前比较常用的是基于拼音的输入法,包括搜狗拼音输入法、谷歌拼音输入法等。

2. 输入法的选择

单击"语言"栏("语言"栏最小化时位于任务栏右下角),在弹出的列表中单击选择某种输入法。不同输入法之间的切换也可使用 Ctrl+Shift 组合键,使用 Ctrl+空格组合键或者 Shift 键可以完成中文输入法与英文输入法之间的切换。

3. 输入法的删除与添加

在"控制面板"中单击"语言"项,出现如图 2.60 所示的"更改语言首选项"窗口。选中一种输入法,单击其中的"删除"按钮,可删除在列表中选定的语言和文字服务功能,而且

在启动或登录计算机时,已删除的选项将不再加载到计算机中;对话框中的"添加"按钮则相反,将添加一种新的语言服务功能到列表中;此外还可以选中一种语言并进行上移和下移。单击某一种语言右侧的"选项"按钮,进入如图 2.61 所示的"语言选项"界面,在这个界面中可以对该语言的输入法进行添加和删除。选中一种输入法,单击其中的"删除"按钮,可删除该语言环境下在列表中选定的输入法,对话框中的"添加"按钮则相反,将添加一种已安装但是未添加到输入法列表中的输入法。

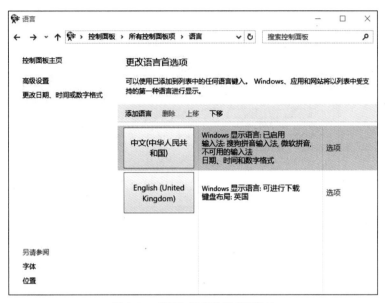

图 2.60 "更改语言首选项"窗口

图 2.61 "语言选项"窗口

4. 输入法热键的设置

欲为某种输入法设定热键,可在图 2.60 所示的对话框中选择"高级设置"项,进入高级设置窗口后选择"更改语言栏热键"项,打开如图 2.62 所示的"文本服务和输入语言|高级键设置",单击"更改按键顺序"按钮,在图 2.63 所示的对话框中进行设置,最后单击"确定"按钮。

图 2.62　文本服务和输入语言

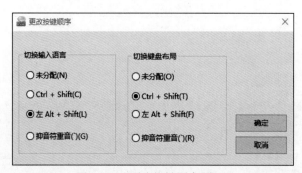

图 2.63　"更改按键顺序"窗口

2.5.7　个性化环境设置与用户账户管理

Windows 在安装过程中允许设定多个用户使用同一台计算机,每个用户可以有个性化的环境设置,这意味着每个用户可以有不同的桌面、不同的"开始"菜单、不同的文档目录以放置每个用户收集的图片、音乐和下载的信息等。每个用户还可以拥有对相同资源不同的访问方式。

计算机中的用户有两种类型:一种是计算机管理员账户,另一种是受限制账户。用户账户建立了分配给每个用户的特权,定义了用户可以在 Windows 中执行的操作。

一台计算机上可以有多个但至少有一个拥有计算机管理员账户的用户。计算机管理员账户是专门为可以对计算机进行全系统更改、安装程序和访问计算机上所有文件的用户而设置的。只有拥有计算机管理员账户权限的用户才拥有对计算机上其他用户账户的完全访问权,该用户可以创建和删除计算机上的用户账户;可以为计算机上其他用户账户创建账户密码;可以更改其他人的账户名、图片、密码和账户类型等。当计算机中只有一个用户拥有计算机管理员账户时,他不能将自己的账户类型更改为受限制账户类型。

被设定为受限制账户的用户可以访问已经安装在计算机上的程序,但不能更改大多数计算机设置和删除重要文件,不能安装软件或硬件。这一类用户可以更改其账户图片,可创建、更改或删除其密码,但不能更改其账户名或者账户类型。对使用受限制账户的用户来说,某些程序可能无法正确工作,如果发生这种情况,可以由拥有计算机管理员账户的用户将其账户类型临时或者永久地更改为计算机管理员。

在控制面板中选择"用户账户"项,出现如图 2.64 所示的窗口,从中选择一项任务实现对"用户账户"的管理和设置。"用户账户"的管理在 9.4.2 节中将会有详细介绍。

图 2.64 选择"控制面板"中的"用户账户"项后出现的窗口

2.5.8 备份文件和设置

Windows 10 提供的备份功能除了可以备份文件、文件夹以及用户的有关设置如桌面等外,还可以兼容恢复在早期 Windows 7 及后续操作系统中备份的文件副本,以避免误删除、病毒破坏、磁盘损坏等原因导致用户重要数据的丢失。

为执行备份操作,可以选择"开始|所有应用|Windows 系统|控制面板"命令项,在出现如图 2.51 所示的"控制面板"窗口中,单击"备份和还原",弹出如图 2.65 所示的"备份和还原"窗口。单击"设置备份",系统会自动搜索可以用来存储备份数据的存储介质。在这里推荐用户使用如可刻录光盘、移动硬盘、U 盘等外部存储介质,原因在于即使计算机的磁盘发生损坏,也不会影响到备份出来的数据。在出现的对话框中选择要保存备份的位置,单击"下一步",之后选择"让我选择",单击"下一步"将出现如图 2.66 所示的对话框,用户可根据需要备份自己有用的数据,继续单击"下一步",确认要备份的内容无误,单击

"保存设置并运行备份"开始备份操作。

图 2.65 "备份和还原"窗口

图 2.66 "设置备份"对话框

若要还原备份的文件,可在如图 2.65 所示的窗口中单击"选择其他用来还原文件的备份",然后根据还原向导一步步操作。需要注意的是,还原备份的文件之前,必须要有一个正确的备份文件,即由备份操作产生的备份文件。

2.6　Windows 提供的系统维护和其他附件

2.6.1　系统维护工具

安装 Windows 10 后,用户一般都要继续安装许多应用软件,而用户在使用机器过程中的日常操作和一些非正常操作均有可能使系统偏离最佳状态,因此,要经常性地对系统进行维护,以加快程序运行,清理出更多的磁盘自由空间,保证系统处于最佳状态。Windows 10自身提供了多种系统维护工具,如碎片整理和优化驱动器程序、磁盘清理工具,还有系统数据备份、系统信息报告等工具。下面介绍几种一般用户常用的维护工具。

1. 碎片整理和优化驱动器程序

用户保存文件时,字节数较大的文件常常被分段存放在磁盘的不同位置。较长时间地执行文件的写入、删除等操作后,许多文件分段会分布在磁盘不同位置,自由空间也不连续,就形成了所谓的磁盘"碎片"。碎片的增加直接影响了大文件的存取速度,也必定影响了机器的整体运行速度。

碎片整理和优化驱动器程序的作用是重新安排磁盘中的文件和磁盘自由空间,使文件尽可能地存储在连续的单元中,使磁盘空闲的自由空间形成连续的块。

启动碎片整理和优化驱动器程序的方法是选择"开始|所有应用|Windows 管理工具|碎片整理和优化驱动器"命令。启动此程序后,出现如图 2.67 所示的窗口。

图 2.67　碎片整理和优化驱动器程序窗口

在窗口中选择需要进行磁盘碎片整理的驱动器后,可单击"分析"按钮,由整理程序分析文件系统的碎片程度;单击"优化"按钮可开始对选定驱动器进行碎片整理。

启动磁盘碎片整理程序还可以在"此电脑"窗口中右击目标磁盘图标,从快捷菜单中选择"属性",在属性窗口"工具"选项卡的"对驱动器进行优化和碎片整理"栏中单击"优化"按钮（参见图 2.47）。

2.磁盘检查程序

Windows 将硬盘的部分空间作为虚拟内存，另外，许多应用程序的临时文件也存放在硬盘中。因此，保持硬盘的正常运转是很重要的。

若用户在系统正常运行或运行某程序、移动文件、删除文件的过程中非正常关闭计算机的电源，均可能造成磁盘的逻辑错误或物理错误，以至于影响机器的运行速度，或影响文件的正常读写。

磁盘检查程序可以诊断硬盘或 U 盘的错误，分析并修复若干种逻辑错误，查找磁盘上的物理错误，即坏扇区，并标记出其位置，下次再执行文件写操作时就不会写到坏扇区中。磁盘检查需要较长时间，另外，对某磁盘检查前必须关闭所有文件；运行磁盘检查程序过程中，该磁盘分区也不可用于执行其他任务。

启动磁盘检查程序的一种方法是，在"此电脑"或"文件资源管理器"的窗口中，右击要检查的目标磁盘分区图标，从快捷菜单中选择"属性"，在属性窗口"工具"选项卡的"查错"栏中单击"检查"按钮（参见图 2.47），在"磁盘检查|本地磁盘"中选择后单击"开始"按钮。若该磁盘分区没有问题，会出现如图 2.68 所示的对话框，

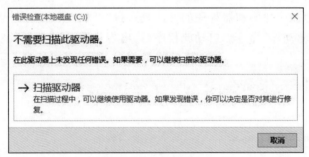

图 2.68　检查磁盘

3. 磁盘清理程序

该工具可以辨别硬盘上的一些无用文件，并在征得用户许可后删除这些文件，以便释放一些硬盘空间。所谓的"无用文件"指临时文件、Internet 缓存文件和可以安全删除的不需要的程序文件。

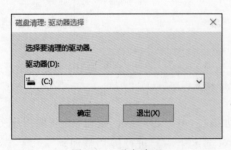

图 2.69　磁盘清理

启动磁盘清理程序同样是选择"开始|所有应用|Windows 管理工具|磁盘清理"命令项，出现如图 2.69 所示的对话框。选择要清理的驱动器后，单击"确定"按钮，该程序便自动开始检查磁盘空间和可以被清理的数据。

启动磁盘清理程序还可以在"此电脑"或"文件资源管理器"的窗口中右击要清理其空间的磁盘图标，从快捷菜单中选择"属性"，在属性窗口的"常规"选项卡（参见图 2.47）中单击"磁

盘清理"按钮即可。

清理完毕,程序将报告清理后可能释放的磁盘空间,列出可被删除的目标文件类型和每个目标文件类型的说明,用户选定确定要删除的文件类型后单击"确定"按钮即可。

4. 了解系统信息和初步诊断故障

Windows 提供的"系统信息"工具可收集和显示本地和远程计算机的系统配置信息,包括硬件配置、计算机组件和软件的信息。技术支持人员在解答用户的系统配置问题时,往往需要了解计算机的这些有关信息。使用"系统信息"工具可以选择"开始|所有应用|Windows 管理工具|系统信息"命令项,出现的"系统信息"窗口中提供了"硬件资源""组件""软件环境"等几组信息。

Windows 的另外一些系统维护工具,因篇幅有限不能一一介绍,读者可以通过Windows 提供的帮助功能逐步了解并掌握它们的用法。

2.6.2 记事本的功能和用法

1. 记事本的功能

记事本是 Windows 提供用来创建和编辑小型文本文件(以 txt 为扩展名)的应用程序。记事本保存的 txt 文件不包含特殊格式的代码或控制码,可以被 Windows 的大部分应用程序调用。正因为记事本保存的是不含格式的纯文本文件,因此常被用于编辑各种高级语言程序文件,并成为创建网页 HTML 文档的一种较好工具。

记事本窗口打开的文件可以是记事本文件或其他应用程序保存的 txt 文件。若创建或编辑对格式有一定要求或信息量较大的文件,可使用"写字板"或 Word(见第 4 章)。

记事本可用作为一种随记本,记载办公活动中的一些零星琐碎的事情,例如,电话记录、留言、摘要、备忘事项等,打印出来可备随时查看。

2. 记事本的启动和用法

启动"记事本"的方法一般是选择"开始|所有应用|Windows 附件|记事本"命令项,打开的记事本窗口如图 2.70 所示。

在记事本的文本区输入字符时,每输入一行,系统可以实现自动转行,但一般应选择"格式|自动换行"命令,即如图 2.70 所示,使该项命令生效。

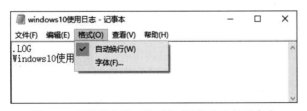

图 2.70 "记事本窗口"及"格式"菜单的各项命令

记事本还有一种特殊用法,即可以建立时间记录文档,用于跟踪用户每次开启该文档时的日期和时间(计算机系统内部计时器的日期和时间)。具体做法是在记事本文本区的第 1 行第 1 列开始输入大写英文字符.LOG,并按 Enter 键。以后,每次打开这个文件时,系统就会自动在上一次文件结尾的下一行显示当时的系统日期和时间,达到跟踪文件编辑时间的目的。利用"编辑"菜单中的"时间/日期"命令,也可以将系统日期和时间插入文本中。

习 题 2

2.1 思考题

1. 简述 Windows 10 的功能特点和运行环境。

2. 介绍在 Windows 10 中执行一个命令或一般应用程序的各种方法。

3. 如何打开任务管理器? 简述任务管理器的作用。

4. 获取系统帮助有哪些方法? 在 Windows 10 中如何设定系统日期?

5. 在文本区,鼠标指针的符号与插入点位置的标记有何不同? 鼠标移到文本选择区时,其指针符号与鼠标指向菜单时的符号又有何不同?

6. 打开与关闭文件资源管理器各有哪些方法? 简述在文件资源管理器中如何选定一个特定的文件夹使之成为当前文件夹? 如何在一个特定文件夹下新建一个子文件夹或删除一个子文件夹?

7. 在 Windows 10 中,如何查看隐藏文件、文件夹?

8. 如何创建一个文本文件? 在 Windows 10 中如何查找一个文件?

9. 在 Windows 10 中如何复制文件、删除文件或为文件更名? 如何恢复被删除的文件?

10. 在 Windows 10 中的菜单有几种? 如何打开一个对象的快捷菜单? 如何打开窗口的控制菜单? 简述控制菜单中各命令的作用。

11. 简述 Windows 10 附件中提供的一些系统维护工具和办公程序的功能和用法。

2.2 选择题

1. 以下关于"开始"菜单的叙述不正确的是(   )。

   (A) 单击"开始"按钮可以启动"开始"菜单

   (B) "开始"菜单包括"关机""提示""所有程序""设置"等菜单项

   (C) 可在"开始"菜单中增加项目,但不能删除项目

   (D) 用户想做的事情几乎都可以从"开始"菜单开始

2. 不能将一个选定的文件复制到同一文件夹下的操作是(   )。

   (A) 用右键将该文件拖到同一文件夹下

   (B) 执行"编辑"菜单中的"复制|粘贴"命令

   (C) 用左键将该文件拖到同一文件夹下

   (D) 按住 Ctrl 键,再用左键将该文件拖到同一文件夹下

3. Windows 10 的"任务栏"(   )。

   (A) 只能改变位置不能改变大小   (B) 只能改变大小不能改变位置

   (C) 既不能改变位置也不能改变大小   (D) 既能改变位置也能改变大小

4. 下列关于"回收站"的叙述中,错误的是(   )。

   (A) "回收站"可以暂时或永久存放硬盘上被删除的信息

   (B) 放入"回收站"的信息可以恢复

   (C) "回收站"所占据的空间是可以调整的

   (D) "回收站"可以存放软盘上被删除的信息

5. 在 Windows 10 中,关于对话框叙述不正确的是(   )。

   (A) 对话框没有"最大化"按钮   (B) 对话框没有"最小化"按钮

    (C) 对话框不能改变形状大小　　　　　　(D) 对话框不能移动

6. 不能在"任务栏"内进行的操作是(　　　)。

    (A) 快捷启动应用程序　　　　　　　　　(B) 排列和切换窗口

    (C) 排列桌面图标　　　　　　　　　　　(D) 设置系统日期和时间

7. 剪贴板是计算机系统(　　　)中一块临时存放交换信息的区域。

    (A) RAM　　　　　(B) ROM　　　　　(C) 硬盘　　　　　(D) 应用程序

8. 在文件资源管理器中,单击文件夹左边的 ▷ 符号,将(　　　)。

    (A) 在左窗口中展开该文件夹

    (B) 在左窗口中显示该文件夹中的子文件夹和文件

    (C) 在右窗口中显示该文件夹中的子文件夹

    (D) 在右窗口中显示该文件夹中的子文件夹和文件

9. 以下说法中不正确的是(　　　)。

    (A) 启动应用程序的一种方法是在其图标上右击,再从其快捷菜单上选择"打开"命令

    (B) 删除了一个应用程序的快捷方式就删除了相应的应用程序文件

    (C) 在中文 Windows 10 中利用 Ctrl＋空格键可在英文输入方式和选中的汉字输入方式之间
      切换

    (D) 将一个文件图标拖放到另一个驱动器图标上,将移动这个文件到另一个磁盘上

10. 以下说法中不正确的是(　　　)。

    (A) 在文本区工作时,用鼠标操作滚动条就可以移动"插入点"位置

    (B) 所有运行中的应用程序,在任务栏的活动任务区中都有一个对应的按钮

    (C) 每个逻辑硬盘上"回收站"的容量可以分别设置

    (D) 对用户新建的文档,系统默认的属性为存档属性

2.3　填空题

1. 在操作系统中,文件管理的主要功能是_____。

2. 运行中的 Windows 10 应用程序列在桌面任务栏的_____中。

3. 在 Windows 10 中,可以由用户设置的文件属性为_____、_____。为了防止他人修改某一
文件,应设置该文件属性为_____。

4. 在中文 Windows 10 中,为了实现全角与半角状态之间的切换,应按的键是_____。

5. 在 Windows 10 中,若一个程序长时间不响应用户要求,为结束该任务,应使用组合键_____。

6. 在"文件资源管理器"右窗口中,若希望显示文件的名称、类型、大小、修改时间等信息,则应该选
择"查看"菜单中的_____命令。

7. 在文件资源管理器中,用鼠标复制右窗口中的一个文件到另一个驱动器中,要_____这个文
件,然后拖动其图标到_____,释放鼠标按键;要在同一驱动器中复制文件,则拖动过程需按住
_____键。

8. 在文件资源管理器中,若对某文件执行了"文件|删除"命令,欲恢复此文件,可以_____。

9. 在文件资源管理器的导航窗格中,某个文件夹的左边的 ▷ 符号表示该文件夹_____。

10. 在"文件资源管理器"右窗口想一次选定多个分散的文件或文件夹,正确的操作是_____。

11. 若一个文件夹有子文件夹,那么在"文件资源管理器"的导航窗格中,单击该文件夹的图标或标
识名的作用是_____。

12. 在"文件资源管理器"窗口中,为了使具有系统和隐藏属性的文件或文件夹不显示出来,首先应
进行的操作是选择_____菜单中的"选项"。

13. 单击窗口的"关闭"按钮后,对应的程序将_____。

14. 关闭一个活动应用程序窗口,可按快捷键_____。

15. 在不同的运行着的应用程序间切换,可以利用快捷键_____。

16. 在 Windows 10 中,欲整体移动一个窗口,可以利用鼠标_____。

17. 可以将当前活动窗口中的全部内容复制到剪贴板中的操作是按下_____。

18. Windows 10 中应用程序窗口标题栏中显示的内容有_____。

19. 单击在前台运行的应用程序窗口的"最小化"按钮,这个应用程序在任务栏仍有_____,这个程序_____(停止/没有停止)运行。

20. 选定文件或文件夹后,不将其放到"回收站"中,而直接删除的操作是_____。

21. 在 Windows 10 中为提供信息或要求用户提供信息而临时出现的窗口称为_____。在这个窗口中,选择命令名后带省略号"…"的命令按钮后,将_____。

22. 在 Windows 10 的一个应用程序窗口中,展开一个菜单项下拉菜单的方法之一是_____,取消下拉菜单的方法是_____。

23. 在 Windows 10 的菜单命令中:显示暗淡的命令表示_____;命令名后有符号"…"表示_____;命令名前有符号 ✓ 表示_____;命令名后有顶点向右的实心三角符号,表示_____;命令名的右边若还有另一组合键,这种组合键称为_____,它的作用是_____。

24. 菜单栏中含有"编辑"项,则按_____键可展开其下拉菜单,在下拉菜单中含有"复制"项,则按_____键相当于用鼠标选择该命令。

2.4 上机练习题

1. Windows 10 操作系统界面的熟悉与鼠标的使用。

练习目的:

(1) 初步了解 Windows 10 的功能,熟悉 Windows 10 操作系统界面的组成。

(2) 掌握鼠标的使用方法。

练习内容:

(1) 使用"提示"应用,初步了解 Windows 10 的功能和特点。

操作提示:在"开始"菜单右侧的"搜索栏"输入"提示",然后单击"最佳结果"栏里的"提示"选项。

(2) 练习窗口的操作,同时练习鼠标操作。

① 将鼠标指针指向桌面上的"回收站"图标,双击,打开其窗口,单击"最大化"按钮,观察窗口大小的变化,再单击"还原"按钮。

② 将鼠标指针指向窗口上(下)边框,当鼠标指针变为"↕"时,适当拖动鼠标,改变窗口大小;将鼠标指针指向窗口左(右)边框,当鼠标指针变为"↔"时,适当拖动鼠标,改变窗口大小;将鼠标指向窗口的任一角,当鼠标指针变为双向箭头时,拖动鼠标,适当调整窗口在对角线方向的大小。

③ 将鼠标指针指向窗口标题栏,拖动"标题栏",移动整个窗口的位置,使该窗口位于屏幕中心。

④ 单击"关闭"按钮,关闭窗口。

⑤ 桌面上若有其他文件夹图标,可利用其重复以上的①～④练习。

(3) 在桌面上练习"快捷菜单"的调出和使用,同时练习桌面图标的排列。

① 右击桌面空白处,移动鼠标指向桌面快捷菜单中的"查看"命令,观察其下一层菜单中的"自动排列图标"是否在起作用(即观察该命令前是否有 ✓ 标记),若没有,单击使之起作用。

② 拖动桌面上的某一图标到另一位置后,松开鼠标按键,观察"自动排列图标"如何起作用。

③ 右击桌面,再次调出桌面快捷菜单,选择"排序方式"下的"名称"命令,观察桌面上图标排列情况的变化;再分别选择"排列图标"下的"类型""大小""日期"命令,观察桌面图标排列情况。

④ 取消桌面的"自动排列图标"方式。

操作提示：右击桌面空白处，调出桌面快捷菜单，选择"查看"下的"自动排列图标"命令，使该命令前的 ✓ 消失。

⑤ 移动各图标，按自己的意愿摆放桌面上的项目。

（4）练习在桌面上隐藏或显示系统文件夹图标，包括"控制面板""计算机""网络"以及当前用户文件夹。

操作提示：右击桌面的空白处，在弹出的快捷菜单中选择"个性化"，单击弹出窗口左侧的"更改桌面图标"，在弹出的"桌面图标设置"对话框中，选中要显示或隐藏的桌面图标，单击"确定"按钮。

（5）练习在桌面上呈现小工具，例如时钟、天气预报等。

（6）打开"文件资源管理器"窗口，在其中练习打开菜单，并从菜单中选择命令的方法。

① 右击"开始"按钮，从弹出的快捷菜单中选择"文件资源管理器"，打开其窗口。

② 单击"查看"菜单，再将鼠标下移指向下拉菜单中的"超大图标"命令并单击，观察右侧窗口中内容显示方式的变化；再分别选择"查看|大图标""查看|中等图标"等命令，观察比较右窗口中内容的不同显示方式。

（7）练习用"常规键"方法操作菜单和命令。

① 在"文件资源管理器"窗口中，按 Alt＋V 键，打开"查看"菜单，再依次按 Y 键和 O 键，观察执行结果。

② 按 Alt＋F 键，打开"文件"菜单，再按 C 键（即选择"关闭"命令），关闭"文件资源管理器"窗口。

（8）练习操作"控制菜单"按钮和使用"控制菜单"。

① 双击"回收站"图标，打开其窗口。

② 单击"控制菜单"按钮 🔳（窗口左上角的图标按钮），从弹出的控制菜单中选择"移动"命令，再使用方向键，移动窗口到合适位置，按 Enter 键确定窗口新位置。

③ 单击"控制菜单"按钮，选择"关闭"命令，关闭窗口。

④ 双击"计算机"图标，打开其窗口，单击"控制菜单"按钮，从弹出的控制菜单中选"大小"命令，使用方向键，适当调整窗口大小，按 Enter 键确定窗口的大小。

⑤ 双击"控制菜单"按钮，关闭"计算机"窗口。

（9）使用任务栏和设置任务栏。

① 分别双击"此电脑"和"回收站"图标，打开两个窗口。

② 分别选择任务栏快捷菜单中的"层叠窗口""堆叠显示窗口""并排显示窗口"命令，观察已打开的两个窗口的不同排列方式。

操作提示：右击任务栏的空白处，可调出任务栏的快捷菜单。

③ 从任务栏快捷菜单中选择"属性"命令，出现"任务栏|开始菜单属性"对话框，从"任务栏"卡中选择"自动隐藏任务栏"等按钮，观察任务栏的变化；再取消对"自动隐藏任务栏"等选择框的选择，观察任务栏的存在方式又有何变化。

2. Windows 10 一些程序的练习。

练习目的：

掌握 Windows 10 的程序管理。

练习内容：

（1）程序的启动与运行。

① 利用"开始"菜单启动"记事本"。

操作提示：选择"开始|所有应用|Windows 附件|记事本"。

② 利用"搜索栏"，启动"画图"。

操作提示：在"开始"菜单右侧的"搜索栏"中键入 mspaint.exe 后，按 Enter 键。

（2）程序的切换。

① 利用任务栏活动任务区的对应按钮，在"记事本"和"画图"两个程序之间切换。

② 利用快捷键 Alt＋Tab，在上述两个程序之间切换。

（3）程序的关闭。

尝试利用不同方法，分别关闭"记事本"和"画图"程序。

（4）创建程序的快捷方式。

① 在桌面上创建程序 calc.exe 的快捷方式，并命名为"计算器"。

操作提示：

• 在桌面的空白处右击，从快捷菜单中选择"新建│快捷方式"。

• 在"创建快捷方式"对话框的命令行中键入 calc.exe（或单击该对话框中的"浏览"按钮，找到 calc.exe 程序，选定并打开），单击"下一步"按钮。

• 在"选择程序的标题"对话框的"键入快捷方式的名称"栏中输入"计算器"，单击"完成"按钮。

② 在某一个文件夹中建立程序 mspaint.exe 的快捷方式，并命名为"画图"。

操作提示：

• 打开这个文件夹，在空白处右击，从快捷菜单中选择"新建│快捷方式"。

• 以下步骤与在桌面上创建程序的快捷方式的方法相同。

3. 在"文件资源管理器"进行文件和文件夹的管理练习。

练习目的：

初步掌握利用"文件资源管理器"进行文件和文件夹的管理。

练习内容：

（1）新建文件夹，展开下一层文件夹。

① 新建文件夹：在开放硬盘上创建学生文件夹（一般公用机房的学生文件夹由任课教师指定位置和文件夹名，本练习中设学生文件夹建立在 E 盘，命名为 STUDENT1）。

操作提示：打开文件资源管理器；在文件资源管理器的导航窗格中单击 E 盘图标或标识名；在右窗口的空白处右击，从快捷菜单中选择"新建│文件夹"；将"新建文件夹"更名为 STUDENT1。

注：在以后的上机练习内容中提到学生文件夹即指 E：\STUDENT1，不再赘述。

② 新建子文件夹：在学生文件夹下建立两个子文件夹 MUSIC 和 STUDY，并在 STUDY 文件夹下再建立子文件夹 ENGLISH。

操作提示：在文件资源管理器的导航窗格中，单击 E 盘左边的 ▷ 符号，展开其下一层文件夹，单击选定 E 盘下的 STUDENT1 图标或标识名；在右窗口的空白处右击，从快捷菜单中选择"新建│文件夹"；将"新建文件夹"更名为 MUSIC。同理，建立文件夹 STUDY 和 ENGLISH。

（2）复制和更名文件夹。

① 复制文件夹：将 ENGLISH 文件夹复制到 MUSIC 文件夹中。

操作提示：在文件资源管理器的导航窗格中，使 STUDENT1 和 STUDY 文件夹均展开其下一层文件夹，单击选定 STUDY 文件夹，右窗口将有文件夹 ENGLISH 显示；拖动文件夹 ENGLISH 图标放到导航窗格的 MUSIC 文件夹上，按住 Ctrl 键，松开鼠标键（因为是在相同磁盘中复制文件，用鼠标直接拖动法复制 MUSIC 时，必须借助 Ctrl 键）。执行完毕，查看选定文件夹下是否仍有 ENGLISH，以确认是"复制"而不是"移动"文件。

② 更名文件夹：将 MUSIC 文件夹中的子文件夹 ENGLISH 的名字改为 EMUSIC。

操作提示：在文件资源管理器的导航窗格中，单击选定 MUSIC 文件夹，在右窗口中右击文件夹 ENGLISH，从快捷菜单中选择"重命名"命令，输入新名字 EMUSIC 后按 Enter 键。

③ 单击 MUSIC 文件夹左边的 ▷ 符号,展开其下一层文件夹。

(3) 复制和更名文件。

① 在不同文件夹中复制文件:将\WINDOWS\MEDIA 文件夹中的文件 ir_begin.wav 和 ir_end.wav 以及 onestop.mid 和 flourish.mid 复制到新建的文件夹 MUSIC 中。

操作提示:在文件资源管理器的导航窗格中选定\WINDOWS\MEDIA 文件夹,然后在右窗口中选定上述几个文件,执行"复制"命令;在文件资源管理器的导航窗格中另选定 E:\STUDENT1\MUSIC,执行"粘贴"命令。

② 在同一文件夹中复制文件再更名文件:将 MUSIC 文件夹中的文件 ir_begin.wav 在同一文件夹中复制一份,并更名为 begin.wav。

操作提示:在文件资源管理器右窗口中选定 ir_begin.wav,相继执行"复制"命令和"粘贴"命令;在右窗口中右击复制的新文件,从快捷菜单中选择"重命名"命令,输入新名字后按 Enter 键。

③ 用鼠标直接拖动法复制文件:将 MUSIC 文件夹中的 onestop.mid 复制到 STUDY 文件夹中。

操作提示:在左窗口中选定文件夹 MUSIC,右窗口将有 onestop.mid 文件显示。拖动其放到导航窗格的 STUDY 文件夹上,按住 Ctrl 键,松开鼠标键。执行完毕,查看 MUSIC 文件夹下是否仍有该文件,以确认是"复制"而不是"移动"文件。

④ 一次复制多个文件:将 MUSIC 文件夹中的几个 wav 文件同时选中,复制到 STUDY 文件夹中。

操作提示:同时选定若干文件可以借助 Ctrl 键(不连续的文件)或 Shift 键(连续的文件)。

(4) 删除文件,移动文件。

① 删除文件:删除 MUSIC 文件夹中的 recycle.wav 文件,再设法恢复该文件。

操作提示:删除可使用文件资源管理器工具栏的"删除"按钮;"恢复"可使用工具栏的"撤消"按钮。

② 移动文件:将 MUSIC 文件夹中 recycle.wav 文件移动到 STUDY 文件夹中。

提示:此时 MUSIC 文件夹下有 1 个子文件夹 EMUSIC 和 4 个文件,STUDY 文件夹下有 1 个子文件夹 ENGLISH 和 4 个文件,检查是否正确。

(5) 其他操作。

① 删除文件夹:删除 MUSIC 下的子文件夹 EMUSIC。

② 设置文件或文件夹的属性:设置 STUDY 文件夹中的文件 recycle.wav 的属性为只读,设置其子文件夹 ENGLISH 的属性为隐藏。

操作提示:在文件资源管理器的左窗口中选定 STUDY 文件夹,再在右窗口中选定准备设置属性的对象,从其快捷菜单中选择"属性"命令。

③ 显示或隐藏文件扩展名:选择"查看|选项"命令,弹出"文件夹选项"对话框,选"查看"选项卡,选择"隐藏已知文件类型的扩展名"项,观察文件资源管理器窗口中文件名的显示方式;同样地,再取消"隐藏已知文件类型的扩展名"项,观察文件资源管理器窗口中文件名的显示方式。

④ 显示或隐藏具有隐藏属性的文件:弹出"文件夹选项"对话框,再选"查看"选项卡,选择"不显示隐藏的文件和文件夹"项,观察 STUDY 下子文件夹 ENGLISH 的显示情况;同样地,再选择"显示所有文件和文件夹"项,再观察 STUDY 下子文件夹 ENGLISH 的显示情况。

⑤ 在指定文件夹 STUDY 文件夹中,建立程序 mspaint.exe 的快捷方式,命名为"画图"(参考上机练习 2 的有关操作提示)

⑥ 搜索文件或文件夹:在"此电脑"中搜索文件 recycle.wav 和文件夹 MUSIC 的位置。

操作提示:双击桌面"此电脑"图标进入该窗口,在窗口右上角的搜索栏对要搜索的 recycle.wav 和 Music 进行搜索,在搜索到的所有带关键字的选项中选出目标文件或文件夹。

4. 掌握 Windows 10 的帮助系统,学会使用网上邻居共享网上资源,了解 Windows 10 的一些设备管理功能,使用 Windows 10 提供的一些办公软件练习。

练习目的：

（1）初步掌握使用 Windows 10 的帮助系统。

（2）初步掌握使用网上邻居共享网上资源。

（3）了解 Windows 10 的一些设备管理功能。

（4）初步掌握 Windows 10 提供的一些办公软件。

练习内容：

（1）在控制面板窗口中（单击"开始|所有应用|Windows 系统|控制面板"），选择"显示"项，在出现的窗口右上角，单击"?"按钮，或按功能键 F1，可获得相应帮助信息。

（2）了解 Windows 10 的一些设备管理功能。

① 打开控制面板

操作提示：可以使用以下的任一种方法。

• 右击开始菜单，在出现的快捷菜单中选择"控制面板"项。

• 单击"开始|所有应用|Windows 系统|控制面板"。

• 在"搜索栏"中输入"控制面板"，单击"最佳结果"栏中的"控制面板"选项。

② 了解控制面板中的一些常用项

• 选择"日期和时间"项，学会设置日期和时间。

• 选择"鼠标"项、"键盘"项，了解各选项卡中各设置项的含义。

• 选择"设备和打印机"项，了解打印机属性的设置。

（3）了解和使用 Windows 10 提供的附件。

① 启动"画图"，练习使用各种工具，绘制一个图形文件，保存在学生文件夹中，命名为 thlx.bmp。

操作提示：选择"开始|所有应用|Windows 附件|画图"可启动"画图"，类似可启动"计算器""记事本"等。

② 启动"记事本"，输入你入大学后的最深感受，保存在学生文件夹中，命名为 jsblx.txt。

操作提示：内容的输入可在学习第 3 章中英文键盘输入法后再进行。

第3章　中英文键盘输入法

3.1　键盘击键技术

给计算机输入文字、数据,通常是通过键盘实现的。英文打字不需要学习编码,但需要指法熟练才有速度。一般汉字则需要先输入编码才能得到,还有重码选择、词语输入等问题。因此,熟练地掌握键盘击键技术是高效上机的基本功。

3.1.1　打字术和打字姿势

1. 打字术

打字是一种技术。打字时眼睛不能在同一时间里既看稿件又看键盘,否则容易疲劳,会顾此失彼。科学、合理的打字术是触觉打字术,又称为"盲打法",即打字时两眼不看键盘,视线专注于文稿或屏幕,以获得最高的效率。

2. 打字姿势

正确的姿势:入座时,坐姿要端正,腰背挺直而微前倾,全身放松。上臂自然下垂而靠近身体,两肘轻贴腋边;指、腕不要压着键盘,手指微曲,轻轻按在与各手指相关的基本键位(或称原位键;位于主键盘第三排的 A、S、D、F 及 J、K、L、;)上;下臂和手腕略微向上倾斜,使与键盘保持相同的斜度。双脚自然平放在地上,可稍呈前后参差状,切勿悬空。座位高度要适度,一般都使用转椅以调节高低,使肘部与台面大致平行。正确的打字姿势有利于打字的准确和速度的提高,也使身体不易疲劳。错误的姿势易使打字出错、速度下降,不利健康。

显示器宜放在键盘的正后方,与眼睛相距不少于 50cm。在放置原稿前,先将键盘右移 5cm,再把原稿紧靠键盘左侧放置,以便阅读。

3.1.2　打字的基本指法

1. 十指分工,包键到指

击键的指法对于保证击键的准确和速度的提高至关重要。操作时,击键前将左手小指、无名指、中指、食指分别置于 A、S、D、F 键帽上,左拇指自然向掌心弯曲;将右手食指、中指、无名指、小指分别置于 J、K、L、;键帽上,右拇指轻置于空格键上。各手指的分工如图 3.1 所示。

注意事项:

(1) 左食指兼管 G 键,右食指兼管 H 键。同时,左右手还要管基本键的上一排与下一排。每个手指到其他排"执行任务"后,拇指以外的 8 个手指,只要时间允许都应立即退回基本键位。从基本键位到各键位平均距离短,易实现盲打,利于提高速度(如图 3.2 所示)。

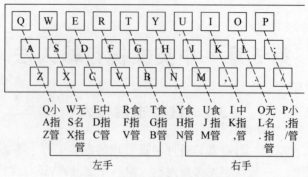

图 3.1 键位按手指分工示意图

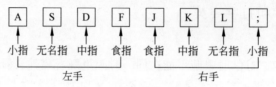

图 3.2 基本键位示意图

(2) 不要使用一个手指或视觉击键(用两眼找键位),这比盲打要慢得多。

2. 用指技巧

平时手指应稍弯曲拱起,轻放在基本键位上。手腕则悬起不要压着键盘。在需要单击其他行键时,伸屈手指,轻而迅速地单击后即返回基本键位。打字主要靠手指的灵活运用,不靠手腕移动找键位。手指在两排间移动的距离不超过 2cm,靠手指屈伸动作就可以控制。

应轻而迅速地击键,有一点点瞬间发力,而不是缓慢按键,单击后手指立即反弹(若在键帽上停留 0.7s,则被认为是连续击键)。击键不能时快时慢、时轻时重,应力度适当、快慢均匀,听起来有节奏感。初学时切忌求快,宁可慢而有节奏,务必强迫自己练习盲打,重视落指正确性,不可越位击键,在正确击键与有节奏的前提下再求速度。

3.2 汉字键盘输入法概述

汉字输入仍然是计算机中文信息处理的瓶颈,进得慢,处理得快。计算机汉字输入法目前可分为键盘输入和非键盘输入两大类。

1. 非键盘输入法

非键盘输入法主要有扫描识别输入法、手写识别输入法和语音识别输入法。

扫描识别输入法对印刷体汉字识别率高,效果好。手写汉字识别尚要注意一定的书写规范,每分钟也就 30 个汉字左右,速度不理想。语音识别是通过人说汉语实现输入,未到可普及的实用阶段。非键盘输入还要有适当装置。

2. 键盘输入法

键盘输入法指汉字利用计算机标准键盘,通过对汉字的编码,再通过键入这种输入码实现,所以也称为汉字编码输入,成熟、易行、常用。即使语音输入已经达到实用程度,键盘输入仍可作为辅助手段。

汉字编码方案"易学的打不快,打得快的不易学"的现状正在改变。按编码规则一般分为以下四类。

(1) 形码。采用汉字字形信息特征(如整字、字根、笔画、码元等),按一定规则编码,无需拼音知识,对"看打"书面文稿的输入有优势。形码码元编码输入法的输入速度较快,初学时有难度,宜用于专业录入人员,如王码五笔型输入法等。

(2) 音码。输入汉字的拼音或拼音代码(如双拼码)。对"听打"输入有着优势。缺点是重码多,影响速度。遇到不会读音或读音不准时,输入也有困难,如微软拼音等。

(3) 音形码或形音码。这两种方法吸收了音码和形码之长,重码率低,也较易学习。搜狗输入法就是一种很好的输入法。

国家虽尚未颁布汉字键盘输入法的统一标准,但输入技术日趋成熟。计算机、网络的大面积普及导致对汉字输入技术市场的多层次需求。汉字输入技术应向系统化、智能化、机助化、标准化的方向发展。但编码的统一应是相对的,即在目前一些编码的基础上相对集中为几种,允许汉字编码以几种流派、几种层次服务于如此众多的国内外汉字用户。

在中文 Windows 10 系统内预装有微软拼音等输入法。系统中没有王码五笔型输入法,但可方便地安装。各种汉字键盘输入及显示输出系统也称汉字平台。下面对微软拼音这种汉字键盘输入方法加以介绍。

3.3 中文(简体,中国)微软拼音汉字输入法

中文(简体,中国)微软拼音汉字输入法是以拼音为主的智能化键盘输入法。字、词输入一般按全拼、简拼、混拼形式输入,而不需要切换输入方式。此外,它还提供动态词汇库系统,既有基本词库,还有具有自动筛选能力的动态词库,用户可以自定义词汇、设置词频调整等操作,具有智能特色,可不断适应用户的需要。

3.3.1 微软拼音的进入和退出

1. 微软拼音的进入

启动 Windows 10 成功后,单击屏幕底边右侧下角的输入法图标,弹出输入法的列表,选择"中文(简体,中国)——微软拼音"后即显示: 中 M 表示进入微软拼音汉字输入法状态。

2. 微软拼音的退出

在微软拼音"中"状态下,单击"中",即可退出微软拼音输入法(中 M)而切换至英文输入状态(英 M)。此时,按 Ctrl+空格键,或者按 Shift 键,也可以实现在微软拼音与英文输入法之间的切换。

3.3.2 微软拼音单字、词语的输入

1. 基本规则

一般按全拼、简拼或者混拼直接输入，无须切换输入方式。

(1) 拼音时需使用两个特殊符号。

- 隔音符号"'"，如：xian(先)，xi'an(西安)等。
- ü(发音"鱼"，u 上有两点)的代替键 V，如："女"的拼音 nü＝nv。

(2) 全拼输入。和书写汉语拼音一样，按词连写，词与词之间用空格或标点隔开。可继续输入，超过系统允许的个数，就无法继续输入。

(3) 简拼输入。按各个音节的第一个字母输入，对于包含 zh、ch、sh(知、吃、诗)的音节，也可取前两个字母。例如：

	全拼		简拼
计算机	ji'suan'ji ("'"由系统自动 加上)	→	j's'j("'"由系统自动加上，下同)
长城	chang'cheng	→	c'c,c'ch,ch'c,ch'ch
中华	zhong'hua	→	zh 不正确，因为它是复合声母"知"， 应当为 z'h 或者 zh'h
愕然	e'ran	→	e'r(er 错误，因它是"而"等字的全拼)

(4) 混拼输入。输入时，有的音节全拼，有的音节简拼。例如：

	全拼		混拼
金沙江	jin'sha'jiang	→	jin's'j
理念	li'nian	→	li'n(lin 错误，因它是"林"的全拼)

注意：

(1) 只有在小写状态时，才能输入汉字。按大写锁定键 CapsLock，CapsLock 指示灯亮，键入得到的大写字母不能用于输入汉字。按下 Shift 键，会在微软拼音与英文输入法之间切换。

(2) 按空格键 Space Bar 或按\键(与|键同键帽)或按"标点符号"键结束输入，且实现按字或词语由拼音到汉字的变换。

(3) 按取消键 Esc。在各种输入方式下，取消输入过程或者变换结果。

(4) 按退格键←(即 BackSpace)。由右向左逐个删除输入信息或者变换结果。若输入结束(键入拼音并按下空格键或按\键后)，未选用显示结果时，按下退格键可删去空格键，起恢复输入现场的作用。

(5) 微软拼音输入法在输入结束后在重码字词选择区每页能给出 9 个词组或 9 个单字(如果有的话)供用户选择。按]或＋(加号)键往下翻页，也可以把光标移到最后一个单字(或词组)上，比如在出现"9 优 >"时进行往下翻页；按[或一(减号)键，则往上返回翻页，根据需要选定相应的数码。

2. 高频单字(含单音节词)的输入

用"简拼＋空格键"输入可得：

Q＝去　W＝我　E＝额　R＝人　T＝他　Y＝有　I＝i　O＝哦　P＝怕

A＝啊　S＝是　D＝的　F＝发　G＝个　H＝和　J＝就　K＝看　L＝了

Z＝在　X＝下　C＝才　B＝不　N＝你　M＝吗

ZH＝这　SH＝是　CH＝吃

除了"额""哦"和"啊"外的 24 个汉字使用极其频繁,应当记住。

3. 词和词语的输入

汉字应尽量按词、词组、短语输入,特别要多用双音节词输入。

(1) 双音节词输入。

① 最常用的词可以简拼输入,这些词有 500 多个。如:

b'j→比较,北京;d's→但是;x'd→新的,许多;w't→问题;j'j→经济

② 一般常用词可采取混拼输入　如:

jin'j→仅仅,紧急(混拼)

③ 普通词应采取全拼输入。如:

mang'mang→茫茫(全拼)　　　　　　mai'miao→麦苗(全拼)

(2) 三音节或三音节以上词语的输入,可用简拼或混拼输入。

① 常用词语宜用简拼输入。如:

j's'j→计算机,b'j'd→不记得,a'l'p'k'y'd'h→奥林匹克运动会

② 一般词语,对其中的一个音节用全拼,以减少同音词。

y'j's→研究所,研究生,研究室,云计算,意见书,药制师,有机酸(简拼,有许多个同音词,词语出现的先后顺序可能会有差异)

y'ji's→云计算,有急事,要及时,药制师(若中间音节全拼,同音词数目会减少)

3.3.3　微软拼音中文标点符号的输入方法

1. 中文标点等符号的输入

在 中 M 状态下可直接在键盘上键入,其中顿号"、"是用"\"得到(与"|"同键帽)的。在 中 M 状态下,可直接按相应标点符号键得到。键帽上没有的中文标点可在 Word 2013 的"插入|符号|符号|子集|CJK 符号和标点"中得到。

2. 不常用汉字的输入

可在 中 M 状态下,在 Word 2013 的"插入|符号|符号|子集|CJK 统一汉字"中得到。

习　题　3

3.1　思考题

1. 中文打字键盘的基本键位是哪几个键? 打字时击键后的手指应放在什么位置?

2. 计算机汉字输入大体上分为几种方式? 目前最常用的是哪一种方式?

3. 你是使用哪种键盘输入法输入汉字的? 在学习书中对相关输入法的介绍后,体会到所使用的输入法有哪些输入技巧?

3.2 选择题

1. 计算机汉字输入的方法很多,但目前最常使用还是通过(　　)输入实现。

　　(A) 扫描仪　　　　　(B) 语音识别　　　　(C) 手写板笔写　　　(D) 键盘

2. 键盘打字要达到高速度,同打字术有关。打字术最好的方式是(　　)。

　　(A) 单指击键　　　　　　　　　　　(B) 两指看键击键

　　(C) 既看键盘又看稿子击键　　　　　(D) 触觉打字(盲打法)

3. 手指击键后,只要时间允许都应立即退回基本键位。基本键位是指(　　)。

　　(A) T R E W Q 和 Y U I O P　　　　(B) G F D S A 和 H J K L；

　　(C) B V C X Z 和 N M，。/　　　　(D) 主键盘区的最下行

3.3 填空题

1. 进入 Windows 10 系统后,要进入微软拼音汉字输入方式应按_____键。

2. 汉字键盘输入法中,从一种汉字输入法切换至另一种输入法,一般使用组合键_____;要暂时退出汉字输入方式返回英文输入状态应按_____键。

3. 在微软拼音标准汉字输入状态下,要输入一个单字的规则是输入_____,输入一双字词的规则是输入_____,输入三字词或三字以上多字词的规则是输入_____。

3.4 上机练习题

1. 打字基本技术训练

实验目的:熟悉键盘布局,掌握正确的键盘击键方法。

实验内容:对于汉字打字,主要训练敏捷准确的即时编码能力(见汉字立即给出输入编码的思维反应能力)。基础是熟练掌握英文键盘的击键技巧。训练要法:

(1) 步进式练习。例如先练基本键位的 S、D、F 及 J、K、L,做一批练习;再加入 A、和 E、I 做一批练习;补齐基本键位排各键做练习;中指上、中、下三排的练习;加入食指后的练习,等等。

(2) 重复式练习。可选择一些英、汉文语句或短文,每个反复打二三十遍,并记录观察自己完成的时间。

(3) 集中练习法。集中一段时间练习打字,取得显著效果后再细水长流地练习。

(4) 坚持训练盲打。不偷看键盘,开始时绝对不要贪求速度。

2. 英文打字基本技术训练

实验目的:比较熟练地掌握键盘击键的正确方法。

实验内容:英文打字练习,主要选择字母键的练习,而略去其他符号、数码。

(1) F,D,S,J,K,L 键的练习,把以下内容各打 10 遍:

① fff jjj ddd kkk sss lll

② fds jkl fds jkl fds jkl

③ dkdk fjfj dkdk fjfj dkdk fjfj

④ fjdksl fjdksl fjdksl fjdksl

(2) 加入 A,;两键练习,把以下内容各打 10 遍:

① aaa ;;; aaa ;;; aaa ;;;

② asdf ;lkj asdf ;lkj asdf ;lkj

③ as;l as;l as;l as;l as;l as;l

④ aksj aksj aksj aksj

(3) 加入 E,I 两键练习,把以下内容各打 10 遍:

① ded kik ded kik ded kik

② fed ill fed ill fed ill

③ sail kill file desk

④ laks less like sell deal leaf

⑤ all a like like a leaf a lad said a faded leaf a fad fell sell a desk

（4）加入 G，H 两键练习，把以下内容各打 10 遍：

① ghgh ghgh ghgh ghgh ghgh ghgh

② shsg shsg shsg shsg shsg shsg

③ gah；gah；gah；gah；gah；gah；

（5）再加入 R，T，U，Y 各键练习，把以下内容各打 10 遍：

① fgf jhj had glad high glass gas half edge shall sih

② juj ftf jyj used sure yart tried

③ a great hurry a great deal half a year

he lells us a great deal	let us all start early
tell us the street	this is the street
read the letter	a rather hard day
has age she leg head hall	gale fish hill ledg shelf high hill
later this year；rather late	get the right result
there is just a little left	at a future date
use the regular retrace	suggest further tests

the usual results；straight ahead；at least a year

（6）加入 W，Q，O，P 各键练习，把以下内容各打 10 遍：

① will hold pass quit look park pull

② swell equal told quat world

③ follow the path as far as it goes

④ it is quite short

⑤ you are aware

（7）加入 V，B，M，N 各键练习，把以下内容各打 10 遍：

① land save mark bond bank milk

② moves gives build send mail

③ a kind man；above the door；a big demand between games；

④ made a mistake；both hand；in the meantime；every line

⑤ we believe that the measures we have taken are important

⑥ between you and me，the situation seems to be very good

⑦ let us know whether this sample meets your requirements

⑧ a letter may not arrive in time. better send a telegram.

（8）加入 C，X，Z，？各键练习，把以下内容各打 10 遍：

① car six size cold fox zoo next

② exit seize；one dozen；example

③ much too cold；above zero；

④ how old? Fox? tax expert；

⑤ It is Alex I have brought you a prize

⑥ make it a practice always to save part of your income

目前有许多键盘击键指法练习软件，可引起初学者的兴趣，而不易产生疲劳。

注意：明确手指分工，坚持正确的打字姿势，坚持正确的击键指法（不看键盘——盲打）。

第4章 文字处理软件 Word 2013

4.1 基础知识

4.1.1 Microsoft Office 2013 和 Word 2013 简介

1. Microsoft Office 2013 简介

办公集成软件 Microsoft Office 2013 是微软公司 2013 年 1 月 29 日正式推出的产品之一，主要包括 Word 2013、Excel 2013、PowerPoint 2013、Outlook 2013、Access 2013、InfoPath 2013 以及 Publisher 2013 等应用程序（或称组件）。这些软件具有直观的图形操作界面和方便的联机帮助功能，提供实用的模板，支持对象连接与嵌入（OLE）技术等，具有易学易用、操作方便的共同特点。

Microsoft Office 2013 组件介绍：

（1）Word 2013 是一种强大的文字处理软件，主要用于日常办公文字处理，如编辑信函、公文、简报、报告、学术论文、个人简历、商业合同等。用户可以通过其强大的文字、图片编辑功能，编排出精美的文档，编辑和发送电子邮件，编辑和处理网页；还可以通过丰富的审阅、批注和比较功能，快速收集和管理同事的反馈信息。

（2）Excel 2013 是一种性能优越的电子表格和数据处理软件，广泛应用于财务、统计、销售、库存管理、银行部门的贷款分析等领域。它具有强大的数据统计、分析、管理和共享功能，可以轻松地实现表格制作和编辑、数据输入和公式计算、数据统计、报表分析、统计图表制作等功能。

（3）PowerPoint 2013 是一种专业的演示文稿制作和播放软件，主要用于专家报告、教师授课、产品演示、广告宣传等方面。它有丰富的主题和模板、优美的背景颜色、方便的制作工具、生动的动画演示，能够把作者所要表达的信息组织在一组图文并茂的画面中，制作出集文字、图形、图像、声音以及视频剪辑等多媒体元素于一体的演示文稿。PowerPoint 不仅可以在本地计算机上播放演示文稿，还可以通过网络发布功能实现在线播放。

（4）Outlook 2013 是一种桌面信息管理软件，可以用来收发电子邮件，管理联系人信息，安排日程，分配任务，记日记等；也可以用于跟踪活动，打开和查看文档及共享信息；还可以通过电子邮件、小组日程安排、公用文件夹等实现信息共享。

（5）Access 2013 是一种小型桌面关系数据库系统。它提供了比较完整的数据库对象和操作规范，为建立功能完善的数据库管理系统提供了方便，也使得普通用户不必编写代码，就可以完成大部分数据管理的任务。

（6）InfoPath 2013 是一种企业级电子表单设计和信息收集工具，可以创建和部署电子表单解决方案，可靠高效地收集信息。InfoPath 2013 完全基于 XML 格式，客户端只要有 IE 或其他浏览器,就可以直接填写和提交表单,并且能够紧密地与数据库系统、企业业务系统、Web 服务等集成,为企业开发表单搜集系统提供了极大的方便。

(7) Publisher 2013 是一种简单易用的企业出版软件。企业可以通过其内部向导轻松地创建、发布、共享各种出版物和营销材料,销售人员可以通过它来实现一些构思和运作市场的流程。

在 Microsoft Office 2013 的组件中,Word 2013、Excel 2013、PowerPoint 2013 是目前最常用的三种办公软件,本书主要介绍这三种软件的使用。

2. Word 2013 功能概述

Word 是目前应用最广泛的专业文字处理软件。Word 2013 提供了直观的操作界面、丰富的工具,方便用户快速地查找和使用所需的功能,制作出具有专业水准的电子文档。其主要功能可以概括为以下几点:

(1) 多媒体混排,可以编辑文字图形、图像、声音、动画,还可以插入其他软件制作的信息,也可以用其提供的绘图工具进行图形制作,编辑艺术字、数学公式。

(2) 制表功能,不仅可以自动制表,也可以手动制表。表格线能够自动保护,表格中的数据可以自动计算,还可以对表格进行各种修饰。

(3) 模板与向导功能,提供了大量丰富的模板,使用户在编辑某一类文档时,能很快建立相应的格式,而且允许用户自己定义模板,为用户建立特殊需要的文档提供了高效而快捷的方法。

(4) 自动功能,提供了拼写和语法自动检查功能,提高了英文编辑的正确性,如果发现语法错误或拼写错误,还提供修正的建议。可以帮助用户自动编写摘要,为用户节省了大量的时间,自动更正功能可为用户输入同样的字符。可以自己定义字符的输入,当用户要输入同样的若干字符时,可以定义一个字母来代替,尤其在输入汉字时,该功能使用户的输入速度大大提高。

(5) 帮助功能,帮助功能详细而丰富,用户遇到问题时,能够找到解决问题的方法,也为用户自学提供了方便。

(6) 网络支持,可以快捷而方便地制作网页,编辑电子邮件;还可以迅速地打开、查找或浏览网络上共享的 Word 文档和网页。

(7) 格式兼容,Word 2013 不仅兼容早期版本的 Word 文件格式,还可以支持许多其他文件格式,也可以将 Word 编辑的文档以其他格式的文件存盘,这为 Word 软件和其他软件的信息交换提供了极大的方便。

(8) 打印功能,提供了打印预览功能,具有打印机参数配置功能。

3. Office 的帮助功能

利用联机帮助功能,可以通过自主学习,更深入、全面地了解 Office。获得"帮助"的方法有:

(1) 选择标题栏右端的"帮助"按钮 **?** 或按 F1 功能键,将弹出帮助窗口,利用帮助目录或搜索获得相关帮助信息。

- 通过目录获得帮助。在弹出的帮助窗口中,Word 按照主要类别列出了常用的 9 类帮助内容。单击某一条分类,将展开此类帮助下的二级分类,再单击相应链接,可以打开具体的帮助内容(参见图 4.1)。

- 通过搜索获得帮助。在搜索栏中输入求助关键词,单击"搜索",选择"搜索结果"中相关的条目,即可获得所需要的帮助信息(参见图 4.2)。

图 4.1　通过目录获得帮助

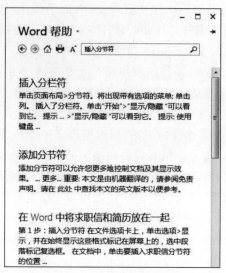

图 4.2　通过搜索获得帮助

(2) 利用对话框的"帮助"按钮。对话框右上角一般都有"帮助"按钮 ，单击此按钮,就可以得到关于这一项的帮助信息。

(3) 利用工具栏按钮的提示功能。当鼠标指针指向工具栏的某个按钮并稍作停留时,会出现这个按钮的名称提示框,而且其名称往往是其功能的简单提示。

4.1.2　Word 2013 的启动和退出

此后的叙述中,若不特别说明,Word 均指 Microsoft Office 2013 中的 Word 2013。

1. Word 的启动

启动 Word 与其他 Windows 应用程序一样,方法有:

(1) 选择"开始 | 所有程序 | Microsoft Office2013 | Word 2013"命令。

(2) 选择"开始"命令,在"搜索程序和文件"框中输入 WinWord 命令。

(3) 直接打开(即运行)Microsoft Word 应用程序本身。

(4) 单击任务栏"快速启动工具栏"中或桌面上的 Word 快捷方式图标。

(5) 双击打开某一个 Word 文档,也可以启动 Word 并在其窗口显示文档内容。

2. Word 的退出

退出 Word 和其他 Windows 应用程序一样,有多种方法,如:

(1) 单击 Word 窗口右上角的关闭按钮。

(2) 单击"文件"命令,选择"退出"。

（3）双击 Word 窗口左上角的"Word 图标"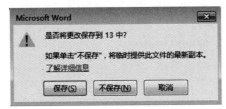。

（4）按快捷键 Alt＋F4。

退出 Word 时，若用户对当前文档曾作过改动，且尚未执行保存这些改动的操作，则系统将出现和图 4.3 类似的提示框，询问用户是否保存对文档的修改。若保存，则单击"保存"，若此文档已命名（保存）过，选择"保存"后，系统再次保存该文档后即退出 Word；若此文档从未执行过保存命令，系统将进一步询问保存文档的有关信息（详见 4.3.3 节）。

图 4.3　关闭 Word 窗口时，提示用户是否保存对文档的修改

若不想保存对当前文档的修改，则选择"不保存"，可即刻退出 Word；若此时不想退出 Word，则选择"取消"，将重新返回文档的编辑状态。

4.1.3　Word 工作窗口的组成元素

Word 工作窗口（参见图 4.4）中有标题栏、状态栏、功能区和工作区等。功能区包含若干个围绕特定方案或对象进行组织的选项卡，并且根据执行的任务类型不同会出现不同的选项卡。

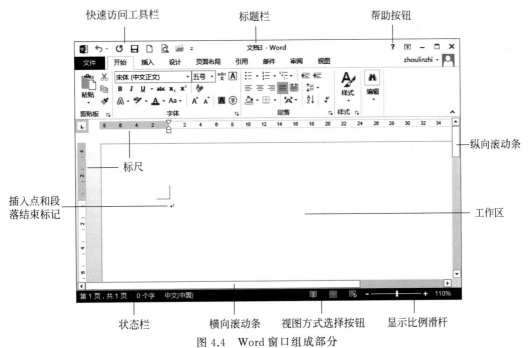

图 4.4　Word 窗口组成部分

以下仅对部分屏幕元素进行说明。

1. 工作区

当 Word 文档窗口处于最大化时,工作区成文本编辑区是进行输入和编辑的区域。注意文本区左边的向上、下延伸的狭窄区域,称为"选定区",专门用于快捷选定文本块。鼠标指针移入此区时,将成为向右倾斜的空心箭头。

2. 视图方式按钮

在文本区右下方可以选择"页面视图""阅读视图""Web 版式视图"。

"页面视图"具有"所见即所得"的显示效果,即显示效果与打印效果相同。这种视图下,可进行正常编辑,查看文档的最后外观。

"阅读视图"考虑到自然阅读习惯,隐藏了不必要的工具栏等元素,将 Word 窗口分割成尽可能大的两个页面来显示优化后便于阅读的文档,文字放大,行长度缩短,如图 4.5 所示。在键盘上输入 Esc 快捷键可以退出阅读模式。

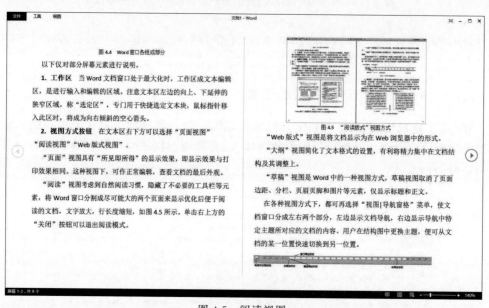

图 4.5　阅读视图

"Web 版式视图"是将文档显示为在 Web 浏览器中的形式。

在各种视图方式下,都可再选择"视图|导航窗格"选项,使文档窗口分成左右两个部分,左边显示文档导航,右边显示导航中特定主题所对应的文档的内容。用户在结构图中更换主题,便可从文档的某一位置快速切换到另一位置。

3. 状态栏

位于窗口底部,显示当前文档的有关信息,如插入点所在页的页码位置、文档字数、语法检查状态、中/英文拼写和插入/改写状态等。单击按钮可完成"插入"与"改写"状态的切换。

4. 水平标尺和垂直标尺

水平标尺位于文本区顶端,显示和隐藏标尺可利用垂直标尺上端的"标尺"按钮或选

择“视图|标尺”命令前的对钩。在“页面”视图状态下，垂直标尺会出现在文本区左边(参见图 4.4)。

首行缩进标志
制表符设置按钮
左缩进标志
悬挂缩进标志
右缩进标志

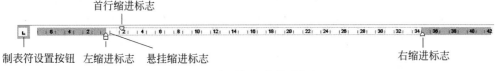

图 4.6　水平标尺的缩进标记

用鼠标拖动水平标尺上的各种标记(见图 4.6)可设定段落的首行缩进、左缩进、右缩进、悬挂缩进等。左右缩进是对一个段落整体而言，首行缩进是对段落的第一行而言(见图 4.7(a))，悬挂缩进是对一个段落中除首行以外的其余行而言(见图 4.7(b))。

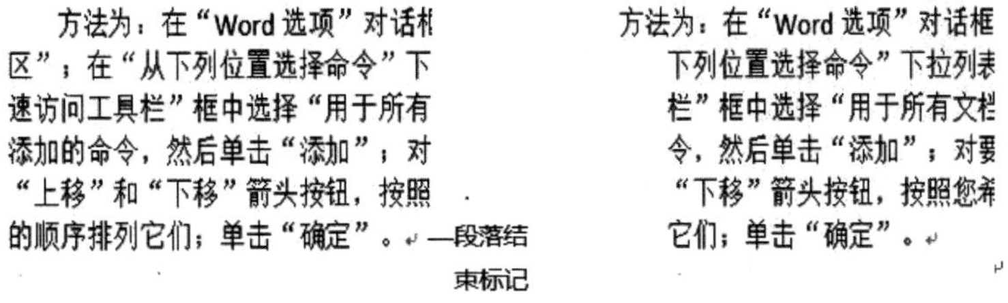
方法为：在“Word 选项”对话框
区”；在“从下列位置选择命令”下
速访问工具栏”框中选择“用于所有
添加的命令，然后单击“添加”；对
“上移”和“下移”箭头按钮，按照
的顺序排列它们；单击“确定”。
—段落结束标记
方法为：在“Word 选项”对话框
下列位置选择命令”下拉列表
栏”框中选择“用于所有文档
令，然后单击“添加”；对要
“下移”箭头按钮，按照您希
它们；单击“确定”。

(a) 首行缩进　　　　(b) 悬挂缩进

图 4.7　首行缩进与悬挂缩进

水平标尺上的缩进标记，随着用户移动插入点到不同段落，而会有相应的变化，以反映当前段落中的格式设置。有关段落格式设置，见 4.5.3 节中所述。

5. 滚动框与拆分块

单击 Word 滚动条上的滚动框，会出现当前页码等相关信息提示，拖动滚动框，文档内容快速滚动时，提示信息将随滚动框位置的变化即时刷新。

4.1.4　Word 功能区

1. 功能区

功能区是 Word 的重要组成部分之一。为了便于浏览，功能区包含若干个围绕特定方案或对象进行组织的选项卡，而且每个选项卡的控件又细化为几个组(如图 4.8 所示)。在通常的情况下，Word 的功能区包含了“文件”“开始”“插入”“设计”“页面布局”“引用”

选项卡
命令
文档1 - Word
文件
开始
插入
设计
页面布局
引用
邮件
审阅
视图
宋体
11.5
粘贴
AaBbC
剪贴板
字体
段落

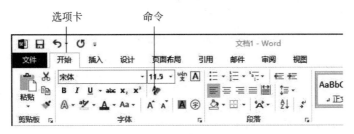

图 4.8　Word 功能区

"邮件""审阅""视图"9 个选项卡。

　　Word 和其他 Office 组件均有方便实用且组成和用法都相近的功能区。在功能区中一般只显示几个常用的选项卡,最常用的命令置于最前面,这样,在完成常见任务时不必在程序的各个部分寻找需要的命令。除了标准选项卡集,还有另外两种选项卡,但这两种选项卡仅在对目前正在执行的任务类型有所帮助的时候才会出现在界面中。

　　另外,Word 还提供了上下文工具,能够操作在页面上选择的对象,如表、图片或绘图。单击对象时,相关的上下文选项卡集以强调文字颜色出现在标准选项卡的旁边。

2. 常用的一些选项卡

　　(1)"开始"选项卡。如图 4.9 所示,只要将鼠标停留在图标按钮或列表框上几秒,即会显示图标按钮或列表框的名称(一般见其名可知其用)。该选项卡包括"剪贴板""字体""段落""样式"和"编辑"5 个工具组,其中包含的均是针对文档操作的命令按钮。

图 4.9 "开始"选项卡

　　(2)"插入"选项卡。此选项卡(图 4.10)包括"页面""表格""插图""应用程序""媒体""链接""批注""页眉和页脚""文本"和"符号"10 个工具组,分别用于插入相应的内容,是Word 操作中经常使用的一个选项卡。

图 4.10 "插入"选项卡

　　(3)"页面布局"选项卡。此选项卡(图 4.11)包括"页面设置""段落"和"排列"3 个工具组,提供页面布局的主要命令,是文档排版设计中常用的选项卡。

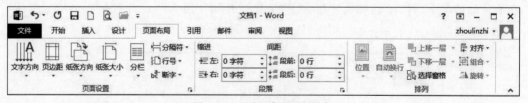

图 4.11 "页面布局"选项卡

3."文件"选项卡和快速访问工具栏

　　除了选项卡、组和命令之外,Word 还使用其他元素来提供完成任务的多种途径。如位于 Word 的左上角的"文件"选项卡和"快速访问工具栏",其中也包含一些常用的命令。

　　单击"文件"选项卡会出现图 4.12 所示的下拉列表,从中可以选择"新建""打开""保存""打印""关闭"等多种命令,在"打开"命令中可以看到"最近使用的文档",列表中会显示最近使用的文档。若要对这些文档进行编辑,可以直接选择。"最近使用的文档"列表会随着操作文档的增多进行替换,可以根据需要单击文档名右侧的图钉按钮将该文档固定在"最近使用的文档"中。

　　单击"选项"按钮可以调出"Word 选项"对话框。通过该对话框可以编辑和设计许多命令按钮的显示位置,还可以将命令添加到"快速访问工具栏"中。

　　方法如下:在"Word 选项"对话框左侧的列表中,单击"自定义功能区";在"从下列位置选择命令"下拉列表框中,单击"所有命令";在"快速访问工具栏"框中选择"用于所有文档(默认)"或某个特定文档;单击要添加的命令,然后单击"添加";对要添加的每个命令重复上述操作;单击"上移"和"下移"箭头按钮,按照希望这些命令在快速访问工具栏上出现的顺序排列它们;单击"确定",即可在"快速访问工具栏"中添加需要的命令按钮。

　　默认情况下,"快速访问工具栏"位于 Word 窗口的顶部,使用它可以快速访问频繁使用的工具。单击右侧向下的箭头出现图 4.13 所示的下拉列表。单击"其他命令"按钮也可以调出"Word 选项"对话框,即可按上述方法将其他命令添加到"快速访问工具栏"中。

图 4.12　"文件"选项卡

图 4.13　自定义快速访问工具栏

4.1.5　Word 工作窗口不同鼠标指针符号的含义

　　在 Windows 和 Office 不同的应用程序下,形状相同的鼠标指针符号有着相同的含义。Word 中的鼠标指针多在操作系统 Windows 一章中作了介绍，未提及的如表 4.1 所列。

表 4.1　部分 Word 指针的含义

指针符号	出现位置及含义
⌶	利用拖放功能，移动选定的文本块时出现此鼠标指针符号。箭头前的虚点竖线，指明文本块移动后将插入的位置
⌶⊞	利用拖放功能，复制选定的文本块时出现此鼠标指针符号。箭头前的虚点竖线，指明文本块复制后将插入的位置
↓	鼠标在表格上方，移近并指向表格的某一列时出现此指针符号。此时单击可选择该列，拖动鼠标可选多列
↔ ↕	鼠标指向水平标尺的表格列标记或垂直标尺的表格行标记时出现此指针符号。此时按住鼠标键，拖动列或行标记，可改变表格的列宽或行高
÷ ╫	鼠标指向表格的列边框/行边框时出现此指针符号。此时用鼠标拖动列边框/行边框可改变列宽度/行高度
÷	鼠标指向拆分块，或选择"视图|拆分"命令时出现此指针符号。此时双击拆分块或拖动鼠标均可拆分窗口
⌐	选定一个图片时，单击格式选项卡的裁剪按钮出现此指针符号。此时将鼠标指向图片周围的控点，拖动鼠标可剪裁图片
⬟⌶	单击某个对象或选定某文本块后，再单击开始选项卡的"格式刷"按钮，将出现此指针符号，利用其可以实现格式的复制
＋	选择"插入"选项卡插入形状时出现此指针符号，另外选择"插入|文本框"绘制文本框或绘制竖排文本框时也出现此标记
✛	移动鼠标到选定的图片或图表等对象时，可出现此指针符号。此时拖动鼠标可移动选定对象的位置

4.2　Word 中的"宏"

和 Windows 其他应用程序一样，Word 有多种命令执行方式，如选项卡命令按钮方式、快速访问工具栏方式、下拉菜单方式、快捷键方式。此外，Word 还有利用"宏"执行命令的方式，这种方式可用于执行一系列操作。"宏"是一系列 Word 操作动作的集合，即一系列编程指令的组合。

图 4.14　"录制宏"对话框

要创建宏可选择"视图"选项卡的"宏"工具组中的"录制宏"命令，打开"录制宏"对话框（参见图 4.14），在"宏名"文本框中为要创建的宏命名，宏名中可以使用字母和数字，但必须以字母（或汉字）开头，宏名中不能有空格和符号；为将要录制的"宏"

填写说明(其中输入的文字以后将作为对应按钮的提示信息出现);可以将宏指定到一个对应的快速访问工具栏按钮或快捷键。单击"录制宏"对话框的"确定"按钮后,系统便开始记录一系列动作,直至单击"停止录制"按钮,Word 就自动创建了一个宏。以后要执行同样的系列动作时,使用这个宏就可以了。

利用"视图|宏|查看宏"命令或"录制宏"前指定的对应按钮或快捷键,可以使用录制好的宏。

4.3 文档创建、保存和基本的编辑操作

4.3.1 新建文档与模板概念

1. 新建文档

可以有以下几种情况:

(1) 启动 Word 后,即开始创建新的 Word 空白文档,标题栏的临时文件名为"文档1"。空白文档是 Word 的常用模板之一,模板提供了不含任何内容和格式的空白文本区,允许自由输入文字,插入各种对象,设计文档的格式。

(2) 选择快速访问工具栏的"新建"按钮,直接产生一个新的 Word 空白文档窗口。

(3) 按 Ctrl+N 键。

(4) 单击"文件"选项卡,选择"新建"命令,相当于快速访问工具栏的"新建"按钮。此时,能看到除了"空白文档"之外,还有其他很多现成的样本模板(参见图 4.15),有新年贺卡、日历、简历等。可根据个人工作需要选择其中一个样式模板,如"中式新年贺卡",则出现图 4.16 所示的对话框。单击"创建"按钮,便可以创建一个含有新年贺卡的 Word 文档。如果在列出来的模板中没找到合适的,可以通过搜索功能在线搜索联机模板。

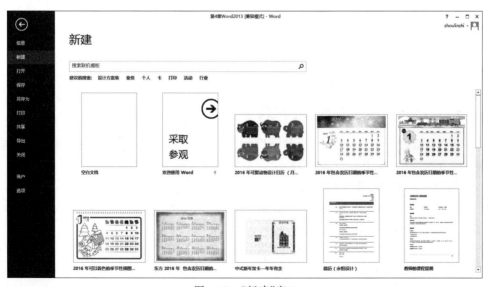

图 4.15 "新建"窗口

图 4.16　利用"样本模板"新建 Word 文档

2. 模板概念

Word 模板通常指扩展名为 dotx 的文件。一个模板文件中包含了一类文档的共同信息，即这类文档中的共同文字、图形和共同的样式，甚至预先设置了版面、打印方式等。Word 提供的模板有报告、出版物、信函和传真等。

用户选择了一种特定模板来新建一个文档时，得到的是这个文档模板的复制品，即模板可以无限多次地被使用，而且用户必须注意保存这个新建的文件。

3. 用户模板的创建

Word 允许用户在系统提供的模板的基础上结合自己的工作需要创建新的模板。为此，可以在图 4.16 所示的对话框的"新建"栏中选择"样本模板"，选择一种具体的模板类型。选择"模板"并单击"创建"按钮后，进入新模板的创建，保存并为这个新模板命名后，输入的内容如文字、图形，以及文字、段落的格式等都将保存起来，以后这个新模板将会出现在"模板"对话框中，供用户选择。

在空白文档的基础上创建的文档，在执行保存时若选择保存文件的类型为"Word 模板"，也意味着创建了一种新的模板。

4.3.2　新建空白文档的若干问题

现在以创建一个如图 4.17 所示的多栏图文混排文档为例，从输入内容到格式设置、版面编排逐步介绍，这个文档是在 Word 空白文档的基础上建立起来的。

1. 新建空白文档的页面的设置

新建空白文档时，Word 默认的页面设置：输出纸张为 A4 纸(21cm×29.7cm)，左、右页边距 3.18cm，上、下页边距 2.54cm，每页 44 行。

可以取系统的这些默认设置，也可以根据论文、报告等特定文档的要求，先进行页面设置(参见 4.5.1 节)，再输入内容。

2. 文字的输入、字符间距与行间距等

(1) 输入内容到达右边界时 Word 会自动换行，需要开始新的段落时才按 Enter 键，

Internet改变世界

Internet 通常译为国际互联网或因特网，也称网际网。它是由各种不同的计算机网络按照某种协议连接起来的大网络，是一个使世界上不同类型的计算机能交换各类数据的通信媒介。1986 年，美

Project Agency ）的网络计划，该计划试图将各种不同的网络连接起来，以进行数据传输。1983 年，该计划完成的高级研究项目机构网 ARPA net 即现在 Internet 的雏形。1986 年，美

Internet 的形成早于"信息高速公路®"概念的提出。目前，Internet 显然还不是人们期望中的信息高速公路，即高速信息通道，但 Internet 庞大的用户群、高速的主干通道以及世界性的覆盖范围使其事实上具有信息高速公路的某些功能，因此，Internet 普遍被看成是信息高速公路的基础。

Internet 最初开始于美国国防部的 DARPA（ Defense Advanced Research

国国家科学基金会 NSF（ National Science Foundation ）使用 TCP/IP（ Transmission Control Protocol/ Internet Protocol ）通信协议建立了 NSFnet 网络。该网络的层次性网络结构（区域网络⇨校际网络⇨地区性网络）构成现在著名的 US Internet 网络。以 US Internet 网络为基础再连接全世界各地区性网络，便形成世界性的 Internet 网络。

Internet 的层次性网络结构连接起各种各样的计算机，大到巨型机，小到 PC 机，联系起世界各地的计算机用户。一个用户加入 Internet 后，可以到访世界范围内的不同主机系统，可以与连接到 Internet 上的所有用户交换电子邮件和各类信息；可以共享网络上的各种资料和有关资源；可以下载免费的共享软件；可以与近在咫尺的老朋友在网上聊天，也可以与远在天边的素不相识的网友在网上对弈；教师可以利用 Internet 进行教学；商人可以利用 Internet 进行商业服务……总之，Internet 正在深刻地改变着我们的世界。

® 使世界各地的计算机能互通信息的高速通道

图 4.17　多栏图文混排文档示例

产生一个段落结束标记。两个 Enter 键之间的内容被视为一个自然段。段落结束符不显示时，可单击"开始|段落|显示/隐藏编辑标记"按钮。

（2）字符间距调节时单击"开始|字体"右下角的"对话框启动器"按钮（即字体工作组右下角的小箭头），显示"字体"对话框，用"字体|高级|字符间距"命令来设置"标准/加宽/紧缩"。

（3）单击"开始|段落"组右下角的"对话框启动器"，显示"段落"对话框，再通过"段落|间距"命令来设置段落之间或行之间的间距，而不是用按 Enter 键的方式来加大。

3. 符号的输入

（1）汉字标点符号的输入。选择一种汉字输入方式后，在语言栏和输入法状态条中都提供了一个中英文标点符号切换按钮。处于汉字标点符号输入状态时，可直接利用键盘按键输入汉字标点符号；借助汉字输入方式提供的软键盘，也可输入汉字标点符号。

（2）各种符号的输入。可利用"插入|符号|其他符号"命令。选择这个命令后将出现图 4.18 所示的对话框。在"字体"栏选择特定的符号集，再选择要插入的字符，单击"插入"按钮，便可将选定的字符插入到插入点所在位置。利用"特殊字符"选项卡，还可以输入商标、版权所有等特殊符号。

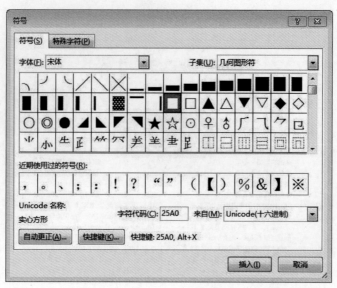

图 4.18 "符号"对话框

4.3.3 新建文档的保存

1. 新建文档的保存

建议在开始创建新文档时就执行保存文档命令,编辑过程中要经常(如每隔 10～15 分钟)执行保存操作,避免断电或其他故障造成信息丢失。

文档的保存可选择快速工具栏的保存命令,或单击"文件|保存",或按 Ctrl＋S 键。新文档第一次执行保存命令时,屏幕将出现图 4.19 所示的"另存为"对话框。

保存一个新文档(即单击图 4.19 中的"保存"按钮前)通常要做以下三项工作。

(1) 指定保存文档的位置。单击图 4.19 所示对话框中"保存位置"列表框的下箭头,选择保存文件的具体位置(特定磁盘或文件夹),一定要使特定磁盘或文件夹出现在"保存位置"框中。

(2) 指定保存文档的类型。Word 默认保存的文件类型为"Word 文档",扩展名为 docx。若要将文档保存成其他文件类型,可单击"保存类型"栏右侧的下箭头,选择其他类型。

(3) 指定保存文件的文件名。按照文档内容或其他需要为文档命名。新文档执行保存后,继续内容的输入和编辑。对该文档再次执行"保存"操作时,将不会再出现图 4.19 所示的对话框。

2. 文档的自动保存

选择"文件|选项|保存"选项,先后出现图 4.20 所示的"Word 选项"对话框。勾选"保存自动恢复信息时间间隔"复选框,并指定一个时间间隔(一般取 10 分钟),以后 Word 将按照指定的时间间隔自动执行保存文档的操作。

3. 文档密码的设定

选择"文件|选项|信任中心"选项,在图 4.21 所示的对话框中,可在"信任中心"中对

文件保存的位置

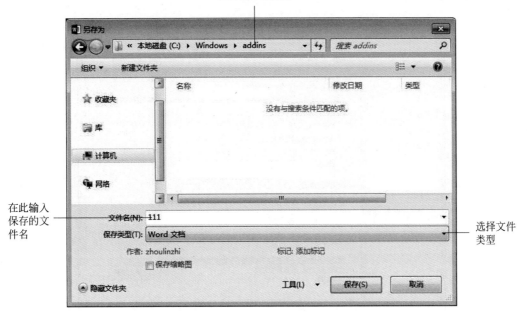

图 4.19 文档第一次执行"保存"命令时出现的对话框

图 4.20 "Word 选项"对话框

个人信息进行设置。

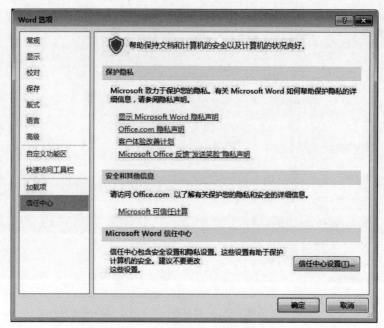

图 4.21 "信任中心设置"对话框

4.3.4 基本的编辑操作

1. 插入点的移动

插入点位置指示着将要插入的文字或图形的位置以及各种编辑修改命令将生效的位置。移动插入点的操作是各种编辑操作的前提。常用方法有：

（1）利用鼠标移动插入点。用鼠标将"Ⅰ光标"移到指定位置，单击即可。

（2）利用按键移动插入点。相应的内容见表 4.2。

表 4.2　光标移动键的功能

按　　键	插入点的移动
↑ ↓ ← →	可移到上一行、下一行、左一个字符，右一个字符
Home/End	回到一行开始/结尾
PgUp/PgDn	可转到上一窗/下一窗的开始处
Ctrl＋Home/Ctrl＋End	回到文档开始/结尾
Ctrl＋上箭头键↑	可将插入点移到上一个段落
Ctrl＋下箭头键↓	可将插入点移到下一个段落

2. 字符的插入、删除、修改

（1）插入字符：将插入点定位到待插位置，在"插入"状态下输入内容。

（2）删除字符：按 BackSpace 键删除光标左边字符；按 Del 键删除光标右边字符。

（3）修改字符：一般先删除错误字符，再插入正确的字符。

3. 行的一些基本操作

（1）行的删除：选定行，按 Del 键或 BackSpace 退格键。

（2）插入空行：在某两个段落之间插入若干空行（以便插入某种对象时），可将插入点移动到前一行的段落结束标记处，按 Enter 键若干次即可。

（3）分行且分段：定位插入点到分行处，按 Enter 键，产生两个自然段。

（4）分行不分段：定位插入点到分行处，按 Shift＋Enter 键，产生一个下箭头，产生两逻辑行，仍属同一物理段落。

4.4　文件的编辑技巧

编辑通常是指对文档已有内容的添加、复制、移动、删除、修改等操作。广义上说，编辑还包括对文件输出效果的设置，后一部分内容在 4.5 节中再介绍。

4.4.1　文件的打开与另存

1. 打开一个 Word 文档

选择"文件|打开"命令或"快速访问工具栏"的"打开"按钮，选择"计算机"，单击右下方"浏览"后，出现"打开"对话框。在"文件类型"栏中指明文件类型；在"查找范围"栏中确定文件的存放位置；再选择特定文件；最后单击"打开"按钮。这里有几点需要说明：

（1）无法确定文件的存放位置时，可选用"开始|搜索"功能。

（2）Word 中可以同时打开多个文档。

（3）Word 中的"文件|打开|最近使用文件"菜单记录了最近处理过的一些文档名，单击其中之一，可快速打开对应文档。

2. 打开一个非 Word 文档

要打开其他类型的文件，例如 Web 页、纯文本文件、RTF 格式文件等，应在"打开"对话框的"文件类型"栏中选择相应类型或"所有文件"，才有可能使目标文件显示在文件列表框中。

3. 编辑后的文档的保存

打开文档表示 Word 将文档内容从所在磁盘复制到内存中，并显示在屏幕窗口上。编辑修改的只是窗口中的文档备份，为了适时保存编辑修改的成果，必须执行"文件|保存"或"文件|另存为"命令。前者意味着把编辑后的文档内容保存到磁盘原文件中；后者意味着要将编辑后的文档内容保存到另外一个文件中，而且另存后，赋予新名的文档成为当前文档。

若要改变正在编辑的文件的文件类型，也应执行"文件|另存为"命令。

4.4.2　查找和替换

"开始|编辑"工具组中的查找命令一般只起搜索对象的作用，替换命令则既可以查找对象，又可以用指定的内容去替换查找到的对象。

1. 字符串的查找

选择"开始"选项卡"编辑"工具组的"查找"命令,在"导航|搜索文档"栏中输入要查找的字符。若要设定查找范围,或对查找对象作一定的限制,可单击"高级查找|更多"按钮,对话框如图 4.22 所示,在其中可设置搜索范围,选择"区分大小写"等。

单击"查找下一处"按钮,Word 开始查找,并定位到查找到的第一个目标处。用户可以对查找到的目标进行修改,再单击"查找下一处"按钮可继续查找。

若要查找特定的格式或特殊字符,如"手动换行符"等,可单击"更多"按钮,选择对话框底部的"格式"或"特殊字符"按钮(参见图 4.22)。

图 4.22　"查找和替换"对话框的"查找"选项卡

2. 字符串的替换

选择"开始"选项卡"编辑"工具组的"替换"命令,出现图 4.23 所示的对话框。在"查找内容"栏中输入要查找的字符,在"替换为"栏中输入要替换的文本。如果要从文档中删除查找到的内容,则将"替换为"这一栏清空。

单击"替换"按钮,可确定对查找到的某目标字符进行替换;单击"全部替换"按钮,Word 将自动替换搜索范围中所有查找到的文本。系统默认查找替换的范围为整个文档,且区分全角和半角。

如果需要设定替换范围,而且要对替换后的对象做一定格式上的设置,如改变字形、字体、颜色等,如图 4.23 中所示,可单击"替换"选项卡的"更多"按钮,将插入点定位在"替换为"栏中,再单击"格式"按钮选择有关的设置命令。

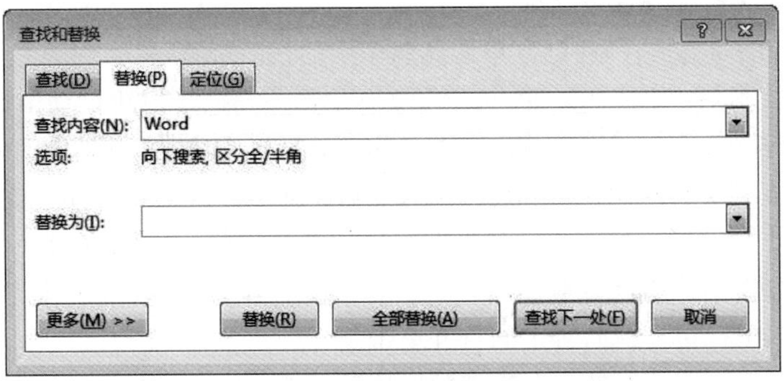

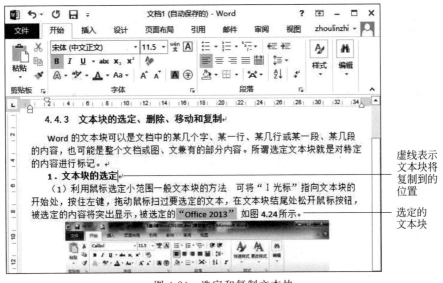

图 4.23 "查找和替换"对话框的"替换"选项卡

4.4.3 文本块的选定、删除、移动和复制

Word 的文本块可以是文档中的某几个字、某一行、某几行或某一段、某几段的内容，也可能是整个文档或图、文兼有的部分内容。所谓选定文本块就是对特定的内容进行标记。

1. 文本块的选定

（1）利用鼠标选定小范围一般文本块的方法。

可将"Ⅰ光标"指向文本块的开始处，按住左键，拖动鼠标扫过要选定的文本，在文本块结尾处松开鼠标按钮，被选定的内容将突出显示，被选定的"Office 2013"如图 4.24 所示。

图 4.24 选定和复制文本块

选定文本块还可以利用以下操作技巧：要选定一个英文单词或几个连续汉字，可双击该单词或汉字串；选定一个自然段落，可在该自然段中的任一位置三击。

（2）鼠标和按键配合选定文本。

选定一个句子：按住 Ctrl 键并单击此句子中的任一字符。

选定矩形文本块：按住 Alt 键，从矩形文本块的一角向另一角拖动鼠标。

选定大块连续文本：可借助 Shift 键；选定不连续的文本块，可借助 Ctrl 键。

选定插入点到文首间的文本：定位插入点后按 Ctrl＋Shift＋Home 键。

选定插入点到文尾间的文本：定位插入点后按 Ctrl＋Shift＋End 键。

（3）利用"选定区"选定文本。

选定一行：鼠标指针指向特定的行并单击。

选定一个段落：鼠标指针指向特定的段落后双击。

选定整个文档：在选定区三击。

选定若干行：单击选定一行后，向上或向下拖动鼠标。选择跨度较大的连续文本行可借助 Shift 键。

（4）利用按键选定文本。

按住 Shift 键，配合键盘上的 4 个光标移动键，可在插入点上、下、左、右选定文本。按 Ctrl＋A 键可以选定整个文档。

2．取消文本块的选定

在选定的文本块内或块外单击即可。

3．替换选定的文本块

选定文本块，输入新的内容即可。

4．删除选定的文本块

按 Del 键、BackSpace 键或空格键，也可选择"开始|剪贴板|剪切"命令。

5．复制选定的文本块

选定文本块后，右击选择"复制"命令（或按 Ctrl＋C 键），定位插入点到目的位置，右击选择"粘贴"命令（或按 Ctrl＋V 键）。

6．移动选定的文本块

可用以下任一种方法。

（1）利用"剪切"和"粘贴"命令。

选定文本块后，右击选择"剪切"命令（或按 Ctrl＋X 键），定位插入点到目的位置，右击选择"粘贴"命令（或按 Ctrl＋V 键）。

（2）利用系统的拖放功能。

将鼠标指针移入被选定的文本区，按下左键，出现鼠标指针符号 时，直接拖动文本块到需要位置松开左键即可。此法宜用于近距离移动。

4.5　文件的版面设计

Word 文档的外观和感染力常常取决于作者对文档进行的版面设计。版面设计包括文档输出页面设置，字符、段落格式和多栏输出设置等。

4.5.1　输出页面设置

页面设置常在"页面布局|页面设置"下进行，可直接选择工具组中的命令按钮对页面进行设置。如需要更为详细准确的设置可单击"页面设置"组右下角的对话框启动器，将出现"页面设置"对话框（参见图 4.25），该对话框包含 4 个选项卡：页边距、纸张、版式和文档网格。建议在对字符、段落等格式设置前，先进行页面设置，以便在编辑、排版过程中随时根据页面视图调整版面。

1. "纸张"选项卡

用于设置打印所使用的纸型、纸张来源等（参见图 4.25）。单击"纸张大小"列表框的下箭头，可出现纸张大小列表供用户选择，如果用户要自己定义打印纸张的大小，可以在列表中选择"自定义大小"，给出具体的宽度和高度值。单击"打印选项"可以对更新域、背景和图像等有关项目进行设置。

Word 一般根据用户对纸张大小的设置对文档自动分页，当然，Word 也允许强制分页。用户可以将插入点定位在认为有必要进行分页的位置，按快捷键 Ctrl＋Enter（或选择"插入|页面|分页"命令）。取消强制分页可删除分页符，删除方法与删除一般字符相同。

2. "文档网格"选项卡

纸张大小和页边距设定后，系统对每行的字符数和每页的行数有一个默认值，此选项卡可用于改变这些默认值（参见图 4.26）。

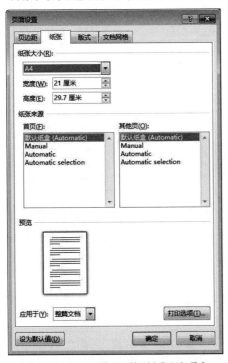

图 4.25　"页面设置"的"纸张"选项卡

图 4.26　"页面设置"的"文档网格"选项卡

3."页边距"选项卡

用于设置上、下、左、右的页边距,装订线位置。利用微调按钮用户可以调整系统默认值,也可以在相应的框内直接输入数值(参见图 4.27)。

使用 A4 纸,页边距上下采用 2.54 厘米,左右采用 3.17 厘米,网格每行采用 34 个中文字符,每页采用 44 行,即可设计出符合一般论文或出版需求的 16 开页面。

在把设置的值应用到文档之前,可以从"预览"栏中浏览设置的效果。

"方向"栏可设置打印输出页面为"纵向"或"横向","纵向"改"横向"后,上、下页边距值将自动转换成左、右页边距的值。

4."版式"选项卡

其中有以下一些选项(参见图 4.28)。

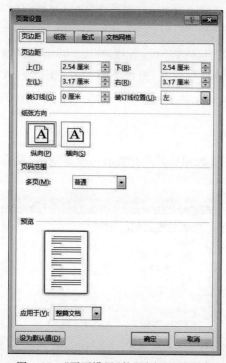 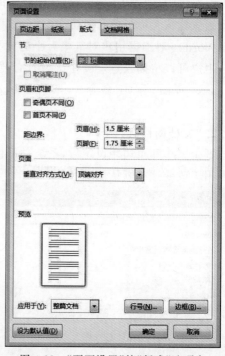

图 4.27 "页面设置"的"页边距"选项卡　　　图 4.28 "页面设置"的"版式"选项卡

(1)"页眉和页脚"选项。可选"奇偶页不同",表示要在奇数页与偶数页上设置不同的页眉或页脚,而且这一选项将影响整个文档;选"首页不同"可使节或文档首页的页眉或页脚与其他页的页眉或页脚不同。页眉和页脚中数值分别为页眉和页脚距边界的距离。

(2)"垂直对齐方式"选项。可以设定内容在页面垂直方向上的对齐方式。

(3)"行号"按钮。为文档的部分内容或全部内容添加行号,还可以设定每隔多少行加一个行号等。此选项也可以用于取消行号的设置。

(4)"边框"按钮。为选定的文字或段落加边框或底纹,还可设置"页面边框"。

4 个选项卡中,都可利用"应用于"栏指定所做的设置应用于文档哪个部分,如"本节""插入点之后""整篇文档"等。

对话框中有一个"设为默认值"按钮,选择它表示要更改页面设置中的系统默认值,并把新的设置保存在当前使用的模板中。以后每当建立基于该模板的文档时,Word都将应用这一新的设置,所以选择此命令按钮应慎重。

4.5.2 字符格式设置

1. 字符格式设置的含义

字符是指作为文本输入的文字、标点、数字和各种符号。字符格式设置是指对字符的屏幕显示和打印输出形式的设定,通常包括字符的字体和字号;字符的字形,即加粗、倾斜等;字符颜色、下画线、着重号等;字符的阴影、空心、上标或下标等特殊效果;字符间距;为文字加各种动态效果等。

在新建文档中输入内容时,默认为五号字,汉字为宋体,英文字符为 Calibri 字体。用户若要改变将输入的字符格式,只需重新设定字体、字号即可;若要改变文档中已有的一部分文本的字符格式,必须先选定文本,再进行字体、字号等的设定。

当选定的文本中含有两种以上字体时,格式工具栏的字体框中将呈现空白,如图 4.29 所示。其他框出现空白时,情况类似。

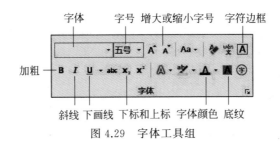

图 4.29 字体工具组

Word 中使用的可缩放字体(TrueType 字体)技术,可确保屏幕上所见到的就是在打印纸上所得到的,即所谓"所见即所得"。

2. 字符格式设置的具体实现

(1) 利用"字体"工具组。

① 要改变字体或字号大小,可单击"字体"工具组(参见图 4.29)的"字体框"或"字号框"的下箭头,再从下拉列表中进行选择。

② 要设定或撤销字符的加粗、倾斜或下画线格式,可单击"加粗""倾斜"或"下画线"按钮。单击"下画线"按钮右边的下箭头,可以选择不同的下画线。

③ 设定或撤销字符的边框、底纹或缩放字体,可单击"字符边框""字符底纹""增大字号"或"缩小字号"按钮。

④ 设定字符的颜色,可以利用"字体颜色"按钮。

(2) 单击"字体"工具组右下角的对话框启动器,显示的"字体"对话框有两个选项卡。

① "字体"选项卡(如图 4.30 所示)。利用其中的选项,可以对字符格式进行多样化的设置,效果显示在"预览"窗口中。若满意,则可单击"确定"按钮。

② "高级"选项卡(如图 4.31 所示)。间距默认值为"标准",欲加宽或紧缩字符间距

时可输入需要的数值或利用磅（point）值的微调按钮，在这里，1 磅为 1/72 英寸。

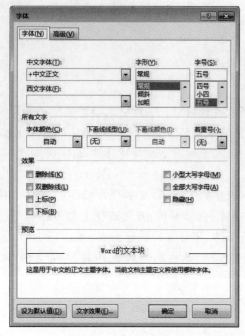

图 4.30 "字体"选项卡

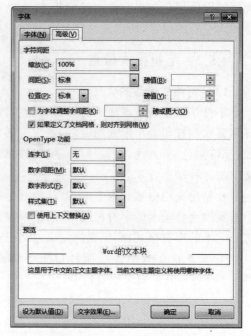

图 4.31 "高级"选项卡

"位置"栏用于设置字符的垂直位置，可选"标准""提升"或"降低"。提升或降低是相对于 Word 基准线（一条假设的恰好在文字之下的线）把文字升高或降低，默认值均为 3 磅。"位置"栏的提升或降低与"字体"选项卡中的上标和下标的概念不同。提升或降低只改变字符的垂直位置不改变字号大小。

（3）利用快捷键。可利用的快捷键及其功能如表 4.3 所示。

表 4.3 字符格式设置快捷键及其功能

按 键	功 能
Ctrl＋Shift＋N	使选定段落应用"正文"样式
Ctrl＋Shift＋A	改变所有选定的英文字符为大写，再按一次恢复原样
Shift＋F3	改变选定的英文字符的大小写状态，直到符合要求
Ctrl＋] 或 Ctrl＋[	连续放大或缩小选定的文字，每按一次改变 1 磅
Ctrl＋Shift＋W	为选定的文字加单线下画线，再按一次恢复原样
Ctrl＋Shift＋Z	取消字符的格式设置
Ctrl＋Shift＋H	为选定的文字加隐藏效果，再按一次恢复正常

4.5.3 段落格式设置

1. 段落及段落格式设置的含义

段落指文字、符号或其他项目与最后的那个段落结束标记的集合。段落结束标记标识一个段落的结束，还存储着这一段落的格式设置信息。

移动或复制段落时,注意选定的文字块应包括其段落结束标记,以便在移动或复制段落后仍保持其原来的格式。

段落格式设置通常包括:对齐方式、行间距、段间距、缩进方式、制表位设置等。

段落格式设置一般是针对插入点所在段落或选定的几个段落而言。

要了解一个特定段落的格式设置,可按 Shift＋F1 键或从任务窗格中选择"显示格式",任务窗格中将显示这一段落文字和段落格式的有关信息。

2. 段落格式设置的方法

(1) 利用"段落"工具组的某些按钮(参见图 4.32)。

① 从左至右的 5 个设置按钮用于设置段落左对齐、居中、右对齐、两端对齐和分散对齐。

② 行距按钮用于设置段落的行间距。

③ 改变缩进量按钮用于增加或减少段落的左缩进量。

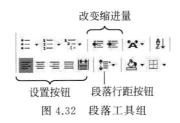

图 4.32　段落工具组

(2) 利用标尺上的制表符设置按钮(参见图 4.33)。

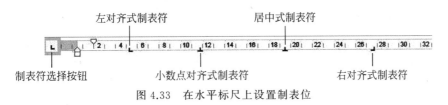

图 4.33　在水平标尺上设置制表位

① 为特定段落设置各种制表位。

Word 默认从左页边距起每隔 2 个字符有一个制表位,制表位是按 Tab 键后插入点停留的位置。在标尺上可设置不同类型的制表符,以利于文本某些段落中的字符对齐和小数点位置对齐。Word 中有图 4.34 所示的几种制表符。选择制表符类型的方法是:不断单击水平标尺最左边的"制表符选择"按钮,变换其中的制表符图标。当要选择的制表符类型出现时,单击标尺特定位置,便可以出现一个相应的制表符标记。用鼠标可拖动制表符标记到一个新位置;拖出标尺即可删除某个制表符。新的制表符设置后,按 Tab 键,插入点将停留在新的制表符处,也就是说,新制表符左边的默认制表位将不对 Tab 键起作用了。

图 4.34　几种制表符

② 利用标尺上的首行缩进、悬挂缩进、左缩进和右缩进按钮可设置段落的各种缩进。

要设置准确的缩进量应使用"段落"对话框中的相应命令。

（3）利用"段落"对话框。

单击"段落"工具组右下角的对话框启动器调出"段落"对话框，如图4.35所示，有3个选项卡。图4.35处于"缩进和间距"选项卡，该选项卡"常规"栏中的"对齐方式"用于设置段落的对齐方式；"缩进"栏中的"左侧""右侧"用于设置整个段落的左缩进、右缩进，"特殊格式"用于设置段落的首行缩进或悬挂缩进；"间距"栏中的"段前""段后"用于设置段落的前面或后面要空出多少距离，"行距"用于设置段落中行之间的间距。

单击图4.35左下角的"制表位"按钮，弹出图4.36所示的对话框，可对制表位进行准确设置：在"制表位位置"文本框中，输入一个制表位的位置值；在"对齐方式"文本框中选择某一对齐选项按钮，单击"设置"按钮，便可以设置一个制表位。

图4.35 "段落"对话框

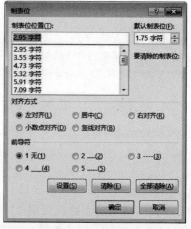

图4.36 利用"制表位"对话框设置制表位

（4）利用快捷键。

可利用的快捷键及其功能如表4.4所示。

表4.4 段落格式设置快捷键及其功能

按　键	功　　能	按　键	功　　能
Ctrl+L	使选定段落左对齐	Ctrl+T	增加首行缩进
Ctrl+R	使选定段落右对齐	Ctrl+Shift+T	减少首行缩进
Ctrl+E	使选定段落居中对齐	Ctrl+M	增加左缩进
Ctrl+J	使选定段落两端对齐	Ctrl+Shift+M	减少左缩进

【例 4.1】 输入图 4.37 所示的文字内容，设置其中的字符和段落格式，使其如图 4.38 所示。

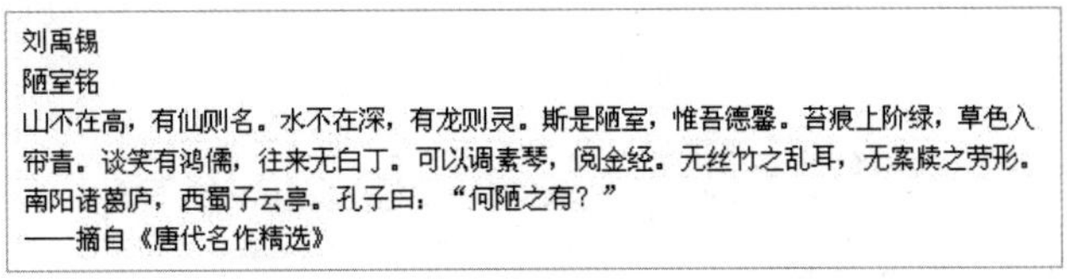

刘禹锡
陋室铭
山不在高，有仙则名。水不在深，有龙则灵。斯是陋室，惟吾德馨。苔痕上阶绿，草色入帘青。谈笑有鸿儒，往来无白丁。可以调素琴，阅金经。无丝竹之乱耳，无案牍之劳形。南阳诸葛庐，西蜀子云亭。孔子曰：“何陋之有？”
——摘自《唐代名作精选》

图 4.37 字符、段落格式设置前

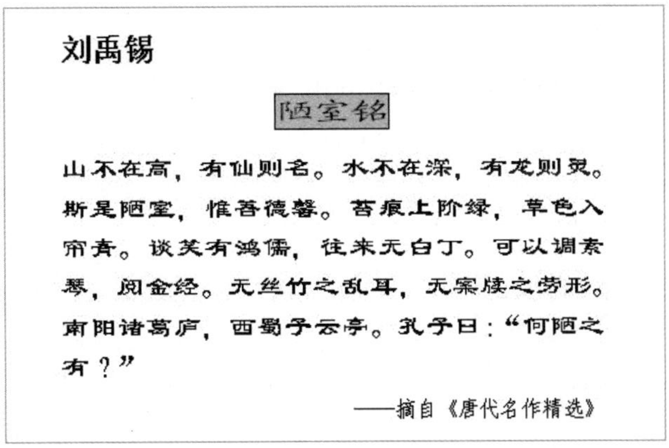

刘禹锡

陋室铭

山不在高，有仙则名。水不在深，有龙则灵。斯是陋室，惟吾德馨。苔痕上阶绿，草色入帘青。谈笑有鸿儒，往来无白丁。可以调素琴，阅金经。无丝竹之乱耳，无案牍之劳形。南阳诸葛庐，西蜀子云亭。孔子曰：“何陋之有？”

——摘自《唐代名作精选》

图 4.38 字符、段落格式设置后

具体操作如下：

① 新建一个 Word 普通文档，取默认的 A4 纸张，输入图 4.37 所示的内容。

② 结合使用选项卡按钮和“字体”“段落”对话框中的相应命令完成以下文字和段落的设置。

选定全文，设置全文各段落：左缩进 5 个字符，右缩进 5 个字符，单倍行距。

选定第一行(即第一段)，做如下设置：宋体，小二号，粗体；段前 0.5 行。

选定第二行(即第二段)，做如下设置：楷体，四号，加边框、底纹，字符放大 150%；居中，段前 0.3 行，段后 0.2 行。

选定正文内容(即第三段)，做如下设置：隶书，三号，行距为固定值 22 磅。

选定最后一行(即第四段)，做如下设置：仿宋，小四号；右对齐，段前 0.5 行。

4.5.4 样式编排文档

如果用户对某一段落设置了格式，而文档中的其他段落也要反复用到这种相同的格式集，就可以利用“样式编排文档”的办法。

在 Word 中，样式是字符格式和段落格式的格式信息的集合。

Word 提供的空白文档模板中，已预设了一些标准样式，例如标题、正文、强调、要点等。新建一个空白文档并开始输入内容时，Word 将采用默认的“正文”样式来设定字符格式。用户可选用系统提供的其他样式，也可以修改样式或创建自己的样式。

1. 使用样式

定位插入点在特定段落，单击"样式"工具组（图 4.39）右下角的对话框启动器，从"样式"窗口中选择一种；也可从"样式"列表中选择一种样式。

图 4.39 样式工具组

2. 新建样式

单击"样式"组右下角的对话框启动器调出"样式"窗口，单击窗口左下角的 ![按钮] "新建样式"按钮后，出现对话框（见图 4.40），在这里可以设定样式名称、样式类型和具体的格式。样式的命名要简练，便于记忆，可用英文字母、汉字、数字或其组合构成。使用新建样式的方法，与使用系统提供的样式一样。

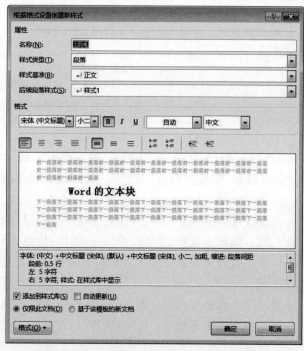

图 4.40 "根据格式设置创建新样式"对话框

3. 修改样式

在"样式"工具组中单击样式库右侧的下箭头 ，选择"应用样式"命令，单击"修改"按钮将出现图 4.41 所示的对话框，直接在其中进行修改；右击样式库中需要修改的样式，选择修改命令，也可以进行样式修改。单击"格式|字体/段落"对字体或段落格式进行修改，然后单击"确定"按钮。文档中所有使用这个样式的段落，都将根据修改后的样式自动改

变格式编排。

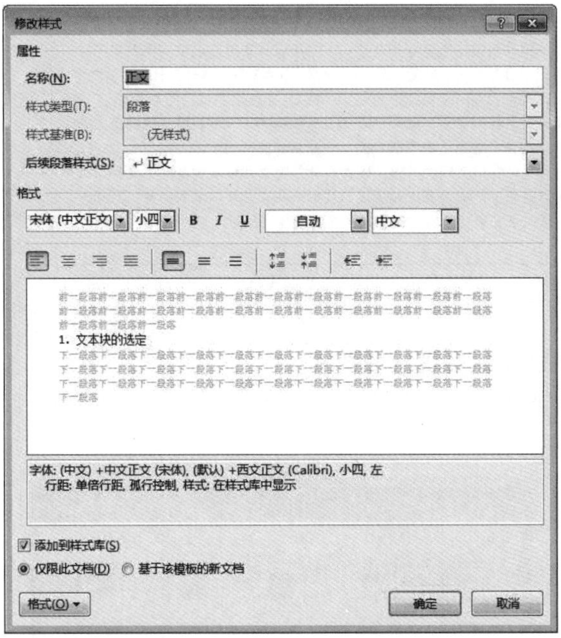

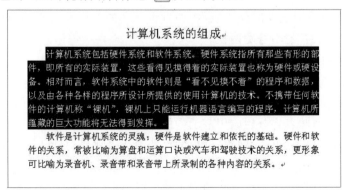

图 4.41 "修改样式"对话框

样式的使用提供了简便、快捷的文档编排手段,还能确保格式编排的一致性。

4.5.5 分节符概念与分栏排版

1. "分栏"与"分节符"的概念

当在新文档中输入一定内容,进行格式设置后,选定文本块(如图 4.42 所示),利用
"页面布局|页面设置|分栏"命令将选定部分分成两栏,全文成为 3 节(参见图 4.43)。执
行完毕,这一部分内容的前、后将自动插入"分节符"。分节符把整个文档分成了格式不同
的两个部分。分节符属非打印字符,由虚点双线构成,其显示或隐藏可通过"开始"选项卡
中"段落"工具组的"显示/隐藏编辑标记" 按钮来实现。

图 4.42 选定分栏文本

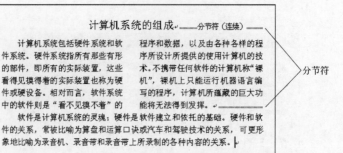

图 4.43　分栏效果与分节符

2. 利用"更多分栏"命令实现分栏排版

选择"页面布局|页面设置|分栏|更多分栏"命令后,出现图 4.44 所示的"分栏"对话框。

图 4.44　"分栏"对话框

其中各项的含义是:

(1)"预设",可以用于设定分栏数,例如可设等宽的两栏或三栏等,对于两栏还可以选择"偏左"或是"偏右"的不等宽两栏。

(2)"栏数",可以选择分栏的栏数。

(3)"分隔线"选择框,可用于在栏之间添加一条竖线。

(4)"宽度和间距",其中的"栏宽"项用于设定栏宽尺寸;"间距"项用于设定相邻栏的间距。"栏宽相等"意味着将分栏应用范围中的所有栏设置成相等的宽度。如果选中"栏宽相等"复选框,则可以只更改"间距"框中的尺寸,Word 可以自动计算栏宽。

(5)"应用于",用于选择分栏的范围。

在对话框中,可以通过"预览"项,预先了解分栏效果。文本编辑状态下,只有在"页面视图"方式或"打印预览"状态下才可以查看分栏后的效果。

4.5.6　设置页眉和页脚，插入页码

用户有时需要将一些标志性的信息加在文档的页眉或页脚位置，例如发文的文号、单位、日期、时间，文件总页数，当前为第几页等，为此，必须进行页眉或页脚的设置。文档中在各页面均要出现的相同信息也可加在页眉或页脚中。为文档加页眉或页脚可选择"插入|页眉和页脚"中的相应命令，选择"页眉"或"页脚"按钮中的"编辑页眉"或"编辑页脚"命令，出现页眉或页脚的编辑区（参见图4.45），这时可在其中建立页眉的内容。内容输入和编辑的方法与正文相同。

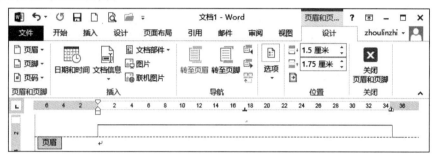

图 4.45　页眉编辑区及相关工具组

进入"页眉"编辑状态后，"设计"选项卡中的工具组包括：

（1）页眉和页脚，可以对页眉、页脚、页码进行选择编辑和格式设置。

（2）插入，可以按需要插入日期、时间、文档信息、文档部件、图片和联机图片。

（3）导航，可以将编辑界面转至页脚或其他页面的页眉。

（4）选项，包括"首页不同""奇偶页不同"和"显示文档文字"3个选项。

（5）位置，可以设置页眉顶端距离，并可设置对齐方式。

（6）关闭，关闭页眉编辑状态返回至之前的正文文本编辑状态，双击正文区同样可以达到"关闭"的效果。

在"页面视图"方式下，可以看到页眉和页脚的内容，但和正文相比，颜色要淡得多。

在文档中插入页码可以利用"插入|页眉和页脚|页码"按钮，点开按钮下方向下的箭头后，可以选择相应命令对页码的位置、格式等进行设计。选择其中的"设置页码格式"命令会显示图4.46所示的对话框。

图 4.46　"页码格式"对话框

【例 4.2】　在某文档各页底端的居中位置，插入自动更新的页码。

具体操作：

① 选择"插入|页眉和页脚|页码"命令，出现"页码"的下拉菜单。

② 单击"页面低端"命令，选择居中的选项。

③ 单击"关闭"按钮返回编辑状态。

4.6 Word 的图文排版等功能

4.6.1 插入图片与图文混排

1. 插入图片的方法

单击"插入"选项卡，选择"插图"工具组（如图 4.47 所示）中的相应命令。插图组包括图片、联机图片、形状、SmartArt、图表和屏幕截图 6 个命令按钮。

（1）图片。"图片"命令可以从磁盘中选取一个图形文件插入文档。Word 文档中可插入 Windows 位图文件（＊.bmp 文件）、Windows 图元文件（＊.wmf 文件）等多种格式的图形文件，并可以对这些图形文件进行编辑以及图文混排等操作。

插入的图片默认为"嵌入型"，即嵌于文字所在的那一层，Word 中的图片或图形还可以浮于文字之上或衬于文字之下。

浮于文字之上或衬于文字之下的图片或图形，它们之间仍然可以分不同的层，当右击这一类图片或图形时，可出现快捷菜单，其中"叠放次序"子菜单中的命令（参见图 4.48）可以调整它们之间的层次关系。

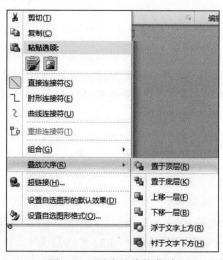

图 4.47　"插图"工具组　　　　　　　图 4.48　图片的快捷菜单

（2）联机图片。"联机图片"命令可以从 Office 提供的剪贴画库中选取图片插入文档。选择此命令后屏幕将出现"插入图片"的任务窗格。可以根据个人需要搜索相关的剪贴画。比如输入"电脑"并选择结果类型后，单击搜索按钮就可以列出相关的所有图片，如图 4.49 所示，当鼠标指针指向窗口中的一个图片时，图片左上角会出现选中状态☑，单击"插入"按钮，便可将该幅图片插入文中。

（3）形状。"形状"命令可以应用系统提供的各种工具绘制图形，单击下面的箭头将出现最近使用的形状：线条、基本形状、箭头总汇、流程图、标注、星与旗帜等，单击待选形状即可描绘图形。

图 4.49　插入图片任务窗格

（4）SmartArt。用于插入 SmartArt 图形，包括组织结构图、循环图、射线图、棱锥图、维恩图和目标图共 6 种 SmartArt 图形，方便以直观的方式交流信息。

（5）图表。可以在文档中插入一个图表（见 4.7.3 节）。

2. 图片编辑状态下的"格式"选项卡介绍

插入的图片通常要进行各种处理和编辑，为此，可以利用系统提供的"格式"选项卡（参见图 4.50）。双击图片或单击图片后选择"格式"选项卡。

图 4.50　图片编辑中的"格式"选项卡

在图片编辑状态下的"格式"选项卡的命令组有：

（1）调整组，包括删除背景、更正、颜色、艺术效果、压缩图片、更改图片和重设图片共 7 个命令按钮。

（2）图片样式组，包括图片边框、图片效果和图片版式共 3 个命令按钮。

（3）排列组，包括位置、自动换行、上移一层、下移一层、选择窗格、对齐、组合、旋转共 8 个命令按钮。

（4）大小组，包括裁剪、高度调节和宽度调节 3 个按钮。

单击"大小"工具组右下角的对话框启动器可显示"布局"对话框，参见图 4.51。

3. 图片编辑与处理

（1）选定图片：鼠标指针指向图片，单击即可。欲选定衬于文字下方的图片需利用"开始|编辑|选择|选择对象"工具。被选定的图片周围有 8 个控点，如图 4.52 所示。

（2）改变图片的大小：选定图片，用鼠标拖动位于 4 个角上的控点之一，如图 4.52(a)所

图 4.51 "布局"对话框

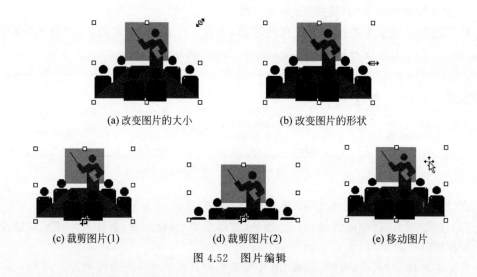

(a) 改变图片的大小   (b) 改变图片的形状

(c) 裁剪图片(1)   (d) 裁剪图片(2)   (e) 移动图片

图 4.52 图片编辑

示,可以按比例改变图片的大小。

   (3) 改变图片的形状：欲拉长或压扁图片,可选定图片后,用鼠标拖动位于上、下、左、右 4 个边上的控点之一,如图 4.52(b)所示。

   (4) 裁剪图片的部分内容：选定图片后,从格式选项卡中选择"裁剪"按钮,用"裁剪形鼠标指针"指向某控点,如图 4.52(c)所示,向图片内拖动鼠标至合适处松开鼠标键,可在不改变图片形状的前提下,裁剪图片的部分内容,裁剪后的图片如图 4.52(d)所示。

   (5) 改变图片的位置：移鼠标到选定图片中,出现带四向箭头的鼠标指针时,参见图 4.52(e),拖动鼠标,到合适位置,松手即可。

选定一个图片后，单击"格式选项卡"右下角的对话框启动器，或从右击的快捷菜单中选择"设置图片格式"命令，右侧会出现"设置图片格式"。在"设置图片格式"的有关选项卡中可以对图片的大小、位置、亮度、对比度等属性做更准确的设定。

4. 实现图文混排

图片环绕方式是解决图文混排的一种方法。插入图片时 Word 将其默认为"嵌入型"，嵌于文字所在的那一层。

要改变图片的环绕方式，可单击"大小"组右下角对话框中的按钮，出现"布局"对话框，选择"文字环绕"（参见图 4.53），在其中作相应的选择；也可以选定图片后，单击"格式"选项卡中"排列"组的"位置 | 文字环绕"，在下拉列表中进行选择（参见图 4.54）。"四周型环绕"如图 4.55（a）所示；"紧密型环绕"如图 4.55（b）所示；"衬于文字下方"如图 4.55（c）所示；"浮于文字上方"如图 4.55（d）所示；"上下型环绕"如图 4.55（e）所示；"穿越型环绕"类似于"紧密型环绕"；"编辑环绕顶点"如图 4.55（f）所示，用鼠标拖动那些控点，可以进一步改变文字绕图的状况。

图 4.53　"布局"对话框中的"文字环绕"

图 4.54　"图片工具栏"的"文字环绕"

4.6.2　文字图形效果的实现

在图 4.17 的多栏图文混排文档例中，标题是艺术字体，其实现可利用"插入 | 文本 | 艺术字"命令，出现图 4.56 所示的"艺术字"库窗口，选择一种艺术字样式，单击将出现图 4.57 所示的编辑艺术字窗口。直接输入艺术字内容，单击文档空白处后，便在文档当前位置插入了艺术字。

(a) 四周型环绕

(b) 紧密型环绕

(c) 衬于文字下方

(d) 浮于文字上方

(e) 上下型环绕

图 4.55　图片的各种环绕方式

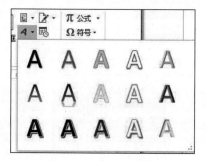

图 4.56　"艺术字"库

图 4.57　编辑艺术字对话框

选定艺术字后，"格式"选项卡将调整为艺术字编辑常用工具组，如图 4.58 所示。

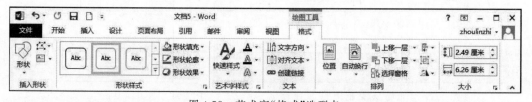

图 4.58　艺术字"格式"选型卡

该选项卡中的工作组主要包括：

（1）插入形状组，包括形状、编辑形状、绘制横排和竖排文本框等命令。

（2）形状样式组，包括形状填充（可以用颜色、图片、渐变、纹理等填充）、形状轮廓和形状效果命令。

（3）艺术字样式组，包括快速样式、文本填充、文本轮廓和文字效果命令。

（4）文本组，包括文字方向、对齐文本和创建链接命令。

（5）排列组，包括位置、自动换行、上移一层、下移一层、选择窗格、对齐对象、组合对象、旋转对象命令。

（6）大小组，显示为高度调节命令和宽度调节命令，单击工作组右下角的对话框启动器，会出现"布局"对话框，如图4.59所示。

图 4.59　"布局"对话框的"大小"选项卡

【例4.3】　制作如图4.17的多栏图文混排文档例中的标题艺术字。具体操作如下：

① 移动插入点到欲插入标题艺术字的位置，单击"插入"选项卡中的"艺术字"命令。

② 在出现图4.56所示"艺术字"库窗口时，任意选择其中一个样式。

③ 在出现图4.57所示"编辑艺术字"对话框时，直接输入"Internet 改变世界"，选择一种相应的字体，单击"确定"按钮。

④ 在艺术字处于选定状态时，利用"艺术字样式"的"文本效果"中的"转换"功能，找到与图4.17中相同的样式。

⑤ 选择"形状填充"命令或从"设置艺术字格式"对话框中选择"颜色与线条"卡片，在新对话框中设置填充颜色或边线颜色等。

⑥ 单击"排列"工具组中的"文字环绕"按钮或在"位置"中寻找相应命令，选择"上下型环绕"，并移动艺术字到合适位置。

4.6.3　首字下沉

首字下沉是Word为文字排版提供的一种功能，效果如图4.60所示。实现步骤为：

（1）将插入点定位在特定的段落。

（2）选择"插入|文本|首字下沉|首字下沉选项"命令，出现图4.61所示对话框，在对话框中设置首字下沉位置："下沉"，下沉字的字体：宋体，所占行数：3行，距正文的距离：0厘米等，最后单击"确定"按钮。

子邮件（E-mail）已经成为 Internet 最重要的应用之一，它使得位于地球上不同地方的用户能在非常短的时间内相互交流信息。电子邮件的速度远快于邮件投递。电话呼叫传递信息的速度虽然比邮件投递要快，但 E-mail 在很多方面又比电话优越，例如，❶你接收到的邮件可以被存储、打印或直接作为数据使用；❷你可以随时给对方发送信息，即使他未立刻读取你发送的邮件。

图 4.60　设置首字下沉后的效果

图 4.61　"首字下沉"对话框

下沉的首字实际上为图文框所包围，可调整其大小、位置，双击图文框还可以具体设置选定首字的环绕方式等。

4.6.4　文本框与文字方向

在文字排版过程中，有时需为图片或图表等对象加些注释文字，有时需将文档中的某一段内容放到文本框中（见图 4.62），或改变文字方向（见图 4.63），这就需用到文本框或文字方向功能。

图 4.62　横排文本框　　　　　　图 4.63　竖排文本框

将文档中的某一段内容放到文本框中，可以参考以下步骤：

（1）选定需要放到文本框中的文字。

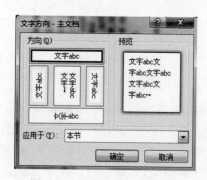

图 4.64　设置文字方向对话框

（2）单击绘图工具栏中的"文本框"按钮，再利用"格式"选项卡中的相应命令，对文本框的线型、线宽、线条色、填充色、环绕方式进行设置。

要将文档中的某一段文字放到竖排文本框中（参见图 4.63），可利用"插入|文本框|绘制竖排文本框"命令；也可以在完成图 4.62 所示的文本框的基础上，选定该文本框后选择"页面布局|页面设置|文字方向|文字方向选项"命令，出现图 4.64 所示的对话框，在"方向"栏中进行选择，在"预览"栏中观察效果，最后单击"确定"按钮。

4.6.5 插入脚注、尾注和题注等

1. 插入尾注或脚注

在文档某处插入尾注或脚注。具体操作如下：

（1）将插入点定位在要插入尾注或脚注的位置，再选择"引用|脚注|插入尾注/插入脚注"命令。

（2）插入点自动定位在输入注释内容的位置，输入注释内容即可。在图 4.17 多栏图文混排文档例中，为"信息高速公路"设注释，就采用了这种方法。

文档中的某处插入尾注或脚注后，将出现特殊的标记，当鼠标指向这些标记时，旁边会出现注释内容提示。删除此标记，也将删除注释。

2. 插入题注

为图表、图片、表格、公式等增加题注时，先选定对象，再选择"引用|题注|插入题注"命令，出现图 4.65 所示的对话框。在对话框的"标签"栏中选择

图 4.65 "题注"对话框

题注的标签名称，Word 提供的标签名有图表、表格和公式。单击"新建标签"按钮可创建新的标签名。题注的默认编号为阿拉伯数字，单击"编号"按钮可选择其他形式的题注编号。题注和一般文字一样，可进行修改和格式设置。

4.7 表格的制作和处理

利用工具栏和菜单命令均可快捷地创建表格。下面以创建图 4.66 所示的表格为例，由 Word 表格生成和处理的一般方法入手，介绍 Word 制表和生成图表的功能。

某地区信息技术市场　　　　　　　　　　　（单位：10 亿美元）

项目＼年		1997	1998	1999
计算机	硬件	95.0	102.5	115.4
	软件	62.3	80.0	105.2
	服务	75.2	95.6	103.9
通信		230.5	245.0	233.8

图 4.66 表格一例

4.7.1 表格制作

Word 中各种不规则的表可以由规则二维表加工处理而成。

1. 快速生成规则二维表

（1）利用常用选项卡的"表格"按钮。

将插入点定位到特定位置，然后单击"插入"选项卡的"表格"按钮，在出现的制表

示意框中向右、向下滑动鼠标,扫描过需要的行数和列数(示意框顶部会出现行数×列数值),单击即可。例如,欲制作图 4.67 所示的表格,可先插入一个 5 行 5 列的规则二维表,单击"表格"按钮在制表示意框中向右下角滑动鼠标,框顶部出现"5×5 表格"时,单击,立即在当前位置生成了一个 5 行 5 列的表格框架。

(2) 利用菜单命令方式。

定位插入点后,选择"插入|表格|插入表格"命令(参见图 4.67);在出现的"插入表格"对话框(参见图 4.68)中,指定所需列数和行数,单击"确定"按钮后,表格框架也随即生成。

图 4.67 "表格"菜单项

图 4.68 用"插入表格"命令生成表格

2. 输入和编辑表格内容

生成表格后,插入点将处于表格的第一个单元格中,后面紧跟一个"格结束标记"(类似文本编辑区的段落结束标记,如图 4.69 所示)。在哪个单元格输入或编辑内容,就要将插入点定位到相应的单元格。要完成图 4.66 的表格,在生成 5 行 5 列的规则二维表后,可依照图 4.70 在各单元格中输入数据。在单元格中输入、编辑及格式设置的操作与在文本区中的操作基本相同。

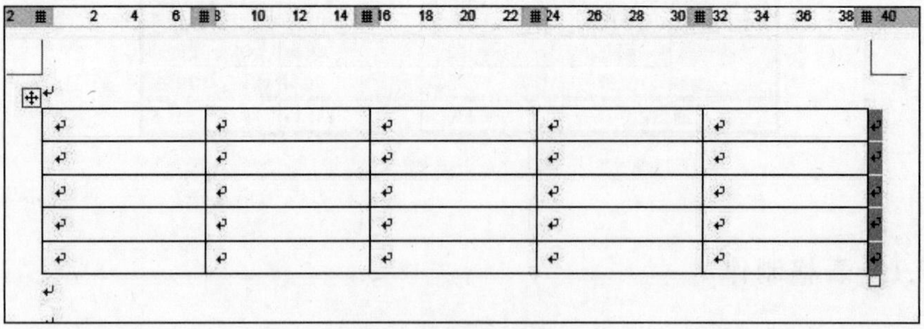

图 4.69 表格的一些标记

利用该控点可移动表格或选定表格

利用该"尺寸控点"可改变表格大小

年项目		1997	1998	1999
	硬件	95.0	102.5	115.4
计算机	软件	62.3	80.0	105.2
	服务	75.2	95.6	103.9
通信		230.5	245.0	233.8

图 4.70　输入表格数据

3. 在表格中定位插入点

一般用以下两种方法。

(1) 鼠标法。单击某单元格,可将插入点定位在该单元格。

(2) 快捷键法。用 Tab、Shift＋Tab、Alt＋Home、Alt＋End、Alt＋PgUp、Alt＋PgDn 等键移动光标。

4.7.2　表格处理

对表格进行处理前,一般需要先选定表格的行或列,或选定整个表格。

1. 选定表格的行、列或整个表

可选用以下的鼠标操作方法:

(1) 鼠标移至文档选定区,单击可选定对应的一行;拖动可选定若干行或整个表。

(2) 鼠标移至表格的上方(并尽可能靠近表格),指针变为粗体下箭头时,单击可选定箭头指向的那一列;拖动可选定若干列或整个表。要选定"结束符列",也可用同样方法,图 4.69 中的"结束符列"正处于选定状态。

(3) 鼠标移至单元格的选定区(参见图 4.69),可以选定该单元格。鼠标在表格中拖动可以连续选定几个单元格。

2. 调整表格的列宽和行高

(1) 利用"尺寸控点"整体调整表格列宽和行高。鼠标指向表格时,右下方出现的空心小方格(参见图 4.70)即尺寸控点,拖动此控点,可以整体改变表格的列宽和行高。

(2) 利用表格行、列标记或行、列边框线(参见图 4.71)调整表格的行高度或列宽度。

(3) 插入点定位表格中,选择"表格工具|布局|表|属性"命令,出现的对话框有 5 个选项卡(图 4.71 和图 4.72 为其中两个选项卡)可以分别指定表格总宽度、列宽度或行高度。

3. 合并单元格

选定要合并的单元格,再执行"表格工具|布局|合并单元格"命令。

4. 设置表格在页面上的对齐、缩进和环绕方式

在图 4.71 所示的"表格属性"对话框的"表格"选项卡中设置。

5. 移动表格

鼠标指向表格时,其左上角会出现"移动控点"(参见图 4.70),拖动此控点可以移动整个表格,拖动到文字中可实现文绕表效果。单击此控点,可选定整个表格。

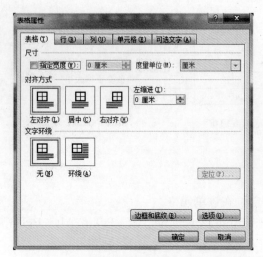

图 4.71　"表格属性"对话框的"表格"选项卡

图 4.72　"表格属性"对话框的"列"选项卡

6. 插入行和列的操作

（1）插入一行。选定某行或其中的某个单元格,右击,选择"插入"命令后的相应选项,可在当前行的上方或下方插入一行;选定某行或其中的某个单元格,选择"布局|行和列"中的相应命令;选定表格的右下角单元格,按 Tab 键,可在表格下增加一行;将鼠标放在某一行后面的结束符上,按 Enter 键,可在该行下面增加一行。

（2）插入一列。选定某列或其中的某个单元格,右击,选择"插入"命令后的相应选项,可在当前列的左侧或右侧插入一列;选定某行或其中的某个单元格,选择"布局|行和列"中的相应命令。

7. 剪切表格、行或列

选定表格、行或列,选择"开始"选项卡中的"剪切"按钮,也可以右击,选择"剪切"命令。

8. 删除表格、行或列

选定表格、行或列,按 BackSpace 键;或在"布局|行和列|删除"中选择相应命令;也可以右击选择"删除行"或"删除列"命令。

9. 删除表格内容

选定区域,直接按 Del 键。

10. 单元格内数据的对齐

选定区域,再利用"布局"选项卡中"对齐方式"工具组中的命令按钮选择合适的对齐方式（参见图 4.73）。也可以右击,选择表格属性,在"单元格"选项卡中选择。Word 为表格中的数据提供了 9 种对齐方式。

图 4.73　单元格对齐方式

11. 为表格设置边框或底纹

新建表格的边框线为 0.5 磅单线,当设定整个表格为"无框线"时,整个表格的"框线"隐去,执行"设计|边框|查看网格线"命令可显示或隐藏表格虚框。虚框不会产生打印效

果,仅为表格处理提供方便。设置表格边框或底纹的方法有:

(1) 利用 Word 自带的"表格样式"。将插入点定位到表格中后,单击"设计|表格样式"右下角的箭头,将出现图 4.74 所示的下拉列表。单击其中一种,即可生成一个规范的表格。

(2) 利用 "表格工具"组。选择"设计"选项卡,会出现"边框"工具组(见图 4.75),包括边框样式、笔样式、笔画粗细、笔颜色、边框、边框刷几个命令按钮,用户可以利用这些按钮为整个表格或表格的某一部分加边框或底纹。利用"边框样式"可以选择不同的边框线型;利用"笔画粗细"可以选择不同的线宽度;利用"笔颜色"可以选择不同的画笔颜色。

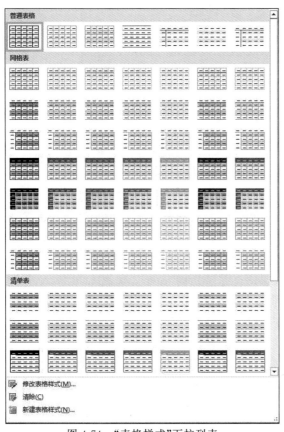

图 4.74 "表格样式"下拉列表

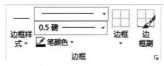

图 4.75 "边框"工具组

单击"边框"工具组右下角的对话框启动器会显示"边框和底纹"对话框(见图 4.76)。利用"边框"或"底纹"选项卡,也可以为表格设置边框或底纹。

【例 4.4】 制作如图 4.66 所示的表格。

具体操作:

① 将插入点定位在准备生成表格的位置,利用"插入"选项卡中的"表格"按钮,快速生成一个 5 行 5 列的规则二维表,按图 4.70 所示完成表格的内容输入。

② 选定表的 1~2 列,从"布局"选项卡"单元格大小"的"宽度"框中将宽度设为 2cm;

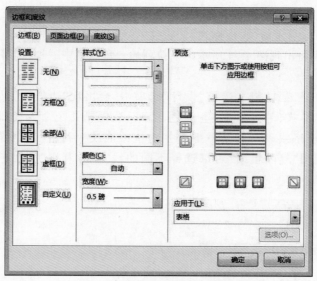

图 4.76 "边框和底纹"对话框

选定表的 3～5 列,利用相同命令,设定 3～5 列宽度为 2.6cm。

③ 选定表第 1 列 2～4 行的 3 个单元格,从"布局"选项卡"合并"组中选择"合并单元格"。

④ 选定第 1 行的前 2 个单元格,执行"合并单元格"命令。

⑤ 将插入点定位到第 1 行的第 1 个单元格,在表格工具的"设计"选项卡中,单击"边框"下三角,然后从列表中选择"斜下框线"即可;也可将插入点定位到第 1 行的第 1 个单元格,然后在表格工具的"布局"选项卡中,单击"绘制表格",这时鼠标光标变为笔样式,拖动鼠标绘制斜线即可。在"行标题"中输入"年",在"列标题"中输入"项目"。

⑥ 选定第 5 行的前 2 个单元格,执行"合并单元格"命令。如图 4.66 所示,选定不同单元区域,设置不同的对齐方式和不同的字体格式。

⑦ 选定整个表,将线型设为"单线",设定粗细为 2.25 磅,单击"边框"的下箭头,从中选择"外侧框线"。

⑧ 选定表格的 2～4 行,从线型中选择"双线",设定粗细为 0.5 磅,单击"边框"的下箭头,从中先后选择"上框线""下框线",最后从"表格样式|底纹"下箭头中选择"白色,背景一,深色 15％"。

4.7.3 表格数据计算、生成图表及其他

1. 表格数据计算

可利用 Word 提供的函数对表格数据进行计算,为此可将插入点移到准备显示计算结果的单元格中,选择"布局|数据|公式"命令,再从弹出对话框的"粘贴函数"栏中选择一种函数进行计算。Word 只能进行求和、求平均、求积等简单计算。要解决复杂的表格数据计算和统计,可利用 Microsoft Excel,或利用"插入|表格|Excel 电子表格"命令,直接在 Word 中使用 Excel 工作表来完成。

2. 生成图表

选择"插入|插图|图表"命令,在出现的"Excel 数据表"窗口中对数据进行编辑修改,便可得到需要的图表。

【例 4.5】 在图 4.66 所示表格的基础上,生成图 4.77 所示的图表。具体操作如下:

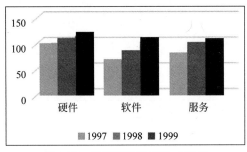

图 4.77　利用表格数据生成图表

① 执行"插入|插图|图表"命令,选择柱形图中的"三位簇状柱形图",如图 4.78 所示。

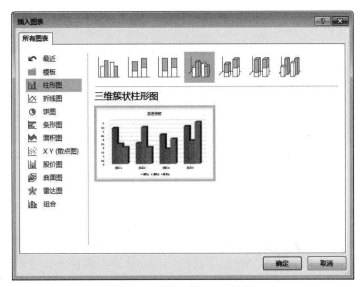

图 4.78　"插入图表"对话框

② 将图 4.66 中的数据粘贴替换出现的 Excel 表格中的数据,然后拖拉区域右下角调整数据区域的大小,调整后如图 4.79 所示。

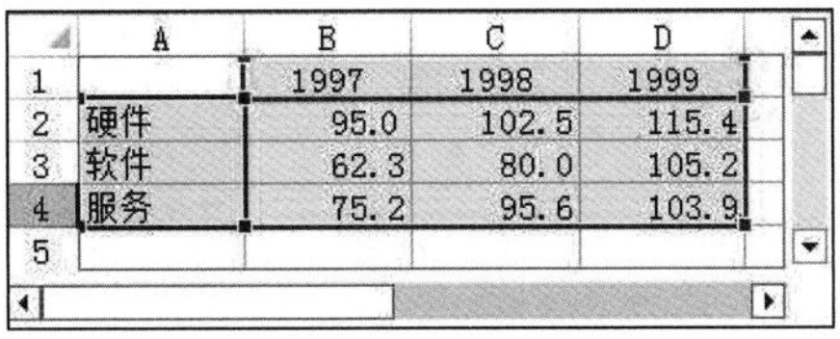

	A	B	C	D
1		1997	1998	1999
2	硬件	95.0	102.5	115.4
3	软件	62.3	80.0	105.2
4	服务	75.2	95.6	103.9
5				

图 4.79　调整数据表

③ 关闭 Excel 表格，Word 文件中即出现图 4.77 所示的图表。

生成的图表和插入文档中的图片对象一样，选定它，可改变其大小，移动其位置，改变图表样式。

3. 文本与表格的互换及其他

(1) 利用"布局|数据|转换为文本"命令，可实现文本和表格的相互转换。

(2) 在某单元格中再执行插入表格命令，即可实现嵌套子表格。

(3) 选择"布局|绘图|绘制表格"命令，直接用画笔在表头位置绘制出图 4.80 所示的斜线表格。

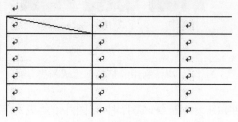

图 4.80　绘制斜线表头

4.8　Word 的其他功能

4.8.1　拼写和语法检查

Word 提供了对文档中的拼写和语法进行检查的功能。与 Office 2003 不同的是，在 Office 2010 及以后的版本中有若干个拼写检查选项是全局性的，如果在一个 Office 程序中更改了其中某个选项，则在所有其他 Office 程序中，该选项也会随之改变。拼写和语法检查的方式有以下两种：

1. 自动检查方式

为设置拼写和语法检查的自动方式，可以单击"文件|选项"，在弹出的对话框中选择"校对"，如图 4.81 所示，就可以在需要的选项框前面打上对钩。

如选择了"输入时检查拼写"和"输入时标记语法错误"，则在录入文档内容的过程中，Word 将随时检查输入过程中出现的错误，并在认为有拼写或语法错误的位置，用波浪形下画线进行标识。

2. 利用手动检查方式

如果未设置拼写和语法的自动检查，可以利用手动方式进行拼写和语法检查。为此，可以选择"审阅|校对|拼写和语法"命令，出现图 4.82 所示的检查窗口，Word 在"建议"栏给出了若干个可供选择的修改意见，在其中选择后可单击"更改"按钮；若不想对检查到的内容做任何修改，可单击"下一句"按钮；若不希望检查器继续检查类似的错误，可单击"全部忽略"按钮。

图 4.81   选择"Word 选项"对话框中的"校对"

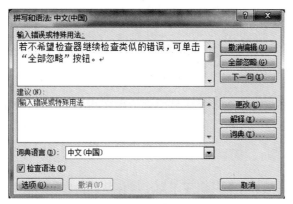

图 4.82   "拼写和语法：中文(中国)"对话框

4.8.2   使用项目符号、编号和多级列表

1. 项目符号

选择"开始|段落|项目符号"按钮可直接在段落前插入系统默认的项目符号,单击箭头可以选择不同的项目样式,如图 4.83 所示,单击"定义新项目符号"还可以做更多的选择。

2. 段落编号

选择"开始|段落|编号"命令即可在段落前直接插入系统默认的编号,该段落之后的段落将自动按序编号。而当在这些段落中增加或删除一段时,系统将自动重新编号。

系统默认的自动编号列表的样式为"1、2、3.…"。单击箭头可选择其他样式(见

图 4.84），在"定义新编号格式"中可选择别的编号样式或修改已有的编号格式。

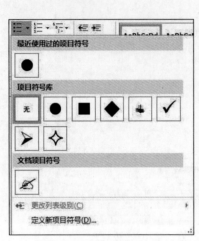

图 4.83　项目符号列表

图 4.84　"编号库"选项卡

采用自动编号的段落系统默认的缩进方式为悬挂式，在"定义新编号格式"对话框中可改变缩进的方式等。

4.8.3　自动生成目录

编制比较大的文档时，往往需要在最前面给出文档的目录，目录中包含文章中的所有大小标题、编号以及标题的起始页码。Word 提供了方便的目录自动生成功能，但必须按照一定的要求进行操作。例如，需要将某文档中的 3 级标题均收入目录中，可以按以下步骤进行操作。

（1）统一标题的样式：分别选定属于第 1 级标题的内容，在"开始"选项卡的样式组内选中"标题 1"样式；其他各级标题以此类推。

（2）将插入点定位在准备生成文档目录的位置，例如文档的开始位置。

（3）选择"引用｜目录"按钮，在下拉列表中选择"自定义目录"命令，将出现图 4.85 所示的对话框。根据需要可以选择或清除"显示页码"或"页码右对齐"复选框；在"显示级别"中设置目录包含的标题级别，例如，设置 3，则可以在目录中显示 3 级标题；在"制表符前导符"的列表中可以选择目录中的标题名称与页码之间的分隔符。最后，单击"确定"，目录便自动生成在插入点所在的位置。

利用 Word 提供的目录生成功能所生成的目录，可以随时更新，以反映文档中标题内容、位置的变化，以及标题对应页码的变化，为此，可以在目录区右击，从快捷菜单中选择"更新域"，再从出现的对话框（参见图 4.86）中，选择"只更新页码"或"更新整个目录"，也可以单击"引用"选项卡上的"更新目录"按钮对文档目录进行更新。

图 4.85 "目录"对话框

图 4.86 "更新目录"对话框

4.8.4 中文版式功能

中文版式的功能指拼音指南、带圈字符、合并字符、纵横混排和双行合一 5 种汉字特殊处理的功能。其中的拼音指南和带圈字符较为常用，在 Word 中以按钮形式出现在"开始"选项卡中的"字体"命令组中，而合并字符、纵横混排和双行合一这三种命令可以在"开始|段落|中文版式"中找到，如图 4.87 所示。

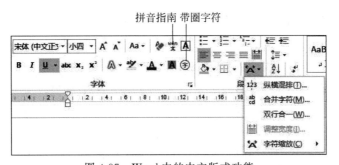

图 4.87 Word 中的中文版式功能

1. 拼音指南

该功能可以为文档中的汉字标注拼音。方法是：选定需要注音的字符，再选择"开始 | 拼音指南"命令（参见图 4.87），在弹出的对话框中可以设置拼音的对齐方式、字体、字号等。效果见图 4.88（a）。

2. 带圈字符

该功能可以给单个字符添加圆圈、正方形、三角形和菱形的外框。方法是：选定需要

加外框的字符,再选择"开始|带圈字符"命令,在弹出的对话框中,可选择外圈的形状及大小。效果见图 4.88(b)。

3. 合并字符

合并字符功能可以将最多 6 个字符分两行合并为一个字符。方法是:选定需要合并的字符,选择"合并字符"命令,在弹出的对话框中可设定合并后字符的字体、字号等。效果如图 4.88(c)所示。

4. 纵横混排

该功能可以在横排的文本中插入纵向的文本,同样在纵向的文本中插入横排的文本。方法是:选定需要改变排列方向的文本,选择"纵横混排"命令。效果见图 4.88(d)。

5. 双行合一

该功能可以设置双行合一的效果,如图 4.88(e)所示。方法是:选定需双行合一的文本,执行"双行合一"命令即可。

(a) "拼音指南"功能　　　　(b) "带圈字符"功能　　　(c) "合并字符"功能

(d) "纵横混排"功能　　　　(e) "双行合一"功能

图 4.88　中文版式 5 种功能效果

4.8.5　邮件合并功能

实际工作中常需要发送内容、格式基本相同的通知、邀请函、电子邮件、传真等,为简化这一类文档的创建操作,提高工作效率,Word 提供了邮件合并的功能。下面以制作一个成绩通知单(见图 4.89)为例来说明这一功能。

利用邮件合并功能一般要创建一个主文档,存放共同的内容和格式信息(如图 4.90所示);再选择创建一个新列表来存放要合并到主文档中的那些变化的内容(如图 4.91所示)。

邮件合并的步骤是:

(1) 打开文档,选择"邮件"选项卡(见图 4.92),选项卡中共包括 5 个工具组,从左到右依次是创建、开始邮件合并、编写和插入域、预览结果、完成。其中"创建"组包括中文信封、信封和标签 3 个按钮,"开始邮件合并"组包括开始邮件合并、选择收件人、编辑收件人列表 3 个按钮,"编写和插入域"组包括突出显示合并域、地址块、问候语、插入合并域、规则、匹配域、更新标签共 7 个按钮,"预览结果"组包括预览结果、预览记录、查找收件人、检查错误 4 个命令,"完成"组仅含完成并合并 1 个命令。

(2) 单击"开始邮件合并",在下拉列表中选择"信函",如图 4.93 所示。

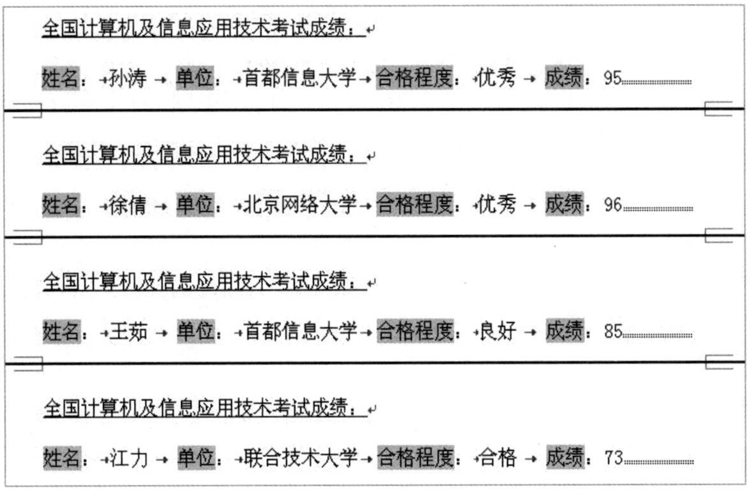

全国计算机及信息应用技术考试成绩：
姓名：孙涛 单位：首都信息大学 合格程度：优秀 成绩：95
全国计算机及信息应用技术考试成绩：
姓名：徐倩 单位：北京网络大学 合格程度：优秀 成绩：96
全国计算机及信息应用技术考试成绩：
姓名：王茹 单位：首都信息大学 合格程度：良好 成绩：85
全国计算机及信息应用技术考试成绩：
姓名：江力 单位：联合技术大学 合格程度：合格 成绩：73

图 4.89　执行邮件合并后生成的文档

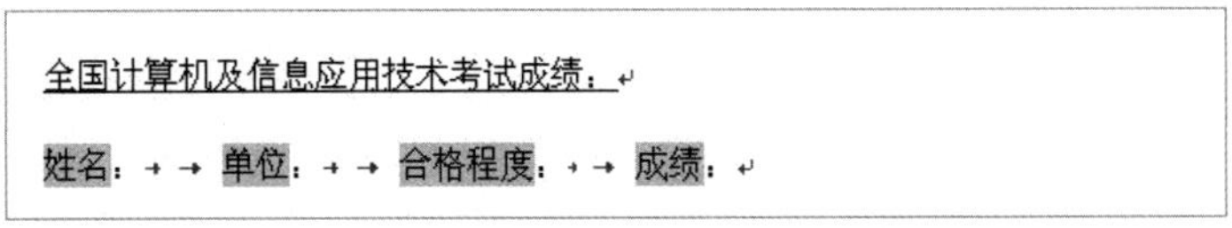

全国计算机及信息应用技术考试成绩：
姓名： 单位： 合格程度： 成绩：

图 4.90　主文档文件

新建地址列表
请在表格中键入收件人信息。若要添加更多条目，请单击“新建条目”(I)。
姓名 单位 合格程度 成绩
孙涛 首都信息大学 优秀 95
徐倩 北京网络大学 优秀 96
王茹 首都信息大学 良好 85
江力 联合技术大学 合格 73
新建条目(N)
查找(F)...
删除条目(D)
自定义列(Z)...
确定
取消

图 4.91　数据源文件

文档1 - Word
文件 开始 插入 设计 页面布局 引用 邮件 审阅 视图
zhoulinzhi
中文信封 信封 标签
创建
开始邮件合并 选择收件人 编辑收件人列表
开始邮件合并
突出显示合并域 地址块 问候语 插入合并域
规则
匹配域
更新标签
编写和插入域
预览结果
查找收件人
检查错误
预览结果
完成并合并
完成

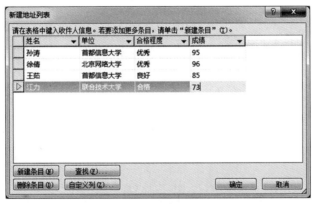

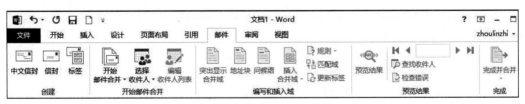

图 4.92　“邮件合并”工具栏

（3）单击"选择收件人"，选择"输入新列表"，在弹出的对话框中单击下方的"自定义列"，删除原有字段名，然后按顺序添加新的字段名，如图4.94所示。如果之前已经保存好了数据源文件（二维表格形式），则可单击"选择收件人"中的"使用现有列表"，在磁盘中找到数据源文件并打开。

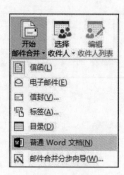

图 4.93　"开始邮件合并"下拉列表

图 4.94　"自定义地址列表"对话框

（4）插入合并域。在主文档中，将插入点定位在要插入可变内容（即"域"）的位置，单击"插入合并域"按钮，从下拉列表中选择合适的"域"，然后逐步插入所有需要的"域"，结果如图4.95所示。

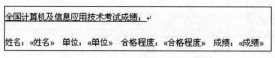

图 4.95　插入"域"后的主文档

（5）查看合并数据并执行合并。单击工具栏的"查看合并数据"按钮，可查看合并数据的效果，还可以利用工具栏的记录定位按钮查看所有合并数据的效果。最后单击工具栏的"合并到新文档"按钮执行合并，保存合并后的文档，隐藏页面空白后可看到图4.89所示的效果。

4.8.6　利用 Word 创建和发送电子邮件

在 Word 中，可以直接将一个编辑好的文档作为附件发送电子邮件。方法是：单击"文件|共享"选择"电子邮件|作为附件发送"，将出现图4.96所示的窗口，编辑收件人并填写邮件正文并单击"发送"按钮，即可完成邮件操作。

也可以先创建电子邮件（可以在其他邮件生成器中），然后单击"为邮件附加文件"的按钮，出现"插入附件"窗口，选中准备作为附件的 Word 文件后，单击"确定"按钮，这个 Word 文件将会作为邮件的附件和邮件一起被发送。

4.8.7　利用 Word 创建网页

利用 Word 2013 创建网页很方便，只要将编辑好的文档保存为 HTML 格式即可。

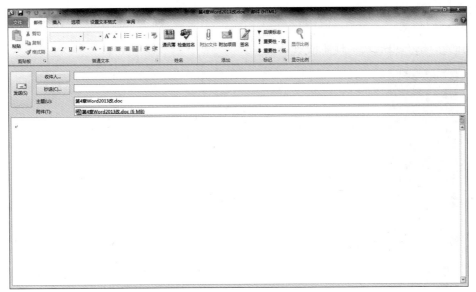

图 4.96　Word 邮件编辑窗口

操作方法为：在"文件"按钮中选择"另存为"命令，单击右下角的"浏览"按钮，在"另存为"对话框中选择保存文件的类型为"网页（∗.htm；∗.html）"即可。在文档中选择 Web 版式视图可以预览转换后的网页效果。

4.9　文　件　打　印

相比于旧版本的 Word，Word 2013 的打印功能做了较大的改进，尤其是打印预览不再是单独的功能。选择"文件|打印"菜单或者单击快速工具栏的"打印预览和打印"按钮，将出现图 4.97 所示的打印预览和打印窗口。

"打印预览和打印"窗口主要分 3 个区域，分别为选择打印机、打印设置和打印预览。

1. 选择打印机

一台计算机中可能安装了多种打印机的驱动程序，在系统"控制面板"的打印机程序中，也可能未将当前连接的打印机"设为默认值"，因此在"打印"对话框中，首先应进行打印机的选择和属性设置。打印对话框有打印机栏，单击此栏中的"名称"列表框的下箭头，从弹出的列表中选择特定的打印机；再单击此栏中的"打印机属性"链接，对打印机的属性进行设置。打印机属性中可以设定打印的质量，打印方向，黑白、彩色选择，纸张来源，每张纸打印的页数等。

如果需要的打印机没有出现在列表中，则需要从"开始"菜单或 Windows 的"控制面板|打印机和传真|添加打印机"命令中，执行添加打印机的操作。

2. 打印的有关设置

在"打印"对话框中，可以对打印份数、页面范围、打印内容、缩放情况等进行设置，单击左下角的"选项"按钮还可以对文档附加信息的打印等项目进行设置。最后单击"打印"

按钮可打印输出。

3. 打印预览

在窗口的右边展现了打印的效果。

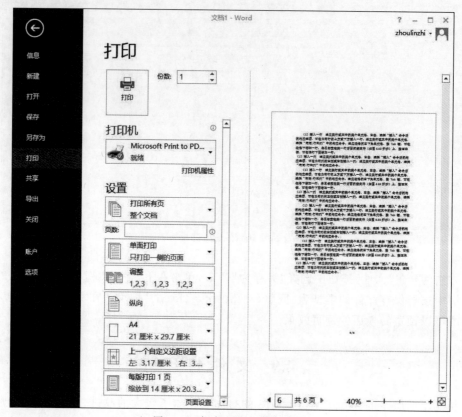

图 4.97　打印预览和打印窗口

习　题　4

4.1　思考题

1. 借助 Office 的帮助功能了解 Office 和 Word 的功能。

2. Word 窗口有哪些主要组成元素？功能区包括哪些常用的选项卡？

3. 如何自定义"快速访问工具栏"？

4. 如何利用滚动条逐行、逐屏或到文首、文尾查看文档？

5. 在 Word 中执行命令有哪些不同的方式？选定文本块的方法有哪些？

6. 字符(或段落)格式设置的含义是什么？如何进行字符(或段落)格式的设置？

7. Word "开始"选项卡"剪贴板"功能区中的"复制"和"剪切"有何区别？如何实现选定文本块的长距离移动或复制？

8. Word 提供了几种视图方式？它们之间有何区别？

9. 在 Word 文档的排版中使用"样式"有何优越性？

10. 什么是模板？如何使用模板？

11. 简述在 Word 文档中插入图形，并实现文绕图的方法。

4.2 选择题

1. 当前使用的 Office 应用程序名显示在( )中。

    (A) 标题栏   (B) 状态栏   (C) 功能区   (D) 工作区

2. 在 Word 中可以通过( )下的命令打开最近打开的文档。

    (A) "文件"选项卡   (B) "开始"选项卡   (C) "引用"选项卡   (D) "插入"选项卡

3. 在 Office 应用程序中欲作复制操作，首先应( )。

    (A) 定位插入点   (B) 按 Ctrl＋C 键   (C) 按 Ctrl＋V 键   (D) 选定复制的对象

4. 在 Word 编辑状态中，只显示水平标尺的视图是( )视图方式。设置了标尺，可同时显示水平和垂直标尺的视图是( )视图方式。提供"所见即所得"显示效果的是( )视图方式。贴近自然阅读习惯的是( )视图方式。

    (A) 阅读   (B) 大纲   (C) 页面   (D) 普通

5. 在 Word 中每一页都要出现的基本内容一般应放在( )中。

    (A) 文本框   (B) 脚注   (C) 第一页   (D) 页眉/页脚

6. 为 Word 设计的某份技术文档快速生成文档目录，可使用( )命令。

    (A) "引用|目录"   (B) "开始|目录"

    (C) "视图|目录"   (D) "插入|目录"

7. 使用"文件"选项卡中的"新建"命令新建的 Word 文档的默认模板是( )模板。

    (A) 空白文档   (B) 新建博客文章   (C) 书法字帖   (D) 其他

8. 在 Word 中，执行"复制"命令后( )。

    (A) 选定内容被复制到插入点   (B) 选定内容被复制到剪贴板

    (C) 插入点所在段落被复制到剪贴板   (D) 鼠标指针指向段落被复制到剪贴板

9. Word 提供的 5 种制表符是左对齐式制表符、右对齐式制表符、居中式制表符、小数点对齐式制表符和( )。

    (A) 横线制表符   (B) 图形制表符   (C) 斜线制表符   (D) 竖线对齐式制表符

10. Word 中的标尺不可以用于( )。

    (A) 改变左右边界   (B) 设置首字下沉

    (C) 改变表格的栏宽   (D) 设置段落缩进或制表位

11. 表格操作时，可用 Word 的( )选项卡中的命令改变表中内容的垂直方向对齐方式。

    (A) 布局   (B) 设计   (C) 视图   (D) 开始

12. 使用标尺左端的正三角形标记按钮，可使插入点所在的段落( )。

    (A) 悬挂缩进   (B) 首行缩进   (C) 段落左缩进   (D) 段落右缩进

13. 在 Word 中，按回车键将产生一个( )，按 Shift＋Enter 键将产生一个( )。

    (A) 分节符   (B) 分页符   (C) 段落结束符   (D) 逻辑换行符

14. 在 Word 中，若已有页眉内容，从正文编辑状态再次进入页眉区只需双击( )就可以。

    (A) 功能区   (B) 状态栏   (C) 页眉区   (D) 标题栏

15. 在 Word 中，用新的名字保存文件应( )。

    (A) 选择"文件"选项卡的"另存为"命令   (B) 选择"文件"选项卡的"保存"命令

    (C) 单击快速访问工具栏的"保存"按钮   (D) 复制文件到新命名的文件中

16. 在 Word 中，要显示或隐藏"文档结构图"，应使用( )选项卡中的命令。

    (A) 开始   (B) 视图   (C) 插入   (D) 开发工具

17. 在 Word 中,进行字体设置后,按新设置显示的文字是( )。

    (A) 插入点所在行的所有文字　　　　　(B) 插入点所在段落的所有文字

    (C) 文档中被选定的文字　　　　　　　(D) 文档中的全部文字

18. 在 Word 中,可以利用( )上的各种元素,很方便地改变段落的缩排方式,调整左右边界,改变表格列的宽度和行的高度。

    (A) 标尺　　　　　(B) 段落　　　　　(C) 样式　　　　　(D) 显示比例

19. 插入点位于某段落的某个字符前时,从"开始"选项卡的"样式"组中选择了某种样式,这种样式将对( )起作用。

    (A) 该字符　　　　　(B) 当前行　　　　　(C) 当前段落　　　　　(D) 所有段落

20. 利用鼠标选定一个矩形区域的文字块时,需先按住( )键。

    (A) Alt　　　　　(B) Shift　　　　　(C) Enter　　　　　(D) Ctrl

4.3　填空题

1. 为利用 Word 的帮助功能,可以从功能区选择_____按钮;也可按功能键_____。

2. 为使文档显示的每一页面都与打印后的相同,即可以查看到在页面上实际的多栏版面、页眉和页脚以及脚注和尾注等,应选择的视图方式是_____。

3. 将命令添加到快速访问工具栏,需要调出_____对话框。

4. 创建一个新文档,可以单击_____按钮,选择_____命令。

5. 文本区的左边的空白区域,可以用于快捷选定文字块,在此区中鼠标指针向_____(右/左)倾斜。

6. 设置打印纸张的大小,可以使用_____选项卡的_____命令。

7. 替换文档中的文字可以应用_____选项卡_____组中的"替换"按钮。

4.4　上机练习题

注:本章上机练习建立的所有文件均需保存到名为 wordlianxi 的文件夹中。

1. Word 编辑窗口的认识,文档的建立与保存。

练习目的:

(1) 熟悉 Word 编辑窗口的各种要素。

(2) 掌握新建和保存 Word 文档的方法。

练习内容:

(1) 用多种方法启动和退出 Word。

【Word 上机练习题 1 样文】

第 4 章　文字处理软件 Word 2013 ↵————————第 4 章是一级标题

4.1　办公集成软件 Office 基本知识 ↵————————4.1 是二级标题

4.1.1　Office 2013 和 Word 2013 简介 ↵————————4.1.1、4.1.2 是三级标题

Office 是微软公司开发的办公集成软件。早期 Office 主要包含 Word、Excel、PowerPoint、Outlook 等应用软件,之后逐渐增加新的成员,如数据库程序 Access、新闻稿/海报编辑程序 Publisher 等。新的 Office 版本不断在先前版本的基础上增加和完善功能,使其达到一个新的高度。↵

Office 的家族成员有 Windows 应用程序的共同特点,如易学易用,操作方便,有形象的图形界面,有方便的联机帮助功能,提供实用的模板,支持对象链接与嵌入(OLE)技术等。↵

> 4.1.2　Office 成员简介↵
>
> 1. Word——办公自动化中最常用的应用程序↵————1、2、3 等是四级标题
>
> 它主要用于日常的文字处理工作，如编辑信函、公文、简报、报告、学术论文、个人简历、商业合同等，具有各种复杂文件的处理功能，它不仅允许能以所见即所得的方式完成各种文字编辑、修饰工作，而且很容易在文本中插入图形、艺术字、公式、表格、图表以及页眉页脚等元素。↵
>
> 3. PowerPoint——幻灯演示文稿制作程序。↵
>
> 它制作的幻灯演示文稿中可以包含文字、数据、图表、声音、图像以及视频片段等多媒体信息，广泛用于学术交流、教学活动、形象宣传和产品介绍等。设计得当，可以获得极为生动的演示效果。↵
>
> 2. Excel——专为数据处理而设计的电子表格程序↵
>
> 它允许人们在行、列组成的巨大空间中轻松地输入数据和计算公式，实现动态计算和统计。该程序还提供了大量用于统计、财会等方面的函数。↵

（2）熟悉 Word 窗口的各种组成元素。

① 浏览各选项卡中的命令。

② 单击"文件"选项卡，浏览其中的命令；选择"Word 选项"，浏览其中的命令，并练习将其添加到"快速访问工具栏"。

③ 熟悉"常用工具栏"和"格式工具栏"的各个命令按钮。

④ 隐藏标尺，再令其显示。

操作提示：显示/隐藏标尺，可使用"视图"选项卡中的相应命令。

（3）利用 Word 新建文档并保存之。

① 启动 Word 后，对具有临时名"文档×"的文档立即执行保存操作，保存到 wordlianxi 文件夹中，命名为 WLX1.DOCX。

② 在文件 WLX1.DOCX 中，参考【Word 上机练习题 1 样文】输入内容（注意：样文中的"↵"指段落结束符，无须输入；"4.1 是二级标题"等是标注内容，也不要输入）。

操作提示：输入过程不使用 Word 的"编号"功能，尽可能使用插入、删除、修改等基本的编辑操作；并经常执行"保存"操作。

（4）继续熟悉 Word 窗口的各种要素：

① 选择不同视图方式，观察文档的显示状态有何不同。

② 放大和缩小文档的显示比例。

③ 保存文件，退出 Word。

2. 文件的打开、另存，以及查找、替换与字块的操作。

练习目的：

（1）掌握打开文件和另存文件的方法。

（2）掌握查找、替换操作和字块的操作。

练习内容：

（1）打开已存的 Word 文档，并练习"文件"选项卡的"另存为"文件。

① 启动 Word 后，使用"文件"选项卡的"打开"命令，打开上机练习 1 中保存的 WLX1.DOCX 文件。

② 使用"文件"选项卡的"另存为"命令，将文件另存为 WLX2.DOCX。

（2）练习字块操作和查找替换操作。

① 在文件 WLX2.DOCX 中练习文字块的各种选定操作。

② 将样文 1 中的最后两段内容移动到"3.PowerPoint……"段落的前面。

③ 使用替换功能,将文件 WLX2.DOCX 中的"Office"全部替换为"MS-Office",同时要求用替换功能,使替换后的文本具有加粗、倾斜、蓝色的格式。

3. 页面设置、字符和段落格式的设置等排版的初步操作。

练习目的:

练习页面设置、字符和段落格式的设置,了解排版操作。

练习内容:

(1) 在 wordlianxi 文件夹中,新建 WLX3.DOCX 文件,参考本章例 4.1 即图 4.39 输入唐代名作《陋室铭》。

(2) 参考图 4.40,完成页面和格式设置。最后保存文件。

4. 排版操作练习继续:字符和段落格式的各种设置。

练习目的:

掌握字符和段落格式的各种设置等排版操作。

练习内容:

(1) 在 wordlianxi 文件夹中,新建 WLX4.DOCX,参考图 4.19 多栏图文混排文档例输入内容。

(2) 进行可能的格式设置(页眉、脚注、艺术字、图文混排等可留待以后练习)。最后保存文件。

5. 制表位的设置和使用等练习。

练习目的:

(1) 练习制表位的设置和使用。

(2) 了解 Word 的目录和索引功能的使用。

(3) 了解"样式"、"模板"的概念和使用。

【Word 上机练习题 5 样文】

品名	单价	数量	金额
计算机	8697	5	43485.00
洗衣机	2789.00	3	8367.00
电热水器	1580.00	2	3160.00
吹风机	256.5	5	1282.50

练习内容:

(1) 设置和使用制表位。

① 在 wordlianxi 文件夹中,建立 WLX51.DOCX,先输入【Word 上机练习题 5 样文】中的文字内容(注:每行字符间先不要加空格)。

② 选中五段文字,作如下制表位的设置:在 1.3 厘米和 7.5 厘米处分别设左对齐和右对齐制表位;在 4.8 厘米和 10 厘米处分别设小数点对齐制表位。

③ 参照【Word 上机练习题 5 样文】,对文件中的几个段落,应用制表位。

操作提示:用 Tab 键来分隔文字。

(2) 使用 Word 提供的"标题 1~标题 9"样式,并利用样式生成目录。

① 打开 wordlianxi 文件夹中的 WLX2.DOCX,另存为 WLX52.DOCX,仍保存在 wordlianxi 文件夹中。参考【Word 上机练习题 1 样文】所标注,对文件中的三级标题分别使用 Word 提供的"标题 1"样式~"标题 3"样式。

② 再利用 Word 的目录生成功能,尝试在文首插入目录。

操作提示：可以使用"引用|目录"命令生成目录。

（3）使用模板，创建一个"个人简历"。要求：样式选"表格型"；类型选"条目型"；必选栏目有应聘职位、学历、奖惩、兴趣爱好、工作经验；可选栏目有技能、证书等。

提示步骤：

① 选择"文件|新建|永恒的简历"命令；

② 然后根据文档中的提示输入相应的内容，快速生成一个个人简历，并将其命名为 WLX53.DOCX，保存在 wordlianxi 文件夹中。

6. 表格的制作与处理。

练习目的：

练习表格制作与处理，练习简单的表格计算。

练习内容：

（1）在学生文件夹下的 wordlianxi 文件夹中新建 WLX6.DOCX 文件，参考【Word 上机练习题 6 样表 1】，制作表格。

【Word 上机练习题 6 样表 1】

202×～202× 第　学期课程表

节 ＼ 星期		一	二	三	四	五
上午	1～2 节					
	3～4 节					
下午	5～6 节					
	7～8 节					

（2）在 WLX6.DOCX 文件中，参考【Word 上机练习题 6 样表 2】，完成表格制作，计算"合计"项。

操作提示：计算"合计"项，可选择"布局|公式"命令。

（3）就上述表格，制作两个图表，一是计算机硬件各季度数据比较；一是三季度各项目数据比较。

【Word 上机练习题 6 样表 2】

信息技术市场前三季度各项比较　　　　　　　（×××地区）

项目 ＼ 季度	一	二	三
计算机硬件	81.6	86.4	90.2
计算机软件	36.8	40.0	50.0
计算机服务	68.7	73.6	80.5
通　　信	59.5	78.1	110.6
合　　计			

7. Word 文档中各种对象的插入。

练习目的：

掌握在 Word 文档中插入各种对象。

练习内容：

参考【Word 上机练习题 7 样文】，插入文本框和艺术字。文本框的文字内容为"祝您健康"和"环保词典"；艺术字内容为"人与大自然"。

【Word 上机练习题 7 样文】

8. 分栏和首字下沉等练习。

练习目的：

(1) 练习分栏和首字下沉。

(2) 练习"英文拼写检查"功能的使用以及"项目符号"和"编号"的使用。

练习内容：

(1) 继续练习分栏和首字下沉。

① 在 wordlianxi 文件夹中，新建 WLX81.DOCX 文件，参考【Word 上机练习题 8 样文 1】输入内容，作等宽分栏操作，撤销分栏操作，再练习不等宽、加分隔线的分栏操作。

② 对其中的一段作"首字下沉"操作。

【Word 上机练习题 8 样文 1】

计算机系统的组成

　　计算机系统包括硬件系统和软件系统。硬件系统指所有那些有形的部件，即所有的实际装置，这些看得见摸得着的实际装置也称为硬件或硬设备。相对而言，软件系统中的软件则是"看不见摸不着"的程序和数据，以及由各种各样的程序所设计所提供的使用计算机的技术。不携带任何软件的计算机称"裸机"，裸机上只能运行机器语言编写的程序，计算机所蕴藏的巨大功能将无法得到发挥。

　　软件是计算机系统的灵魂；硬件是软件建立和依托的基础。硬件和软件的关系，常被比喻为算盘和运算口诀或汽车和驾驶技术的关系，可更形象地比喻为录音机、录音带和录音带上所录制的各种内容的关系。

(2) 练习英文拼写检查，使用项目符号或编号。

① 在 wordlianxi 文件夹中，新建 WLX82.DOCX，参考【Word 上机练习题 8 样文 2】，输入内容，进行

拼写检查,并使用项目符号。

② 对文中的所有段落取消项目符号,再使用"编号",编号样式为[A]、[B]、[C]等。

【Word 上机练习题 8 样文 2】

  ✎ Asia is the largest of the continents of the world. It is larger than Africa, Larger than either of the two Americas, and four times as large as Europe.

  ✎ Asia and Europe form a huge landmass. Indeed Europe is so much smaller than Asia that some geographers regard Europe as a peninsula of Asia.

  ✎ Many geographers say that the Ural Mountains form the dividing line between Europe and Asia. Some think differently. But all geographers agree that Asia was once linked to North America. Or, to be more exact, Alaska was at one time connected with the tip of Siberia.

9. 宏与复杂文档的练习。

练习目的:

(1) 练习录制新宏和使用宏。

(2) 练习中文版式功能和邮件合并功能。

(3) 练习制作较复杂的文档。

练习内容:

(1) 练习录制新宏和使用宏。

① 在 wordlianxi 文件夹中新建文件 WLX91.DOCX,在文件中输入一些内容,并选定部分内容为字块。

② 新建一个名为 XJH1 的宏,并设定可通过快捷键 Ctrl+H 使用该宏,将选定的内容设置为楷体、三号字、紫色。

③ 尝试使用新建的宏。

(2) 练习中文版式功能。

新建文件 WLX92.DOCX,在文件中输入一些内容,练习中文版式的 5 种功能。

(3) 练习邮件合并功能。

分别参照课文中的图 4.92 和图 4.93,新建主文档文件 ZWD.DOCX 和数据源文件 SJY.DOCX,利用 Word 的邮件合并功能,合并主文档和数据源文件,生成新文档 WLX93.DOCX。

(4) 练习制作较复杂的文档。

① 打开 wordlianxi 文件夹中的 WLX4.DOCX,另存为 WLX94.DOCX,参考图 4.19 所示的多栏图文混排文档例及课程中关于格式、版面设计的介绍,完成格式、版面设置及对象的插入(图片可自选),即完成整个文档的制作,并预览全文。

② 选中五段文字,作如下制表位的设置:在 1.3 厘米和 7.5 厘米处分别设左对齐和右对齐制表位;在 4.8 厘米和 10 厘米处分别设小数点对齐制表位。

③ 参照【Word 上机练习题 5 样文】,对文件中的几个段落,应用制表位。

操作提示:用 Tab 键来分隔文字。

第 5 章　电子表格软件 Excel 2013

Excel 2013 中文版是 Microsoft Office 2013 中文版的组成部分,是专门用于数据处理和报表制作的应用程序。Excel 不仅具有强大的数据组织、计算、分析和统计功能,还可以通过图表、图形等多种形式形象地显示处理结果,更能够方便地与 Office 2013 的其他组件相互调用数据,实现资源共享。

本章叙述中所提到的 Excel,若未特别说明,均是指 Excel 2013 中文版。

5.1　Excel 2013 概述

5.1.1　Excel 的启动、工作窗口和退出

1. Excel 的启动

启动 Excel 最常用的方法是选择"开始|所有程序|Microsoft Office 2013|Excel 2013"命令。Excel 启动后出现其工作窗口,如图 5.1 所示。

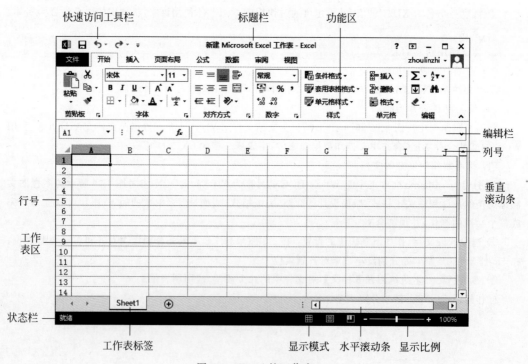

图 5.1　Excel 的工作窗口

2. Excel 的工作窗口

（1）文件菜单，可以利用其中的命令保存、打开、新建、打印、保存并发送工作簿。

（2）快速访问工具栏，包含最常用操作的快捷按钮，方便用户使用。单击快速访问工具栏中的按钮，可以执行相应的功能，单击右侧下拉箭头可根据个人习惯自定义快速访问工具栏。

（3）标题栏，用于显示当前正在运行的程序名及工作簿名称，右侧依次是最小化、最大化和关闭按钮。

（4）功能区，是 Excel 工作界面中添加的新元素，它将旧版本 Excel 中的菜单栏与工具栏结合在一起，以选项卡的形式列出操作命令。

（5）编辑栏，左边名称框，显示活动单元格的名称；右边编辑区，显示活动单元格的内容；中间"×""√""f_x"三个按钮，分别表示取消、输入、函数公式。向单元格输入数据时，可在单元格中输入，也可在编辑栏中输入。

（6）工作表区，占据屏幕的大部分，用来记录和显示数据。

（7）工作表标签，用来标识工作簿中不同的工作表，以便快速进行工作表间的切换。

（8）状态栏与显示模式：状态栏用来显示当前工作区的状态；Excel 支持 3 种显示模式，分别为"普通"模式、"页面布局"模式与"分页预览"模式。

3. Excel 的退出

退出（关闭）Excel 的方法很多，可选择下面的一种：

（1）执行"文件|关闭"命令，可以关闭当前工作簿，但不退出 Excel。

（2）单击标题栏右部的"关闭"按钮。

（3）按 Alt＋F4 组合键。

若是新建文档或对原有文档作过改动，关闭前系统会提问是否保存。

5.1.2 Excel 的基本概念——工作簿、工作表和单元格

在 Excel 中，最基本的概念是工作簿、工作表和单元格。

1. 工作簿

一个 Excel 文件就是一个工作簿，其扩展名为 xlsx（早期版本的扩展名为 xls），由一个或多个工作表组成。启动 Excel 后会有默认空白工作簿"新建 Microsoft Excel 工作表"，在保存时可重新取名。

一个工作簿就好像一个活页夹，工作表就像其中的一张活页纸。默认情况，一个新工作簿中只含一个工作表，名为 Sheet1，显示在窗口下边的工作表标签中。工作表可增、删。单击工作表标签名，即可对该表进行编辑。

2. 工作表

工作表又称电子表格。一张表就是一个二维表，由行和列构成。

3. 单元格

一张工作表可有 65 535 行和 256 列。列标号由大写英文字母 A，B，…，Z，AA，AB，…，IA，IB，…IV 等标识，行标号由 1，2，3 等数字标识，行与列交叉处的矩形就称为单元格。简单地说，空白表的每一个方格叫作一个单元格，是 Excel 工作的基本单位。一张表

可有 65 535×256 个单元格。按所在行列的位置来命名,例如,单元格 B3 就是位于第 B 列和第 3 行交叉处的单元格。若要表示一个连续的单元格区域,可用该区域左上角和右下角单元格行列位置名来表示,中间用(英文输入状态下的)冒号":"分隔。例如,"B3:D8"表示从单元格 B3 到 D8 的区域。

单击单元格可使其成为活动单元格,其四周有一个粗绿框,右下角有一绿色填充柄(参见图 5.2)。活动单元格名称显示在名称框中。只有在活动单元格中方可输入字符、数字、日期等数据。

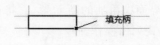

图 5.2   活动单元格和它的填充柄

从上面的叙述中可知,工作簿由工作表组成,而工作表则由单元格组成。

5.2   工作簿的建立和基本操作

5.2.1   工作簿的建立

创建 Excel 新工作簿的常用方法有如下 3 种。

方法一:按前面所介绍的方法运行 Excel 2013,即完成创建新工作簿。

方法二:执行"文件|新建"命令,可看到除了"空白工作簿",系统还列出了许多现成的可用模板。选择"空白工作簿",则新建一个空白工作簿。

方法三:执行"文件|新建"命令,在系统给出的现成模板中,比如"账单""销售报表""考勤卡"等各种各样的模板,选取一个合适的模板用于创建新工作簿。

5.2.2   工作簿的基本操作

工作簿的基本操作是指对工作簿的保存、打开和关闭。

1. 工作簿的保存

单击"快速访问"工具栏中的"保存"按钮 ⊟ 可直接保存文件。对新建文件的第一次"保存"或者执行"文件|保存"命令,系统会提示输入新的工作簿名。

2. 工作簿的打开

使用已有的工作簿前,须先"打开"。执行"文件|打开"命令,或直接双击创建的 Excel 文件图标,即可打开工作簿。

3. 工作簿的关闭

关闭工作簿的方法有多种,最简单的方法就是直接单击右上角的"关闭"按钮。

5.3   工作表的建立

5.3.1   工作表结构的建立

任何一个二维数据表都可建成一个工作表。在新建的工作簿中,选取一个空白工作表,是创建工作表的第一步。逐一向表中输入文字和数据,就有了一张工作表的结构。

【例 5.1】 根据学生课程成绩数据(见表 5.1),建立一张统计学生课程成绩的工作表的结构。一般的操作步骤是:

① 首先把表的标题写在第一行的某个活动单元格中。单击 B1 单元格,即可输入表标题(注意编辑栏里出现的相同内容)。

表 5.1 会计一班计算机基础课程成绩单

学 号	姓 名	实验 1	实验 2	实验 3	实验 4	考试	总成绩
2010528121	祁金玉	15	17	22	20	89	
2010528112	周山峰	19	17	22	25	87	
2010528103	祁钊	18	16	17	22	73	
2010528124	高明丽	15	22	18	23	95	
2010528115	李杜珍	22	21	20	19	78	
2010528106	林欢	15	18	22	22	90	
2010528107	王立华	14	16	13	15	50	
2010528128	白红云	19	20	24	21	88	
2010528109	叶丁	13	15	15	17	55	
2010528120	叶晨光	18	19	22	23	92	

② 向 A2,B2,C2,D2,E2,F2,G2 和 H2 输入数据清单的列标题:学号、姓名、实验 1、实验 2、实验 3、实验 4、考试、总成绩。若输入的文字超出了当前的单元格长度,可移动鼠标到该列列标号区右边线处,按下左键并向右拖动到合适位置。

这样就建立了一张包括标题及各栏目名称的工作表的结构(参见图 5.3)。

图 5.3 工作表的结构

5.3.2 工作表的数据输入

先激活相应单元格,在单元格或编辑栏中输入数据即可。若输入数值位数太多,系统会自动改成科学计数法表示。"总成绩"一列空着,留作公式计算(参见图 5.4)。

图 5.4　完成名为"成绩单"的工作表

5.4　工作表的编辑

5.4.1　数字、文字、日期和时间的编辑

Excel 中常见的数据类型有数字、文本和日期,在输入或使用中略有差异。

1. 数字输入

数值输入默认右对齐。正数输入时可省略"＋"号;负数输入时,或者加"－"号,或者将数值加上圆括号。例如−6.09 与(6.09)同义。

2. 文本输入

文本是指字母、汉字以及非计算性的数字等,默认情况下输入的文本在单元格中以左对齐形式显示。如输入学号"2010528121"等数字信息时,必须在第一个数字前先输入一个单引号"'"。例如,'2010528121。

3. 日期和时间输入

Excel 将日期和时间视为数字处理,默认情况下也以右对齐方式显示。输入日期时,可用"/"或"－"(减号)分隔年、月、日部分。例如,2002/02/12。输入时间时,可用":"(冒号)分隔时、分、秒部分。例如,10:30:47。

双击单元格,系统转入编辑状态,可进行修改。

5.4.2 公式的输入与编辑

运用公式可方便地对工作表、工作簿中的数据进行统计和分析。公式是由运算符和参与计算的运算数组成的表达式。运算数可是常量、单元格、数据区域及函数等,其中单元格、数据区域既可以是同一工作表、工作簿的,也可以是不同工作表、工作簿的。

1. 创建公式

输入公式必须以符号"="开始,然后是公式的表达式。

【例 5.2】 根据表 5.1 所示的数据,统计表中每位学生的总成绩。其中,实验成绩占总成绩的 30%,考试成绩占总成绩的 70%。用两种方式来输入公式:

① 先求"祁金玉"的总成绩。激活单元格 H3,输入公式"=(C3+D3+E3+F3)*0.3+G3*0.7",按回车键,H3 被自动填入计算结果"84.5"(参见图 5.5)。

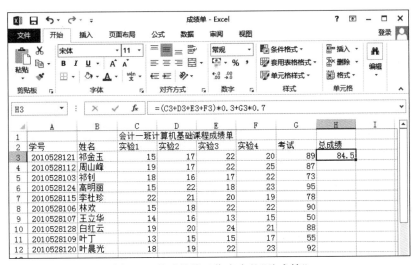

图 5.5 公式计算工作表中的"总成绩"

② 计算"周山峰"的总成绩。激活 H4,输入"="符号,单击 C4,输入加号"+",单击 D4,输入加号"+",单击 E4,输入加号"+",单击 F4,输入")*0.3+",单击 G4 单元格,输入"*0.7",系统同样在 H4 单元格中填入了公式"=(C4+D4+E4+F4)*0.3+G4*0.7",按回车键,计算结果自动写入到 H4。

③ 上面用了两种不同的方法来输入公式。可用同法求得其他学生的总成绩。

2. 单元格引用

单元格引用是指一个引用位置可代表工作表中的一个单元格或一组单元格。引用位置用单元格的地址表示。如上例公式"=(C3+D3+E3+F3)*0.3+G3*0.7"中,C3、D3、E3、F3 和 G3 就分别引用了工作表第 3 行中 C、D、E、F、G 五列上的五个单元格数据。通过引用,可在一个公式中使用工作表中不同区域的数据,也可在不同公式中使用同一个单元格数据,甚至是相同或不同工作簿的不同工作表中的单元格数据及其他应用程序中的数据。

用公式中常用单元格的引用来代替单元格的具体数据,好处是当公式中被引用单元格数据变化时,公式的计算结果会随之变化。同样,若修改了公式,与公式有关的单元格内容也随着变化。引用有三种:相对引用、绝对引用和混合引用。

（1）相对引用,即用字母表示列,数字表示行,例如"＝（C3＋D3＋E3＋F3）＊0.3＋G3＊0.7"。它仅指出引用数据的相对位置。当把一个含有相对引用的公式复制到其他单元格位置时,公式中的单元格地址也随之改变。例如,计算"高明丽"的总成绩 H6 时,采用将单元格 H3 复制后,粘贴到 H6 上,会看到有公式"＝（C6＋D6＋E6＋F6）＊0.3＋G6＊0.7"的计算结果显示在 H6 中。

（2）绝对引用,即在列标和行号前分别加上"＄"。例如,分别在 J5、J7 中输入实验成绩和考试成绩占总成绩的比例值"30％"和"70％",利用绝对引用重新计算"高明丽"的总成绩,即向 H6 中输入"＝（C6＋D6＋E6＋F6）＊＄J＄5＋G6＊＄J＄7"（参见图 5.6 中的编辑栏）,其中,＄J＄5、＄J＄7 采用了绝对引用。绝对引用中,单元格地址不会改变。

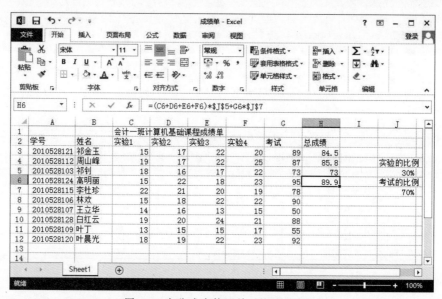

图 5.6　在公式中使用单元格绝对引用

（3）混合引用是在行列的引用中,一个用相对引用,另一个用绝对值引用,如 ＄E10 或 B＄6。公式中相对引用部分随公式复制而变化,绝对引用部分不随公式复制而变化。

3. 自动求和

按钮 Σ 自动求和 ▾ 可实现自动求和。若对某一行或一列中数据区域自动求和,则只需选择此行或此列的数据区域,单击"自动求和"按钮,求和的结果存入与此行数据区域右侧的第一个单元格中,或是与此列数据区域下方的第一个单元格中。

单击 Σ 自动求和 ▾ 按钮右侧的向下三角按钮,可选择求平均值、计数、最大值、最小值和其他函数等常用公式。

5.4.3 单元格与数据区的选取

Excel 中对数据进行操作时,首先要选取有关的单元格或数据区域,其中数据区域可由连续的或不连续的多个单元格数据组成。

(1) 单元格的选取:单击要选取的单元格即可。

(2) 连续单元格的选取:激活要选区域的首单元格,按下 Shift 键不动,再单击要选区域末的单元格。

(3) 不全连续单元格的选定:激活要选区域的首单元格,然后按下 Ctrl 键不动,再选取其他的单元格或数据区,最后松开 Ctrl 键。

(4) 整行(或整列)的选取:单击要选行的行号(或要选列的列号)。

(5) 多行(或多列)的选取:先单击要选的第一行的行号(或列的列号),按下 Ctrl 键不动,再选取其他的行号(或列号),最后松开 Ctrl 键。

(6) 工作表所有单元格的选取:单击表左上角行和列标号交叉处的"全选"按钮 ◢ 。

5.4.4 数据的复制和移动

1. 单元格或数据区的信息移动和复制

首先选取有关的单元格或数据区,单击"剪切" ✂ (若是移动)或"复制"按钮 📋,然后单击目标位置的首单元格(可在相同或不同的工作表内),再单击"粘贴"按钮 📋。

2. 以插入方式移动或复制

若在已有的单元格之间插入选定数据,一般的操作步骤是:

(1) 选定要移动(或复制)数据的单元格,如图 5.7 中的"C6:D8"。单击"剪切"(或"复制")按钮。

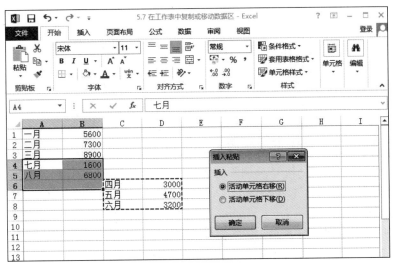

图 5.7　在工作表中复制或移动数据区

(2) 单击目标区域的首单元格,例如,A4 单元,再选择"开始|单元格插入|插入|插入

剪切的单元格(或插入复制的单元格)"命令,打开"插入粘贴"对话框(参见图5.7),指出插入操作时周围单元格的移动方向,单击"确定"按钮。

5.4.5 数据填充

对重复或有规律变化数据的输入,可用数据的填充来实现。

1. 填充相同数据

要在同一行或同一列中输入相同的数据,只要选中此行或列的第一个数据的单元格,拖动填充柄至合适位置后松开,就得到一行或一列重复数据。

2. 输入序列数据

要在某列上输入序列号如1,2,3,…,则先输入第一序号,然后按下Ctrl键,拖动填充柄,这时在鼠标旁出现一个小"+"号及随鼠标移动而变化的数字标识,当数字标识与需要的最大序列号相等时,松开Ctrl键和鼠标。当输入有序的日期数据时,则拖动填充柄时不需按下Ctrl键就可实现有序填充。

填充数据的另一种方法是在单元格中输入初始值,然后以该单元格为起始单元格,选中一系列的行或列,再单击"开始|编辑|填充"按钮 填充▾ 右侧的向下三角按钮,选择"向下""向右""向上"或者"向左"命令,即为填充相同数据,选择"序列"命令,即为填充序列数据。

5.4.6 行、列及单元格的插入

修改工作表数据时,可在表中添加一个空行、一个空列或是若干个单元格,而表格中已有的数据会按照指定的方式迁移,自动完成表格空间的调整。

1. 插入行(列)

在插入新行(列)的位置处选定一整行(列),或是选定该行(列)上的一个单元格,选择"开始|单元格插入|插入|工作表行"或"开始|单元格插入|插入|插入工作表列"命令,新的空行(列)自动插入到原选定行(列)的上面(左侧)。

2. 插入单元格

单击插入点的单元格,选择"开始|单元格|插入|插入单元格"命令,打开"插入"对话框,选择插入方式,按"确定"按钮。

5.4.7 数据区或单元格的删除

删除操作有两种形式:一是只删除选择区中的数据内容,而保留数据区所占有的位置;二是数据和位置区域一起被删除。

1. 清除数据内容

选取要删除数据内容的区域,按Del键,或单击"编辑"中的"清除"按钮 清除▾ 右侧的向下三角按钮,选择"全部清除"或"清除内容"命令,即可清除被选区的数据。

选择"清除"按钮命令后的可选项有:

(1)全部清除,清除所选单元格的全部内容和格式。

(2)清除格式,仅清除单元格的格式,不改变单元格中的内容。

（3）清除内容，仅清除单元格中的内容，不清除单元格的格式和注释。

（4）清除批注，清除附加到所选单元格的任何注释。

（5）清除超链接，仅取消超链接，但该命令未清除单元格格式。

（6）删除超链接，删除所选单元格中的超链接。

2. 彻底删除被选区

先选取要删除的单元格、行或列，再选择"删除"命令。

5.5　工作表的管理

5.5.1　工作表的添加、删除、重命名等操作

1. 添加工作表

添加工作表的方法有两种：

（1）单击工作表标签右侧的⊕新建工作表图标即可。

（2）单击工作表标签名，在弹出的快捷菜单中，选择"插入"命令，打开对话框，选择要添加表的类型即可。

2. 删除工作表

（1）先选定要删除的表标签名。选择"开始|单元格|删除|删除工作表"命令，完成删除空白表。若删除的表中包含数据，则选择该命令后系统会显示提示。也可选择快捷菜单的"删除"命令删除当前表。

（2）右击要删除的表标签名，选择"删除"命令，完成删除。

3. 工作表重命名

默认的表名为 Sheet1 等。为了快速知道每张工作表中存放的内容，应该为工作表取一个明白易懂的名字。方法是：右击工作表标签名，选择快捷菜单的"重命名"命令（或者双击表标签名，当其变为黑底白字时），输入新的名字，按 Enter 键即可。

5.5.2　工作表的移动和复制

1. 在一个工作簿内移动或复制工作表

（1）工作表移动：拖动至合适的标签位置后放开。

（2）工作表复制：选定表，按下 Ctrl 键，按下左键不放，再拖动合适的标签位置处再放开。

2. 在工作簿之间移动或复制工作表

若要将一个工作表移动或复制到另一个工作簿中，则两个工作簿必须都是打开的。具体操作见例 5.3。

【例 5.3】　将"学生成绩簿"工作簿中的"程序设计"表复制或移动到"会计专业学生成绩簿"工作簿中。一般的操作步骤是：

① 同时打开"学生成绩簿""会计专业学生成绩簿"两个工作簿。

② 将用于移动或复制的"学生成绩簿"的"程序设计"表作为当前工作表。

③ 右击工作表标签,选择"移动或复制"命令,打开对话框(参见图 5.8)。在"工作簿"列表框中选择用于接收的工作簿名称,即"会计专业学生成绩簿"。若用新的工作簿接收数据,就在"工作簿"列表框中选择"(新工作簿)"。

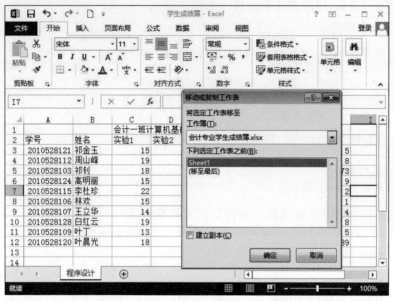

图 5.8　在两个工作簿之间移动工作表

④ 在"下列选定工作表之前"列表框中选择被复制或移动工作表的放置位置。若要执行复制操作,还要选中"建立副本"复选框,否则执行表移动。最后单击"确定"按钮。

若执行的是复制操作,则两个工作簿中分别存有一张"程序设计"工作表。若执行的是移动操作,则"程序设计"表从一个工作簿中被移出,而转存到另一工作簿中。

5.5.3　工作表窗口的拆分和冻结

工作表窗口的拆分和冻结,可实现在同一窗口下对不同区域数据的显示和处理。

1. 拆分工作表窗口和撤销拆分

把工作表当前的活动窗口拆分成几个独立的窗格,在每个被拆分的窗格中都可通过滚动条来显示工作表的每一部分的内容。

(1) 拆分窗口。选定作为拆分窗口分割点位置的单元格,在"视图"选项卡中单击"拆分"按钮 拆分,工作表区被分成四个窗格。移动窗格间的两条分隔线可调节窗格大小。

(2) 撤销拆分窗口。如果已拆分,在"视图"选项卡中再次单击"拆分"按钮即可。

2. 冻结工作表窗格和撤销冻结

(1) 冻结窗格。冻结窗格功能可将工作表中选定单元格的上窗格或左窗格冻结在屏幕上,从而在滚动工作表数据时,屏幕上始终保持显示行标题或列标题。

操作方法:选定一单元格作为冻结点,在"视图"选项卡中选择"冻结窗格|冻结拆分窗格"命令,系统用两条线将工作表区分为四个窗格。这时,左上角窗格内的所有单元格被冻结,将一直保留在屏幕上。滑动 Excel 窗口的纵向滚动条,只能移动分隔线下面两个

窗格;滑动窗口的横向滚动条,只能移动分隔线右面两个窗格。

使用冻结窗格功能并不影响打印。

(2)撤销窗口冻结 在"视图"选项卡中选择"冻结窗格|取消冻结窗格"命令即可。

5.6 工作表格式化

5.6.1 数字格式的设置

1. 使用功能区的"开始|数字"选项卡设置数字格式

先选择要设置格式的单元格或区域,将其激活,然后单击相应的格式按钮。

(1)"货币样式"按钮 ,给数字添加货币符号,并且增加两位小数。

(2)"百分比样式"按钮 %,将原数字乘以 100 后,再在数字后加上百分号。

(3)"千位分隔样式"按钮 ,,在数字中加入千位分隔符。

(4)"增加小数位数"按钮 ,使数字的小数位数增加一位。

(5)"减少小数位数"按钮 ,使数字的小数位数减少一位。

2. 使用快捷菜单命令设置数字格式

通过菜单命令可对数字进行各种格式的设置。一般的操作步骤是:

(1)选择要设置格式的单元格或区域。

(2)右击弹出快捷菜单,选择"设置单元格格式"命令,打开"设置单元格格式"对话框(参见图 5.9),选择"数字"选项卡,在"分类"列表框中选定类型,如"数值"。

图 5.9 设置"数字"选项卡

(3)还可在对话框内进行详细的设置,最后单击"确定"按钮。

5.6.2　字体、对齐方式、边框底纹的设置

对表格的数据显示及表格边框的格式可进行修饰和调整。方法是：先选定数据区域，选择"开始|字体"打开字体对话框出现"设置单元格格式"，在打开的对话框中选择不同的选项卡来实现。

1. 对齐选项卡

设置表格中文本对齐方式、文本控制和文字方向。

文本对齐方式分为水平对齐和垂直对齐。水平对齐的方式有常规、靠左(缩进)、居中、靠右(缩进)、填充、两端对齐、跨列居中、分散对齐(缩进)；垂直对齐的方式有靠上、居中、靠下、两端对齐、分散对齐。

文本控制包括自动换行、缩小字体填充以及合并单元格。

文字方向分为从左到右和从右到左两种方式。

为使工作表更为美观，可通过此选项卡相应的参数，改变对齐方式。例如：

(1)"缩进"微调框。设置数据从左向右缩进的幅度，单个幅度为一个字符宽度。

(2)"自动换行"复选项。采用自动换行，行数多少取决于列宽和文本长度。

(3)"合并单元格"复选项。可将两个或多个单元格合并为一个单元格。

2."字体"选项卡

设置显示时的字体格式、字体大小、字体颜色及字形等。

3."边框"选项卡

默认情况下，Excel 不为单元格设置边框，工作表中的框线在打印时不显示出来。但在一般情况下，用户在打印工作表或突出显示某些单元格时，都需要添加一些边框以使工作表更美观和容易阅读。

4."填充"选项卡

使用背景填充为特定的单元格加上色彩和图案，不仅可以突出显示重点内容，还可以美化工作表的外观。

5.6.3　行高和列宽的调整

对表格的修饰除了上述方法外，也可进行手工的简单调整。

1. 调整列宽

系统默认单元格列宽是 72 像素。若输入的信息超过了宽度，则以多个"♯"字符代替，此时需调整列宽。方法有两种：

(1) 精确调整列宽。选定所要调整列宽的列，若选择"格式|自动调整列宽"命令，则系统将列宽自动调整到合适宽度。若选择"格式|列宽"命令，则打开"列宽"对话框，可输入适当的列宽值。

(2) 粗略调整列宽。将鼠标移向需调整列编号框线右侧的格线上，使鼠标指针变为一个带有左右箭头的黑色十字，按下鼠标并拖动至所需列宽即可。

2. 调整行高

系统默认单元格行高是 19 像素。若输入数据的字号高度超出高度，则可适当调整行

高。方法有两种:

(1)精确调整行高。选定要调整行高的行,选择"格式|自动调整行高"命令,则系统将行高自动调整到合适高度;若选择"格式|行高"命令,打开"行高"对话框,可输入适当的行高值。

(2)粗略调整行高。将鼠标移向所需调整的行编号框线下方的格线上,使鼠标指针变为一个带有上下箭头的黑色十字,按下鼠标并拖动至所需行高即可。

5.6.4 自动套用格式

Excel 内置了一些表格修饰方案,对表格的组成部分定义了一些特定的格式。套用这些格式,既可美化工作表,也可省去设置和操作过程。

【例 5.4】 根据例 5.2 学生成绩单的结果,用自动套用格式进行修饰。一般的操作步骤是:

① 定义要修饰的区域。打开学生成绩单工作表,激活工作表数据区。

② 自动套用格式。选择"套用表格格式"命令,在下拉的各种样式中任选一种,确定表数据的来源后,单击"确定"按钮完成设置。

5.6.5 单元格醒目标注的条件格式设置

条件格式是指当给定条件为真时,Excel 自动应用于单元格的格式。

【例 5.5】 根据例 5.2 学生成绩单的结果,对总成绩数据设置条件格式,即当学生的考试分数小于 60 时,用浅蓝色底纹、倾斜、加粗、带下画线的红色数字突出显示,否则使用普通的显示格式。一般的操作步骤是:

① 选定数据区。打开学生成绩单工作表,激活条件格式设定的单元格数据区。

② 设置条件判断值。选择"条件格式|突出显示单元格规则|小于"命令,打开"小于"对话框(参见图 5.10)。在左侧的数值框中填入相应的条件判断值,此例为"60"。

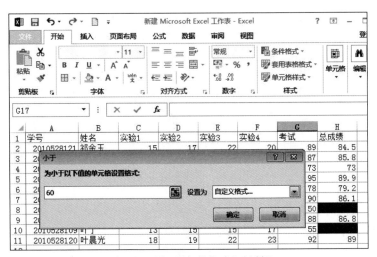

图 5.10 设置"条件格式"对话框

③ 设置标注的形式。在右侧的格式设置中选择"自定义格式",设置格式为浅蓝色底纹、红色、加粗、倾斜、带下画线的数字,单击"确定"按钮完成设置。

5.7 数据的图表化

制图功能用一幅图或一条曲线来描述工作表的数值及相关的关系和趋势,使工作表更直观易懂,便于比较和分析。

5.7.1 图表的类型和生成

1. 创建默认的图表工作表

默认图表类型是柱形图,可创建一个与工作表数据相关联的图表,且此图表将绘制在一个新的工作表中。

【例 5.6】 根据例 5.1 成绩单的"考试"数据,绘制其柱形图表。一般的操作步骤是:

① 打开成绩单工作表,选择要创建图表的数据区域,例如"姓名""考试"两列。

② 按 F11 键,系统自动创建一个独立的工作表来存放柱型图表(参见图 5.11)。

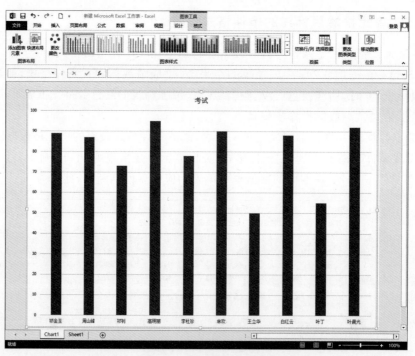

图 5.11 创建图表工作表

2. 使用图表向导创建图表

使用图表向导可创建柱形图以外的图表类型。

【例 5.7】 为在例 5.2 中创建的"会计一班计算机基础成绩单",绘制有关学生的"总成绩"三维柱形图表。一般的操作步骤是:

① 打开成绩单工作表,选择"姓名""总成绩"两列数据。

② 在"插入"选项卡中选择"柱形图""折线图"或"饼图"等不同类型的图表,再选择某一种样式,即可将图表嵌入到当前工作表中(参见图 5.12)。

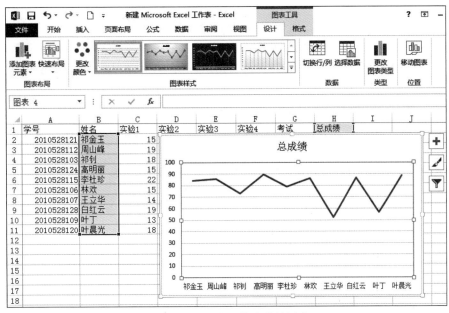

图 5.12　嵌入在工作表中的图表

5.7.2　图表的编辑和修改

1. 编辑图表中的说明文字

选定图表后,会自动打开"图表工具"的"设计"选项卡,在"图表布局"组中的"添加图表元素"中(参见图 5.13),可以设置坐标轴、轴标题、图表标题、数据标签、数据表、误差线、风格线、图例、线条、趋势线以及涨/跌柱线等相关属性。

2. 调整图表位置及大小

选中图表,其四周出现 8 个图表区选定柄。若在图表区域内按下鼠标拖动,可移动图表到任意位置;若拖动选定柄,则可调整图表大小。

3. 调整图表的类型

选中图表,在"设计"选项卡中选择"更改图表类型"命令,即可重新选定图表类型。

4. 在图表中添加或删除数据项

选中图表,可看到图表所引用的工作表数据区域分别被带有颜色的线框所标注,拖动选定柄可调整数据区域大小,可看到图表中显示的图形随表数据区的变化而改变。在"设

图 5.13　添加图表元素

计”选项卡中选择“选择数据”命令，即可重新选定数据区域。

5.8 函　　数

函数是预定义的内置公式，它处理数据与直接创建公式处理数据的方式相似。例如，使用公式对三个单元格中的数据求其平均值，公式形式可为“＝(A1,A2,A3)/3”，而用函数 AVERAGE 可写为“＝AVERAGE(A1:A3)”，两者运算结果一样。使用函数可减少输入工作量，还可减小输入出错。函数都由函数名和位于其后的一系列参数(用圆括号括起来)组成，即：函数名(参数 1，参数 2，…)。

5.8.1　函数的使用

向公式中插入函数的常用方法：

(1) 单击“公式”选项卡中的“插入函数”按钮 *fx*_{插入函数}，打开“插入函数”对话框(参见图 5.14)，从中选取函数名。例如，选取“MAX”。

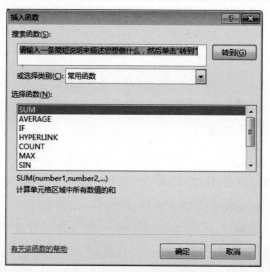

图 5.14　“插入函数”对话框

(2) “插入函数”对话框提供了查找函数的多种办法。例如，可单击“或选择类别”列表框右侧的下箭头，打开列表框内容，从中选择函数类型。

若不知道使用什么样的函数，可在“搜索函数”编辑框中输入有关操作目的的文字说明作为搜索关键词(可以是自然语言文字)。例如，输入“最大数”，并单击“转到”按钮，系统将按照关键词的含义，自动采用智能方式查找相关函数，并在“选择函数”列表框中列出推荐的具有相近统计功能的函数名称，通过对话框下方的简单函数功能说明的描述，选择需要的函数项。

若对需要使用的函数不太了解或不会使用，可单击对话框下方的“有关该函数的帮助”链接，即可获得该函数的帮助信息和示例描述。

（3）选中所需函数名后，按"确定"按钮，打开"函数参数"对话框，其中显示了函数名称、函数功能、参数的说明以及函数运算结果等信息。在对话框的 Number1 编辑框中设置函数参数数据区的取值范围。若数据区域不止一个，还要向 Number2 中输入数据区范围，甚至定义更多的 Number 项。

5.8.2 常用函数

（1）求和函数：SUM(区域)对指定区域中的所有数据求总和。

（2）求平均值函数：AVERAGE(区域)计算出指定区域中所有数据的平均值。

（3）求个数函数：COUNT(区域)求出指定区域内包含的数据个数。

（4）条件函数：IF(条件表达式,值1,值2)当"条件表达式"的值为真时，取"值1"作为函数值，否则取"值2"作为函数值。

（5）求最大值函数：MAX(区域)求出指定区域中最大的数。

（6）求最小值函数：MIN(区域)求出指定区域中最小的数。

（7）求随机数据函数：RAND()求 0～1 平均分布的随机数据。

5.9 数据清单的管理

数据清单的管理一般是指对工作表数据进行如排序、筛选、分类和汇总等操作。

5.9.1 数据清单的建立和编辑

上面提到的 Sheet 工作表对其行或列数据没有特殊要求；而被称为"数据清单"的工作表的格式则必须具备一些条件，以便用户可以通过"数据清单"对表中的数据进行排序、筛选、分类和汇总等操作，以实现日常所需要的统计工作。

1. 数据清单及其特点

数据清单是典型的二维表，是由工作表单元格构成的矩形区域。它的特点是：

矩形区域的第一行为表头，由多个列标识名组成。例如分类号、仪器名称、购入日期、价格、型号等。这些列标识名在数据表中称作字段名，而字段名不能相同。数据清单的列就表示字段的数据，而每一行的数据表示一条记录。数据清单由多条记录组成。

表头标识下是连续的数据区域，这个区域可以是整个工作表的数据，也可以是工作表数据的一部分。数据清单的处理功能只能在一个数据清单中使用。

在创建数据清单时应注意到：

（1）在一个工作表中宜创建一个数据清单。因为数据清单的管理功能，如筛选等操作一次只能在一个数据清单中使用。

（2）若工作表中有多种数据，则数据清单与其他数据间至少须用一列或一行空白单元格隔开，以便对数据清单进行排序、筛选或插入汇总等操作。

在更改数据清单前，要确保隐藏的行或列能全部显示出来。若清单中的行和列未被显示，则说明这些数据有可能被删除了。

2. 建立一个数据清单

【例 5.8】 建立学生成绩数据清单,字段名为学号、姓名、平时成绩、考试成绩、总成绩。一般的操作步骤是:

① 建立列标识。创建列标识(字段名),作为在数据清单的第一行,Excel 将使用这些列标识创建报表,并查找和组织数据。

② 输入数据。输入数据时应确保同一列有同类型的数据值。

5.9.2 数据排序

在新建立的数据清单中,数据是依照输入的先后随机排列的。排序功能可根据清单中的一列或多列内容对数据按升序(或降序)排列,或是以自定义方式进行排序。

排序前宜将原始数据区复制到空白区域或另外一个新工作表中,并在新的数据区上排序,以保护原始数据的完整性。

1. 简单排序

激活作为排序标准的字段数据中任一单元格,单击"排序和筛选"下的"升序"按钮 ↓ 升序(S) 或"降序"按钮 ↓ 降序(O) ,系统完成排序。

若选择的字段是日期型数据,则系统按照日期值的先后顺序排列。若选择的排序字段是字符型,则按照其 ASCII 码值的大小排列。注意汉字按照其拼音的顺序排列。

2. 用户自定义排序

这是针对简单排序后仍然有相同数据的情况进行的一种排序方式。系统对数清单据首先按照主关键字次序排列,在主关键字字段的数据有重复时,对重复数据又按次要关键字排序,依次类推。

5.9.3 数据筛选

利用筛选操作,能够在访问含有大量数据的数据清单中,只选择显示符合设定筛选条件的数据行,而隐藏其他行。

1. 创建筛选

一般的操作步骤是:

(1) 激活数据清单中的任一单元格,单击"排序和筛选"下的"筛选"命令 ,数据清单的每个列标题旁出现一个下箭头(参见图 5.15)。

(2) 选择数据清单的某一个字段来设置筛选条件:选一列标题,单击其右侧的下箭头,打开下拉列表,选择一项作为筛选数据的标准(还可以打开"自定义自动筛选方式"对话框建立"与"或"或"的筛选条件),选定标准后即执行筛选命令,给出结果。

2. 取消筛选

取消筛选结果的常用方法有两种:

(1) 若要取消对某一列筛选操作结果,单击该列右端的下箭头,从弹出的下拉菜单中选择"(全选)"选项,即可恢复全部数据的显示。

(2) 若要取消对所有列所做的筛选操作结果,再次单击"排序和筛选"下的"筛选"命令 即可取消筛选。

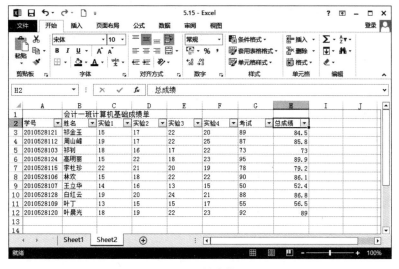

图 5.15 创建筛选

5.9.4 分类汇总

建立数据清单后,可依据某个字段将所有的记录分类,把字段值相同的连续记录作为一类,得到每一类的统计信息。对数据清单数据进行分析处理时,运用分类汇总功能,可免去一次次输入公式和调用函数对数据进行求和、求平均、乘积等操作,从而提高工作效率。另外,当进行分类汇总之后,还可对清单进行分级显示。

1. 创建分类汇总

【例 5.9】 现在有一份学生基本情况登记表(参见图 5.16),利用分类汇总显示整个生源情况,并统计各省学生的入学成绩平均值。一般的操作步骤是:

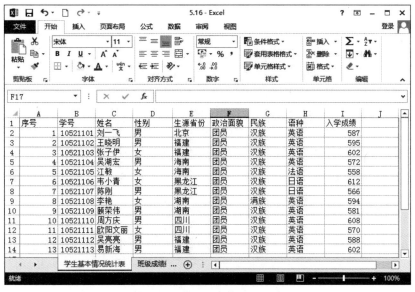

图 5.16 学生基本情况登记表

① 以字段"生源省份"为标准对数据清单进行排序(参看 5.9.2 节)。

② 选定经排序后的清单的任一单元格,选择"数据|分类汇总"命令,打开对话框,设置相关参数(参见图 5.17,指定分类字段为"生源省份");对该分类字段中相同数据对应的记录,求其"入学成绩"字段的平均值,以"平均值"作为汇总方式。

③ 单击"确定"按钮得出结果。

2. 创建嵌套分类汇总

在例 5.9 中,若在"生源情况"汇总的前提下,再按性别做进一步的分类汇总,则需要创建嵌套分类汇总。一般的操作步骤是:

(1) 对源数据清单按"生源省份""性别"两个字段进行排序,其中"生源省份"作为排序的主关键字,"性别"作为次要关键字。

(2) 按前面的分类汇总过程,先对"生源省份"字段进行第一次分类汇总。

(3) 选择字段"性别",进行第二次的分类汇总,即选择"数据|分类汇总"命令,打开对话框。对第二次分类汇总设置相应参数。注意,将系统默认设置选取"替换当前分类汇总"复选框,改为取消选择,单击"确定"按钮,结果如图 5.18 所示。

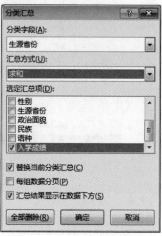

图 5.17 在"分类汇总"对话框中设置分类标准

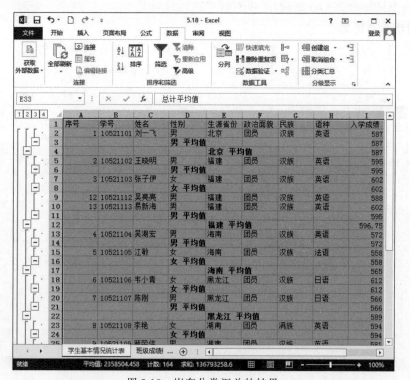

图 5.18 嵌套分类汇总的结果

3. 分类汇总删除

选择"数据|分类汇总|全部删除"命令,即可删除分类汇总。

5.10 数 据 保 护

存放在工作簿中的一些数据十分重要,如果由于操作不慎而改变了其中的某些数据,或者被他人改动或复制,将造成不可挽回的损失,因此,应该对这些数据加以保护。

5.10.1 保护工作簿

1. 保护工作簿的结构和窗口

(1) 保护工作簿结构:对工作簿不能进行移动、复制、删除、隐藏、新增工作表,以及改变表名称等操作。

(2) 保护工作簿窗口:对工作簿窗口不能执行移动、隐藏、关闭,以及改变大小等操作。

(3) 保护结构和窗口操作:选择"审阅|更改|保护工作簿"命令,在打开的对话框(参见图 5.19)中选择"结构"或者"窗口"复选框。

还可设置"密码",单击"确定"按钮来启动对工作簿的保护功能。

2. 取消对工作簿的保护

再次选择"审阅|更改|保护工作簿"命令,使得"保护结构和窗口"前面的复选框没有被勾选。

注意,若在保护工作簿时设有密码,则只有在输入正确的密码后方可做取消操作。

5.10.2 保护工作表

可对使用的工作表进行保护。操作是:选择"审阅|更改|保护工作表"命令,在打开的对话框(参见图 5.20)中进行保护操作。

图 5.19 "保护工作簿"对话框

图 5.20 "保护工作表"对话框

默认设置锁定全部单元格。可设置对其他用户共享该工作表时的访问权限,也可设置保护工作表密码。单击"确定"按钮后，启动工作表保护功能。

5.11　表和图的打印

打印前应先进行页面设置。选择"页面布局"选项卡的"页面设置"组命令，可以设置打印的方向、纸张的大小、页眉或页脚和页边距等。

单击"文件|打印"可以对图表进行打印，正式打印之前可预览打印后的实际效果，如页面设置、分页符效果等。若不满意可以及时调整，避免打印后不能使用而造成浪费。

Excel 除了可以打印工作表中的表格外，还可以打印工作表中的图表。打印图表的方法与打印表格的方法相同。

习　题　5

5.1　思考题

1. 工作簿与工作表有什么区别？

2. 什么是 Excel 的"单元格"？单元格名如何表示？什么是活动单元格？在窗口何处才能得到活动单元格的特征信息？

3. 什么是"单元格的绝对引用"或"单元格的相对引用"？如何表示它们？

4. Excel 中的"公式"是什么？公式中可引用哪些单元格？

5. 在什么情况下需要使用 Excel 提供的窗口冻结功能？

6. 什么是数据填充、数据复制、公式填充、公式复制？它们之间有什么区别？

7. 如何在多个工作表中输入相同的数据？

8. 如何在数据清单中进行自定义排序？

9. 如何在数据清单中进行数据筛选？数据的筛选和分类汇总有什么区别？

10. 工作表中有多页数据，若想在每页上都留有标题，则在打印设置中应如何设置？

5.2　选择题

1. 在 Excel 的数据表中，每一列的列标识叫作字段名，它由（　　）表示。

　　（A）文字　　　　　　（B）数字　　　　　　（C）函数　　　　　　（D）日期

2. 对于 Excel 数据表，排序是按照（　　）来进行的。

　　（A）记录　　　　　　（B）工作表　　　　　　（C）字段　　　　　　（D）单元格

3. 在 Excel 设置单元格格式时，在"数值"中设定小数位数为 2，那么在单元格里输入 34，实际结果为（　　）。

　　（A）34　　　　　　　（B）3400　　　　　　　（C）0.34　　　　　　　（D）34.00

4. Excel 工作表当前活动单元格 C3 中的内容是 0.42，若要将其变为 0.420，应用鼠标执行键单击格式工具栏里的（　　）按钮。

　　（A）增加小数位数　　（B）减少小数位数　　（C）百分比样式　　　（D）4 位分隔样式

5. 在 Excel 工作表第 D 列第 4 行交叉位置处的单元格，其绝对单元格名应是（　　）。

　　（A）D4　　　　　　　（B）$ D4　　　　　　　（C）$ D $ 4　　　　　（D）D $ 4

6. Excel 单元格显示的内容呈 #####|状，是因为（　　）所造成。

　　（A）数字输入出错

(B) 输入的数字长度超过单元格的当前列宽

(C) 以科学记数形式表示该数字时,长度超过单元格的当前列宽

(D) 数字输入不符合单元格当前格式设置

7. Excel 中,对数据表作分类汇总前,要先进行(　　)。

(A) 筛选　　　　　(B) 选中　　　　　(C) 按任意列排序　　　(D) 按分类列排序

8. 有现在 Excel 工作表的 B1 单元格为当前活动的,那么在"视图"选项卡中选择"冻结窗格|冻结拆分窗格"命令,就会将(　　)的内容"冻"住。

(A) A 列和 1 行　　(B) A 列　　　　(C) A 列与 B 列　　　(D) A 列、B 列和 1 行

5.3　填空题

1. 一个新工作簿中默认包含_____个工作表。

2. 当某个工作簿有 4 个工作表时,系统会将它们保存在_____个工作簿文件中。

3. 选择"删除|删除工作表"命令,将删除当前工作簿中的_____工作表。

4. 当输入的数值数据位_____时,系统会将其显示延伸到右边的一个或多个空白单元格中。

5. 利用拖动或剪切完成数据移动后,源数据从当前位置_____。

6. 函数 SUM(A1:C1)相当于公式_____。

7. 在 Excel 的数据库管理功能中,利用_____可查找数据清单中所有满足条件的数据。

8. 当某个工作簿中有一般工作表与图表工作表时,系统将它们保存在_____个文件中。

5.4　上机练习题

1. 针对本章 5.1~5.3 节对工作簿与工作表的建立和基本操作的练习。

练习目的:

(1) 掌握 Excel 工作簿和工作表的建立方法。

(2) 掌握 Excel 工作簿和工作表的基本操作。

练习内容:

(1) 熟悉 Excel 的工作界面及菜单内容,认识 Excel 不同功能区的内容和基本作用。

(2) 建立图 5.21 所示的两个工作簿文件,并命名为工作簿 1.xlsx 和工作簿 2.xlsx。

图 5.21　工作簿

(3) 将两个工作簿分别更名为"设备订购单"和"设备报价表"。

（4）在两个工作簿间切换。

（5）移动工作表。

（6）在同一工作簿中建立新的工作表。

（7）复制"设备订购单"工作表。

（8）删除没有数据的工作表。

（9）拆分与冻结窗口。

2. 针对本章 5.4～5.6 节对工作表中数据的编辑及公式、函数使用的练习。

练习目的：

（1）掌握 Excel 工作表中不同类型数据的输入、格式化、复制和移动等操作。

（2）掌握数据区的选取方法。

（3）掌握在工作表中用公式和函数处理数据的方法。

练习内容：

（1）按照图 5.22 所示的形式和数据内容建立一个工作表。

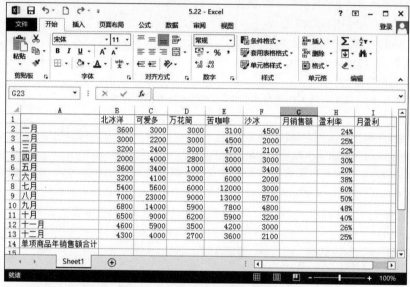

图 5.22　练习 2 的数据表格

（2）将 A 列中的月份数据改为"二〇二二年一月"的显示形式。

（3）将所有的数值数据设置为含有两位小数的数据表达形式。

（4）统计该柜台每月的销售总额和每月的盈利额。

（5）在表格开始处建立一个名为"2022 年冷饮专柜销售统计表"的标题（可占用多行）。

（6）选择一种自动套用格式修饰表格。

（7）将 Sheet1 表中的部分数据（某一个数据区或几个数据区）复制到 Sheet2 表中。

（8）在 J16 单元格中显示 12 个月中盈利最差月份的"月盈利额"。

3. 针对本章 5.7 节对图表的创建和编辑的练习。

练习目的：

（1）掌握利用 Excel 的图表功能，将表格中的数据图形化的方法。

（2）掌握创建和编辑图表数据的方法。

（3）掌握对图表类型的定义及外观修饰的方法。

练习内容：

（1）以练习 2 中的工作表数据为数据来源，在该工作表中创建嵌入式图表，或者是一个独立的图表工作表。

（2）以"盈利率"数据为例，创建一个反映"盈利率"升降情况的图表。

（3）以品种"万花筒"为例，创建有关"万花筒"的月销售额饼状图。

（4）对图表进行适当的修饰（包括颜色、说明文字的字形、图形的位置及大小等）。

4. 针对本章 5.9 节对数据管理的练习。

练习目的：

（1）在 Excel 中建立数据清单，使数据条理化。

（2）掌握 Excel 中的排序、筛选和分类汇总等数据管理功能。

练习内容：

（1）建立一个如图 5.23 所示的 Excel 数据清单。

图 5.23　商品销售表

（2）数据清单中的数据先按照产品的"类别"排序，再按照"销售地区"排序。

（3）先按照"类别"分类汇总，再按照"销售地区"分类汇总。

5. 针对本章 5.11 节对数据的输入与数据表打印的练习。

练习目的：掌握在 Excel 中进行表格数据打印的方法。

练习内容：

（1）将 Word 文档（如图 5.24 的 Word 数据表格）中的数据表格内容导入到 Excel 的一个工作表中，形成一个 Excel 数据文件。

（2）对这个工作表的数据进行相应的处理。

（3）选择一种图表类型，创建一个图表。

（4）设置工作表的页面形式（如页面方向为纵向或横向），适当调整页边距等。

（5）加入恰当的页眉和页脚文字。

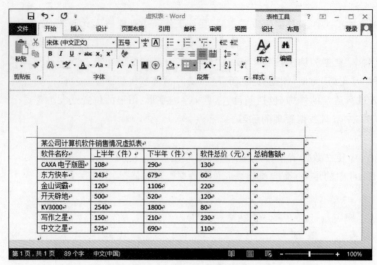

图 5.24 Word 数据表格

(6) 打印预览,结果如图 5.25 所示。

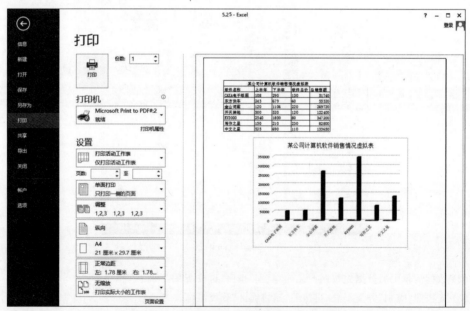

图 5.25 表格数据和图表的打印预览结果

第6章 多媒体基础应用及 PDF 格式文件

6.1 多媒体概述

6.1.1 媒体、多媒体与多媒体技术

1. 媒体

媒体(Media)是指承载信息或传输和控制信息的材料和工具,如接触到的报刊、电视机、收音机、手机等都是媒体。至于媒体的内容,应该根据国家现行的有关政策,结合广告市场的实际需求不断更新,确保其可行性、适宜性和有效性。

在计算机领域,媒体有两种含义:一是指信息的表示形式,如文字(Text)、声音(Audio,也叫音频)、图形(Graphic)、图像(Image)、动画(Animation)和视频(Video,即活动影像);二是指存储信息的载体,如磁带、U 盘、光盘和半导体存储器等。多媒体技术中的媒体指信息的表示形式。

2. 多媒体

在计算机系统中,多媒体(Multimedia)就是文字、声音(包含音乐、语音旁白、特殊音效)、图形、图像、动画、音频和视频等其中两种或两种以上媒体成分的组合,以及程式所提供的互动功能。如在影视动画中同时可以听到优美动听的音乐,看到精致如真的图片以及欣赏引人入胜的活动画面等。

计算机能处理的多媒体信息从时效性上又可分为两大类:静态媒体,包括文字、图形、图像;时变媒体,包括声音、动画、活动影像。

3. 多媒体技术

多媒体技术(Multimedia Technique)是一种以计算机技术为核心,通过计算机设备的数字化采集、压缩/解压缩、编辑、存储等加工处理,将文本、声音、图形、图像、动画和视频等多种媒体信息,以单独或合成的形态表现出来的一体化技术。

多媒体技术可以说包含了当今计算机领域内最新的硬件和软件技术,它将不同性质的设备和信息媒体集成为一个整体,并以计算机为中心综合地处理各种信息。

现在所说的多媒体,通常并不是指多媒体信息本身,而主要是指处理和应用它的一套软硬件技术。

4. 多媒体计算机

多媒体计算机(Multimedia Personal Computer,MPC)一般是指能够综合处理文字、图形、图像、声音、动画、音频和视频等多种媒体信息(其中至少应有一种是如声音、动画或活动影像等的时变媒体),并在它们之间建立逻辑关系,使之集成为一个交互式系统的计算机。它具有大容量的存储器,能带来一种图、文、声、像并茂的视听感受。现在的微机都具有这种功能。

5. 多媒体技术的主要特征

（1）高集成性。采用具有高集成度的微处理器芯片，把多种媒体信息有机地结合在一起，使丰富的信息内容在较小的时空内得到完美展现。

（2）全数字化。信息处理速度快，加工方式多，灵活性大，精确度高，没有复制失真和信号丢失现象，便于信息的存储、表达和网络传输。

（3）实时控制性。以计算机为中心，综合处理和控制多媒体信息，用户可以按照自己的需要、兴趣、任务要求、偏爱和认知特点使用信息，任取图、文、声等信息表现形式，实现人对信息的主动选择和控制，用户与计算机之间可以方便地"对话"，同时作用于人的多种感官。

（4）非线性。这里的"非线性"是多媒体计算机的一种时空技术特性。时间本来是一维的，从过去、现在到将来，顺序发展，不可逆转。但多媒体计算机中的信息，人们却可以打破时间顺序，前、中、后灵活选择、自由支配，而且都能即时完成。

（5）高智能。具有人的某些智慧和能力，特别是思维能力，会综合、分析、判断、决策，能听懂人的语言，识别手写文字，能从事复杂的数学运算，能记忆海量的数字化信息，能虚拟现实中的人和事物。

（6）信息结构的动态性。"多媒体是一部永远读不完的书"，用户可以按照自己的目的和认知特征重新组织信息，增加、删除或修改结点，重建链接。

6.1.2　多媒体技术的发展及应用

1. 多媒体技术的发展

1984 年，美国 Apple 公司首先在其 Macintosh 机上引入位图（bitmap）的概念，并用图标（Icon）作为与用户的接口。1985 年，美国 Commodore 公司推出世界上第一个多媒体计算机系统。教育和娱乐是目前国际多媒体市场的主流。多媒体技术正向 3 方面发展：一是计算机系统本身的多媒体化；二是多媒体技术与点播电视、智能化家电、识别网络通信等技术互相结合，使多媒体技术进入教育、咨询、娱乐、企业管理和办公室自动化等领域，内容演示和管理信息系统成为了多媒体技术应用的重要方面；三是多媒体技术与控制技术相互渗透，进入工业自动化测控等领域。多媒体通信和分布式多媒体系统成为了今后多媒体技术发展的方向。

目前，由于多媒体系统需要将不同的媒体数据表示为统一的结构码流，然后对其进行变换、重组和分析处理，以进行进一步存储、传送、输出和交互控制。所以，多媒体的传统关键技术主要集中在以下四类中：数据压缩技术、超大规模集成电路（VLSI）制造技术、大容量的光盘存储器（CD-ROM）、实时多任务操作系统。因为这些技术取得了突破性的进展，多媒体技术才得以迅速发展，从而成为像今天这样具有强大的处理声音、文字、图像等媒体信息能力的高科技技术。可视电话的出现就是一例，如图 6.1 所示。

图 6.1　可视电话

2. 多媒体技术的基本应用

（1）教育培训，例如课件制作。

（2）通信，例如视频会议。

（3）办公自动化，计算机支持协同工作。

（4）商业演示服务，例如产品广告展示。

（5）金融行情。

（6）管理信息系统(MIS)。

（7）多媒体电子出版物(电子图书)。

（8）虚拟现实。

（9）医疗。

（10）军事演练。

（11）娱乐和游戏。

（12）咨询服务。

（13）超文本和超媒体等。

6.2　多媒体计算机系统的组成

6.2.1　多媒体计算机的标准

多媒体计算机系统包括硬件系统和软件系统两个部分。Microsoft、IBM 等公司组成了多媒体 PC 工作组(The Multimedia PC Working Group)，早期先后发布了 4 个 MPC 标准。MPC 4.0 标准如表 6.1 所示。

表 6.1　MPC 4.0 平台标准

设　　备	基 本 配 置
CPU	Pentium/133M～200MHz
内存容量	16MB
硬盘容量	1.6GB
CD-ROM	10～16 倍速
声卡(音频卡)	16 位精度,44.1kHz/48kHz 采样频率带波表
显示卡	24 位/32 位真彩色 VGA
操作系统	Windows 95、Windows NT

按照 MPC 联盟的标准,多媒体计算机应包含主机、CD-ROM 驱动器、声卡、音箱和操作系统等 5 个基本单元。现在各种微机都带有多媒体功能,主流微机的 RAM 配置为 2～16GB,硬盘容量为 120GB～2TB。从 1984 年至今,30 多年来,多媒体世界发生了天翻地覆的变化。

6.2.2　多媒体计算机的软、硬件平台

1. 多媒体计算机的硬件平台

现在接触到的计算机性能都远远超过最初定义的多媒体计算机(MPC)的标准。MPC 标准是一个开放式的平台,用户可以在此基础上附加其他的硬件,使之性能更好、功

能更强。

MPC 4.0 要求在普通微机的基础上增加以下 3 类硬件设备：

（1）声/像输入设备：光驱、刻录机、话筒、声卡、扫描仪、语音录音机、数码相机、数码摄像机等。

（2）声/像输出设备：声卡、录音录像机、刻录机、投影仪、打印机等。

（3）功能卡：电视卡、视频采集卡、视频输出卡、网卡、VCD 压缩卡等。

2. 多媒体计算机的软件平台

多媒体的大量使用通常都基于微软公司的 Windows 系统环境，该系统为多媒体提供了基本的软件环境，可支持各种媒体设备，因此也被称为多媒体 Windows 平台。特别是对即插即用功能的支持，使用户安装多媒体硬件也更加方便。

此外，多媒体软件还包括多媒体数据库管理系统、多媒体压缩/解压缩软件、多媒体通信软件、多媒体声像同步软件等。多媒体开发和创作工具则为多媒体系统提供了方便直观的创作途径。

6.3 多媒体信息在计算机中的表示及处理

6.3.1 声音信息

1. 音频文件

现实世界中的各种声音必须转换成数字信号并经过压缩编码，计算机才能接收和处理。数字音频技术一般采用 PCM 编码，即脉冲编码调制。

数字化的声音信息以文件形式保存，就是通常所说的音频文件或声音文件。

2. 音频文件的格式

（1）WAVE 音频（wav）。计算机通过声卡对自然界里的真实声音进行采样编码，形成 WAVE 格式的声音文件，它记录的就是数字化的声波，所以也叫波形文件。WAVE 音频是一种没有经过压缩的存储格式，文件相对较大。

只要计算机中安装了声卡及相应的驱动程序，就可以利用声卡录音。计算机不仅能通过麦克风录音，还能通过声卡上的 Line-in 插孔录下电视机、广播、收音机以及放像机里的声音；另外，也能把计算机里播放的 CD、MIDI 音乐和 VCD/DVD 影碟的配音录制下来。

常用的录音软件有：Windows 10 的"⊞按钮|所有应用|语音录音机"程序，声卡附带的录音机程序或专用录音软件，如 Sound Forge、WaveLab 等，这些软件包可以提供专业水准的录制效果。

录制语音的时候，几乎都使用 M4A 格式；M4A 文件的大小由采样频率、采样位数和声道数决定。

（2）MIDI 音频（midi）。乐器数字接口（Musical Instrument Digital Interface，MIDI）是在音乐合成器、乐器和计算机之间交换音乐信息的一种标准协议。MIDI 文件就是一种能够发出音乐指令的数字代码。与 WAVE 文件不同，它记录的不是各种乐器的声音，而是 MIDI 合成器发音的音调、音量、音长等信息，所以 MIDI 总是和音乐联系在一起，它是一种数字式乐曲。

利用具有乐器数字化接口的 MIDI 乐器(如 MIDI 电子键盘、合成器等)或具有 MIDI 创作能力的微机软件可以制作或编辑 MIDI 音乐。当然,这需要使用者精通音律而且能熟练演奏电子乐器。

由于 MIDI 文件存储的是命令,而不是声音波形,所以生成的文件较小,只是同样长度的 M4A 音乐的几百分之一。

(3) MP3 音频(mp3)。MP3 是 Fraunhofer-IIS 研究所的研究成果,是第一个实用的有损音频压缩编码,可以实现 12∶1 的压缩比例,且音质损失较少,是目前非常流行的音频格式。

(4) CD 音频(cda)。CDA(CD Audio 的缩写)音频格式由 Philips 公司开发,是 CD 音乐所用的格式,具有高品质的音质。如果计算机中安装了 CD-ROM 或 DVD-ROM 驱动器,就可以播放 CD 音乐碟。

6.3.2　图像信息

图像是多媒体中的可视元素,也称静态图像。在计算机中可分为两类:位图和矢量图。虽然它们的生成方法不同,但在显示器上显示的结果几乎没有什么差别。

1. 位图

位图图像由一系列像素组成,每个像素用若干个二进制位指定颜色深度。若图像中的每一个像素值只用一位二进制(0 或 1)存放它的数值,则生成的是单色图像;若用 n 位二进制存放,则生成彩色图像,且彩色的数目为 2^n。例如,用 8 位二进制存放一个像素的值,可以生成 256 色的图像;用 24 位二进制存放一个像素的值,可以生成 16 777 216 色的图像(也称为 24 位真彩色)。

常见的位图文件格式有 BMP、GIF、JPEG、TIFF、PCX 等,其中 JPEG 是由国际标准化组织制定的,适合于连续色调、多级灰度、彩色或单色静止图像数据压缩标准。

位图通常可以用画图程序绘制,如 Windows 10 的附件中的画图程序。如果要制作更复杂的图形图像则要使用专业的绘图软件和图像处理软件,如 Photoshop、PaintBrush、PhotoStyler 等。使用扫描仪可以将印刷品或平面画片中的精美图像方便地转换为计算机中的位图图像。此外,还可以利用专门的捕捉软件,如 SnagIt、Capture Professional、HyperSnap 等获取屏幕上的图像。

2. 矢量图

矢量图采用一种计算方法生成图形,也就是说,它存放的是图形的坐标值,如直线,存放的是首尾两点坐标;圆,存放的是圆心坐标、半径。

矢量图存储量小、精度高,但显示时要先经过计算,转换成屏幕上的像素。

常见的矢量图文件格式有 CDR、FHX 或 AI 等,它们一般是直接用软件程序制作的,如 CorelDraw、Freehand、Illustrator 等。

6.3.3 视频信息

1. 视频

视频也称动态图像或活动影像,是根据人类的眼睛具有"视觉暂留"的特性创造出来的。当多幅连续的图像以每秒 25 帧的速度均匀地播放,人们就会感到这是一幅真实的活动图像。

2. 动态图像的分类

动态图像一般分为动画和影像视频两类,它们都是由一系列可供实时播放的连续画面组成的。前者画面上的人物和景物等物体是制作出来的,如孩子们爱看的卡通片,通常将这种动态图像文件称为动画文件;后者的画面则是自然景物或实际人物的真实图像,如影视作品,通常将这种动态图像文件称为视频文件。

3. 视频文件的格式

(1) AVI。AVI 文件是 Microsoft 公司开发的 Video for Windows 程序采用的动态视频影像标准存储格式。

(2) MOV。MOV 文件是 QuickTime for Windows 视频处理软件所采用的视频文件格式。

(3) MPG。MPG 文件是一种全屏幕运动视频标准文件,它采用 MPEG 动态图像压缩和解压缩技术,具有很高的压缩比,并具有 CD 音乐品质的伴音。

(4) DAT。DAT 格式是 VCD 和 DVD 影碟专用的视频文件格式,也是基于 MPEG 标准的;如果计算机上配备了视频卡或解压软件(如超级解霸),就可播放这种格式的文件。

另外,ASF 和 RM(或 RAM)格式的文件是目前比较流行的流媒体视频格式,可以一边从网上下载一边播放。

若计算机中安装了视频采集卡,则可以很方便地将录像带或摄像机中的动态影像转换为计算机中的视频信息。利用捕捉软件,如 SnagIt、Capture Professional 或超级解霸等,可录制屏幕上的动态显示过程,或将现有的视频文件以及 VCD 电影中的片段截取下来。另外,利用专业的视频编辑软件(如 Adobe Premiere),可以对计算机中的视频文件进行编辑处理。

动画通常是人们利用二维或三维动画制作软件绘制而成的,如 Animator Studio、3DS Max、Flash 等。

6.4 多媒体开发工具

多媒体电子出版物(电子图书)是多媒体技术应用的重要领域之一,多媒体创作工具是多媒体电子出版物开发制作过程中必不可少的,它的作用是将多种媒体素材集成为一个完整的、具有交互功能的多媒体应用程序。

开发 Windows 多媒体应用程序的工具和平台很多,根据它们的特点可以分为编程语言和多媒体创作工具两大类。

6.4.1 编程语言

编程语言,如 Visual C、Visual Basic 等高级语言都提供了灵活、方便地访问系统资源的手段,可设计出灵活多变且功能强大的 Windows 多媒体应用程序。许多专业的软件研究开发公司常以多媒体程序语言作为主要的开发工具。但是,使用编程语言开发一个多媒体产品,常常需要编写很多复杂的代码,对于一般用户来说,有着一定的不便。

6.4.2 多媒体创作工具

借助多媒体创作工具,制作者无须编程,可简单直观地编制程序、调度各种媒体信息、设计人机交互,达到专业人员通过程序语言编程完成的效果,开发出优秀的多媒体应用程序。常见的工具有美国 Macromedia 公司的 Authorware、Director、Action1/2,Asymetrix 公司的 Multimedia ToolBook;中国台湾汉声公司的洪图(Hongtool)、北大方正公司的方正奥思等。根据它们的创作形式,可分为基于卡片、基于图标、基于时间三类。

1. 基于卡片(Card-Based)的开发平台

这种结构由一张一张的卡片(Card)构成,卡片和卡片之间可以相互链接,成为一个网状或树状的多媒体系统。

洪图、方正奥思、ToolBook 等都属于这类工具。

2. 基于图标(Icon-Based)的开发平台

在这种结构中,图标(Icon)是构成系统的基本元素,在图标中可集成文字、图形图像、声音、动画和视频等媒体素材;用户可以像搭积木一样在设计窗口中组建流程线,再在流程线上放入相应的图标,图标与图标之间通过某种链接,构成具有交互性的多媒体系统。

代表性的开发工具是 Authorware。

3. 基于时间(Time-Based)的开发平台

这种结构主要是按照时间顺序组织各种媒体素材,Director 最为典型。它用"电影"的比喻,形象地把创作者看作"导演",每个媒体素材对象看作"演员";"导演"利用通道控制演员的出场顺序(前后关系);"演员"则在时间线上随着时间进行动作。这样,用这两个坐标轴就构成了一个丰富多彩的场景。

这几种创作工具都具有文字和图形编辑功能,支持多种媒体文件格式,提供多种声音、动画和影像播放方式,并提供丰富的动态特技效果,交互性强,直接面向各个应用领域的非计算机专业的创作人员,可以创作出高品质的优秀多媒体应用产品。

另外,微软公司的 Office 成员之一的 PowerPoint 也是一种专用于制作演示多媒体投影片/幻灯片的工具(国外称之为多媒体简报制作工具),属于卡片式结构,简单易学。第 8 章将介绍演示文稿制作软件 PowerPoint 的使用。

6.5 中文 Windows 10 中的多媒体功能

6.5.1 语音录音机

语音录音机是 Windows 10 提供的一种声音处理软件,使用语音录音机可以录制

M4A 格式声音并将其作为音频文件保存在计算机上,还可以从不同音频设备录制声音。

录制声音的一般操作步骤是:

图 6.2　语音录音机录制中

（1）首先确保音频输入设备连接到计算机。

计算机上必须装有声卡和扬声器,还需要麦克风或其他音频输入设备。目前的微机都具备这些配置。

（2）启动 Windows 10 后,单击 ⊞ 按钮,出现 ▤ 所有应用 ,单击后出现先按字母排序,再按汉语拼音排序的所有应用程序菜单,在拼音 y 部找到 🎤 语音录音机 。

（3）单击 🎤 语音录音机 🎤 按钮,即开始录音制作,如图 6.2 所示。

（4）若要暂停录制音频,单击 ‖ 按钮（如图 6.2 下行左侧图标）。

（5）若要停止录制音频,单击 ◉ 按钮（如图 6.2 中间图标）。

此后,系统会把录音音频自动存为"录音"文件名,如图 6.3 所示。

（6）单击文件目录中的某一文件名,如"录音"后,即出现如图 6.4 所示的界面。

若要播放录制音频,单击 ▷ 按钮。若要修改文件名,单击 ✎ 按钮。若要删除文件,单击 🗑 按钮。

图 6.3　音频文件目录（左侧）

图 6.4　播放 ▷ 、修改文件名 ✎ 、删除 🗑 等功能

6.5.2 多媒体播放器——Windows Media Player

Windows 10 中的多媒体播放器（Windows Media Player，WMP）是一种通用的多媒体播放工具，可以播放包括音乐、视频、CD 和 DVD 等在内的所有数字媒体。

1. 多媒体播放器的窗口

Windows Media Player 在默认情况下具有两种播放模式。

（1）主窗口完整模式。选择"开始|所有应用|Windows Media Player"命令，可打开图 6.5 所示的 Windows Media Player 主窗口。

图 6.5　Windows Media Player 主窗口完整模式

（2）主窗口紧凑模式。单击主窗口右下角的 ▨ 图标，出现主窗口的紧凑模式，如图 6.6 所示。

图 6.6　Windows Media Player 主窗口紧凑模式

多媒体播放器界面底部有一排播放控件，使用这些控件可以控制基本播放任务，如对音频或视频文件执行(从左到右)▢停止、◄◄上一个、▶播放(⏸暂停)、▶▶下一个(按住可快进)、🔊静音、▾音量控制等操作。

2. 播放媒体文件

(1) 播放音频 CD。将 CD 盘插入 CD-ROM 驱动器,然后从"播放|DVD、VCD 或 CD 音频"子菜单中选择包含 CD 的驱动器,在主窗口的播放列表中显示出该 CD 盘中的所有曲目,单击"播放"按钮即可开始播放,也可以双击其中的任意一首曲目播放。

要重复播放 CD,可选择"播放|重复"命令。

(2) 播放音频文件。选择"文件|打开"命令,在"打开"对话框中选择想要播放的音频文件,如 M4A、WAV、MIDI、MP3 等,然后单击"打开"按钮,即可播放该音频文件。

(3) 播放 VCD 或 DVD 影碟。将 VCD 影碟插入 CD-ROM 驱动器,或者将 DVD 影碟插入 DVD-ROM 驱动器,然后从"播放|DVD、VCD 或 CD 音频"子菜单中选择包含 VCD 或 DVD 的驱动器,在播放列表窗格中会显示该影碟中的所有曲目,然后单击"播放"按钮开始播放,也可以双击列表中的任意一首曲目播放。播放 DVD 时,计算机上必须安装 DVD-ROM 驱动器、DVD 解码器软件或硬件。

选择"查看|全屏"命令,可以切换到全屏幕播放状态。

(4) 播放视频文件。Windows 10 中的媒体播放器可播放 AVI、MOV、MPG 等视频文件。

选择"文件|打开"命令,在弹出的"打开"对话框中选择想要播放的视频文件(VCD 和 DVD 影碟中的视频文件通常在该光盘的 MPEGAV 文件夹中),然后单击"打开"按钮,即可播放视频文件。

【例 6.1】 利用 Windows Media Player 看电影。操作步骤是:

① 打开迅雷软件或 Web 迅雷(如果还没有安装迅雷就下载安装一个)。

② 在迅雷中找到需要下载的电影后,进入电影内容页,例如北京电影制片厂的电影《武林志》。

③ 在电影内容页中找到电影的下载地址,在剧情介绍的下方会有用提示性语言标明的下载地址,如果没有标明请自行查找,一般来说,电影下载地址以 http：//、ftp：//、thunder：//、mms：//、rstp：//等开头。

④ 如果电影下载地址是链接形式的,则直接单击电影下载地址或者右击选择"使用迅雷下载"即可使用迅雷下载电影。

⑤ 如果电影下载地址是文本形式的,则复制下载地址后迅雷会立即提示下载,如果没有提示请自行在迅雷中新建下载任务。

注意:下载有多个文本形式下载地址的电影或者电视剧时,不需要一个一个地单击或者复制下载地址,把所有下载地址全部复制后迅雷也能自动识别并提示批量下载。

Windows 10 中媒体播放器的播放速度也能调节。如果不想使用它,想用第三方播放器,则也可以将它删除。

6.5.3　音量控制器

在 Windows 10 中,选择"⊞按钮|所有应用|Windows 系统|控制面板|硬件和声音|

声音|调整系统音量"选项后出现如图 6.7 和图 6.8 所示的界面。

图 6.7　进入音量控制的操作

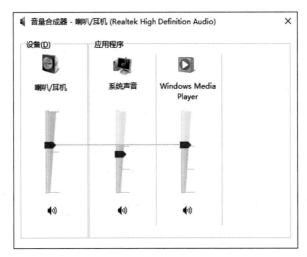

图 6.8　"音量合成器-喇叭/耳机控制"窗口

6.6　PDF 格式文件

6.6.1　PDF 格式文件概述

1. 什么是 PDF 格式文件

PDF(Portable Document Format,便携式文件格式)是 Adobe 公司开发的电子文件格式,一般称为 PDF 文件。该格式文件在 2007 年 12 月成为 ISO 32000 国际标准,2009年 9 月 1 日作为电子文档长期保存格式的 PDF/Archive(PDF/A)成为中国国家标准。

2. PDF 格式文件的特点

（1）支持跨平台。使用与操作系统平台无关，即在常见的 Windows、UNIX 或苹果公司的 Mac OS 等操作系统中都可以使用。

（2）保留文件原有格式。原来某种格式文件或电子信息经过转换成 PDF 格式文件进行投递，在投递过程中或被对方收到后，PDF 格式文件均不能进行修改，传递的文件是"原汁原味"的，具有安全的可靠性。如果对 PDF 格式文件进行修改，都将留下相应的痕迹而被发现。

（3）文字、字体、格式、颜色、独立于设备和分辨率的图形图像、超文本链接、声音和动态影像等多媒体电子信息，不论大小，都可以封装在一个文件中。

（4）PDF 文件包含一个或多个"页"，每一页都可单独处理，特别适合多处理器系统的工作。

（5）文件使用工业标准的压缩算法，集成度高，易于存储与传输。

PDF 文件的这些特点使它成为在 Internet 上进行电子文档发行和数字化信息传播的理想文档格式。

3. PDF 格式文件的创建

创建 PDF 格式文件的途径很多，利用 Microsoft Office Word 2013、看图工具软件 ACDSee、Adobe Acrobat XI Pro 等都可方便地把一些文件转换成 PDF 格式文件。

6.6.2　利用 Microsoft Office Word 2013 创建 PDF 格式文件

在 Word 2013 中编辑成的 docx 文件，通过"另存为"方式就可以方便、直接地创建 PDF 格式文件，如图 6.9 和图 6.10 所示。

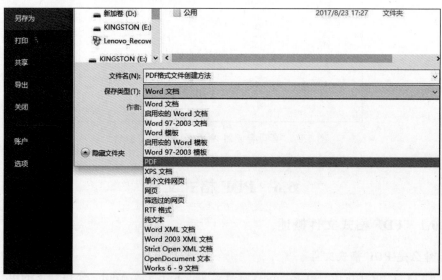

图 6.9　"另存为|保存类型|PDF"菜单

图 6.10　"文件名|PDF|保存"菜单

6.6.3　Adobe Acrobat PDF 创建格式文件

下面利用 Adobe Acrobat Ⅺ Pro 介绍 PDF 格式文件的创建及基本操作。

在 Windows 10 中安装 Adobe Acrobat Ⅺ Pro 软件,启动该软件,显示如图 6.11 所示的主界面。

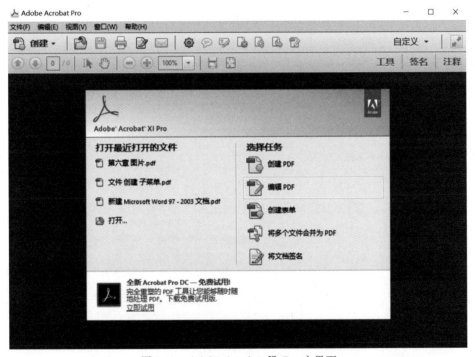

图 6.11　Adobe Acrobat Ⅺ Pro 主界面

1. 从文件创建 PDF 格式文件

例如把 Word 的 docx 文档转换为 PDF 格式文件。常用的方法有:

(1) 利用工具栏中的"创建"按钮。单击"创建"按钮,在弹出的下拉菜单(见图 6.12)中选择"从文件创建 PDF(F)",即显示"打开"对话框。在"打开"对话框中进行如下操作:

① "文件类型"自动显示"所有支持的格式"。

② 在显示所有支持格式的文件清单上，单击准备转换成 PDF 格式文件的 docx 文件名，即自动填入"文件名"框中。

③ 单击"打开"按钮，系统即在显示"正在创建 Adobe PDF……"的过程中把 docx 文件转换成 PDF 格式文件。

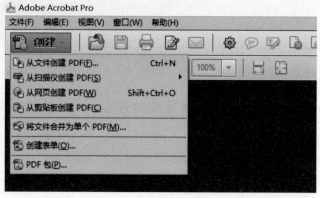

图 6.12　"创建"子菜单

④ 最后选择"文件|保存/另存为"选项，即创建了一个 PDF 格式文件，原来的 docx 文件不变。

(2) 利用"文件|创建"选项。在菜单栏中选择"文件|创建"选项(见图 6.13)，在弹出的下拉菜单(见图 6.13)中选择"从文件创建 PDF(F)"，即显示"打开"对话框。

在"打开"对话框中的操作与(1)相同。

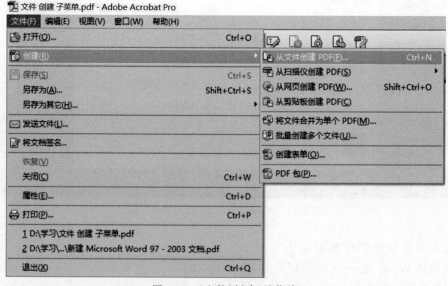

图 6.13　"文件|创建"子菜单

(3) 利用"文件|打开"选项。在菜单栏中选择"文件|打开"(见图 6.11)，显示"打开"对话框。在"打开"对话框中：

① 在"文件类型"中选择"所有类型"。

② 在显示所有类型文件清单上，单击准备转换成 PDF 格式文件的 docx 文件名，即自动填入"文件名"框中。

③ 单击"打开"按钮，系统即在显示"正在创建 Adobe PDF……"的过程中把 docx 文件转换成 PDF 格式文件。

④ 最后选择"文件|保存/另存为"选项，即创建了一个 PDF 格式文件，原来的 docx 文件不变。

把报表、图像等不同格式文件转换为 PDF 格式文件，其操作步骤与上述相同。

2. 从网页创建 PDF 格式文件

【**例 6.2**】 把北京语言大学信息网主页创建成名为"北京语言大学信息网主页"的 PDF 格式文件。利用工具栏"创建"按钮创建，操作步骤是：

① 单击工具栏中的"创建"按钮，在弹出的下拉菜单中选择"从网页创建 PDF"，即显示如图 6.14 所示的"从网页创建 PDF"对话框。

图 6.14　从网页创建 PDF

② 在 URL 栏中填入 www.blcu.edu.cn/blcu.asp 后单击"创建"按钮，如图 6.15 所示。

③ 最后选择"文件 | 另存为"，填入文件名"北京语言大学信息网主页"，即得 PDF 格式文件。该文件保留有北京语言大学主页的鲜活功能。

利用"文件|创建"选项，在弹出的下拉菜单（见图 6.13）中选择"从网页创建 PDF（W）"，即显示如图 6.14 所示的对话框。进行与上述相同的操作也可得到相同的结果。

6.6.4　PDF 格式文件的基本操作

1. PDF 格式文件的打开

选择"文件|打开"，即显示"打开"对话框，选定需要打开的 PDF 文件到文件名框中，单击"打开"对话框中的"打开"按钮即可。

2. PDF 格式文件的阅读

利用工具栏的阅读工具按钮（见图 6.16，当鼠标指针停留在按钮后，即显示其功能）可以方便地阅读 PDF 文件。用 PDF 制作的电子书具有纸版书的质感和阅读效果，可以逼真地展现原书的原貌，而显示大小可任意调节，提供了个性化的阅读方式。由于 PDF 文件可以不依赖操作系统的语言和字体及显示设备，阅读起来很方便。

3. PDF 格式文件的修改

除了阅读，修改是对 PDF 文件的主要操作。利用工具栏的一些修改工具按钮（见图 6.17，当鼠标指针停留在按钮后，即显示其功能。单击"视图"，选择"工具集|创建新工

图 6.15　将北京语言大学主页创建成 PDF 格式文件

图 6.16　用于阅读 PDF 文件的主要工具按钮

具集", 在其中选择并添加自己所需要的工具)可以方便地对 PDF 文件进行标出删除线、添加附注、插入文本等各种修改。

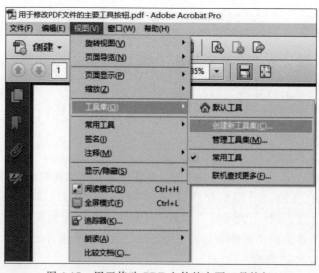

图 6.17　用于修改 PDF 文件的主要工具按钮

对 PDF 文件的修改操作都将留下相应的痕迹。

4. PDF 格式文件的导出

对文件的导出会使内容丢失,至少会改变原来格式。

(1) 纯文字内容导出成 Word 文档后,内容保留,但格式会有所变化。

(2) 从一种文件创建成 PDF 格式文件后,再将其导出成原来格式,文件会有变化,两者不是可逆的。

5. PDF 格式文件的关闭(退出)

在打开 PDF 文件的情况下选择"文件|关闭"命令,即可退出 PDF 文件操作。

6. PDF 格式文件的删除

删除 PDF 文件与删除一般文件的操作相同。在 PDF 文件关闭状态下,右击 PDF 文件名,在弹出的菜单中选择"删除"命令,单击"是"按钮后即可删除该 PDF 文件。

习　题　6

6.1　思考题

1. 什么叫多媒体?什么叫多媒体计算机?

2. 举例说明你所知道或所接触过的多媒体技术在学习、生活和工作中的应用。

3. 多媒体信息为什么要进行压缩和解压缩?

4. 如何用软件方式调节声音输出设备(如内置喇叭)的音量大小?

5. 简述几种常用的多媒体开发工具及其特点。

6. 什么是 PDF 格式文件?这种格式的文件有哪些特点?

6.2　选择题

1. MPEG 是(　　)的压缩编码方案。

　　(A) 单色静态图像　　　(B) 彩色静态图像　　　(C) 全运动视频图像　　(D) 数字化音频

2. 利用 Windows 10 的"所有应用|语音录音机"可以录制(　　)格式的音乐。

　　(A) CD　　　　　　　(B) MIDI　　　　　　(C) MP3　　　　　　(D) WAV

　　(E) WMA　　　　　　(F) M4A　　　　　　(G) MOD　　　　　　(H) ASF

3. 下面关于声卡的叙述中,正确的是(　　)。

　　(A) 利用声卡可以录制自然界中的鸟鸣声,也可以录制电视机和收音机里的声音

　　(B) 利用声卡可以录制自然界中的鸟鸣声,但不能录制电视机和收音机里的声音

　　(C) 利用声卡可以录制电视机和收音机里的声音,但不能录制自然界中的鸟鸣声

　　(D) 利用声卡既不能录制自然界中的鸟鸣声,也不能录制电视机和收音机里的声音,只能录制人的说话声

4. 利用 Windows 10 的"⊞按钮|Groove 音乐"选项可以播放(　　)。

　　(A) M4A、CD、MP3 和 MIDI 音乐,但不能播放 VCD 或 DVD 影碟

　　(B) 音乐和其他音频文件

　　(C) VCD 或 DVD 影碟

　　(D) M4A、WAV、MIDI 和 MP3 音乐,但不能播放 CD 音乐

6.3　填空题

1. 多媒体技术的主要特征有_____、_____、_____、_____。

2. 扫描仪是一种_____设备。

3. 在计算机中,静态图像可分为_____和_____两类。

4. 声卡的作用是_____。

5. DAT 格式是 VCD/DVD 影碟专用的视频文件格式,是基于_____压缩和解压缩标准的。

6.4 上机练习题

1. Windows 10"所有应用|语音录音机"的使用。

练习目的:

初步掌握 Windows 10 中"语音录音机"的使用。

练习内容:

(1) 利用语音录音机程序录制一段声音。

① 准备一个麦克风,将其插头插入声卡的 MIC 插孔,然后启动 Windows 10 的"语音录音机"程序。

② 将录制的声音保存为"朗诵"(M4A 格式)。

(2) 利用语音录音机程序将两个声音文件混合在一起,制作一段配乐诗朗诵。

① 准备一首与上面录制的内容相配的音乐文件(必须是 WAVE 格式),用作配乐诗朗诵里的背景音乐。

② 启动"语音录音机"程序。

③ 将编辑好的混音文件(配乐诗朗诵)保存为"配乐朗诵.M4A"。

2. 利用 Windows Media Player 多媒体播放器播放自己喜欢的一张 VCD/DVD 影碟。

3. 利用 Windows Media Player 播放 MP3 歌曲,并将自己喜欢的曲目保存为一个音乐列表文件。

4. 利用 Windows Media Player 播放 M4A 音乐、CD 音乐、VCD/DVD 影碟视频文件。

5. PDF 格式文件基本操作练习。

练习目的:

(1) 利用 Adobe Acrobat 软件,掌握把非纯文字组成的.docx 文件转换成.pdf 文件,然后以电子邮件的附件形式在网上发送的能力。

(2) 把.pdf 文件导出成为.docx 文件,体会到 PDF 文件在本质上的不可修改性。

练习内容:

(1) 把你从小学到大学阶段的"个人简历.docx"(大小为 A4 纸,表格形式,右上角有 2 寸脱帽半身照片,栏中有说明文字)的 Word 文档转换成.pdf 文件,再通过电子邮件发给家人和自己。

(2) 从电子邮件上下载你的"个人简历.pdf",看内容有无变化。再在 Adobe Acrobat 窗口的菜单栏中,选择"文件|导出"命令,把"个人简历.pdf"导出成"个人简历.docx",看内容有无变化。

6. 利用 Adobe Acrobat 软件,把学校的网站主页转换成.pdf 文件,再利用该.pdf 文件进行常规的上网操作。

第7章 图像处理软件 Adobe Photoshop CC 2020

Adobe Photoshop CC 2020 是美国 Adobe 公司发布的新版本平面图形图像处理软件,它集成了图像制作、图像扫描、编辑修改、广告创意、图像输入与输出等功能,并能在位图图像中合成矢量图形,具有超强的图形图像处理功能,是从事平面设计工作人员的常用工具,广泛地应用于广告公司、制版公司、印刷厂、图形图像处理公司、婚纱以及网页设计公司等,其功能包括:

(1) 支持扫描仪进行图像扫描,并对其亮度和对比度进行调整;

(2) 对多张图片进行拼接,形成一个新图片;

(3) 对图像进行各种艺术处理和特技处理;

(4) 创建在 Web 网络上发布的图片,可在浏览器上使用。

Adobe Photoshop 有多个版本,在下面的叙述中,若未特别说明,提到的 Photoshop 均是指 Adobe Photoshop CC 2020。为了称呼方便,Photoshop 简称 PS。

7.1 图像基础知识

7.1.1 图像的基本属性

1. 色彩属性

色彩具有色相、亮度、饱和度三个基本的属性。色相(Hue)是指红、橙、黄、绿、蓝、紫等色彩,而黑、白以及各种灰色是属于无色系的。亮度(Brightness)是指色彩的明暗程度;而色彩的饱和度(Saturation)则是指色彩的纯度,也可以称为彩度。

2. 颜色模式

颜色模式决定了显示和输出图像的颜色模型。颜色模式不同,描述图像和重现色彩的原理及能显示的颜色数量也不同;而且还影响图像文件的大小。

(1) RGB 模式。RGB 是色光的彩色模式,R(Red)代表红色,G(Green)代表绿色,B(Blue)表蓝色,每种颜色都有 256 个亮度水平级,三种颜色相叠加形成了其他的颜色,在屏幕上可显示 1670 万种颜色。例如 RGB(255,255,255)为纯白色,RGB(0,0,0)为黑色,RGB(0,255,255)为青色。

RGB 模式是计算机显示器常用的一种图像颜色模式,如图 7.1 所示。

(2) CMKY 模式。该模式以印刷上用的四种油墨色:青(C)、洋红(M)、黄(Y)和黑(K)为基础,叠加出各种其他的颜色(见图 7.2)。在 CMKY 模式的图像中,最亮(高光)颜色分配较低的印刷油墨颜色百分比值,较暗(暗调)颜色分配较高的百分比值。

如果要用印刷色打印制作的图像,应使用 CMYK 模式。

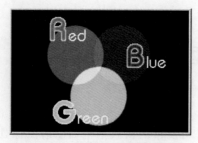

图 7.1　RGB 三元色

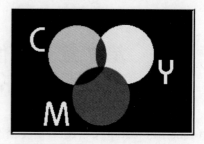

图 7.2　CMYK 模式

（3）Lab 模式。既不依赖光线也不依赖颜料,它是 CIE（国际照明委员会）组织确定的一个理论上包括了人眼可以看见的所有色彩的色彩模式,弥补了 RGB 和 CMYK 两种色彩模式的不足。它由三个通道组成,一个是亮度通道 L,另外两个是色彩通道。Lab 模式所定义的色彩最多,处理速度也与 RGB 模式同样快,而且 Lab 模式在转换成 CMYK 模式时也不会丢失色彩或者被替换。避免色彩损失的最好方式是应用 Lab 模式编辑图像,再转换为 CMYK 模式打印输出。

（4）双色调模式。相当于用不同的颜色来表示灰度级别,其深浅由颜色的浓淡程度来实现。只能模拟出印刷的套色,并不能在真正意义上还原图像的本色,这种方式可以对黑白图片进行加色处理,得到一些特别的颜色效果,一般在处理一些艺术照片时可以使用试试效果。只有灰度模式可以直接转换为双色调模式。

（5）索引模式。也叫映射颜色,最多只有 256 种颜色,颜色都是预先设定好的,索引模式的图像就像是一块块由彩色的小瓷砖所拼成的。索引模式的好处是它所形成的每一个颜色都有其独立的索引标识。当这种图像在网上发布时,只要根据其索引标识将图像重新识别,它的颜色就完全还原了。由于其文件所需要的储存空间小,所以主要用于网络上的图片传输和一些对图像像素、大小等有严格要求的地方,多用于动画或网页制作。

（6）灰度模式。只有灰度,包括了从黑色到白色之间的 256 种不同深浅的灰色调色彩。图像的色彩饱和度都为 0,亮度是唯一能够影响灰度图像模式的选项。一个彩色的图像转换为灰度模式时,所有的颜色信息都会被删除。虽然可以再将灰色模式的图像转化为彩色模式,但是图像中的色彩信息并不能丝毫不变地恢复回来,还是会丢失一些色彩信息。

（7）位图模式。该模式使用黑白两种颜色来表示图像的像素。位图模式的图像也叫作黑白图像或一位图像,因为只用一位存放一像素。

（8）多通道模式。包括多种灰度模式,每一通道均有 256 色灰度模式组成。可以用来处理特殊的打印需求。

当 RGB、CMYK、Lab 模式图像中任何一个通道被删除时,图片就会变成多通道模式,在多通道模式下可以储存为 PS 源文件格式,Photoshop Raw 格式或者 PNG 等格式。

3. 分辨率

分辨率是指单位长度上像素的多少。单位长度上像素越多,图像就相对越清晰。

数字图像具有连续性的浓淡色调,当把影像放大数倍后,会发现这些连续色调其实是由许多色彩相近的小方块（像素）所组成，如图7.3所示。

7.1.2　图像的格式

图像格式是指存储图形或图像数据的一种数据结构，常见的图形图像文件格式有：

图7.3　放大后的图像

1. BMP 格式

BMP 格式是一种用于 Windows 操作系统的图像格式，主要用于保存位图文件。该格式可以处理 24 位颜色的图像，支持 PSB、位图、灰度和索引模式，但不支持 Alpha 通道。BMP 格式采用 RLE 压缩方式，生成的文件较大。

2. PCX 格式

PCX 格式采用 RLE 无损压缩格式，支持 24 位、256 色的图像，适合保存索引和线画稿模式的图像。PCX 格式支持 RGB、索引、灰度和位图模式及一个颜色通道。

3. GIF 格式

GIF 格式是基于网络上传输图像需求创建的文件格式。该格式采用 LZW 无损压缩方式，压缩效果较好，支持透明背景和动画，广泛应用在网络文档中。由于 GIF 格式使用 8 位颜色，仅包含 256 种颜色，因此 24 位图像优化为 8 位的 GIF 格式后，会损失掉一部分颜色信息。

4. JPEG 格式

JPEG 格式是由联合图像专家组开发的文件格式。它采用有损压缩方式，具有较好的压缩效果，但是将压缩品质数值设置得较大时，会损失掉图像的某些细节。JPEG 格式支持 RGB、CMYK 和灰度模式，但不支持 Alpha 通道。

5. TIFF 格式

TIFF 格式是一种通用的文件格式，所有的绘画、图像编辑和页面排版应用程序都支持该格式，而且几乎所有的桌面扫描仪都可以产生 TIFF 图像。

6. PSD 格式

PSD 格式是 Photoshop 默认的文件格式，是除大型文档格式（PSB）之外支持大多数 Photoshop 功能的唯一格式。PSD 格式可以保存图层、路径、蒙版和通道等内容，并支持所有的颜色模式。由于保存的信息较多，所以生成的文件也比较大。将文件保存为 PSD 格式，可以方便以后进行修改。

7. EPS 格式

EPS 格式是为 Postscript 打印机上传出图像而开发的文件格式，几乎所有的图形、图表和页面排版程序都支持该格式。EPS 可以同时包含矢量图形和位图图像，支持 RGB、XMYK、位图、双色调、灰度、索引和 Lab 模式，但不支持 Alpha 通道。

7.1.3　图像的输入和输出设备

1. 图像输入设备

（1）扫描仪。使用最为广泛的数字化图像设备，大致可分为三类：掌上型，平台式和滚筒式,其中滚筒式扫描器使用光电管撷取影像,其余两种都是利用CCD(一种阵列式的光敏耦合器件)成像。

(2)数码相机。是一种利用CCD成像的电子输入装置,图像直接以数字形式存储在相机内部的半导体存储器上,通过数据线或无线的方式与计算机相连后,即可方便地将图像信息输入计算机。

(3)视频转换卡。利用视频转换卡可以捕捉电视、录放影机、影碟机等产生的影像,通过软件进行动态撷取或静态捕捉,再储存成数字影像。

2. 图像输出设备

通常使用彩色喷墨打印机或激光打印机,将计算机中的图像打印在专用纸张或专用相纸上。打印机的分辨率越高,打印图像的品质就越好。

7.2 Photoshop 的工作环境

7.2.1 Photoshop 的工作界面

从"开始|所有程序"的 Adobe 组中启动 Photoshop,出现图 7.4 所示的 Photoshop 主界面,包括菜单栏、工具选项栏、工具箱、控制面板、工作区和状态栏等几部分。

图 7.4　Photoshop 的工作界面

1. 工具箱

工具箱包含了 Photoshop 中所有的画图和编辑工具(见图 7.5)。单击上端的双箭头标志,可以变换单列或双列的显示方式。把鼠标放在工具图标上停留片刻,就会自动显示出该工具的名称和对应的快捷键。工具箱中一些工具的选项显示在上下文相关的工具选项栏中。

若工具图标右下角带小三角标记,表示这是一个工具组,包含有同类的其他几个工具。

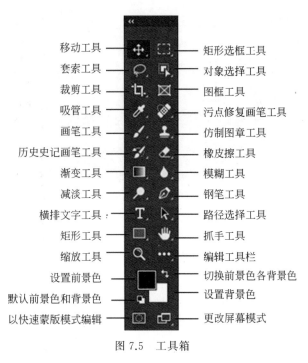

移动工具 —— 矩形选框工具
套索工具 —— 对象选择工具
裁剪工具 —— 图框工具
吸管工具 —— 污点修复画笔工具
画笔工具 —— 仿制图章工具
历史史记画笔工具 —— 橡皮擦工具
渐变工具 —— 模糊工具
减淡工具 —— 钢笔工具
横排文字工具 —— 路径选择工具
矩形工具 —— 抓手工具
缩放工具 —— 编辑工具栏
设置前景色 —— 切换前景色各背景色
默认前景色和背景色 —— 设置背景色
以快速蒙版模式编辑 —— 更改屏幕模式

图 7.5　工具箱

2. 工具选项栏

在工具箱中选中某种工具后,相应的选项将显示在工具选项栏中。工具选项栏与上下文相关,并随所选工具的不同而变化。

3. 控制面板

Photoshop 提供了十几种控制面板,如导航器、颜色、样式、图层、路径、通道、历史记录等,在工作区中打开一张图片后,与该图片有关的信息便会显示在各面板中,利用面板可以监控或修改图像。

7.2.2　图像文件的操作

1. 新建图像文件

选择"文件|新建"命令,打开图 7.6 所示的"新建"对话框。

在对话框中设置画布的宽度和高度、图像的分辨率(默认为 72 像素/英寸)、颜色模式(默认为灰度模式)、颜色数和画布的背景。

2. 打开图像文件

选择"文件|打开"命令,出现"打开"文件对话框,选取一个或多个文件后,单击"打开"按钮。

Photoshop 支持多种图像格式,为了能快速找到某一类格式的图像文件,可以先在

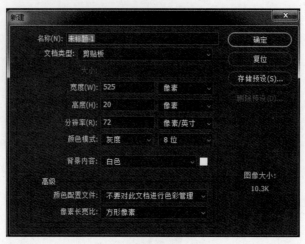

图 7.6 "新建"对话框

"文件类型"列表框中选择要打开的图像格式,此时文件列表框中就只显示具有这种格式的文件。

3. 保存图像文件

"文件"菜单中提供了以下几种保存文件的方法。

(1) 存储:将编辑过的文件以其当前的文件名、位置和格式存储。

(2) 存储为:将编辑过的文件按其他的名称、位置或格式存储,以便保留原始文件。

在"存储为"对话框,各存储选项的含义是:

① 作为副本:在 Photoshop 中打开当前文档的同时存储文档副本。

② Alpha 通道:将 Alpha 通道信息与图像一起存储。禁用该选项可将 Alpha 通道从存储的图像中删除。在 Photoshop CC 2020 中 Alpha 通道有三种用途:一是用于保存选区;二是可以将选区存储为灰度图像,这样就能够用画笔,加深、减淡等工具以及各种滤镜,通过编辑 Alpha 通道来修改选区;三是可以从 Alpha 通道中载入选区。

③ 图层:保留图像中的所有图层。如果该选项被禁用或不可用,则所有的可视图层将拼合或合并(取决于所选的图像格式)。

④ 注释:将注释信息与图像一起存储。

⑤ 专色:将专色通道信息与图像一起存储。禁用该选项可将专色从已存储的图像中删除。专色通道用于存储印刷用的专色,专色是特殊的预混油墨,如金属金银色油墨、荧光油墨等,它们用于替代或补充普通的印刷色 CMYK 油墨。通常情况下,专色通道都是以专色的名称来命名的。

(3) 存储为 Web 所用格式:存储用于 Web 的优化图像。

7.2.3 图像处理工具

Photoshop 在工具箱中提供了丰富的图像处理工具,配合"编辑""选择""图像"等菜单的使用,可完成各种图像处理和编辑工作。下面介绍几种常用的处理工具。

1. 选框工具组

这组工具共有 4 个(见图 7.7),可以选择矩形区域、椭圆区域、单行或单列(1 像素宽的行和列)。

使用矩形或椭圆选框选择区域时,按住 Shift 键可将选框限制为正方形或圆形。

使用选框工具时,可以在"工具选项栏"中指定选择方式:添加新选区 ▣、向已有选区中添加选区 ▣、从原有选区中减去选区 ▣、选择与其他选区交叉的选区 ▣。

2. 移动工具 ✛

用来移动选区、图层和参考线。

按住要移动的选区、图层或参考线,拖动鼠标可将其移动到新的位置。

3. 套索工具组

这组工具共有 3 个(见图 7.8),主要用于选择一个不规则的复杂区域。

(1) 套索工具:建立手画选区,常用于选取一些不规则的或外形复杂的区域。

(2) 多边形套索工具:可以绘制一个边缘规则的多边形选区,适合选择多边形选区。

(3) 磁性套索工具:建立贴紧对象边缘的选区边界。

4. 对象选择工具组

这组工具有 3 个,如图 7.9 所示。

图 7.7　选框工具组　　　图 7.8　套索工具组　　　图 7.9　对象选择工具组

(1) 对象选择工具:是 Photoshop CC 2020 版本中新增的一项创建选区的工具,可简化在图像中选择单个对象或对象的某个部分(如人物、汽车、家具、宠物、衣服等)的过程,只需在对象周围绘制矩形区域或套索,对象选择工具就会自动选择已定义区域内的对象。

(2) 魔棒工具:该工具主要用来选择颜色相似的区域。用魔棒工具单击图像中的某个点时,附近与它颜色相同或相近的点都将自动融入选区中。

在"魔棒工具"栏中,可以指定魔棒工具选区的容差(即色彩范围),其值为 0～255;输入较小值可以选择与所按点的像素非常相似的颜色(若容差为 0,则只能选择完全相同的颜色),输入较高值可以选择更宽的色彩范围。

(3) 快速选择工具:该工具可以通过拖曳鼠标快速地选择相近的颜色,并且建立选区,可以更加方便快捷地进行选取操作。

5. 裁剪工具组

这组工具共有 4 个,见图 7.10。

(1) 裁剪工具:用于切除选中区域以外的图像。

使用该工具选出裁切区域后,选框上出现 8 个处理点:鼠标移到处理点上变为 ↖ 形状时,拖动鼠标可以改变选区的大小;鼠标移到选区外变为 ↲ 形状时,拖动鼠标可使选框在任意方向上旋转;鼠标移到选区内变为 ▲ 形状时,拖动鼠标可将选定区域拖到画面的任意位置。调整完毕，按 Enter 键即可；或者单击任意一个工具按钮。

图 7.10　裁剪工具组

（2）透视裁剪工具：将裁剪的框架内容（非矩形）变形为矩形框架图。

（3）切片工具：可以直接在图像上绘制切片线条，将大图片分解为几张小图片，多用于网页制作。

（4）切片选择工具：用于选择图像的切片，单击切片选择工具后可以对切片进行编辑。

6. 设置前景色/背景色

该工具用来设置前景色、背景色、切换前景色和背景色，以及将前景色和背景色恢复为默认色（默认前景色为黑色、背景色为白色，见图 7.11）。

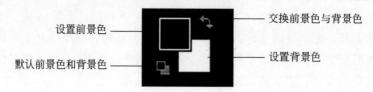

图 7.11　设置前景色/背景色工具

设置前景色或背景色的方法是：单击前景色或背景色图标，打开拾色器，在色谱上单击鼠标选定一种颜色；或者直接在 R、G、B 框中输入数值，如红色的 RGB 值为（255,0,0）、白色的 RGB 值为（255,255,255）等。

7. 画笔工具组

这组工具共有 4 个，如图 7.12 所示。

（1）画笔工具：绘制柔和的彩色线条，原理同实际的画笔相似。

图 7.12　画笔工具组

选择画笔工具后，在工具选项栏右侧显示一个喷枪工具图标（见图 7.13）。单击图标选定喷枪工具，则当前的画笔工具就成为喷枪工具，使用喷枪工具可绘制软边线条。

图 7.13　画笔选项工具栏

（2）铅笔工具：绘制硬边手画线。

（3）颜色替换工具：利用颜色替换工具，可以在保留图像纹理和阴影不变的情况下，快速改变图像任意区域的颜色，从而简化图像中特定颜色的替换。可以用校正颜色（前景色）在目标颜色上绘画。

（4）混合器画笔工具：可以绘制出逼真的手绘效果，是较为专业的绘画工具，通过 Photoshop 属性栏的设置可以调节笔触的颜色、潮湿度、混合颜色等。

8. 橡皮擦工具组

这组工具共有 3 个，如图 7.14 所示。

（1）橡皮擦工具：用于擦除图像的背景或层面，用前景色填充。

（2）背景橡皮擦工具：使图像的背景变成透明，可与其他图像相融合。

（3）魔术橡皮擦工具：擦除图像中与所选像素相似的像素。

9. 渐变工具组

这组工具有 3 个，如图 7.15 所示。

图 7.14　橡皮擦工具组

图 7.15　渐变工具组

（1）渐变工具：用于对选定区域进行直线、径向、角度、对称和菱形的渐变填充。

（2）油漆桶工具：是一款填色工具。这款工具可以快速对选区、画布、色块等填色或填充图案。

（3）3D 材质拖放工具：可以对场景中所选中的单个或多个物体进行赋予材质。

10. 模糊工具组

这组工具共有 3 个，如图 7.16 所示。

（1）模糊工具：一般用于柔化图像边缘或减少图像中的细节。

（2）锐化工具：锐化软边，使图像边缘更清晰。

（3）涂抹工具：创建手指在画布上涂抹的效果。

11. 颜色变化工具组

这组工具共有 3 个，如图 7.17 所示。

（1）减淡工具：将图像中暗的颜色区域变亮。

（2）加深工具：将图像中亮的颜色区域变暗。

（3）海绵工具：将图像中某个区域的颜色饱和度增加或减淡。

12. 路径选择工具组

这组工具共有 2 个，如图 7.18 所示。

图 7.16　模糊工具组

图 7.17　颜色变化工具组

图 7.18　路径选择工具组

（1）路径选择工具：选择显示锚点（又称为定位点，它的两端会连接直线或曲线）、方向线和方向点的形状或段选区。

（2）直接选择工具：选择显示锚点。

13. 横排文字工具组 T.

这组工具共有 4 个（见图 7.19）。利用文字工具可以在图像上直接输入文字。

（1）横排文字工具：在水平方向输出文字。

（2）直排文字工具：在竖直方向输出文字。

图 7.19　横排文字工具组

（3）直排文字蒙版工具：在竖直方向输出文字虚框。

（4）横排文字蒙版工具：在水平方向输出文字虚框。

14. 钢笔工具组

这组工具共有 6 个（见图 7.20）。用钢笔工具可绘制平滑边路径。

（1）钢笔工具：又称为勾边工具，用来勾画一条路径。

（2）自由钢笔工具：沿鼠标移动轨迹勾画出一条路径。

（3）添加/删除锚点工具：在已有的路径中增加或删除一个锚点，以调整路径的形状。

（4）转换点工具：将锚点在平滑点和角点之间转换。

15. 形状工具组

这组工具共有 6 个（见图 7.21），利用形状工具可以创建形状规则的路径，如矩形、圆角矩形、椭圆、多边形、直线和任意一个自定义的封闭形状。

图 7.20　钢笔工具组　　　　图 7.21　形状工具组

16. 吸管工具组

这组工具共有 6 个，如图 7.22 所示。

（1）吸管工具：从图像中采集色样作为前景色或背景色（吸取背景色时应按住 Alt 键）。

（2）3D 材质吸管工具：主要用途是用来查看并修改所用材质类型。

（3）颜色取样器工具：该工具最多可同时在 4 个不同颜色的地方取样，取样点的位置是可以任意改变的，信息面板中可以查看每个取样点的颜色数值。

（4）标尺工具：度量图像上两个像素之间的距离、位置和角度，显示在信息面板上。

（5）注释工具：可以为图片添加解释，文字内容不在图片中显示，双击图标后即可在打开的面板中查看。

（6）计数工具：可统计图像中对象的个数，并将这些数目显示在选项栏的视图中。

17. 抓手工具组

这组工具有 2 个，如图 7.23 所示。

图 7.22　吸管工具组　　　　图 7.23　抓手工具组

（1）抓手工具：在图像窗口内移动图像。

（2）旋转视图工具：自由旋转画面，方便规范操作。

18. 缩放工具

放大和缩小图像的视图。

7.2.4　控制面板

Photoshop 提供了多种控制面板，通过"窗口"菜单中的相应命令可以显示或隐藏各个面板。面板是一种浮动面板，可以放置在屏幕的任意位置。

下面介绍几个常用的控制面板。

1. 导航器面板

该面板主要用来调整图像窗口中显示的图像区域或图像的显示比例，如图 7.24 所示。

（1）调整图像视图。面板上部是图像的缩览图，上面的红色框表示视图框。利用缩览图可以快速更换图像的视图。

（2）调整图像显示比例。面板下方是一个比例调节条，左右拖动滑块或直接在文本框中输入百分比，可以快速调整显示比例。

2. 颜色/色板/样式面板

用于颜色和样式的设置。

（1）颜色面板：显示当前前景色和背景色的颜色值，如图 7.25 所示。

单击前景色或背景色选择框使其成为当前编辑的选项（加上黑色外框）。然后拖移 R、G、B 三种颜色滑块，或直接在颜色滑块右侧输入数值。

（2）色板面板：用于选取前景色和背景色。

选取前景色时，直接单击面板中的一种颜色。选取背景色时，按住 Ctrl 键，同时单击面板中的一种颜色。

（3）样式面板：用面板中的样式填充图像，如图 7.26 所示。

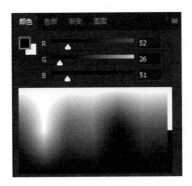

图 7.24　"导航器"面板　　　　图 7.25　"颜色"面板　　　　图 7.26　"样式"面板

3. 图层面板

显示当前图像中的所有图层。打开文件 Photoshop 学习库提供的指导教程"基本技能-处理多个图层"，图层面板中即显示出与该图像有关的各项信息（见图 7.27）。

（1）图层（Layer）是 Photoshop 中的一个重要的图像编辑手段，图层就好比是一叠透明的纸，每张纸代表一个层，可以在任意层上单独进行绘图或编辑操作，而不会影响其他图层上的内容。

① 隐藏/显示图层，当图层最左边的"眼睛"图标出现时，表示该层可见（称为可见图层）；单击图标，"眼睛"消失，表示该层不可见（称为隐藏图层）。

② 当前层，图层左边显示画笔图标的是当前正在编辑的图层，称为当前层，所有的编辑操作都是针对当前层进行的。

③ 图层组，图层左边显示三角按钮的，表示这是一个图层组，其中包含几个图层；单击该按钮，可展开图层组。

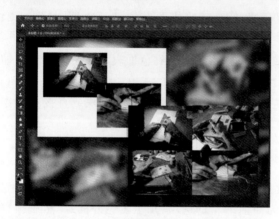

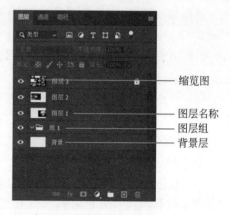

(a) 图像文件　　　　　　　　　　　　　　(b) "图层" 面板信息

图 7.27　图层面板

④ 缩览图，图层名称的左边显示有该层图像的缩览图。按住 Ctrl 键，同时单击该图标（或该图层），可选中这层上的所有图像。

⑤ 锁定图层，选中某一图层，然后单击控制板中的锁定选择框，该图层右边出现一个小锁图标，表示该层被锁定，不能编辑这一层上的图像，也不能删除这一层。

一个文件中的所有图层都具有相同的分辨率、相同的通道数以及相同的图像模式（RGB、CMYK 或灰度）。

Photoshop 支持正常图层和文本图层。另外，Photoshop 还支持调整图层和填充图层。可以使用蒙版、图层剪贴路径和图层样式将复杂效果应用于图层。图层可在不改变初始图像数据的情况下更改图像。

图层面板最下面的图标从左到右分别为添加图层样式、添加图层蒙版、创建新组、创建新的填充或调整图层、创建新的图层、删除图层。

（2）通道面板。通道是用来存放颜色信息的，打开新图像时，系统自动创建颜色信息通道（见图 7.28）。此外，Photoshop 中还有一种特殊的通道——Alpha 通道。

通道面板是专门用来创建和管理通道的，该面板显示了当前打开的图像中的所有通道，从上往下依次是复合通道（对于 RGB、CMYK、Lab 模式的图像）、单个颜色通道、专色通道和 Alpha 通道。

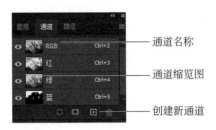

图 7.28　"通道"面板

（3）路径面板。路径是使用钢笔等工具绘制的线条或形状，是一种矢量对象。

路径提供了一种绘制精确的选区边界的有效方法。路径存储在路径面板中（见图7.29）。

（4）历史记录面板。打开一个图像文件后，每当对图像进行了一个编辑操作，该操作及其图像的新状态就被添加到历史记录面板中（见图7.30），当后面的操作不满意时，就可以通过历史记录面板恢复到前面的操作状态。

图 7.29　"路径"面板

图 7.30　"历史记录"面板

注意：关闭并重新打开文档后，上一工作阶段中的所有状态都将从历史记录面板中清除。

7.3　图层和通道

7.3.1　使用图层

利用图层可以将图像进行分层处理和管理。首先对各层分别创建蒙版和特效，得到预期效果后，再将各层图像进行组合，通过控制图像的色彩混合、透明度、图层重叠顺序等，实现丰富的创意设计。另外，用户还可以随时更改各图层图像，增加了设计的灵活性。

使用图层会大大增加文件大小，因此在分层处理完成后，一般要将多层图像拼合成一个背景图，既减少了文件大小，又可将其存储为不支持图层的其他图像格式。

1. 新建图层

单击图层面板右下角的"创建新图层"按钮■，可在当前层的上面建立一个新图层。双击新图层即可重新命名，或选择图层后单击菜单栏中的"重命名图层"命令，在"名称"框中输入新的图层名称。

新图层是一个空白的图层，就像一张白纸，可以在上面随意作画。

另外，当在图像窗口中进行了复制和粘贴操作，或者将某一个图层拖曳到"创建新图层"按钮上时,也会在图层面板上产生一个相应的图层,其内容就是所复制的图像。

2. 删除图层

将要删除的图层拖曳到面板右下角的"删除图层"按钮  上。

3. 调整图层顺序

图层与图层之间彼此覆盖,上面的图层会遮挡住下面图层的内容。在图层面板中拖动图层,可以调整各图层的叠放顺序。注意:背景层的位置一般是不能移动的。

4. 调整图层的融合效果

有以下两种方法:

(1) 设置透明度。图层中没有图像的区域是透明的,可以看到其下层的图像,每个图层中的图像都可以通过调整图层的透明度来控制其遮挡下层的程度。方法是:在图层面板的"不透明度"框中输入一个百分比,值越大,不透明度越大,该值为 100% 时表示完全不透明。

(2) 设置混合模式。调整图层的混合模式可以控制两层图像之间的色彩混合效果,图层面板的"混合模式"列表框中给出了系统提供的各种融合方式,如图 7.31 所示。

图 7.31　图层混合模式

5. 合并图层

(1) 合并相邻的两个图层:执行"图层|向下合并"命令,将把当前图层和它下面的一个图层合并起来。

(2) 合并不相邻的图层:先选择一个图层作为当前层,然后按 Ctrl 键同时选择其他要合并的图层,再执行"图层|合并图层"命令,选中的几个图层就会合并为一个图层。

(3) 合并可见层:执行"图层|合并可见图层"命令,可以将所有可见图层(显示"眼睛"图标)合并为一个图层。用这种方式可以同时合并几个相邻的或不相邻的图层。

(4) 合并所有图层:执行"图层|拼合图层"命令,可以将当前图像的所有图层合并为一个图层。如果有隐藏层,系统会提示"要扔掉隐藏的图层吗?",选择"是",系统会自动删除隐藏层,并将所有可见层合并为一层。保存图像前最好先合并所有图层。

【例 7.1】 应用图层,制作图 7.32 所示的效果图。

(a) 示例图像文件

(b) 图像效果　　　　　　　　(c) 图层面板

图 7.32　图层的应用

① 打开一张网络示例图像文件"女孩.psd",单击"图层"面板左侧的眼睛图标,只保留"女孩"图层和"背景"图层(即只保留这两个图层左侧的眼睛图标),使画面中只留一个女孩且背景为纯白。

② 用"魔棒"工具,在"女孩"图像的白色区域单击,选中白色区域;然后执行菜单栏"选择"中的"反选"命令,选中"女孩"图像。

③ 执行"文件|新建"命令,在"新建"对话框中设置图像名称为"新女孩"、宽度为 500 像素、高度为 400 像素、模式为 RGB、背景色为白色。

④ 选择"移动"工具,把"女孩"图像中选择的区域移到"新女孩"图像中,这时在图层控制板中新生成了一个图层:"图层 1"。双击图层名称,将该图层重命名为"女孩-1"。

⑤ 选择"女孩-1"为当前图层,执行"编辑|变换|缩放"命令,将"女孩"适当缩小。

⑥ 将"女孩-1"图层拖到控制面板的"创建新图层"按钮上,新建一个"女孩-1"副本图层,将该图层重命名为"女孩-2"。然后按⑤中的方法将"女孩-2"再缩小,接着执行"编辑|变换|水平翻转"命令,使该女孩面向右,最后用移动工具将其移至画面的合适位置。

⑦ 按照⑥中的方法依次建立"女孩-3"图层、"女孩-4"图层和"女孩-5"图层。

7.3.2　使用通道和蒙版

1. 通道

Photoshop 采用特殊灰度通道存储图像颜色信息和专色信息。如果图像含有多个图层,则每个图层都有自身的一套颜色通道。颜色通道的数量取决于图像的颜色模式,例如,RGB 图像有 4 个默认通道:红色、绿色、蓝色,以及一个用于编辑图像的复合通道。

在进行图像编辑时,单独创建的新通道称为 Alpha 通道。在 Alpha 通道中,存储的并不是图像的色彩,而是用于存储和修改选定区域,可以将选区(选择的区域)存储为 8位灰度图像。

除 Alpha 通道外,可以创建专色通道,指定用于专色油墨印刷的附加印版。一个图像最多可包含 24 个通道,包括所有的颜色通道和 Alpha 通道。

2. 蒙版

当在暗室放大照片时,为了使指定的区域曝光,摄影师往往要将硬纸片中间部分按希望的形状挖空,将硬纸片作为蒙版遮挡在镜头与相纸之间,这样将只在未遮挡区对相纸曝光,而遮挡区则被保护。

Photoshop 中的蒙版借用了同样的道理,在选区上创建了一个蒙版后,未被选择的区域会被遮盖,可以把蒙版看作是一个带孔的遮罩。利用快速蒙版,可以根据图像选区的特点快速制作出这个遮罩的孔的形状,这个孔就是所要的选择区。

当要改变图像某个区域的颜色,或者要对该区域应用滤镜或其他效果时,蒙版可以隔离并保护图像的其余部分。当选择某个图像的部分区域时,未选中区域将"被蒙版"或受保护以免被编辑。也可以在进行复杂的图像编辑时使用蒙版,比如将颜色或滤镜效果逐渐应用于图像。

此外,使用蒙版可以将选区存储为 Alpha 通道以便重复使用该选区(可以将 Alpha通道转换为选区,然后用于图像编辑)。因为蒙版是以 8 位灰度通道形式存储,故可以用所有的绘画和编辑工具对其进行修饰和编辑。

当选中"通道"面板中的蒙版通道时,前景色和背景色以灰度值显示。

【例 7.2】　蒙版和通道的应用。操作步骤是:

① 打开示例图像文件"女孩.psd"。

② 用魔棒工具选择女孩的粉红色衣服部分,按下 Shift 键可以添加选区,陆续添加女孩衣服和头发上的不同颜色区域。

③ 单击工具箱中的快速蒙版工具▣,从正常编辑模式进入到快速蒙版编辑模式。

④ 在通道面板中,单击最上层的复合通道左边的"眼睛"图标,隐藏颜色通道,可以看见在快速蒙版模式下,Photoshop 自动转入灰度模式(默认的前景色为黑色,背景色为白色)。将前景色设置为白色,用画笔工具在红色的蒙版区进行绘画,可以清除蒙版区(增加选区)。同理,用黑色绘画可以增加蒙版区(减少选区)。

⑤ 单击工具箱中的模式切换按钮切换到正常模式下,可以看到非蒙版区就是选择区,蒙版区就是非选择区。

⑥ 制作完复杂的选区后,可将选区存储在通道控制板中,作为 Alpha 通道的一个蒙版,这个蒙版是永久的,即使取消选择后,也可以在需要时从 Alpha 通道中取出蒙版作为选区。

执行"选择|存储选区"命令,打开"存储选区"对话框,新建一个名为"Alpha 1"的通道(见图 7.33)。将选区存储在通道后,通道中会多出一个 Alpha 1 通道,如图 7.34 所示。

图 7.33 "存储选区"对话框

图 7.34 新建 Alpha 通道

⑦ 按 Ctrl+D 键取消选区后,再执行"选择|载入选区"命令,出现"载入选区"对话框,选择 Alpha 1 通道作为选区重新载入,可以恢复刚才的选区。

7.4 创 建 文 字

在 Photoshop 中利用文字工具可以在图像上创建各种文字。方法是:

(1) 新建或打开一个图像文件。

(2) 在工具箱中选择文字工具 **T**,然后在选项工具栏中指定字体、字型、大小、对齐方式、颜色等参数,如图 7.35 所示。

图 7.35 文字选项工具栏

(3) 在图像窗口中输入文字,图层面板上将自动增加一个文字图层 T。

(4) 设置文字效果,单击选项工具栏中的"创建变形文本"按钮 **工**,打开图 7.36 所示的"变形文字"对话框,选择一种样式,并设定相应的变形参数,效果如图 7.37 所示。

图 7.36 "变形文字"对话框

图 7.37 文字的变形效果

（5）按 Ctrl+Enter 键退出文字编辑状态。

使用文字工具可重新编辑文本内容或修改文本样式。

在 Photoshop 中，文字类型的图层是不能使用滤镜等特殊效果的，必须先执行"图层|栅格化|文字"命令将其转变为普通图层。栅格化后，文本内容将不能再编辑。

7.5 滤　　镜

在 Photoshop 中，滤镜是处理图像的主要工具，通过"滤镜"菜单中的各项命令，可以在图像上产生特殊的处理效果。

使用滤镜的方法是：

（1）打开图像文件，选择需要添加滤镜效果的区域：如果是某一层上的画面，则在图层面板中指定该层为当前层；如果是某一层上的部分区域，则先指定该层为当前层，然后用选取工具选出该区域；如果对象是整幅图像，则应先合并图层。

（2）从"滤镜"菜单中选择某种滤镜，并在相应的对话框中根据需要调整好参数，确定后效果就立即产生了。

（3）在一幅图上可以同时使用多种滤镜，这些效果叠加在一起，产生千姿百态的神奇效果。

下面介绍几种滤镜的应用。

1. 风格化滤镜

风格化滤镜在图像中通过置换像素，并且查找和增加图像中的对比度，从而在图像或者选区上产生一种绘画式或印象派的艺术效果。

例如，查找边缘滤镜在图像中搜寻并标识有明显颜色过渡的区域，并在白色背景上用深色线条勾画图像的边缘，从而产生一种轮廓被铅笔勾描过的图像效果。浮雕效果滤镜通过用原填充色勾画图像轮廓和降低周围像素色值，使图像或选区显得凸出或下陷，从而生成具有凹凸感的浮雕效果。

【例 7.3】　浮雕滤镜的使用。

① 打开示例图像"女孩.psd"。

② 按照例 7.1 介绍的方法选择"女孩"作为要处理的选区。

③ 选择"滤镜|风格化|浮雕效果"命令,在"浮雕效果"对话框设置:角度 135 度,高度 5 像素,数量 100。结果如图 7.38 所示。

2. 模糊滤镜

模糊滤镜可以光滑边缘过于清晰或对比过于强烈的区域,使图像较柔和,从而模糊图像,产生平滑过渡的边缘效果。常用的效果有动感模糊、高斯模糊、径向模糊、特殊模糊。

图 7.38　浮雕效果

【例 7.4】　利用模糊滤镜创建倒影字。

① 执行"文件|新建"命令,新建一个名为"倒影字"的图像文件,宽度为 400 像素,高度为 260 像素,分辨率为 72,模式为 RGB,背景色为白色。

② 选择横排文字工具,在工具选项栏中设置字体为 LiSu、大小为 100 点,然后输入文字"倒影字",按 Ctrl+Enter 键结束。

③ 选择移动工具,将图像文本移动到合适的位置。

④ 在图层面板中,按住 Ctrl 键并单击文本图层,将图像中的文本图层选中。

⑤ 执行"图层|栅格化|文字"命令,将文本层转换为普通图层。

⑥ 将文字图层拖至图层面板的"创建新图层"按钮上,得到一个复制图层。

⑦ 执行"编辑|变换|垂直翻转"命令,将文字图像翻转;再执行"编辑|变换|扭曲"命令,出现一个调整框,调整该框的方向和大小(见图 7.39),按 Enter 键确定。

⑧ 在工具箱中单击前景色按钮,在弹出的拾色器中设置 R 为 125,G 为 125,B 为 125。

⑨ 按 Alt+Delete 键,在翻转的文本中填充前景色。

⑩ 执行"滤镜|模糊|高斯模糊"命令,设置半径为 4 像素。

⑪ 在图层面板的模式列表框中选择"正片叠底"选项,并设置不透明度为 80%。

⑫ 按 Ctrl+D 键取消图像选区,效果如图 7.40 所示。

图 7.39　图像变形

图 7.40　倒影效果

3. 扭曲滤镜

扭曲滤镜可以使图像产生扭曲变形,从而可使图像产生 3D 和其他变形效果。

【例 7.5】　利用扭曲滤镜制作一个具有火焰燃烧效果的字体。

① 新建一个宽度为 400 像素、高度为 200 像素、分辨率 72、模式为 RGB、背景为透明的文档。

② 在工具箱上单击背景色图标,在拾色器中设置 R、G、B 都为 100。

③ 执行"编辑|填充"命令,在"填充"对话框将使用内容设置为背景色,模式为正常。

④ 选择横排文字蒙版工具,设置字体为隶书,大小为 120 点,输入文字为"风与火"。

⑤ 将背景色设置为红色,前景色设置为黄色。

⑥ 选择渐变工具,出现一个调整框,调整渐变类型及渐变方式。

⑦ 在图像上从左至右拖动对称渐变工具,在蒙版文字中将显示从黄渐变到红的效果。

⑧ 执行"图像|图像旋转|逆时针 90 度(0)"命令。

⑨ 执行"滤镜|风格化|风"命令,在对话框中设置风向为从左向右。

为了增强效果,重复执行"滤镜|风格化|风"命令,直到达到风的效果,可执行 2～6 次。

⑩ 执行"滤镜|扭曲|波纹"命令,在对话框中设置数量为 150,大小为中。

⑪ 执行"图像|图像旋转|顺时针 90 度(9)"命令。图像效果如图 7.41 所示。

图 7.41　图像效果

由于篇幅所限,其他的滤镜命令这里就不一一介绍了。

7.6　综合应用

本节介绍几个 Photoshop 综合应用的例子。

【例 7.6】　制作迷彩字,效果如图 7.42 所示。

图 7.42　迷彩文字

具体步骤是:

① 执行"文件|新建"命令,新建一个 400×200 像素,分辨率为 72,模式为 RGB,背景为白色的文档。

② 选前景色为 RGB(57,108,28),按 Alt＋Delete 键用前景色填充全图。

③ 执行"滤镜|杂色|添加杂色"命令,数量为 50、高斯分布、单色。执行"滤镜|像素化|晶格化"命令,单元格大小为 30。执行"滤镜|杂色|中间值"命令,半径为 5 像素。

④ 选择横排文字蒙版工具,工具选项栏中设置文字大小为 200 点,然后在图像上输入文字"迷彩",将字体虚框移动到合适位置后,按 Ctrl＋Enter 键结束,如图 7.43 所示。

⑤ 按 Ctrl＋Shift＋I 键反选,按 Delete 键将文字外的区域内容删除。

⑥ 按 Ctrl＋Shift＋I 键反选,按 Ctrl＋J 键将所选区域复制到新图层上。

图 7.43　虚框文字

⑦ 执行"滤镜|风格化|风"命令。

⑧ 执行"滤镜|其他|最大值"命令,设置半径为 1 像素,使边缘细化。

【例 7.7】　制作一张复合图片,如图 7.44 所示。

图 7.44　复合图片

① 打开示例图像文件"女孩.psd"和示例图片"灯塔.jpg"。

② 按照前面介绍的方法,用魔棒工具和"选择|反选"命令选中"女孩",按 Ctrl＋C 键,再选中灯塔图片,按 Ctrl＋V 键,把女孩的图片复制到灯塔图片中,将"女孩"适当缩小后,移到图像窗口的下方。

③ 在图层面板中将第二层作为当前层,执行"图层|图层样式|外发光"命令,打开"图层样式"对话框,设置参数:混合模式为"正常",不透明度为 100％,杂色为 10％,扩展为 10％,大小为 30 像素,范围为 60％。最后在图层面板中将该层的不透明度设置为 75％。

④ 选择文字工具,输入文字"美丽的女孩"(隶书、72 点),然后单击菜单栏中的"文字"按钮,打开"文字变形"对话框,设置参数:样式为"扇形",弯曲为＋50％。再选择"图层|图层样式|斜面和浮雕"命令,"图层样式"对话框中所有参数都取默认值。最后在图层面板中将文字图层的混合模式设置为"柔光"。

【例 7.8】　将证件照的白底变成红底或蓝底。

① 打开一张需要更换底色的白色证件照片,这里是在网上找到了一张刘德华的照片。

② 按 Ctrl＋J 快捷键,将背景图层复制,以免后面的操作对原图层有损坏,后面的操作都在复制图层上进行。

③ 使用魔术橡皮擦工具在副本的白色背景上单击去掉白色背景色,如图 7.45 所示。

图 7.45　替换照片底色前

④ 新建一个图层填充红色,同时显示红色图层和去掉白色背景的照片图层,便实现了底色更换,如图 7.46 所示。

图 7.46　替换照片底色后

习　题　7

7.1　思考题

1. RGB 模式中的 R、G、B 分别代表什么意思？

2. CYMK 模式中的 C、Y、M、K 分别代表什么意思？

3. 简述魔棒工具的作用。

4. 在 Photoshop 中如何应用图层和通道编辑图像？

5. 在 Photoshop 中如何利用文字工具在图像中创建文本？

7.2　选择题

1. 下面(　　)图像格式是 Photoshop 的专用图像格式 。

　　(A) TIFF　　　　　　(B) GIF　　　　　　(C) PSD　　　　　　(D) JPEG

2. 下面(　　)设备不是 Photoshop 的输入设备。

　　(A) CCD　　　　　　(B)扫描仪　　　　　(C)数码相机　　　　(D) 屏幕

3. 在索引模式下,图像最多有(　　)种颜色。

　　(A) 256　　　　　　(B) 8　　　　　　　(C) 16　　　　　　(D) 24

4. 下面(　　)工具最适合进行不规则形状的选择。

　　(A) 矩形选框工具　　　　　　　　　(B) 磁性套索工具

　　(C) 单行选框工具　　　　　　　　　(D) 移动工具

5. 色彩的饱和度(Saturation)是指色彩的(　　)。

　　(A) 明暗程度　　　(B) 纯度　　　　　(C) 色系　　　　　(D) 颜色

6. 明度(Brightness)是指色彩的(　　)。

　　(A) 明暗程度　　　(B) 纯度　　　　　(C) 色系　　　　　(D) 颜色

7. 在 RGB 模式下,屏幕显示的色彩是由 RGB(红,绿,蓝)三种色光所合成的,给彩色图像中每个像素的 RGB 分量分配一个从 (　　)到(　　)范围的强度值。

　　(A) 0　　　　　　　(B) 255　　　　　　(C) 128　　　　　　(D) 256

8. 在 RGB 模式下,屏幕显示的黑色时,应给每个像素的 RGB 分量分配一个(　　)的强度值。

　　(A) 0　　　　　　　(B) 255　　　　　　(C) 128　　　　　　(D) 256

9. 在 RGB 模式下,屏幕显示的白色时,应给每个像素的 RGB 分量分配一个(　　)的强度值。

　　(A) 0　　　　　　　(B) 255　　　　　　(C) 128　　　　　　(D) 256

10. 在 Photoshop 中,不能改变图像文件大小的操作是(　　)。

　　(A) 使用放大镜工具　　　　　　　(B) 使用裁切工具

　　(C) 执行"画布大小"命令　　　　　(D) 执行"图像大小"命令

11. 在 Photoshop 的 CMYK 模式中,最高(高光)颜色分配(　　)印刷油墨颜色百分比值,较暗(暗调)颜色分配(　　)印刷油墨颜色百分比值。

　　(A)较高的　　　　(B)较低的　　　　(C)不变的　　　　(D) 随机的

12. 使用一位存放一像素的位图模式的图像,可以表示(　　)种颜色的图像。

　　(A) 1　　　　　　　(B) 2　　　　　　　(C) 3　　　　　　(D) 8

13. 与自由铅笔或其他绘画工具绘制的位图图形不同,路径是不包含像素的(　　)对象。

　　(A) 自由　　　　　(B) 绘画　　　　　(C) 矢量　　　　　(D) 位图

14. 用新建命令创建一个新的图像,该图像的默认像素尺寸为(　　)。

(A) 1024×768　　　　　　　　　　　　　　(B) 640×480

(C) 固定　　　　　　　　　　　　　　　　(D) 与复制到剪贴中图像或选区的大小相同

7.3　填空题

1. 数码相机是一种_____装置。

2. 按住_____键，可以限制拖动和画图沿直线或 45 度角的倍数方向。

3. 在工具箱中，凡是右下角带三角标记的工具都含有_____工具。

4. 一个文件中的所有图层都具有_____的分辨率、通道数和图像模式。

5. 在图层面板中，处于最底层的一般是_____。

6. 要使前景色和背景色恢复为默认的颜色设置（即前景色为黑色，背景色为白色），应使用_____工具。

7. _____工具用于绘制柔和的彩色线条。

8. _____可绘制硬边描边。

9. 每次对图像进行一次更改，该图像的新状态就被添加到_____中。

10. 滤镜不能应用于_____模式的图像。

7.4　上机练习题

1. 利用一幅现有的图像，上面加上文字，并使用滤镜效果，制作一张书签。

2. 选择一幅风景图像，再选择一幅人物图像，把人物加入风景图像中，并利用渐变工具制作出人物和风景融为一体的效果。

第 8 章　演示文稿制作软件 PowerPoint 2013

PowerPoint 2013 是微软公司办公集成软件 Office 2013 中的一个应用程序,能够制作出集文字、图像、动画、声音以及视频等多媒体元素为一体的演示文稿,让信息以更轻松、更高效的方式表达出来。PowerPoint 2013 中文版在继承以前版本的强大功能的基础上,更以全新的界面和便捷的操作模式引导用户制作图文并茂、声形兼备的多媒体演示文稿。

本章叙述中所提到的 PowerPoint,若未特别说明,均是指 PowerPoint 2013 中文版。

8.1　PowerPoint 简介

PowerPoint 是目前最实用、功能最强大的演示文稿制作软件之一,用于广告宣传、产品演示、学术交流、演讲、工作汇报、辅助教学等众多领域。制作完成的演示文稿不仅可以在投影仪和计算机上进行演示,还可以将其打印出来,制作成胶片,以便应用到更广泛的领域。另外,利用 PowerPoint 还可以在互联网上召开面对面会议、远程会议或在因特网中向更多的观众展示。

PowerPoint 2013 无论是在创建、播放演示文稿方面,还是在保护管理信息、信息的共享能力方面,都在原来版本的基础上新增了许多功能,如全新的直观型外观、自定义幻灯片版式、精美的 SmartArt 图形等。

使用 PowerPoint 创建的文件称为演示文稿,而幻灯片则是组成演示文稿的每一页,在幻灯片中可以插入文本、图片、声音和影片等对象。

8.2　创建演示文稿

8.2.1　PowerPoint 的工作界面

选择"开始|所有程序|Microsoft Office 2013|Microsoft Office PowerPoint 2013"选项,启动 PowerPoint,其窗口界面如图 8.1 所示,不仅美观实用,而且各个工具按钮的摆放更方便用户的操作。

8.2.2　PowerPoint 的视图方式

PowerPoint 提供了普通视图 、大纲视图、幻灯片浏览、备注页、阅读和幻灯片放映6 种视图模式,每种视图都包含有该视图下特定的工作区、功能区和其他工具。在功能区中选择"视图"选项卡,然后在"演示文稿视图"组中选择相应的按钮即可改变视图模式。或者单击主窗口右下方的"视图切换"按钮 ,也可以在普通视图、幻灯片浏

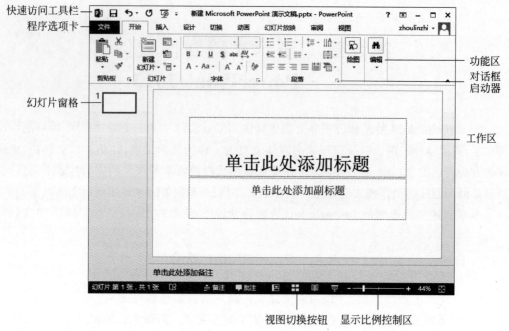

图 8.1 PowerPoint 工作窗口

览、阅读视图、幻灯片放映这 4 种视图方式之间切换。

1. 普通视图

普通视图是主要的编辑视图,用于设计演示文稿,也是最常用的一种视图模式。单击"普通视图"按钮，即可切换到普通视图显示方式,该视图主要用于对单幅幻灯片设计外观、编辑文本,插入图形、声音和影片等多媒体对象,并为某个对象设置动画效果或创建超级链接。

2. 大纲视图

大纲视图主要用于输入和修改大纲文字。当文字输入量较大时用这种视图进行编辑较为方便,可以通过将大纲从 Word 粘贴到大纲视图来轻松地创建整个演示文稿。通过执行"视图|大纲视图"命令打开大纲视图。

3. 幻灯片浏览视图

幻灯片浏览视图是缩略图形式的演示文稿幻灯片。单击"幻灯片浏览"按钮，即可切换到幻灯片浏览视图。该视图适用于从整体上浏览和修改幻灯片效果,如改变幻灯片的背景设计和配色方案,调整顺序,添加或删除幻灯片,进行幻灯片的复制和移动等操作;但不能编辑幻灯片中的具体内容,只能切换到普通视图中进行编辑。

4. 备注页视图

为幻灯片创建备注。创建备注有两种方法,即在普通视图下的备注区中进行创建和在备注页视图模式中进行创建。执行"视图|备注页"命令,即可切换到备注页视图。注意插入到备注页中的对象不能在幻灯片放映模式下显示,可通过打印备注页打印出来。

5. 阅读视图

阅读视图用于在自己的计算机上查看演示文稿。如果不想使用全屏的幻灯片放映视图,则可以在自己的计算机上使用阅读视图查看演示效果。

6. 幻灯片放映视图

以全屏幕播放演示文稿中的所有幻灯片,可以听到声音,看到各种图像、视频剪辑和幻灯片切换效果。

8.2.3 演示文稿的创建和保存

可以使用新建空白、带有模板多种方法来创建演示文稿。

1. 创建空白演示文稿

空白演示文稿是一种形式最简单的演示文稿,没有应用模板设计、配色方案以及动画方案,可以自由设计。用户在启动 PowerPoint 的过程中,系统会自动创建一个演示文稿,并将其命名为"演示文稿 1"。除此之外,还可以通过以下 3 种方法新建演示文稿:

(1) 如果通过自定义功能在"快速访问"工具栏里选择了"新建",则可以单击"快速访问"工具栏中的"新建"按钮 □,即可新建一个空白演示文稿。

(2) 单击"文件"选项卡,选择"新建"菜单,选择"空白演示文稿"并单击"创建"按钮。

(3) 按 Ctrl+N 快捷键。

2. 根据模板创建演示文稿

模板是一种以特殊格式保存的演示文稿,一旦应用了一种模板,幻灯片的背景图形、配色方案等就都已经确定,所以套用模板可以提高创建演示文稿的效率。单击"文件"选项卡,选择"新建"菜单,在"样板模板"中任意选择一种,单击"创建"按钮。

3. 保存演示文稿

(1) 保存未命名的演示文稿。如果是首次保存演示文稿,单击"快速访问"工具栏中的"保存"按钮 🖫,或者执行"文件"|"保存"|"浏览"命令,会弹出"另存为"对话框,可在该对话框中为演示文稿输入文件名及保存路径,单击"保存"按钮即可。

(2) 保存已命名的演示文稿。单击"快速访问"工具栏中的"保存"按钮 🖫,系统按原路径和文件名保存当前的演示文稿。如果要为当前演示文稿创建副本,可执行"文件|另存为|浏览"命令,即可弹出"另存为"对话框,可用新的存储路径或文件名保存文件。

(3) 设置自动保存功能。可以自行设置自动保存的时间,以尽可能减少文稿丢失造成的损失。执行"文件|选项"命令,弹出"PowerPoint 选项"对话框,选择"保存"选项,打开"保存"选项内容,选中"保存自动恢复信息时间间隔"复选框,设置对演示文稿进行自动保存和恢复的时间间隔,如设定为 10 分钟,单击"确定"按钮。

(4) 演示文稿的扩展名。PowerPoint 2013 的文件扩展名是 pptx。如果想兼容早期的版本,执行"文件|另存为|浏览"命令,在"另存为"对话框中的保存类型选择"PowerPoint 97-2003 演示文稿",此时文稿的扩展名是 ppt。

8.3　编辑演示文稿

8.3.1　插入文本

文本是构成演示文稿的最基本的元素之一，是用来表达演示文稿的主题和主要内容的，可以在普通视图或大纲视图中编辑文本，并设置文本的格式。

1. 使用文本占位符

占位符是包含文字和图形等对象的容器，其本身是构成幻灯片内容的基本对象，在文本占位符中可以输入幻灯片的标题、副标题和正文。

可以调整占位符的大小并移动它们。默认情况下，PowerPoint 会随着输入调整文本大小以适应占位符。在图 8.2 所示的界面中，单击文本占位符，即可输入或粘贴文本。

2. 使用文本框

当需要在文本占位符以外添加文本时，可以执行"插入｜文本框"命令，在当前幻灯片的合适位置插入一个横排或竖排的文本框，并在其中输入文本。

文本框具有填充线条、效果和大小等属性的设置，如图 8.3 所示。

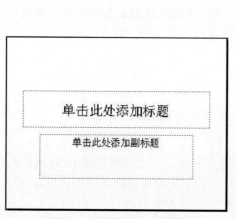

图 8.2　添加标题和副标题

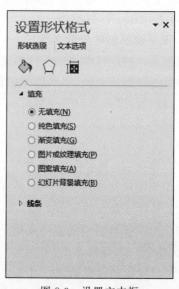

图 8.3　设置文本框

8.3.2　插入图片和艺术字

在演示文稿中插入一些与主题有关的图片，会使演示文稿生动有趣，更具吸引力。

1. 插入图片

在普通视图中，选中要插入图片的幻灯片，执行"插入｜图片"命令，出现"插入图片"对话框，选择要插入的图片文件，单击"插入"按钮即可。

图片被插入到幻灯片中后，不仅可以精确地调整它的位置和大小，还可以旋转、裁剪图片及添加图片边框及压缩图片等,如图8.4所示。

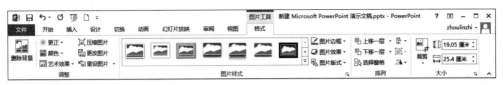

图8.4 编辑图片

2. 插入联机图片

当在本地电脑中找不到想要插入的图片时,PowerPoint还允许通过检索互联网的图片资源,在插入到文件中,前提是在电脑联网的情况下才可以使用此功能。执行"插入|联机图片"命令,打开"插入图片"面板,在搜索框中输入图片搜索关键词,在搜索出来的结果中选中想要插入的图片,之后单击"插入"按钮即可将相关图片添加进来。

3. 插入艺术字

艺术字是一种具有特殊文本效果的字体,它实际上是一种图形对象,可以拉伸、倾斜、弯曲、旋转等。

在普通视图中选中要添加艺术字的幻灯片,执行"插入|艺术字"命令,打开艺术字样式列表,单击需要的样式,即可在幻灯片中插入艺术字。如果对艺术字的效果不满意,可以进行修改。选中艺术字,在"格式"选项卡的"艺术字样式"组中单击对话框启动器,在打开的"设置形状格式"功能框中进行编辑即可。

8.3.3 插入表格和图表

1. 插入表格

选择要创建表格的幻灯片后,执行"插入|表格"命令,弹出其下拉列表,如图8.5所示。在表格预览框中拖动鼠标,即可在幻灯片中创建相应行列数的表格。

插入到幻灯片中的表格不仅可以像文本框一样被选中、移动、调整大小及删除,而且可以为其添加底纹,设置边框样式,应用阴影效果等;除此之外,还可以对单元格进行编辑,如拆分、合并,添加行、列,设置行高和列宽等。

图8.5 "插入表格"对话框

2. 插入图表

与文字数据相比,图表具有直观的效果。它可以将数据以柱形、饼图、散点图等形式生动地表现出来,便于查看和分析。

选择要创建图表的幻灯片后,执行"插入|图表"命令,弹出"插入图表"对话框,如图8.6所示。选择合适的图表类型,单击"确定"按钮,系统即可自动使用Excel 2013打开一个工作表,并会根据该工作表创建好图表。之后,还可以对图表的类型、布局、样式、大小、位置等进行设置,以使图表更加符合用户的需要。

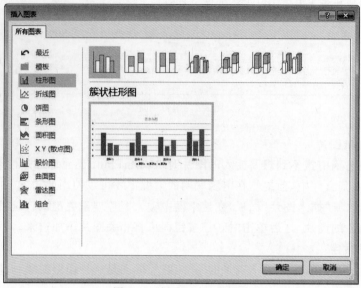

图 8.6 "插入图表"对话框

8.3.4 插入 SmartArt 图形

SmartArt 图形是信息和观点的视觉表示形式。使用 SmartArt 图形可以非常直观地说明层级关系、附属关系、并列关系、循环关系等各种常见关系,而且制作出来的图形漂亮精美,具有很强的立体感和画面感。

执行"插入|SmartArt"命令,弹出"选择 SmartArt 图形"对话框,如图 8.7 所示。可以根据需要对插入的 SmartArt 图形进行编辑,如添加、删除形状,设置形状的填充色、效果等。选中插入的 SmartArt 图形,功能区将显示"设计"和"格式"选项卡,由此设计出各种美观大方的 SmartArt 图形,如图 8.8 所示。

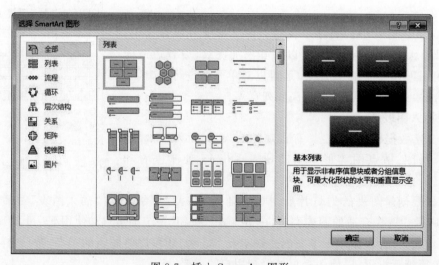

图 8.7 插入 SmartArt 图形

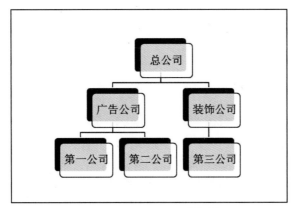

图 8.8 SmartArt 图形实例

8.3.5 插入声音和影片

1. 插入声音

（1）插入声音文件。执行"插入|音频|PC 上的音频"命令，在"插入音频"对话框中选中要插入的声音文件，然后单击"插入"按钮。PowerPoint 支持 wav、midi、aif、rmi、mp3、wma 等格式的声音文件。

（2）插入联机音频。执行"插入|音频|联机音频"，会打开一个"插入音频"窗口，可以输入关键词进行声音检索，在结果中选中需要的音频文件，单击"插入"按钮。

（3）插入录制音频。执行"插入|音频|录制音频"命令，在"录制音频"对话框中单击 ⦿ 进行录音，录音结束后单击 ◼ 并确定插入录音音频。

插入声音对象时，功能区将显示"播放"选项卡，如图 8.9 所示，可以选择播放方式。若选择"自动"，则放映幻灯片时会自动播放声音；若选择"在单击时"，则放映幻灯片时单击声音图标后再开始播放。插入声音对象后，幻灯片上会出现一个喇叭图标。

图 8.9 选择播放声音的方式

2. 插入视频

（1）插入视频文件。执行"插入|视频|PC 上的视频"命令，在"插入视频文件"对话框中选中要插入的视频文件，然后单击"插入"按钮。PowerPoint 支持 asf、asx、avi、mpg、gif、wmv 等格式的视频文件。

（2）插入联机视频。执行"插入|视频|联机视频"，会打开一个"插入视频"窗口，可以输入关键词进行视频检索，在结果中选中需要的视频文件，单击"插入"按钮。

插入视频对象后，幻灯片上会出现视频的片头图像。放映时可以自动播放视频或者单击片头图像开始播放。

8.3.6 幻灯片的基本操作

1. 选中幻灯片

在 PowerPoint 中可以一次选中一张幻灯片,也可以同时选中多张幻灯片,然后对选中的幻灯片进行操作。在普通视图的幻灯片模式或幻灯片浏览视图中选择和管理幻灯片比较方便。

(1)选中单张幻灯片,只需单击需要的幻灯片,即可选中该张幻灯片。

(2)选中编号相连的多张幻灯片。单击起始编号的幻灯片,然后按住 Shift 键,再单击结束编号的幻灯片,此时将有多张幻灯片被同时选中。

(3)选中编号不相连的多张幻灯片。在按住 Ctrl 键的同时,依次单击需要选择的每张幻灯片,此时被单击的多张幻灯片同时选中。在按住 Ctrl 键的同时再次单击已被选中的幻灯片,则该幻灯片被取消选中。

2. 插入和删除幻灯片

(1)插入新幻灯片。在普通视图的幻灯片或大纲模式中,执行"开始|新建幻灯片"命令,即可在当前幻灯片之后添加一张默认版式的幻灯片。当需要应用其他版式时,单击"新建幻灯片"按钮右下方的下拉箭头,在弹出的菜单中选择需要的版式即可将其应用到新的幻灯片中。

一种更为简单的操作方法为:选中要在其后插入新幻灯片的幻灯片,然后按 Enter 键,即可插入一张新的幻灯片。

(2)删除幻灯片。删除多余的幻灯片,是快速地清除演示文稿中大量冗余信息的有效方法。其方法主要有以下几种:

① 选中要删除的一张或多张幻灯片,按 Delete 键;

② 选中要删除的一张或多张幻灯片,右击,从弹出的快捷菜单中选择"删除幻灯片"命令。

3. 复制和移动幻灯片

(1)复制幻灯片。选中需要复制的幻灯片,在"开始"选项卡的"剪贴板"组中单击"复制"按钮,在需要插入幻灯片的位置单击,执行"开始|粘贴"命令;还可以在选中需要复制的幻灯片后,右击,从弹出的快捷菜单中选择"复制幻灯片"命令,即可在当前选中的幻灯片之后复制该幻灯片。

(2)移动幻灯片。可以采用鼠标拖动法:在普通或大纲视图中,选中一个或多个需要移动的幻灯片,然后按住鼠标左键拖至合适的位置,松开鼠标即可;还可以使用菜单命令法:选中幻灯片后,右击,从弹出的快捷菜单中选择"剪切"命令,将幻灯片复制到剪贴板中,再将光标置于要放置幻灯片的位置,右击,从弹出的快捷菜单中选择"粘贴"命令。

8.4　设置演示文稿外观

8.4.1　更改幻灯片版式

版式是指幻灯片内容在幻灯片上的排列方式。如要更换幻灯片的版式，可执行"开始|幻灯片|版式"命令，弹出图 8.10 的下拉列表，在要使用的版式上单击，即可将其应用到当前幻灯片中。

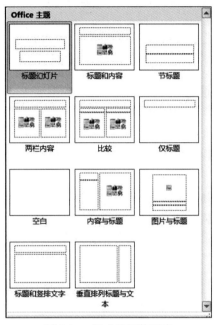

图 8.10　版式的下拉列表

8.4.2　应用主题

主题是一套统一的设计元素和配色方案，是为演示文稿提供的一套完整的格式集合。其中包括主题颜色（配色方案的集合）、主题文字（标题文字和正文文字的格式集合）和相关主题效果（如线条或填充效果的格式集合）。利用主题，可以非常容易地创建具有专业水准，设计精美、美观时尚的演示文稿。PowerPoint 自带了多种预设主题，用户在创建演示文稿的过程中，可以直接使用这些主题创建演示文稿。

1. 新建幻灯片时应用主题

执行"文件|新建"命令，可以看到已有的主题类型，单击其中的一个主题，打开"主题"页面，如图 8.11 所示，从中任意选择一种，单击"创建"按钮，即可依据该主题创建幻灯片。

2. 更改当前幻灯片的主题

在"设计"选项卡中的"主题"选项区中单击按钮▼，弹出其下拉列表，在该列表中选择

图 8.11　选择主题页面

要使用的主题,即可更改当前幻灯片的主题。

8.4.3　设置背景

幻灯片的背景可以是简单的颜色、纹理和填充效果,也可以是具有图案效果的图片文件,可根据需要自行设定。

执行"设计|自定义|设置背景格式"命令,弹出"设置背景格式"文本框,可发现有 4 种填充方式:纯色填充、渐变填充、图片或纹理填充和图案填充,可以将其作为幻灯片背景应用到当前幻灯片中。如图 8.12 所示,即可选择用某一种方式进行背景填充。

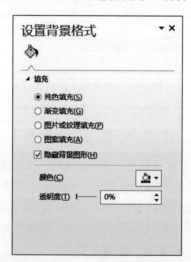

图 8.12　"设置背景格式"对话框

8.4.4　设置母版

母版定义演示文稿中所有幻灯片的视图或页面。每个演示文稿的每个关键组件(幻灯片、标题幻灯片、演讲者备注和听众讲义)都有一个母版。在幻灯片中通过定义母版的格式,来统一演示文稿中使用此母版的幻灯片的外观,可以在母版中插入文本、图像、表格等对象,并设置母版中对象的多种效果,这些插入的对象和添加的效果将显示在使用该母版的所有幻灯片中。

母版类型分为幻灯片母版、讲义母版和备注母版3种类型。如需设置幻灯片母版,执行"视图|幻灯片母版"命令,切换到"幻灯片母版"视图,即可针对每一种版式分别设置标题、占位符、文本框、图片、图表、背景等对象的样式与效果。设置完成之后,单击"关闭母版视图"按钮,即可切换至幻灯片的普通视图模式下。

8.5 建立动感的演示文稿

8.5.1 添加动画效果

在幻灯片上添加动画效果,可以动态显示文本、图形、图像和其他对象,以突出重点,提高演示文稿的趣味性。

PowerPoint 的自定义动画包括进入式、强调式、退出式、动作路径四种。"进入"动画可以设置文本或其他对象以多种动画效果进入放映屏幕。"强调"动画是为了突出幻灯片中的某部分内容而设置的特殊动画效果。"退出"动画可以设置幻灯片中的对象退出屏幕的效果。这三种动画的设置大体相同。"动作路径"动画可以指定文本等对象沿预定的路径运动。

1. 添加动画

首先选中幻灯片上的某个对象,如一段文本或一幅图片,执行"动画|高级动画|添加动画"命令,添加动画,如图 8.13 所示,在弹出的菜单中选择"进入""强调""退出"和"动作路径"子菜单中的命令,即可为对象添加不同的动画效果,如图 8.13 所示。

2. 设置动画选项

当为对象添加了动画效果后,该对象就应用了默认的动画格式。这些动画格式主要包括动画开始运行的方式、变化方向、运行速度、延时方案、重复次数等。单击"动画|高级动画|动画窗格"可列出当前幻灯片的所有动画,单击"效果选项"可以设置变化方向,此外还可以通过"开始""持续时间""延迟"设置动画的开始方式和运行速度。选中一条动画并按 Delete 键,将当前动画效果删除。

在给幻灯片中的多个对象添加动画效果时,添加效果的顺序就是幻灯片放映时的播放次序。在动画效果添加完成后,单击功能区的"向前移动"和"向后移动"可对动画的播放次序重新调整。

8.5.2 设置幻灯片切换效果

幻灯片切换效果是添加在幻灯片之间的一种过渡效果,是指一张幻灯片如何从屏幕上消失,以及另一张幻灯片如何显示在屏幕上的方式。可以为一组幻灯片设置同一种切换方式,也可以为每张幻灯片设置不同的切换方式。

选中要设置切换效果的幻灯片,在"切换"选项卡中的"切换到此幻灯片"选项区中单

图 8.13　动画的各种效果

击按钮,打开切换效果下拉列表,如图 8.14 所示。在该列表中选择要使用的切换效果,即可将其应用到所选幻灯片中。在幻灯片的切换过程中,可以添加音效,以使其切换时带有特色音效,可以设置切换时的速度,还可以设置换片方式:手动切换(单击)、自动切换(设置时间)。

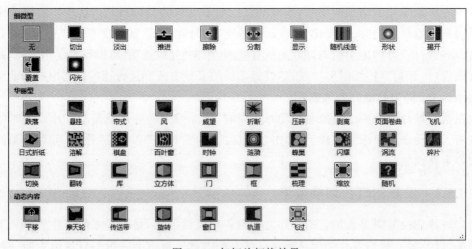

图 8.14　幻灯片切换效果

8.5.3　创建交互式演示文稿

PowerPoint 提供了一定的人机交互功能。当放映幻灯片时,用户可以在添加了超链接的文本或者动作按钮上单击,程序将自动跳转到指定的幻灯片页面,或者执行指定的程序。

1. 插入超链接

超链接是指向特定位置或文件的一种连接方式,可以利用它指定程序的跳转位置。超链接只有在幻灯片放映时才有效,当鼠标移至超链接文本时,鼠标将变为手形指针。超链接可以跳转到当前演示文稿中的特定幻灯片、其他演示文稿中特定的幻灯片、自定义放映、电子邮件地址、文件或 Web 页上。

选中幻灯片中要创建超链接的文本或图形对象,执行"插入|超链接"命令,弹出"插入超链接"对话框,如图 8.15 所示,在"链接到"选项区中选择链接的类型。选择"现有文件或网页"选项,可链接到系统已创建的文件或网页;选择"本文档中的位置"选项,可链接到当前演示文稿中的某张幻灯片;选择"新建文档"选项,可链接到新建文档;选择"电子邮件地址"选项,在该对话框中输入电子邮件地址以及主题,即可发送此电子邮件。

图 8.15　"插入超链接"对话框

2. 添加动作按钮

动作按钮是预先设置好的一组带有特定动作的图形按钮,这些按钮被预先设置为指向前一张、后一张、第一张、最后一张幻灯片、播放声音及播放电影等链接。应用这些预置好的按钮,可以实现在放映幻灯片时跳转的目的。

打开需要添加动作按钮的幻灯片,执行"插入|形状"命令,弹出其下拉列表,最后一行就是"动作按钮",如图 8.16 所示。选择需要的按钮后就可进行不同的动作设置,完成超链接到某张幻灯片或者运行选定的程序(播放声音等)。

图 8.16　添加动作按钮

3. 隐藏幻灯片

如希望在正常的放映中不显示某些幻灯片,只有单击指向它们的链接时才会被显示,要达到这样的效果,就可以使用到幻灯片的隐藏功能。

在普通视图或幻灯片浏览视图中,选择要隐藏的幻灯片,执行"幻灯片放映|隐藏幻灯片"命令,可以使该幻灯片在放映时隐藏起来不显示。被隐藏的幻灯片旁边显示隐藏标记 2̸(表示第 2 张幻灯片被隐藏)。隐藏的幻灯片仍然保留在演示文稿中。再次执行"幻灯片放映|隐藏幻灯片"命令,可取消幻灯片的隐藏。

放映过程中,隐藏的幻灯片在正常放映时不会被显示,只有当用户单击了指向它的超链接或动作按钮后才会显示。右击幻灯片,在快捷菜单中选择"定位至幻灯片"命令,从列表中选择被隐藏的幻灯片(加括号的幻灯片编号),也可放映该幻灯片。

8.6　放映演示文稿

设计好的演示文稿可以直接在计算机上播放,观众不仅可以看到幻灯片上的文字、图片、影片等内容,而且还可以听到声音,看到各种动画效果和幻灯片之间的切换效果等。

8.6.1　启动幻灯片放映

1. 设置放映范围

放映幻灯片时,系统默认的设置是播放演示文稿中的所有幻灯片,也可以只播放其中的一部分幻灯片。方法如下:

打开要放映的演示文稿,执行"幻灯片放映|设置幻灯片放映"命令,打开"设置放映方式"对话框,在"放映幻灯片"栏中选择"全部"或在"从""到"文本框中指定开始到结束的幻灯片编号,如图 8.17 所示。

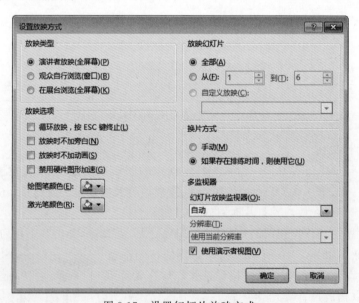

图 8.17　设置幻灯片放映方式

2. 放映幻灯片

（1）单击演示文稿窗口右下角的"幻灯片放映"按钮 ，从当前幻灯片开始放映。

（2）执行"幻灯片放映|从头开始"命令，或按 F5 快捷键，则从头到尾观看整个演示文稿。

8.6.2 控制幻灯片放映

放映幻灯片时，可以按照顺序或设置的链接，以手动或自动方式控制幻灯片的放映。

1. 手动方式

（1）在放映的幻灯片上单击、按 PgDn 键或→键，放映下一张幻灯片；按 PgUp 键或←键，返回上一张幻灯片。

（2）在放映的幻灯片上右击，从快捷菜单中选择下一张、上一张或按标题定位等。

（3）单击幻灯片上设置过链接的对象，跳转到目标幻灯片。

（4）按 Esc 键或从快捷菜单中执行"结束放映"命令，结束放映，返回编辑视图。

2. 自动方式

利用排练计时功能，可以预先设置好幻灯片放映的时间间隔，并在正式放映时启用该时间设置，进行自动放映。方法是：

（1）执行"幻灯片放映|排练计时"命令，系统以全屏幕方式播放幻灯片，同时进入预演设置状态，出现图 8.18 所示的"录制"窗口。

（2）单击"录制"窗口中的"下一项"按钮可播放下一张幻灯片。

图 8.18 幻灯片排练预演窗口

（3）放映到最后一张幻灯片时，系统显示总的放映时间，并询问是否保留该排练时间。单击"是"按钮接受该时间，并自动切换到普通视图模式下。在"幻灯片浏览"视图下可发现每张幻灯片的右下角均会显示出排练时间，如果单击"否"按钮则取消计时。

（4）在"幻灯片放映"选项卡中的"设置"选项区中确认选中"使用时"复选框，之后再放映幻灯片时就按照该时间设置自动放映了。

8.6.3 设置幻灯片放映方式

可以按照需要，使用 3 种不同的方式放映幻灯片。方法是：在"设置放映方式"对话框中，选择不同的放映类型。

（1）演讲者放映（全屏幕）。这是最常用的放映方式，可运行全屏幕显示的演示文稿。

（2）观众自行浏览（窗口）。选择此选项可运行小规模的演示，如个人通过公司的网络浏览。

（3）在展台浏览（全屏幕）。选择此选项可自动运行演示文稿。如果在展台或其他地点需要运行无人管理的幻灯片放映，可以将演示文稿设置为这种方式。

8.7　打包演示文稿

PowerPoint 提供了文件打包功能，可以将演示文稿和所有支持文件（包括链接文件）压缩并保存到磁盘或 CD 中，以便安装到其他计算机上播放或发布到网络上。

（1）打包成 CD。将 CD 放入刻录机，然后执行"文件|导出|将演示文稿打包成 CD"命令，单击"打包成 CD"打开"打包成 CD"对话框，如图 8.19 所示，在"将 CD 命名为"文本框中为 CD 输入名称。

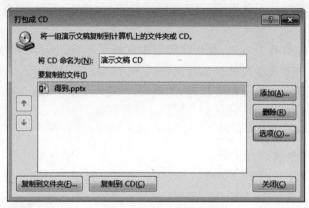

图 8.19　"打包成 CD"对话框

单击"添加"按钮，可以添加多个演示文稿文件，将它们一起打包。

单击"选项"按钮，出现"选项"对话框，可以选择是否包含链接的文件和嵌入的 TrueType 字体等选项，默认包含链接的文件和嵌入的 TrueType 字体。

单击"复制到 CD"按钮，即可将选中的演示文稿文件刻录到 CD 中。

（2）打包到文件夹。若要将文件打包到磁盘的某个文件夹或某个网络位置，而不是直接复制到 CD 中，可以单击对话框中的"复制到文件夹"按钮，出现图 8.20 所示的"复制到文件夹"对话框，选择打包文件所在的位置和文件夹名称后，单击"确定"按钮，系统开始打包。

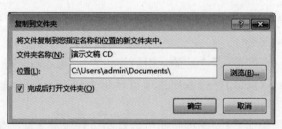

图 8.20　"复制到文件夹"对话框

对于早于 Windows XP 版本的操作系统，不能直接将演示文稿复制到 CD。此时就可以先将文件打包到磁盘的文件夹中，然后再使用 CD 刻录软件将打包后的文件复制到

CD中。

打包完毕后,在指定文件夹中包含被打包的演示文稿文件。如果打包后又对演示文稿做了更改,则需要重新打包。

8.8　打印演示文稿

1. 黑白方式打印彩色幻灯片

大部分演示文稿都设计成彩色的,而打印的讲义以黑白居多。底纹填充和背景在屏幕上看起来很美观,但是打印出来的讲义可能会变得不易阅读。

PowerPoint 提供了黑白显示功能,以便用户在打印之前先预览打印的效果。

(1) 在功能区中选择"视图"选项卡,然后在"颜色/灰度"组中执行"灰度"或"黑白模式"命令,可以看到一份黑白打印时幻灯片的灰度预览。

(2) 执行"文件|打印"命令,进行打印。

2. 页面设置

页面设置决定了幻灯片在屏幕和打印纸上的尺寸和放置方向。

执行"设计|自定义|幻灯片大小"命令,可以选择常用标准和宽屏,如果需要高级设置,可以单击"自定义幻灯片大小",打开"幻灯片大小"对话框,如图 8.21 所示。在"幻灯片大小"列表框中选择幻灯片的种类(如果选择"自定义"选项,则要在"宽度"和"高度"框中输入值),在"方向"栏中选择幻灯片的打印方向和备注、讲义、大纲的打印方向(即使幻灯片设置为横向,仍可以纵向打印备注页、讲义和大纲)。

图 8.21　"幻灯片大小"对话框

习　题　8

8.1　思考题

1. 创建演示文稿的一般步骤是什么?

2. 什么是版式?什么是占位符?

3. 什么是主题?主题与母版有什么不同?

4. PowerPoint 中有哪些主要视图?其作用是什么?

5. 隐藏的幻灯片和删除幻灯片有什么区别?

6. 如何设置幻灯片的切换效果?

7. 如何控制幻灯片的放映?

8. 如何为幻灯片添加动画效果?

9. 如何将演示文稿文件进行打包?

10. 如何打印幻灯片的大纲?

8.2 选择题

1. 在 PowerPoint 中,对母版样式的更改将反映在(　　)中。

(A) 当前演示文稿的第一张幻灯片　　　　(B) 当前演示文稿的当前幻灯片

(C) 当前演示文稿的所有幻灯片　　　　　(D) 所有演示文稿的第一张幻灯片

2. 在 PowerPoint 中,下面表述正确的是(　　)。

(A) 幻灯片的放映必须按从头到尾的顺序播放

(B) 所有幻灯片的切换方式可以是一样的

(C) 每个幻灯片中的对象不能超过 10 个

(D) 幻灯片和演示文稿是一个概念

3. 在 PowerPoint 中,下面不属于幻灯片的对象的是(　　)。

(A) 占位符　　　　(B) 图片　　　　(C) 表格　　　　(D) 文本

4. 在 PowerPoint 中,幻灯片的移动和复制应该(　　)。

(A) 在幻灯片浏览视图下进行　　　　(B) 不能进行

(C) 在幻灯片放映视图下进行　　　　(D) 在任意视图下进行

5. 在 PowerPoint 中,欲在幻灯片中显示幻灯片编号,需要(　　)。

(A) 在幻灯片的页面设置中设置

(B) 在幻灯片的页眉/页脚中设置

(C) 在幻灯片母版中设置

(D) 在幻灯片母版和幻灯片的页眉/页脚中分别做相应的设置

6. 放映幻灯片时,若要从当前幻灯片切换到下一张幻灯片,无效的操作是(　　)。

(A) 按 Enter 键　　　　　　　　　(B) 单击

(C) 按 PageUp 键　　　　　　　　　(D) 按 PageDown 键

8.3 填空题

1. 在 PowerPoint 中,欲改变对象的大小,应先_____,然后拖动其周围的_____。

2. 在 PowerPoint 中,设置幻灯片中各对象的播放顺序是通过_____对话框来设置的。

3. 在 PowerPoint 中,在一张打印纸上打印多少张幻灯片,是通过_____设定的。

4. 要在 PowerPoint 占位符外输入文本,应先插入一个_____,然后再在其中输入字符。

5. 艺术字是一种_____对象,它具有_____属性,不具备文本的属性。

6. 利用_____功能,可以预先设置幻灯片放映的时间间隔,进行自动放映。

7. 在设计演示文稿的过程中_____(可以/不可以)随时更换设计模板。

8. 在演示文稿的所有幻灯片中插入一个结束按钮,最便捷的方法是在_____中设计。

9. 在幻灯片中可以为某个对象设置_____,放映时单击该对象即可跳转到目标位置。

10. 要以 HTML 格式保存演示文稿,应选择_____命令。

8.4 上机练习题

1. 制作一个含有四张幻灯片的演示文稿"李白诗三首"。

(1) 第 1 张幻灯片:版式为标题幻灯片,标题和副标题部分分别填充不同的颜色(如黄色和酸橙色)和设置边框线条(如蓝色),输入文字并设置字体、字号;插入一个"星与旗帜"的图形,并对其进行填充和添加文字,如图 8.22 所示。

（2）第 2 张幻灯片:版式为标题幻灯片,标题和副标题部分分别填充不同的颜色(如粉红色和白色),设置字体(如"华文隶书")、字号(如 24),输入文字;从文件中插入一个图像,如图 8.23 所示。

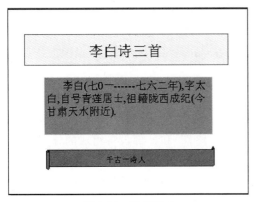

图 8.22　幻灯片 1

图 8.23　幻灯片 2

（3）制作第 3 张、第 4 张幻灯片,如图 8.24 和图 8.25 所示。

图 8.24　幻灯片 3

图 8.25　幻灯片 4

2. 为公司制作一个宣传某种产品的电子演示文稿,要求有图像、声音和动画效果。

3. 制作某门课程的电子演示文稿,要求有图像、声音、动画效果及交互功能。

4. 制作一个主题为个人简介的电子演示文稿,要求至少包含 8 张幻灯片,第一张为封面,主标题用艺术字表示。

5. 制作一个展示各种类型的电子贺卡的 Web 演示文稿。

第9章　网络基础知识

9.1　网络概述

计算机网络指把多台独立的计算机和外部设备通过通信线缆和通信设备连接起来，在网络操作系统的协调和管理下，实现资源共享和信息交换的系统。计算机网络由硬件和软件两大部分组成。硬件主要由多台计算机（包括终端）和外部设备组成的计算机资源网，以及连于计算机或外部设备之间的通信线缆和通信设备组成的通信子网组成；软件主要包括各种网络操作系统和网络应用软件。共享网络上的软硬件资源、交换信息是建立计算机网络的根本目的。计算机网络的雏形始于 20 世纪 50 年代，但真正形成计算机网络还是 20 世纪 60 年代以后的事。

9.1.1　网络的形成与发展

1. 初级阶段——终端计算机通信网络

这种网络实际上是一种计算机远程多终端分时系统。多个终端共享同一台计算机资源，但每个终端仅配备输入设备和输出设备，其本身不具备单独的数据处理能力。读卡机和穿卡机是最早的计算机输入和输出设备之一，用户事先用穿卡机把要输入的程序或数据按一定规则在特定的硬纸卡上穿好孔（有孔表示 1，无孔表示 0），然后通过读卡机把信息读入内存协助 CPU 完成数据处理。1954 年研制的一种收发器（transceiver）终端，这种设备可以把读卡机读入的数据通过电话线传送到计算机，从而实现"远程"输入（参见图 9.1）。以后又扩大到通过收发器利用电传机作为远程终端使用。

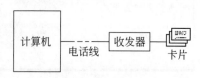

图 9.1　收发器终端

为了避免联机系统中计算机与每个终端之间都需要加装收发器，20 世纪 60 年代初研制出可共用的多重线路控制器（Multiline Controller），它可以使一台计算机通过多条电话线与多个终端相连，形成网络的雏形（参见图 9.2）。那时美国的半自动防空系统（SAGE）、联机飞机订票系统（SABRE-1）、通用电器公司信息服务系统（GE Information Services）等都是很成功的网络系统。

图 9.2　多重线路控制器

这种系统虽然不是现代意义上的网络，但已能简单满足用户从异地使用计算机的要求。

2. 发展阶段——分组交换网络

基于电路交换方式的电话线路系统在双方通话时用户要独占线路，而计算机网络传输数据具有随机性和突发性，在联网期间也不是持续地传输数据，因而造成线路的瞬时拥挤或空置浪费。为了解决共享线路问题，20 世纪 60 年代中期提出了分组交换（包交换，packet switching）概念并开始实施。

分组交换网络把计算机网络分成两大部分，第一部分是由接入网络的各台计算机构成的用户资源子网，第二部分是由负责传输数据的通信线路及线路上负责转发数据的各种设备（结点机）构成的通信子网（参见图 9.3）。通信子网自动提供计算机互相通信的链路。在通信子网中，数据以特殊的数据包（或称数据报）格式成批传送。

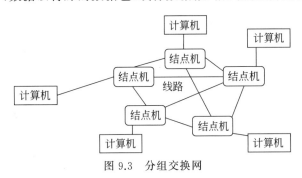

图 9.3 分组交换网

分组交换网构成了现代意义上的计算机网络，即用户不仅可以共享通信网络资源，还可以共享资源子网中的计算机资源。美国的 ARPANET 网是成功的先例，它通过有线、无线和卫星通信线路，把网络覆盖到美国本土、夏威夷及欧洲。以后世界上大多数国家都采用这种技术构建计算机网络，例如，法国信息与自动化研究所的 CYCLADES 网、国际气象监测网 WWWN 网、欧洲情报网等。

为每一网络都专门建立一个通信子网成本显然过高，20 世纪 70 年代中期开始，各国邮电部门陆续建立和管理自己的公用数据网（Public Data Network，PDN），例如，美国的TELNET、法国的 TRANSPAC、英国的 PSS、日本的 DDX 等。计算机通过公用数据网远程互联。

3. 成熟阶段——形成网络体系结构

由于早期的网络缺少统一的标准，各公司的网络不能相互兼容，阻碍了网络的迅速发展，1977 年国际标准化组织（International Standardization Organization）专门成立机构，提出了构造网络体系结构的"开放系统互连基本参考模型"（Open System Interconnection Reference Model，OSI/RM）及各种网络协议建议，以后又不断进行扩展和完善，从而使网络的软硬件产品有了共同的标准，结束了"诸侯割据"的局面，使计算机网络得以空前的普及和发展。除了 OSI 外，还有美国国防部的 ARM、IBM 公司的 SNA以及 Digital 公司的 DNA 也是著名的计算机网络体系结构。

4. 现代网络——局域网与 Internet

为了适应在几百米近距离、小区域内把计算机(特别是微机)连成网络,20 世纪 70 年代中期出现了局域网(Local Area Network,LAN)。1975 年,美国 Xerox 公司研制的以太网(Ethernet)是第一个局域网的成功范例,后来它成为 IEEE 802.3 标准的基础。1981年,美国 Novell 公司提出了局域网中的文件服务器概念,并据此研制了 NetWare 网络操作系统,成为局域网的主流操作系统之一。以后的 UNIX 操作系统、美国微软公司的视窗操作系统如 Windows NT 和 Windows XP 等,以及自由软件平台 Linux 对局域网的发展都起到了重要作用。

1990 年以后迅速发展起来的 Internet 可以把已有的计算机网络通过统一的协议连成一个世界性的大计算机网,从此构造出一个虚拟的网络世界,使得计算机网络成为人们社会生活中不可或缺的组成部分。

9.1.2　计算机网络的组成

计算机网络由硬件和软件两大部分组成。

1. 硬件

硬件主要包括计算机(服务器和工作站)、通信介质、通信设备以及外部设备等。其中,计算机可视作为邮政系统中发信人或收信人,通信介质类似于邮政系统中的货车、飞机等运输工具,通信设备类似于邮局。

(1)计算机。

网络上的计算机包括服务器和客户机两类。服务器是指被网络用户访问的计算机系统,其主要功能包括提供网络用户使用的各种资源,并负责对这些资源的管理,协调网络用户对这些资源的访问。网络用户通过使用工作站(也称为客户机)实现对网络上资源的访问和信息的交换。一般来讲,服务器的性能要比客户机好,其价格也相对比较昂贵。

(2)通信介质。

无论用户采用什么方式使用网络,都必须通过通信介质与远端计算机相连。计算机之间的通信介质分为有线和无线两大类。

① 有线通信介质。

有线通信介质需要使用"导线"实现计算机之间的通信,其主要包括:

- 电话线:计算机内部使用的是由 0 或 1 组成的数字数据(或称数字信号),这些数据用一系列电脉冲(电流的有无或电压的高低)表示。由于普通的电话线只能传输连续变化的模拟电信号,因此必须把数字信号通过调制器先转换成模拟信号才能通过电话线正确地发送出去;接收端通过解调器可以把模拟信号还原成计算机使用的数字信号。相互通信的计算机各自安装调制解调器才能相互通信(参见图 9.4)。

图 9.4　利用调制解调器通过电话线传输数字信号

微机中常用的调制器和解调器通常集成在同一个硬件设备中,除了能完成调制解调功能外,还具有模仿打电话时的拨号、应答、挂机等功能。调制解调器的转换速率可达56千位/秒(Kb/s)。在使用调制解调器时不能同时使用电话。

- 有线电视电缆:其原理与电话线类似,相互通信的计算机各自安装缆线调制解调器(Cable Modem),通过有线电视电缆就可实现相互通信。缆线调制解调器的转换速率可达128Kb/s至几十兆b/s。
- 双绞线:双绞线由两根22～26号的绝缘铜导线相互缠绕而成。由于把两根绝缘的铜导线按一定密度互相绞在一起,每一根导线在传输中辐射的电波会被另一根线上发出的电波抵消,可降低信号干扰的程度。如果把一对或多对双绞线放在一个绝缘套管中便成了双绞线电缆。现在所使用的双绞线主要有三类线(可传输10Mb/s信号)和五类线(可传输100Mb/s信号)两种,图9.5显示的是AMP五类双绞电缆,其内部有8根电线,双绞线的两端分别是RJ-45水晶头。需要注意的是,内部的这8根电线在水晶头里是有序排列的。
- 同轴电缆:同轴电缆有粗缆和细缆之分(参见图9.6)。局域网中常用50Ω的粗缆作为传输线,其传输距离可达500m,细缆的传输距离为180m。同轴电缆使用的是BNC接头,在电缆的终点必须配有终端匹配器,以防止由于终端反射使传输出错。

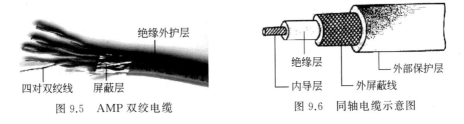

图9.5 AMP双绞电缆　　　　　　　　图9.6 同轴电缆示意图

- 光缆:光缆是当今世界传输信息容量最大、传输距离最长、抗干扰能力最强的现代化通信传输设施。目前已成为我国通信网的重要组成部分。光缆由玻璃纤维等材料构成。把若干条可导激光的玻璃纤维管用防护材料包裹成各种型号的光缆(参见图9.7),可以多路高速传输激光信号。通过光电转换器可实现电信号传输。使用光缆直接传输距离可达数千米。

图9.7 芯光缆剖面示意图

② 无线通信介质。

无线通信介质利用空气作为传输介质,使用电磁波作为载体传播数据,它可以传送无线电波和卫星信号。通过无线通信介质访问网络上的资源已经成为热点。目前,很多机场、学校、咖啡馆等场所都建有无线网络,用户可以方便地访问网络上的资源。使用手机上网也是使用无线通信介质的另一个典型应用,通过手机,用户可以快速地收发邮件、查看天气预报、浏览网络上的信息等。

（3）通信设备。

为了能够保证计算机之间正常的通信,除了通信介质之外,还需要通信设备。从本质上讲,通信设备的功能是保证发送端发送的信息能够快速、正确地被接收端接收。常用的通信设备主要包括网络适配器(网卡)、集线器、交换机、网关和路由器等。

① 网络适配器,又称网卡。它是计算机用于发送和接收数字型信号的接口设备(参见图 9.8),用于完成网络协议,实现不同类型网络之间的通信。通常情况下,计算机通过网卡接入网络。目前较常使用的网卡传输速率有 10Mb/s、10/100Mb/s、100Mb/s、1Gb/s。

② 集线器(Hub)是网络专用设备(参见图 9.9),借助集线器,可以把相邻的多台独立的计算机通过线缆连接在一起。集线器的作用是提供网络布线时多路线缆交会的结点或用于树状网络布线的级联。

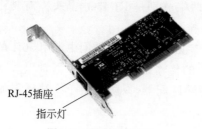

RJ-45插座

指示灯

图 9.8　PCI 总线网卡

图 9.9　16 口集线器

计算机通过网卡向外发送数据时,首先到达集线器。集线器无法识别该数据将要发往何处,因此它会将信息发送到与其相连的所有计算机。当计算机接收到数据时,首先检查该数据发往的目的地址是否是自己,如果是,则接收数据并进行相关的处理;否则,就丢掉该数据。集线器的特点是其可以发送或接收信息,但不能同时发送或接收信息。目前常见的 Hub 传输速率有 10Mb/s、10/100Mb/s、100Mb/s 以及 1Gb/s 等。

③ 交换机(Switch)的作用类似于集线器,此外,交换机的工作方式与集线器相同,但交换机可以识别所接收信息的预期目标,因此只会将相应信息发送到应该接收该信息的计算机。交换机可以同时发送和接收信息,发送信息的速度要快于集线器。交换机的价格比集线器略高。

④ 网关(Gateway)与路由器的作用类似于邮政系统中的邮局。当一台计算机发送信息到另一台计算机时,首先,发送端将数据发送到网关,由网关确定该数据是否发往局域网内部的计算机,如果是,则由网关负责发送该数据到目的主机(邮政系统中的同城邮递);否则,网关会将该数据发往到路由器,由路由器负责发送该数据到目的主机(邮政系统中的外埠邮递)。

⑤ 路由器(Router)在 Internet 中起着数据转发和信息资源进出的枢纽作用,是 Internet 的核心设备,当数据从某个子网(类似于城市)传输到另一个子网(类似于城市)时,需要通过路由器完成。路由器根据传输费用、转接时延、网络拥塞或信源和终点间的距离选择最佳路径。路由器了解整个网络拓扑和网络的状态,因而可使用最有效的路径发送包。路由器是一台专用计算机,简单的路由器可由服务器兼任。

（4）外部设备是指可被网络用户共享的常用硬件资源，主要包括打印机、扫描仪、绘图设备、大容量的存储设备等。

2. 软件

有了硬件的支持，计算机网络的框架就形成了。然而，为了让计算机网络能够正常、高效地运转起来，单单只有框架是不够的，还需要软件的支持。软件主要包括网络操作系统软件和网络应用软件。网络操作系统软件的作用是实现通信协议，控制及管理网络的运行和网络资源的使用。UNIX 操作系统、微软的 Windows 2000 及其后续版本的操作系统、Linux 操作系统等都是网络操作系统软件。网络应用软件是指为某一个应用目的而开发的网络软件，例如浏览网页的 Internet Explorer、收发邮件的 Outlook Express 软件等。

9.1.3 网络的分类

用于计算机网络分类的标准很多，其中，按计算机硬件覆盖的地理范围划分是最被普遍认可的划分方式。按照这种分类标准，计算机网络可分为局域网、城域网和广域网三种。

1. 局域网

局域网是计算机硬件在比较小的范围内通过通信线路组成的网络。组成局域网的计算机硬件主要包括网络服务器、工作站或其他外部设备、网卡以及连接这些计算机的集线器或交换机。其硬件的覆盖范围通常在几米到 10 千米之间，例如在一个家庭、一个实验室、一栋大楼、一个学校或一个公司中，将各种计算机、终端和外部设备（例如打印机、扫描仪）互联成网络。局域网中设备间的传输速率较高，通常为 1Mb/s～1Gb/s。此外，这些设备可由其所在的学校、单位或公司进行集中管理，各种计算机可以通过局域网共享磁盘文件、外部设备等。

2. 城域网

在城域网中，计算机硬件的覆盖范围局限在一个城市内（通常在 10 千米到 100 千米的区域）。城域网是局域网的一种延伸，可满足政府、大型企业以及社会服务部门等计算机联网的需求。城域网介于局域网和广域网之间，但它仍然采用局域网技术。

3. 广域网

广域网的覆盖范围可以从几百千米到几万千米，甚至可以跨越国界、洲界至全球。广域网可以把不同的局域网、城域网、广域网通过通信介质连接在一起，从而使不同网络之间的两台计算机可以正常地进行通信。广域网中计算机间的传输速率与连接这两台计算机的通信介质有关，通常在几 kb/s 至几十 Mb/s 之间。广域网最典型的代表是因特网。

目前应用最为广泛的是局域网和广域网。局域网是组成其他两种网络的基础，城域网一般都加入到广域网中。

9.1.4 网络的拓扑结构

网络的拓扑结构指网络中通信线路和站点（计算机或外部设备）的几何排列形式，它是描述计算机或外部设备如何连接到网络中的一种架构。局域网是组成其他两种网络的基础,一个典型的局域网有以下 3 种拓扑结构。

1. 星状结构(Star)

所有站点都连到一个共同的结点,当某一个计算机与结点之间出现问题时不会影响其他计算机之间的联系;缺点是中心结点的负担较重,易形成瓶颈。中心结点一旦发生故障,整个网络都将受到影响(参见图 9.10(a))。

2. 环状结构(Ring)

所有站点都连到一个环状线路上,数据在环路中沿着一个方向在结点之间传输。环状结构的优点是消除了站点之间进行通信时对中心结点的依赖性;缺点是可靠性低,一个结点出现故障,整个网络将会瘫痪(参见图 9.10(b))。

3. 总线结构(Bus)

所有计算机都连到一条线路上,共用这条线路,任何一个站点发送的信号都可以在通信介质上广播,并能被所有其他站点接收。总线网络安装简单方便,需要铺设的电线较短,成本低,某个站点的故障一般不会影响整个网络;缺点是同一时刻仅允许一个站点发送数据,因此站点之间的通信不具备实时性(参见图 9.10(c))。

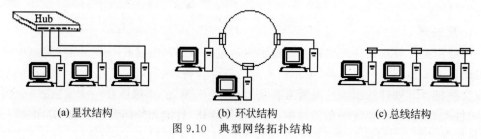

| (a) 星状结构 | (b) 环状结构 | (c) 总线结构 |

图 9.10 典型网络拓扑结构

在一个较大的局域网中,往往根据需要利用不同形式的组合,形成网络拓扑结构。

9.1.5 网络的基本应用

计算机网络的基本功能是资源共享和数据通信。资源共享包括硬件资源共享(例如打印机、扫描仪等外部设备)、软件资源共享(各种共享软件)以及数据共享(文件共享、数字图书馆等文献的共享等)。数据通信包括收发电子邮件、交流信息(网络用户之间可通过论坛、实时通信软件等进行在线交流)和协同工作等。网络的出现,给人们的日常生活带来了极大的便利。

1. 网页浏览

网络上的信息浏览已成为网络的关键应用之一,各类组织甚至个人都可以拥有自己的网站。政府机关可以在其网站上发布通知和公告;公司可以在自己的网站上发布其产品信息、招聘信息等;个人可以在其网站上展示照片、博客等信息,供家人或朋友浏览。网络用户可以通过计算机方便地浏览这些网站上的信息。

2. 电子商务

过去,人们需要花费大量的时间在商场里购物,并且经常为错过商品的打折信息而后悔不已,甚至为商品高昂的价格望而却步。现在,网络的出现,把原先的实物交易搬到网上进行在线交易,人们足不出户,就可以在网络上购买到称心如意的商品。网上购物的优点很多,一是商品可以货比三家,价格相对低廉,二是可以节省大量的购物时间。因此,电子商务在最近几年得到广泛的应用。目前,国外的易趣网(ebay)、国内的淘宝网、京东商城等都是非常著名的电子商务网站。

3. 电子邮件

过去,人们投递信件需要去邮局,并且信件通常需要花费几天甚至几周才能到达收信人的手里。现在,计算机网络把这种模式以光的速度向前推进,人们只需单击一下"发送"按钮,信件几乎可以实时到达收信人的手里。电子邮件拉近了人与人之间的距离,使得人与人之间的沟通和交流变得触手可及。

4. 论坛和实时通信软件

论坛和实时通信软件是实现人与人之间相互交流的重要平台。人们可以在论坛上发布自己的问题寻求大家的帮助,也可以针对社会上的某一现象发表自己的看法;实时通信软件是对电话系统的一个重要补充。借助实时通信软件,两个甚至多个在不同地理位置的亲人和朋友可以进行实时的、零成本的通信,这种通信方式多种多样,可以是文字、图像,甚至是声音、视频的交流,

5. 移动互联网

随着宽带无线接入技术和移动终端技术的飞速发展,人们迫切希望能够随时随地接入互联网并从中获取信息和服务。正是在此背景下,移动互联网应运而生并得到迅猛发展。目前,移动互联网的应用领域遍及生活和工作的方方面面,并深刻影响人们的工作和生活方式。典型的应用包括移动支付、共享单车、即时通信、手机游戏等。

9.2　因特网接入技术及连接设置

为了访问因特网(Internet)上的资源,首先需要配置用户端计算机能够正确地连接网络。因特网的接入方式与计算机网络的通信介质相对应,主要包括:

(1) **PSTN 拨号**

PSTN(Published Switched Telephone Network,公用电话交换网)技术是通过调制解调器(Modem)拨号实现用户接入的方式,与通信介质电话线相对应。该技术的优点在于使用 PSTN 拨号上网非常简单,只需一台装有调制解调器的计算机,把电话线接入调制解调器就可直接上网。然而,PSTN 拨号具有上网速度慢(最高速率为 56Kb/s)、一旦接入网络就不能接收或拨打电话等缺点,该技术基本上已被 ADSL 技术所取代。

(2) **ISDN 拨号**

为了弥补公用电话交换网中上网和使用电话之间互斥的缺点,ISDN(Integrated Service Digital Network,综合业务数字网)在客户端增加了专用的终端设备:网络终端 NT1 和 ISDN 适配器,通过一条 ISDN 线路(通信介质为电话线)就可以在上网的同时拨打电话、收发传真,就像两条电话线一样。与 PSTN 拨号相比,ISDN 拨号的上网速度提高了(极限速度 128Kb/s),同时允许上网、接打电话和收发传真。但是 ISDN 拨号方式接入需要到电信局申请开户,同时,其上网的速度仍然不能满足用户对网络上多媒体等大容量数据的需求。

(3) DDN 专线

DDN（Digital Data Network，数字数据网络）是随着数据通信业务发展而迅速发展起来的一种新型网络。如果说 PSTN 和 ISDN 是公路中的省道、国道，那么 DDN 就有点类似于高速公路。DDN 的主干网通信介质有光纤、数字微波、卫星信道等，用户端多使用普通电缆和双绞线。DDN 将数字通信技术、计算机技术、光纤通信技术以及数字交叉连接技术有机地结合在一起，提供了高速度、高质量的通信环境，可以向用户提供点对点、点对多点的透明传输的数据专线出租电路，为用户传输数据、图像、声音等信息。DDN 的通信速率可根据用户需要在 $n×64kb/s(n=1～32)$ 之间进行选择，当然速度越快租用费用也越高。用户租用 DDN 业务需要申请开户，由于其租用费较贵，普通个人用户负担不起，因此，其主要面向的是集团公司等需要综合运用的单位。

(4) ADSL 拨号

ADSL（Asymmetrical Digital Subscriber Line，非对称数字用户环路）是一种能够通过普通电话线提供宽带数据业务的技术，也是目前家庭用户接入 Internet 使用最多的一种接入方式。ADSL 素有"网络快车"之美誉，因其下行速率高、频带宽、性能优、安装方便、无须交纳电话费等特点而深受广大用户喜爱，成为继 Modem、ISDN 之后的又一种全新的高效接入方式。ADSL 使用电话线作为通信介质，配上专用的拨号器即可实现数据高速传输，其传输速率为 $1～8Mb/s$，其有效传输距离为$3～5km$。ADSL 拨号接入方式也需要去电信局申请开户。

(5) 有线电视网接入方式

利用现成的有线电视（CATV）网进行数据传输。用户端通过有线调制解调器（Cable Modem），利用有线电视网访问 Internet。有线电视网接入方式与 PSTN 接入方式非常相似，将数据进行调制后在 Cable（电缆）的一个频率范围内传输，接收时进行解调，不同之处在于它是通过有线电视的某个传输频带进行调制解调的。Cable Modem 的连接方式可分为两种：对称速率型和非对称速率型。前者的通信速率为 $500kb/s～2Mb/s$，后者的传输速率为 $2～40Mb/s$。采用 Cable Modem 上网的缺点是由于 Cable Modem 模式采用的是相对落后的总线网络结构，这就意味着网络用户共同分享有限带宽；另外，购买 Cable Modem 和初装费也都不算很便宜，这些都阻碍了 Cable Modem 接入方式在国内的普及。但是，有线电视的市场潜力巨大。

(6) 局域网接入方式

如果所在的单位、社区、商场已经建成了局域网，并与因特网相连，而且在每一个房间都布置了上网接口，则房间内部的计算机通过双绞线连接计算机网卡和上网接口，即可使用局域网方式接入因特网。局域网一般通过光缆或其他高速通信介质接入城域网或广域网，因此采用局域网接入方式的特点是上网速度快（是 PSDN 拨号上网速度的 180 多倍），稳定性和可扩展性好，结构简单，易于管理。目前，政府、学校、公司等普遍建有局域网。

(7) 无线通信接入方式

无线通信接入方式技术发展很快，目前，国内外很多机场、高校、商场等都建有无线网络。在该接入方式中，一个基站可以覆盖直径 20 千米的区域，每个基站最多可以负载

2.4 万个用户,每个终端用户的带宽最高可达到 25Mb/s。但是,每个基站的带宽总容量为 600Mb/s,终端用户共享其带宽,因此,一个基站如果负载的用户较多,那么每个用户所分到的实际带宽就很小了。采用这种方案的好处是可以使已建好的宽带社区迅速开通运营,缩短建设周期。

在上述七种因特网接入方式中,PSTN 拨号和 ISDN 拨号已经被 ADSL 拨号所取代;DDN 面向的是社区商业用户;有线电视网接入方式由于其成本的问题,在国内还不是很普及。目前,国内的大部分网络用户以高校(或机关、公司等)用户、移动用户和家庭用户为主,他们分别采用局域网方式、无线通信方式和 ADSL 拨号方式接入因特网。为了能让这三类用户懂得如何配置计算机连接到因特网,下面分别介绍局域网、无线通信及 ADSL 拨号这三种接入方式。需要说明的是,无论采用什么样的因特网接入方式,计算机的配置一般都需要按照以下三个步骤进行。

步骤 1:在计算机上安装网络接入设备,局域网的网络接入设备是网卡;无线网络的网络接入设备是无线网卡;ADSL 的网络接入设备是网卡和 ADSL 拨号器。

步骤 2:安装网络接入设备的驱动程序,使网络操作系统软件(在这里指 Windows 10 操作系统)能够正确地识别它。

步骤 3:配置网络接入设备的连接参数,使计算机真正地连接到因特网上。

9.2.1　局域网接入方式

1. 安装网卡

(1) 关闭计算机电源,打开机箱,从计算机的主板上找出一个符合网卡总线类型要求的空闲插槽。ISA 网卡需要 ISA 插槽,PCI 网卡需要 PCI 插槽。

(2) 轻轻地把网卡插入槽中,网卡会被自动夹紧。

(3) 用螺钉把网卡与机箱固定,装好机箱盖。使用一根五类双绞线(参见通信介质),使其一端连接到计算机的网卡上,另一端连接到墙上的五类模块。

2. 安装网卡的驱动程序

安装网卡的驱动程序与安装其他设备的驱动程序类似。通常情况下,Windows 10 系统会自动搜索并安装新添加网卡的驱动程序。如果系统找不到新添加网卡的驱动程序,则可在网卡附带的光盘上找到。双击光盘中的 Install 或 Setup 程序,根据安装向导一步步地完成网卡驱动程序的安装。

3. 配置网络连接参数

安装完网卡的驱动程序之后,接下来需要配置网络连接参数,建立与网络的连接。

(1) 单击"开始|设置",在打开的设置窗口中单击"网络和 INTERNET"项,出现如图 9.11 所示的窗口。

(2) 单击窗口相关设置下的"更改适配器选项",出现如图 9.12 所示的"网络连接"窗口。该窗口显示了本地计算机接入网络的所有方式,包括局域网接入方式("本地连接"项),无线网络接入方式("无线网络连接"项)、蓝牙网络连接以及 ADSL 接入方式(创建后显示)等。

(3) 双击"本地连接"项,出现"本地连接 状态"对话框(参见图 9.13),单击"属性"按

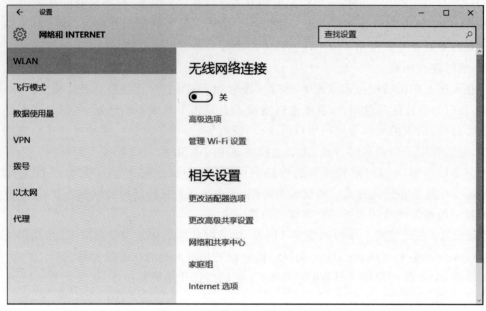

图 9.11 "网络和 INTERNET"窗口

图 9.12 "网络连接"窗口

钮,弹出如图 9.14 所示的对话框。

(4) 在对话框中选择"Internet 协议版本 4(TCP/IPv4)",单击"属性"按钮,弹出如图 9.15 所示的对话框。网络上的每台计算机都必须拥有唯一的 IP 地址,就如邮政系统中收信人的地址一样。IP 地址用一串 32 位二进制数字表示。为了书写方便,此二进制数字写成以圆点隔开的 4 组十进制数,它的统一格式是 AAA.BBB.CCC.DDD,圆点之间每组的取值范围为 0～255。

输入的具体参数值需要从局域网管理员处获得,图 9.15 仅为样例,输入参数后,单击"确定"按钮完成。设置成功后,用户便可通过网络应用软件(例如 IE 浏览器)访问因特网上的资源。

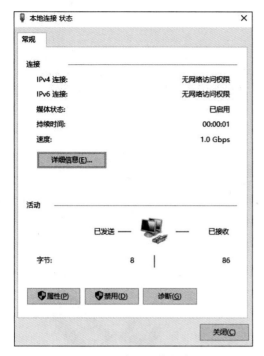

图 9.13　本地连接状态　　　　　　　　　　图 9.14　配置网络连接参数

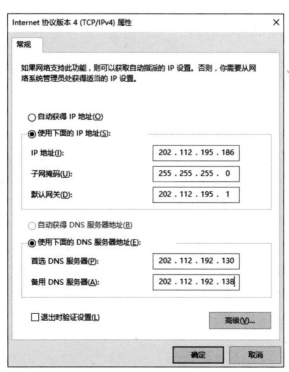

图 9.15　设置本地计算机的 IP 地址

9.2.2 无线网络接入方式

随着无线网络技术的发展,人们越来越深刻地认识到,无线网络不仅能够满足移动和特殊应用领域用户网络接入的要求,还能覆盖有线网络因布线问题而难以涉及的范围。随着无线网络标准的成熟以及无线网络设备的较高性价比,无线网络已经被广大用户作为一种常用的网络连接方法。

1. 安装无线网卡及其驱动程序

目前,市场上的无线网卡有 USB 接口、PCI 接口和笔记本电脑用的 PCMCIA 接口三种(参见图 9.16)。安装 PCI 接口的无线网卡与安装普通网卡相同,其他两种类型的无线网卡可插入计算机的 USB 接口和笔记本电脑的 PCMCIA 接口上。安装无线网卡到计算机后,如果计算机不能够正确地识别该设备,则需安装该设备的驱动程序,安装的过程与安装其他硬件设备相同。如果计算机主板上已经集成了无线网卡,则无须安装该设备及其驱动程序。

 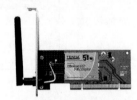 

(a) PCMCIA 无线网卡　　　　(b) PCI 无线网卡　　　　(c) USB 无线网卡

图 9.16　三类常用的无线网卡

2. 配置网络连接参数

(1) 参照局域网接入方式中配置网络连接参数的步骤 1 和步骤 2,打开如图 9.12 所示的窗口。

(2) 设置无线网络连接开关处于打开状态,在开关下方会出现类似于如图 9.17 所示的界面,界面中显示的是当前可用的无线网络列表。

(3) 选择一个无线网络,如果该网络图标为 ,则表示该无线网络未设置安全验证,例如图 9.17 中的 RUC_W4 项,单击"连接"按钮即可成功接入因特网。其中,选中"自动连接"选项,系统下次会自动连接该无线网络。

如果无线网络对应的图标为 ,则表示该无线网络启用了安全验证,例如图 9.17 中的 helloworld 项,单击"连接"按钮后会出现如图 9.18 所示的输入框,要求用户输入安全密钥,该安全密钥需要从提供无线网络的管理员处获得。输入后,即可连接到因特网。

(4) 连接成功后,任务栏的右下角图标由原来的未连接状态 变成连接状态 。

9.2.3 ADSL 接入方式

1. 安装网卡及其 ADSL 拨号器

安装网卡的方法参见 9.2.1 节。ADSL 拨号器的各个接口如图 9.19 所示,其主要包括电源接口、网线接口和电话线接口。使用电源线连接电源接口使其通电;使用双绞线连

图 9.17　当前可用的无线网络

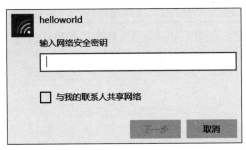

图 9.18　网络安全密钥输入框

接网线接口和计算机的网卡,使计算机与 ADSL 拨号器相连;电话线接口使 ADSL 拨号器通过电话网连接到因特网上。连接方法如图 9.19 所示。

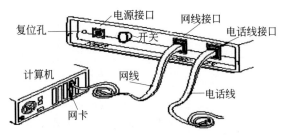

图 9.19　ADSL 拨号器接口面板示意图

2. 安装 ADSL 拨号程序及设置网络连接参数

Windows 10 中有单独的拨号程序，设置此程序的一些参数后就可以用它拨号上网了。

（1）在如图 9.11 所示的"网络和 INTERNET"窗口左侧选择"拨号"选项，在出现的界面中单击"设置新连接"链接，出现如图 9.20 所示的"设置连接或网络"窗口。

图 9.20 "设置连接或网络"窗口

（2）选择"连接到 Internet"选项，然后单击"下一步"按钮，出现如图 9.21 所示的对话框。

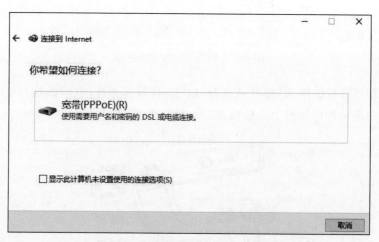

图 9.21 选择连接到 Internet 的方式

（3）选择"宽带（PPPoE）（R）"选项，出现如图 9.22 所示的对话框。

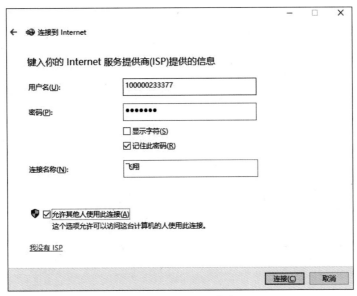

图 9.22　Internet 连接窗口

（4）输入用户名、密码（用户在电信局办理获得的用户名及密码）和连接名称，连接名称作为以后拨号使用的名称，例如"飞翔"。在该对话框中，选择"显示字符"选项，会显示密码的内容；选择"记住此密码"选项，意味着以后每次拨号时无须重新输入密码；选择"允许其他人使用此连接"选项，计算机中的其他用户可以使用该拨号程序进行拨号上网。单击"连接"按钮后，如果输入的用户名和密码正确，就可以上网了。

再次拨号时，可打开如图 9.11 所示的"网络和 INTERNET"窗口，单击窗口左侧的"拨号"选项，窗口右侧会出现之前创建的"飞翔"宽带连接。单击"飞翔"连接，在出现如图 9.23 所示的界面中，单击"连接"按钮就可以上网了。

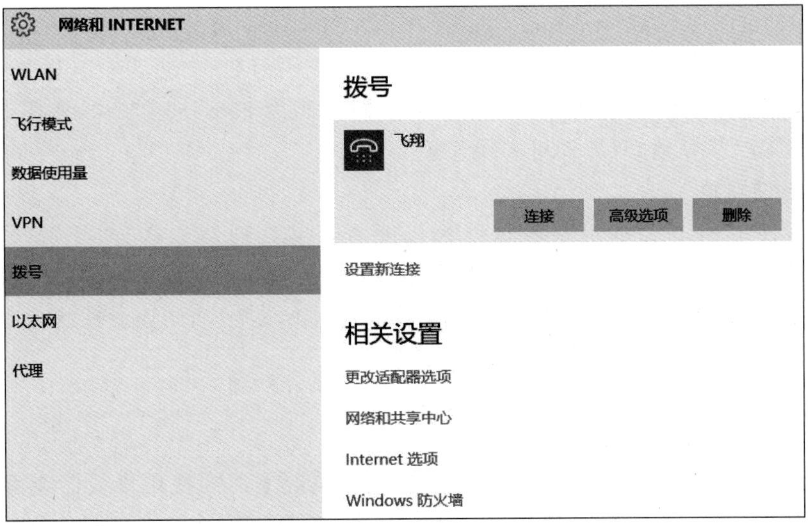

图 9.23　ADSL 拨号连接主界面

9.3 局域网的组建及连接设置

在很多场所(例如宿舍、学校、公司),如果希望在多台独立的计算机上建立一个资源共享的平台,则可以组建一个小范围的局域网。局域网常见的组建方式主要包括双机互联网络以及基于集线器、交换机的多机互联网络。

9.3.1 双机互联网络的组建

1. 网络设备的连接

在家庭或小型办公室中,为了资源共享的方便,通常将两台计算机直接相连,以构成最小规模的网络。双机互联组网的结构如图 9.24 所示。

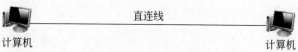

图 9.24　双机直接互联

双绞线的每一端分别连接每一台计算机的网卡。需要注意的是,这里使用的双绞线与之前介绍的连接计算机与集线器(或交换机)的双绞线不完全相同。两者之间的区别在于双绞线内部 8 根电线在 RJ-45 水晶头里的排列顺序。因此,在购买双绞线(或称网线)时特别需要注意这一点。

连接相同网络设备的双绞线称为直连线,例如连接网卡与网卡、集线器与集线器、交换机与交换机等相同的设备。不同网络设备的连接使用普通的双绞线,例如连接网卡与集线器、网卡与交换机等。

2. 网卡参数的设置

为了使两台计算机能够正常地通信,通信的双方必须要提前知道对方的通信地址(IP 地址)。在图 9.15 所示的"Internet 协议版本 4(TCP/IPv4)属性"对话框中输入本机的 IP 地址,计算机 1 可设置 IP 地址为 192.168.0.1,子网掩码为 255.255.255.0,如图 9.25(a)所示;计算机 2 可设置 IP 地址为 192.168.0.2,子网掩码为 255.255.255.0,如图 9.25(b)所示。单击"确定"按钮后,双方即可实现连接。

3. 连通性测试

用户可使用 ping 命令检验两台计算机能否正常地通信。单击"开始|所有应用|Windows 系统|命令提示符",在出现的"命令提示符"下输入 ping 对方的 IP 地址,例如在计算机 1 中输入"ping 192.168.0.2",如果能够收到对方的响应,则连通性测试成功;否则,测试失败。

9.3.2 多机互联网络的组建

当使用两台以上的计算机组建局域网时,通常情况下需要使用集线器或者交换机等网络设备进行组网。使用集线器与使用交换机进行组网的方式基本相同,因此,在这里只介绍使用集线器进行组网。

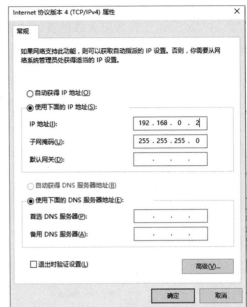

(a) 计算机1   (b) 计算机2

图 9.25 双机互联 IP 地址的设置

当组建的局域网规模较小、计算机数量较少时,只需一台集线器就可以满足网络连接的需求,即采用单一集线器结构进行组网;当计算机数量较多、一台集线器的端口数量不足以容纳所连接计算机的数量时,可以采用两台以上的集线器级联组网。

1. 单一集线器组网

集线器的端口指所能连接到集线器上的计算机的最大数量,目前常用集线器的端口数量主要有 8 口、16 口、24 口、48 口等类别。当参与组网的计算机数量少于集线器的端口数时,就可以采用单一集线器进行组网。

(1) 网络设备的连接。对于每一台计算机,用一根双绞线的一端连接到其网卡上,另一端连接到集线器的普通口上(参见图 9.26 所示)。需要注意的是,市场上绝大部分的集线器都有一个 Uplink 级联端口,如图 9.26 所示,Uplink 级联端口的作用是连接两个集线器。

(2) 网卡参数的设置。与其他接入方式一样,为了使任意两台计算机之间能够正常地通信,需要为每一台计算机设置 IP 地址。具体的操作:打开如图 9.27 所示的"Internet 协议版本 4(TCP/IPv4)属性"对话框,为计算机 1 设置 IP 地址为 192.168.0.2,子网掩码为 255.255.255.0,网关为 192.168.0.1。其他计算机的 IP 地址可以依次设置为 192.168.0.3,192.168.0.4,…,192.168.0.254 中的任意一个,子网掩码和网关保持不

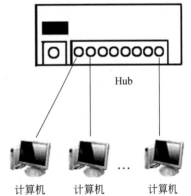

图 9.26 单一集线器互联组网

变。需要注意的是，网络中不能存在相同 IP 地址的两台计算机，否则设置就会失败。单击"确定"按钮后，连接到集线器的各台计算机即可实现连接。

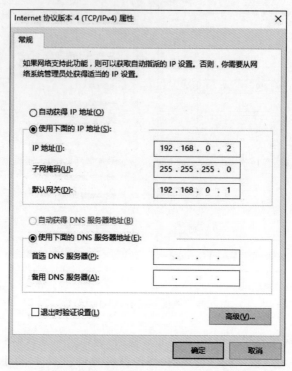

图 9.27　单一集线器组网中 IP 地址的设置

2. 多个集线器级联组网

当网络规模较大、计算机的数量超过单个集线器端口的数量时，就需要多个集线器进行组网。

多个集线器级联组网中网络设备的连接包括计算机与集线器之间的连接以及集线器和集线器之间的连接。

每台计算机可根据其地理位置的分布，通过双绞线连接到合适的某个集线器上，该连接方式与上述介绍的使用单一集线器组网方式相同。连接到相同集线器的计算机可以相互通信，而连接到不同集线器上的任意两台计算机之间仍然不能通信。在这里，每一个集线器可以看成是一个孤岛，为了使不同孤岛上的计算机建立通信，需要使用一根直连线连接两个集线器，图 9.28 显示的是使用两个集线器级联组网的情况。需要特殊说明的是，直连线的一端连向的是某个集线器的 Unlink 端口，另一端连向的是另外一个集线器的普通端口。每台计算机 IP 地址的设置与使用单一集线器中计算机 IP 地址的设置相同。

使用集线器组网，其成本低，施工、管理和维护简单。当网络中某条线路或计算机出现故障时，不会影响网上其他计算机的正常工作。但是，当使用较多个集线器级联组网时，由于集线器本身的特点（参见 9.1.2 节），容易造成网络风暴，使整个网络陷入瘫痪，因此，当计算机数量相对较多时，推荐使用交换机进行级联组网。

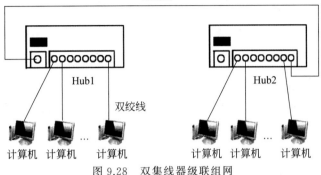

图 9.28　双集线器级联组网

9.4　网络共享资源的配置与使用

通过传输介质和通信设备把独立自治的多台计算机连接起来之后,计算机网络的框架就形成了。然而,为了让计算机网络能够正常、高效地运转起来,还需要对 Windows 10 网络操作系统进行相关配置以实现资源的共享。

Windows 10 的网络接入类型可分为三种:家庭网络、工作网络和公用网络。其中,家庭网络和工作网络属于可信任网络,公用网络属于不可信任网络。根据计算机接入因特网所处的网络位置(一般情况下,计算机第一次连接到网络时,用户需要为计算机选择合适的网络接入类型),Windows 10 操作系统会为计算机设置适当的安全级别,包括防火墙的策略、文件共享的参数配置等。设置适当的安全级别,一方面可以为计算机提供安全性保证,另一方面也为用户访问网络上的共享资源提供便利。

1. 家庭网络

家庭网络指网络中的计算机是可以充分信任的。它要求计算机的"网络发现"功能处于启用状态,并允许网络上的计算机用户查看同一网络上的其他计算机和设备。家庭网络内部可以共享照片、视频、文件、打印机等。家庭网络中的计算机相互之间给予的权限最高,使得网络的安全性最低。

2. 工作网络

工作网络一般针对企事业单位、社区的计算机网络。该网络同样要求计算机的"网络发现"功能处于启用状态,并允许网络上的计算机用户查看同一网络上的其他计算机和设备,但是无法创建或加入家庭组。处于工作网络中的计算机间可以设置共享文件和打印机等,但通常情况下单位的计算机网络会设置域实现文件和设备共享,网络安全性较高。

3. 公用网络

公用网络一般指公共场所(例如餐厅、商场、医院或机场)中的计算机网络。公用网络中计算机的"网络发现"功能是禁用的,不同计算机相互间不可见,设备、文件等资源基本不共享。该类型网络的计算机相互间开放的权限最小,网络安全性最高。Windows 10 操作系统的这一安全性设置,目的是保护计算机免遭来自因特网的任何恶意攻击。

总而言之,对不可信任网络(即公用网络),Windows 10 会选择较为严格的防火墙策略,保护处于公共区域中的计算机免遭外来计算机的侵入;对于可信任网络(即家庭网络和工作网络),Windows 10 会选择较为松散的防火墙策略,便于用户在局域网中共享文件、打印机、流媒体等。

9.4.1 网络资源管理模式

针对可信任网络,Windows 10 操作系统提供了三种常用的模式管理网络中的软硬件资源。

1. 工作组

局域网中最常见也是最简单的一种资源管理模式,将局域网内的计算机按照一定的规则加入不同的工作组,以方便管理。例如,一个学院的计算机可以按照组织机构(例如教研室)进行分组,信息系的计算机全都列入信息系的工作组,数学系的计算机全部列入数学系的工作组。当需要访问某一来自数学系的计算机资源时,用户可以进入数学系的工作组,进而找到相关的计算机资源。

安装完 Windows 10 操作系统,系统会默认设置并添加本机到 WORKGROUP 工作组中。右击"开始"菜单,在弹出的快捷菜单中选择"系统"选项,会出现如图 9.29 所示的"查看有关计算机的基本信息"窗口,获得计算机名和其所在的工作组名称。

图 9.29　查看有关计算机的基本信息

单击图 9.29 中的"更改设置"链接,在出现的窗口中单击"更改"按钮,出现如图 9.30 所示的"计算机名/域更改"窗口。在相应的文本框中输入新设置的计算机名和加入的工作组名,单击"确定"按钮并重启系统后,计算机就会加入新的工作组。

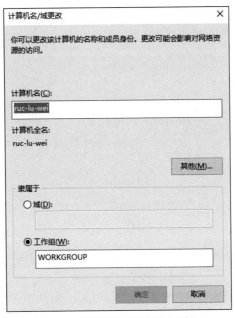

图 9.30 "计算机名/域更改"窗口

2. 家庭组

面向家庭网络的一种资源管理模式。相比工作组,家庭组在一定程度上简化了专用网络中各计算机之间共享资源的过程。只有加入家庭网络的计算机才可以创建和加入家庭组,加入家庭组的计算机可以与其他人共享"库"(包括音乐、图片、视频和文档)和打印机。家庭组资源管理模式的设置步骤:

(1)设置"网络发现"功能。单击"开始|设置",在打开的"设置"窗口中选择"网络和 INTERNET"项,出现如图 9.11 所示的"网络和 INTERNET"窗口。单击"高级选项"链接,出现如图 9.31 所示的"无线网络连接"窗口,设置"查找设备和内容"选项开关处于打开状态。需要注意的是,如果采用的是以太网连接方式,则需要单击"网络和 INTERNET"窗口左侧的"以太网"选项,在窗口右侧出现的界面中单击"高级选项"链接进行相应的设置。

单击"开始|设置",在打开的"设置"窗口中选择"网络和 INTERNET"项,出现如图 9.11 所示的"网络和 INTERNET"窗口。单击"相关设置"中的"网络和共享中心"链接,出现如图 9.32 所示的"网络和共享中心"窗口,可以看到当前活动网络属于专用网络。

(2)创建家庭组。单击"网络和共享中心"窗口中的"准备就绪,可以创建"链接,出现如图 9.33 所示的"创建家庭组"功能入口窗口。

单击"创建家庭组"按钮,在出现的窗口中单击"下一步"按钮,出现如图 9.34 所示的窗口。

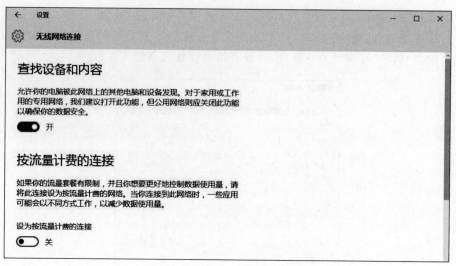

图 9.31 "无线网络连接"设置

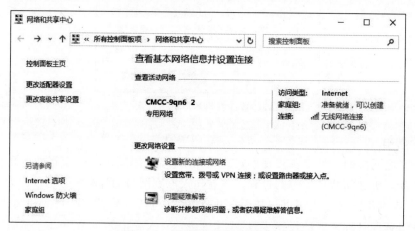

图 9.32 "网络和共享中心"窗口

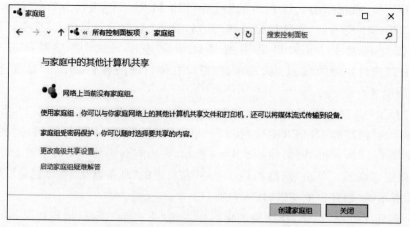

图 9.33 "创建家庭组"功能入口窗口

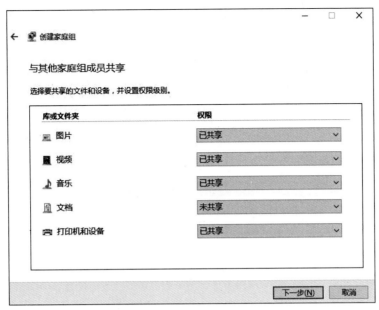

图 9.34　选择要共享的内容

选择需要设置为共享的内容，单击"下一步"按钮，出现如图 9.35 所示的窗口。

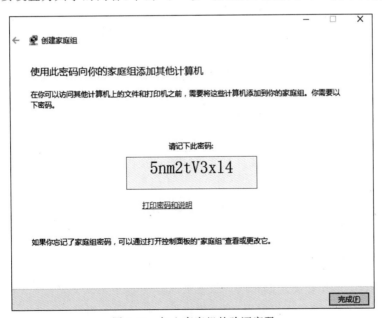

图 9.35　加入家庭组的验证密码

Windows 会自动生成一串密码，当家庭网络中的其他计算机加入此家庭组时，需要输入此密码。单击"完成"按钮。

（3）加入家庭组。当家庭网络中的计算机创建家庭组后，家庭网络中的其他计算机便可发现并加入这个组，以实现"库"和打印机的共享。家庭网络中其他计算机加入家庭组的步骤：

打开如图 9.31 所示"无线网络连接"窗口，设置"网络发现"功能开关处于打开状态。

打开如图 9.32 所示的"网络和共享中心"窗口，单击家庭组右侧的"可加入"链接，出现如图 9.36 所示的窗口。

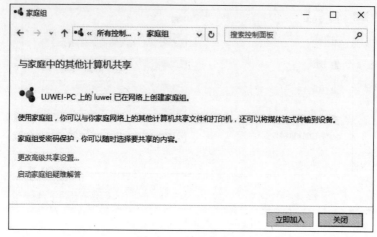

图 9.36　加入家庭组

单击"立即加入"按钮，出现类似如图 9.34 所示的窗口。设置当前计算机需要与其他计算机进行共享的内容，单击"下一步"按钮，出现要求用户输入加入家庭组密码的窗口。

输入先前创建家庭组的加入密码，单击"下一步"按钮，在出现的对话框中选择"确定"按钮即可加入该家庭组。

3. 域

企业局域网中应用最为广泛的一种网络资源管理模式。在前面提到的工作组和家庭组资源管理模式中，局域网中的计算机可以自由加入或退出，每台计算机独立管理各自的资源。加入域的所有计算机必须要经过严格的账户密码验证，其资源由网络管理员进行集中管理，整个局域网具备较高的安全性。

4. 工作组、家庭组、域之间的区别

在工作组、家庭组资源管理模式中，每台计算机独立拥有一组用户账户，并且所有计算机都是对等的，没有一台计算机可以控制其他计算机，计算机可以自由加入和退出工作组和家庭组。在工作组资源管理模式，一台计算机的用户要登录到另一台计算机，其必须拥有目标计算机上的用户账户和密码。在家庭组资源管理模式中，计算机通过密码验证的方式加入家庭组，一旦加入家庭组，家庭组内部计算机间的相互访问无须使用用户账户和密码验证。在基于域的资源管理模式中，有一台或多台计算机作为网络控制器。网络管理员使用网络控制器控制域中所有计算机的安全和访问权限。具有域上的用户账户，就可以登录域中的任何计算机，而无须具有该计算机上的账户。域用户在每次访问域时必须提供密码或其他凭据。

9.4.2　用户账户的管理

1. 用户账户概述

在上述三种网络资源管理模式中,计算机的使用都需要事先创建用户账户和密码。Windows 10 网络操作系统提供了三种不同的账户类型:Administrator 账户、标准用户账户和 Guest 账户。Administrator 账户对计算机拥有最高级别的控制;标准用户账户可以执行 Administrator 账户下几乎所有的操作,但是如果要执行影响该计算机其他用户的操作(如安装软件或更改安全设置),则 Windows 可能要求提供 Administrator 账户的密码,用户自建账户在默认情况下属于标准账户。Guest 账户针对的是临时使用计算机的用户,使用 Guest 账户的人无法安装软件或硬件,以及更改设置或者创建密码。

2. 建立新用户账户

(1) 单击"开始|设置",在出现的"设置"窗口中单击"账户"项,在出现的"账户"窗口中,单击窗口左侧的"家庭和其他用户"项,出现如图 9.37 所示的窗口。

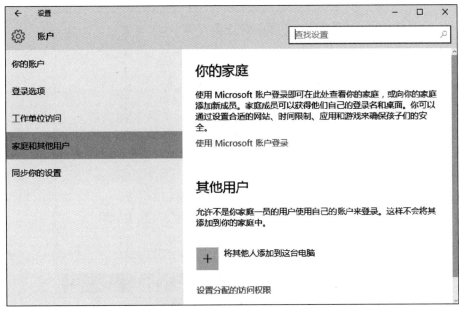

图 9.37　"家庭和其他用户"管理

(2) 单击"将其他人添加到这台电脑"选项,出现如图 9.38 所示的窗口。

(3) 单击"我没有这个人的登录信息"链接,会出现"让我们来创建你的账户"窗口。单击窗口中的"添加一个没有 Microsoft 账户的用户"链接,出现如图 9.39 所示的窗口。

(4) 在"用户名"输入框中输入要创建用户账户的名称,例如 Tester,在"输入密码"和"重新输入密码"输入框输入要设置的密码,在"密码提示"输入框中输入密码提示内容以防忘记密码时可通过提示内容找回密码。单击"下一步"按钮完成创建,新创建的用户会出现在"其他用户"的列表中,如图 9.40 所示。

(5) 单击新创建的用户名称,例如图 9.40 所示的 Tester 用户,在出现的选项中,单击

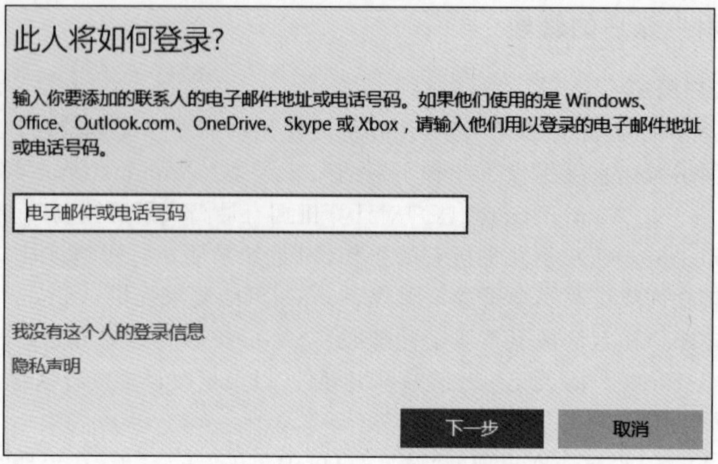

此人将如何登录？

输入你要添加的联系人的电子邮件地址或电话号码。如果他们使用的是 Windows、Office、Outlook.com、OneDrive、Skype 或 Xbox，请输入他们用以登录的电子邮件地址或电话号码。

电子邮件或电话号码

我没有这个人的登录信息
隐私声明

下一步　　取消

图 9.38　用户账户管理界面

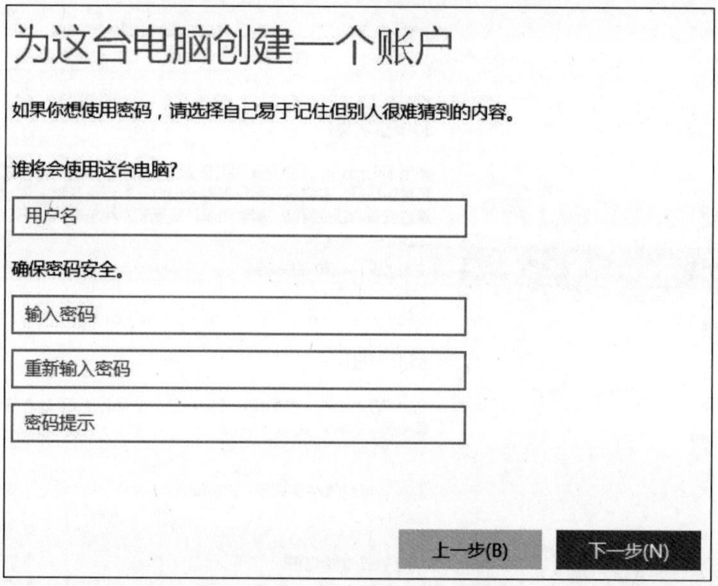

为这台电脑创建一个账户

如果你想使用密码，请选择自己易于记住但别人很难猜到的内容。

谁将会使用这台电脑?

用户名

确保密码安全。

输入密码

重新输入密码

密码提示

上一步(B)　　下一步(N)

图 9.39　"为这台电脑创建一个账户"窗口

"更改账户类型"，出现如图 9.41 所示的窗口。默认情况下，新创建的用户类型属于标准用户，单击"账户类型"下拉列表框，可以设置新创建的账户类型为管理员。

注意：不要随便把新账户设置为管理员。

9.4.3　网络资源共享的设置

资源共享是网络的主要功能之一。为了能够实现资源共享，提供资源的一方需要设置本地的文件、文件夹、外部设备为网络中的其他计算机用户所共享。需要注意的是，单个文件需要放置到某个共享的文件夹下才可被他人共享。

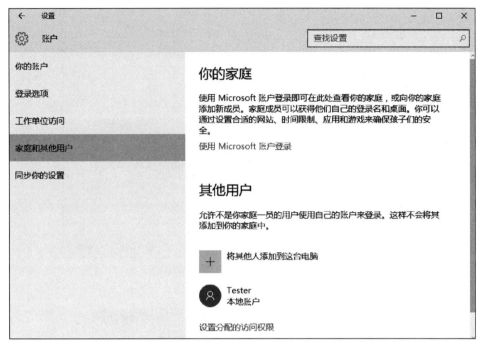

图 9.40　新创建的 Tester 用户

图 9.41　"更改账户类型"窗口

1. 文件夹共享的设置

（1）右击需要设置为共享的文件夹,在弹出的快捷菜单中选择"共享|特定用户",出现如图 9.42 所示的对话框,该文件夹的所有者会默认出现在对话框所示的列表中。

（2）设置用户对该文件拥有的权限。用户指本机上的用户账户（参见图 9.39）,权限指读取、读取/写入、删除操作。单击下拉列表框,设置用户对该共享文件的权限,默认为读取权限。当设置 Everyone 账户读取该文件夹时,网络上其他计算机在访问该文件时无须提供用户账户和密码。单击已被设置为共享的账户,可更改账户对该文件夹的访问权限（参见图 9.43）。

在家庭组中,用户右击需要设置为共享的文件夹,在弹出的快捷菜单中选择"共享|家庭组（查看）",家庭组中其他计算机便可访问该共享文件夹;也可在弹出的快捷菜单中选

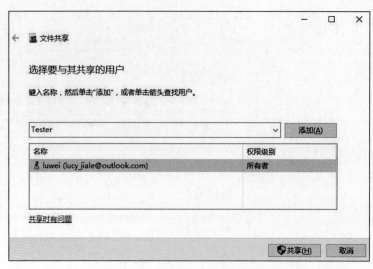

图 9.42　添加文件夹的共享用户

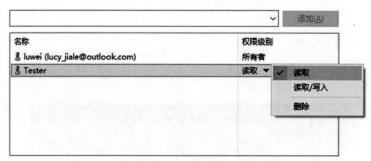

图 9.43　更改共享文件夹的访问权限

择"共享|家庭组(查看和编辑)",家庭组中其他计算机便可访问和修改该共享文件夹,如图 9.44 所示。

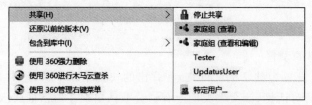

图 9.44　"家庭组"模式下文件夹共享的设置

2. 打印机共享的设置

右击"开始|控制面板"项,在出现的"控制面板"窗口中单击"设备和打印机"项,出现如图 9.45 所示"设备和打印机"的窗口。

右击目标打印机,在出现的快捷菜单中选择"打印机属性"项,出现如图 9.46 所示的对话框。选择"共享"选项,共享名默认为打印机名称,用户也可以重新设定打印机名称。

图 9.45 "设备和打印机"窗口

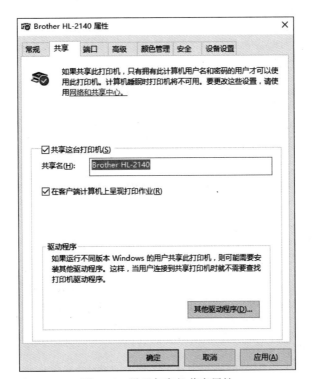

图 9.46 设置打印机共享属性

9.4.4 网络共享资源的使用

1. 使用资源管理器中的"网络"方式

（1）右击"开始|文件资源管理器"，在打开的"文件资源管理器"窗口中单击左侧的导航窗格的"网络"项，在右侧窗口中查看当前网络中存在共享资源的计算机，如图 9.47 所示。

图 9.47　网络中设置共享的计算机

（2）双击需要访问的计算机图标，在输入正确的用户名和密码之后，就能够看到该计算机中设定的共享资源，如图 9.48 所示。

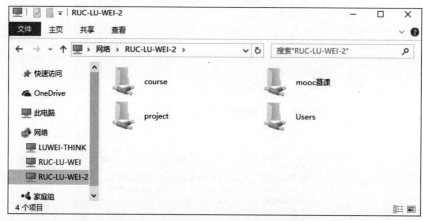

图 9.48　网络中存在共享资源的计算机

2."地址栏"方式

网络上的计算机拥有唯一的名称和 IP 地址。因此，只要事先知道提供共享资源的计算机名称或 IP 地址，就可以访问该机器上的共享资源。具体的操作：

打开"资源管理器"窗口，在其"地址栏"中输入"\\IP 地址（或\\计算机名称）"，如图 9.49 和图 9.50 所示。按 Enter 键后，即可访问目标主机的共享资源。如果出现提示输入登录的用户名和密码的对话框，则输入用户名和密码之后单击"确定"按钮即可。

查看本地计算机的名称和 IP 地址可按以下操作进行：

单击"开始|所有应用|Windows 系统|命令提示符"，运行"命令提示符"工具。在光标提示符下输入 ipconfig 命令，出现如图 9.51 所示的界面，从中可以找到计算机的 IP 地

址（IPv4 地址）。

图 9.49　使用 IP 地址访问网络资源

图 9.50　使用计算机名称访问网络资源

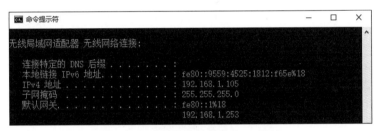

图 9.51　查看计算机名称和 IP 地址

3. 映射网络驱动器

"映射网络驱动器"方式是将网络上的共享资源模拟为本地计算机的一个磁盘分区使用，这样，网络共享资源的操作如同本地磁盘中文件夹的操作一样方便快捷。映射网络驱动器的操作步骤是：

（1）打开"资源管理器"窗口，右击左侧导航窗格中的"计算机"图标，在出现的快捷菜单中选择"映射网络驱动器"项，出现如图 9.52 所示的对话框。

（2）在"驱动器"下拉列表框中选择具体映射到哪个驱动器，默认即可。

（3）在"文件夹"下拉列表框中输入共享文件夹所在的位置。这里输入的内容与使用"地址栏"访问网络资源基本相同，唯一的区别在于这里必须输入共享文件夹的名字，例如"\\RUC-LU-WEI-2\course"。如果不知道网络资源所在位置，则可单击"浏览"按钮，在打开的"浏览文件夹"窗口中进行查找。找到需要映射的资源，单击"确定"按钮后，网络上的共享资源将被映射成为本地的一个磁盘分区。

（4）选择"登录时重新连接"复选框，指定每次启动 Windows 时自动连接到该网络资源。如果不经常使用该网络资源，则应取消对该复选框的选择，以减少系统的启动时间。

（5）单击"完成"按钮，输入正确的用户名和密码后，如果映射成功，则出现图 9.53 所示的对话框。

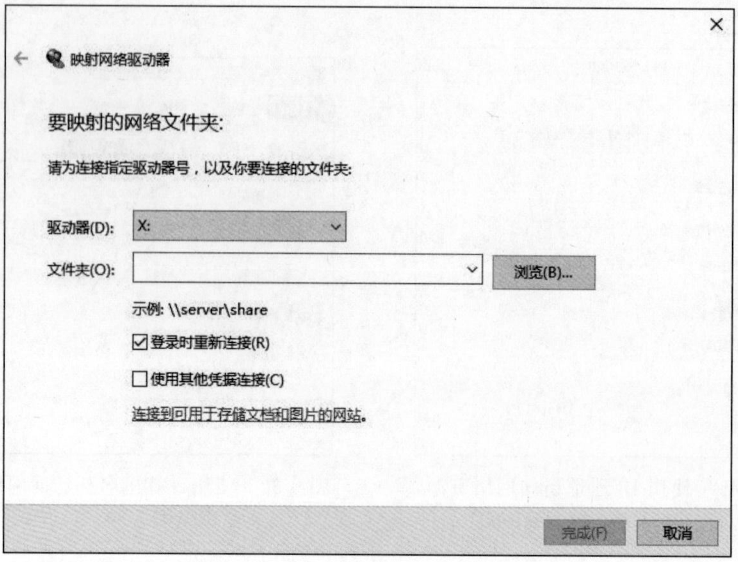

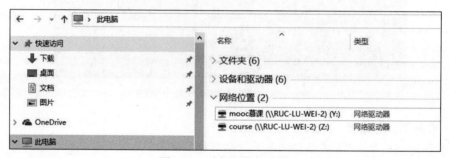

图 9.52　选择要映射的网络文件夹

图 9.53　映射网络驱动器

如果不再需要访问映射的网络资源,可右击该资源,选择"断开连接"即可。

4. 远程桌面方式

网络上的一台计算机(控制端)通过远程桌面功能可以实时地操作网络上的另一台计算机(受控端),在其上面安装软件,运行程序,所有的一切都好像是直接在本机上操作一样。

(1)受控端的设置。

使用远程桌面方式需要在受控端设置允许其他计算机进行远程控制。其操作如下:

① 右击"开始"菜单,在弹出的快捷菜单中选择"系统"选项,出现如图 9.29 所示的"查看有关计算机的基本信息"窗口。

② 单击窗口左侧的"远程设置"选项,出现如图 9.54 所示的对话框。选择"允许远程协助连接这台计算机"复选框和"允许远程连接到此计算机"单选框。

(2)远程操作计算机。

设置好受控端的相关属性后,就可以在控制端远程操作这台计算机了。其操作步骤是:

图 9.54　设置远程桌面属性

① 单击"开始|所有应用|Windows 附件|远程桌面连接",出现如图 9.55 所示的对话框。

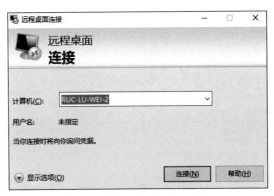

图 9.55　使用远程桌面连接

② 在"计算机"下拉列表框中输入受控端的主机名或 IP 地址,单击"连接"按钮后,出现要求用户输入用户名和密码的对话框。输入正确的用户名和密码并完成认证之后,即可实时地操作这台计算机。此外,通过设置图 9.55 中的"选项",可以方便地在控制端和受控端进行信息的交换。

5. 家庭组

单击"开始|文件资源管理器",出现"文件资源管理器"窗口。在左侧的导航窗格中,

可以看到新出现的"家庭组"项。单击"家庭组"项,即可看到家庭组中的其他计算机及其共享资源,如图9.56所示。

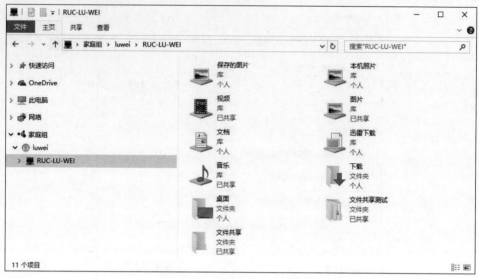

图 9.56　家庭组中共享的资源

6. 使用打印机

加入家庭组中的计算机,如果其中有一台共享了打印机资源,则该打印机资源会默认出现在其他计算机的"设备和打印机"中,家庭组中的用户可以像使用本地打印机一样使用该共享打印机资源。对于其他类型的网络,例如"工作网络""公用网络"以及家庭网络中未加入家庭组中的计算机来说,需要手工设置访问该共享打印机。其操作步骤是:

(1) 右击"开始|文件资源管理器",在打开的"文件资源管理器"窗口中单击左侧的导航窗格的"网络"项,在右侧窗口中查看当前网络中存在共享资源的计算机,如图9.47所示。

(2) 找到共享打印机所在的计算机,右击打印机图标,在出现的快捷菜单中选择"连接"选项,出现如图9.57所示的窗口。

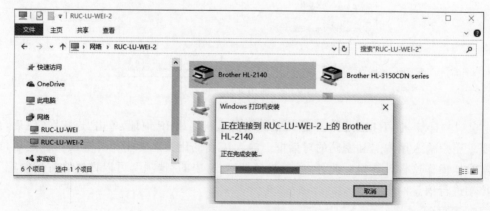

图 9.57　连接网络打印机

（3）连接成功后，"设备和打印机"窗口中就会显示新添加的打印机项，如图 9.58 所示。

图 9.58　新添加的网络打印机

习　题　9

9.1　思考题

1. 什么是计算机网络？举例说明计算机网络有什么用处。

2. 计算机网络由哪几部分组成？各部分都有什么作用？

3. 简述计算机网络的分类。

4. 什么是网络的拓扑结构？常见的微机局域网的基本拓扑结构有哪几种？

5. 因特网接入技术都有哪些？它们的优缺点是什么？

6. 简述 Windows 10 环境下的网络接入类型及安全性策略。

7. 简述 Windows 10 环境下的网络资源管理模式及各自特点。

8. 在一个有 5 台微机的办公室里，若组装一个局域网，需要什么软硬件？

9. 如何在 Windows 10 中设置文件夹的共享？

10. 简述在局域网中访问共享文件夹都有哪几种方式？

9.2　选择题

1. Windows 10 是一种（　　　）。

　　（A）网络操作系统　　　　　　　　　　（B）单用户、单任务操作系统

　　（C）文字处理程序　　　　　　　　　　（D）应用程序

2. 通过电话线拨号上网需要配备（　　　）。

　　（A）调制解调器　　　　（B）网卡　　　　　（C）集线器　　　　　（D）打印机

3. 目前使用的 IPv4 地址为（　　　）位二进制数。

　　（A）8　　　　　　　　　　（B）128　　　　　　　（C）4　　　　　　　　（D）32

4. IP 地址格式写成十进制时有（　　　）组十进制数。

　　（A）8　　　　　　　　　　（B）128　　　　　　　（C）4　　　　　　　　（D）32

5. 连接到 Internet 上的机器的 IP 地址是（　　　）。

　　（A）可以重复的　　　　　　　　　　　（B）唯一的

　　（C）可以没有地址　　　　　　　　　　（D）任意长度

6. 计算机网络的主要功能是(　　　)。

(A) 分布处理

(B) 将多台计算机连接起来

(C) 提高计算机可靠性

(D) 共享软件、硬件和数据资源

7. 用户通过拨号接入因特网时,拨号器是通过电话线连到(　　　)。

(A) 本地电信局

(B) 本地主机

(C) 网关

(D) 集线器

8. 下列因特网接入技术不需要向电信局申请的是(　　　)。

(A) PSTN 拨号　　　(B) ISDN　　　(C) ADSL 拨号　　　(D) DDN

9. 拨号接入因特网时,以下各项中不是必需的是(　　　)。

(A) 浏览器　　　(B) 电话线　　　(C) 调制解调器　　　(D) ISP 提供的电话线

9.3　填空题

1. 计算机网络的主要功能是_____和_____。

2. 计算机网络按照计算机硬件的覆盖范围可分为_____、_____和_____。

3. 常见的计算机局域网的拓扑结构有_____、_____和_____。

4. 用 ISDN 上网要比用普通电话线上网快得多,而且还可以同时打电话,ISDN 又称为_____。

5. 普通家庭使用的电视机通过_____设备可以实现上网。

6. IP 地址是由_____个用小圆点隔开的数字组成的。

7. 为了书写方便,IP 地址写成以圆点隔开的 4 组十进制数,它的统一格式是 AAA.BBB.CCC.DDD,圆点之间每组的取值范围为_____。

9.4　上机练习题

1. 网卡相关的练习。

练习目的:掌握网卡的相关操作。

练习内容:

(1) 能独立地安装网卡及其驱动程序。

(2) 设置本地计算机的 IP 地址、子网掩码、网关和域名服务器。

2. 局域网的组建。

练习目的:掌握组建一个小型的局域网。

练习内容:

(1) 两台计算机使用直连线互联及其连通性测试。

(2) 多台计算机使用单个集线器连接组网及其连通性测试。

(3) 多台计算机使用多个集线器连接组网及其连通性测试。

3. 在自己的机器上为别人设置账号,试验能否在其他计算机上以此账号登录;在本地计算机上建立一个共享文件夹,并设置允许上述账号访问该共享文件夹,试验在其他计算机上以如下方式访问本地计算机上的共享文件夹。

练习目的:掌握账号的设置与登录。

练习内容:

(1) 使用资源管理器的"网络"方式。

(2) 使用资源管理器的"地址栏"方式。

(3) 映射网络驱动器方式。

(4) 使用远程桌面连接方式。

(5) 使用家庭组方式。

4. 设 A、B 两机都在局域网中。A 机安装了打印机,而 B 机未安装打印机,但可以通过安装网络打印机后使用 A 机的打印机。

练习目的：掌握具备工作组和家庭组两种模式下打印机共享与使用设置的能力。

练习内容：

（1）在 A 机中进行打印机的共享。

（2）在 B 机中安装网络打印机。

（3）利用网络打印机进行打印。

第 10 章　Internet 的使用

10.1　Internet 概 述

10.1.1　Internet 简介

Internet(因特网)是 20 世纪末期发展最快、规模最大、涉及面最广的科技成果之一。Internet 源于美国,最初是为了实现科研和军事部门里不同结构的计算机网络之间的互联而设计的。随着通信线路的不断改进,计算机技术的不断提高以及微机的普及,特别是商家的参与,Internet 几乎无所不在,无所不为。目前世界上大多数国家都建有自己的 Internet 骨干网并相互连接。从 20 世纪 80 年代末开始,中国的 Internet 已经建成了 4 个骨干网,即中国科学技术网(CSTNET,中国科学院主管)、中国公用计算机互联网(CHINANET,工业和信息化部主管)、中国教育科研网(CERNET,教育部主管)和中国金桥互联网(GBNET,工业和信息化部主管)。它们下面连接着数以千计的接入网,骨干网之间既互联,又各自具有独立的国际出口,分别与美、英、德、日等国家以及我国香港、我国澳门地区互联,形成了真正的国际互联网络。Internet 之所以能在人类进入信息化社会的进程中起到不可估量的作用,其主要原因就是它具有极高的工作效率和丰富的资源。普通的用户通过骨干网或它们的接入网就能真正做到足不出户便知天下事。利用 Internet 可以周游世界,获取最新信息,从事教育和受教育,甚至可以开展商业和金融活动。Internet 改变了人们的工作和生活方式,它为信息时代带来一场新的革命。各国都在制定以计算机网络为主要内容的信息产业发展规划,以期在政治、经济和技术的竞争中处于有利地位。

10.1.2　Internet 的主要功能

1. 漫游世界——WWW

20 世纪 40 年代以来,人们就梦想存在一个全球性的共享信息库,在这个信息库中,信息不仅能够被人们访问,而且还可以通过该信息轻松链接到其他相关的信息,从而帮助用户方便快捷地获得重要的信息。为了实现这个目标,WWW 应运而生。WWW 是 World Wide Web 的缩写,译为万维网或环球信息网等,也有不少人直接读作 3W 或 Web。WWW 使用超文本技术,把许多专用计算机(WWW 服务器)组成计算机网络。WWW 的每个服务器除了有许多信息供 Internet 用户浏览、查询外,还包括有指向其他 WWW 服务器的链接信息,通过这些信息用户可以自动转向其他 WWW 服务器,因此用户面对的是一个环球信息网。现在 WWW 已发展到包括数不清的文本和多媒体信息,可以说它是一个信息的海洋,人们可以足不出户就了解到最新的全球资讯。

2. 收发电子邮件——E-mail

E-mail(Electronic Mail,电子邮件)是互联网用户之间进行信息交换的一种通信方式,也是 Internet 应用最广的服务之一。通过电子邮件系统,用户可以以非常低廉的价格、近乎实时的速度、极其可靠的通信方式,与世界上任何一个角落的互联网用户进行沟通与交流。用户收发的电子邮件都保存在电子邮箱中,方便用户随时阅读邮件内容。在电子邮件系统中,互联网用户收发电子邮件的地方叫电子邮箱,每个用户的电子邮箱都有一个 E-mail 地址。E-mail 地址由 <用户名>@<计算机域名>组成,例如美国总统的 E-mail 地址是:president@whitehouse.gov。用户名中不能有空格。E-mail 可以实现非文本邮件的数字化信息传送,不管是声音还是图像,甚至是电影电视节目,都可以数字化后用 E-mail 传送。

3. 搜索信息——搜索引擎

搜索引擎是一种信息检索系统,旨在帮助用户快速地从互联网中找到相关的资源。搜索引擎可以理解为存在于网上的一个非常大的数据库,库里收集了大量的信息,通过输入关键字(词)等方式,可为用户查找出相关的资料或链接信息。搜索引擎是 Internet 中最基础、最普及的服务之一,较著名的免费搜索引擎有百度、搜狗、Bing、Google、360 搜索等。

4. 上传和下载文件——FTP

文件传输协议(File Transfer Protocol,FTP)用在计算机之间传输各种格式的计算机文档。使用 FTP 可以交互式查看网上远程计算机上的文件目录,并与远程计算机交换文件。这些远程计算机通常称为 FTP 服务器,在 FTP 服务器上存有供复制(或称下载)的应用程序或资料,也有一些 FTP 服务器还提供一定的磁盘空间供存储(或称上传)程序或资料。FTP 方便了网络用户,也促进了 Internet 的发展。

5. 网上交流——BBS、即时通信和博客

(1) BBS(Bulletin Board System,电子公告栏)最早是运行 UNIX 操作系统的主机和主机终端组成的计算机系统,可以通过 Internet 仿真成 BBS 系统的一个终端,从而读写 BBS 系统上的信息。随后,建立在 WWW 服务器上的 BBS 发展很快,已发展为 BBS 的主流形式。每个 BBS 系统在管理员的组织下都有自己的特色,讨论某些方面的问题。

(2) 即时通信是目前 Internet 上最为流行的通信方式,各种各样的即时通信软件也层出不穷。随着应用的深入,即时通信软件的功能也越来越丰富。即时通信软件通常提供在线聊天、视频和语音通话、点对点断点续传文件、共享文件等多种功能,包括微信、QQ 在内的即时通信软件已经深远地影响了人们的衣、食、住、行。近几年,该类软件正在向平台化方向发展。以微信为例,微信中提供了许多的"小程序",用户只需要在微信中搜索相关的小程序,并根据小程序的要求完成关注或注册,即可像使用本地的软件一样使用微信小程序(例如新冠肺炎疫情防控期间使用的微信小程序"健康宝")。

(3) 博客(Blog,又译为网络日志、部落格或部落阁等)是一种通常由个人管理、不定期张贴新的文章的网站。博客上的文章可以介绍个人的感悟,也可以专注在特定领域,例如艺术、摄影、视频、音乐、计算机技术等。博客上的文章可以让读者以互动的方式留下意见,这些文章还可以自动地被系统推荐给家人、好友,博客是社会媒体网络的重要组成部分。微博是以博客作为发送内容的即时通信媒介平台,使用也较为普遍。

6. 云存储

随着网络速度的提升,越来越多的互联网公司提供了在线的存储服务。用户可以上传本地文件或目录到存储服务中,也可以下载存储服务中的资源来更新本地的文件或目录。云存储通常是可靠的,即不会因为某台存储服务器出现故障而造成数据丢失的情况,这是因为云存储中的数据通常是冗余存放的,同一份数据,存在多个不同的存储服务器中。因此,当某个存储服务器出现故障时,数据的访问可以由其他存储服务器提供服务。云存储的出现,给用户在互联网中提供了一个专属的存储空间。更为重要的是,就像 9.4 节介绍的局域网中本地共享资源的管理一样,用户可以把自己专属存储空间下的文件和目录共享给其他用户,实现互联网中的资源共享,此功能同时为互联网中的协同工作带来了机遇。目前,微软、谷歌、百度等公司都向互联网用户提供了在线的存储服务。

7. 电子商务——E-business

在 Internet 环境下,企业或个人可以在 Internet 上设置自己的 Web 页面,向客户、供应商、开发商和自己的雇员提供有价值的业务信息,买卖双方不谋面地进行各种商贸活动,实现消费者的网上购物、商户之间的网上交易和在线电子支付以及各种商务活动、交易活动、金融活动和相关的综合服务活动,这种新型的商业运营模式就是所谓电子商务。近年来,越来越多的人开始使用天猫、京东、亚马逊等线上购物平台代替传统的实体店购买方式,人们渐渐接受直接在线购物,很多品牌线上旗舰店的销售额也开始高于线下实体店的销售额。此外,人们的支付习惯也发生了巨大的变化,线下购物从原来的现金、刷卡支付变为移动支付。常用的线上支付方式包括支付宝、微信、ApplePay 等,此类的交易方式为人们的生活带来了极大的便利。

10.1.3 如何上网

ISP(Internet Service Provider,互联网服务提供商)是专门从事各种 Internet 访问服务代理工作的机构,其有多台被称作服务器的计算机日夜为用户提供各种上网服务。对于家庭用户来说,主要的上网方式是普通宽带上网(ADSL)和光纤上网(专线接入)。光纤上网(专线接入)完成的是光信号的传输,而普通宽带即 ADSL 上网完成的是电信号的传输,因此光纤上网的速度会比普通宽带上网快很多,且随着技术发展,光纤上网已经开始普及,费用降到了普通家庭用户可以接受的范围。目前为止国内的电信运营商都既可以提供普通宽带上网服务也可以提供光纤上网服务。注意:可以购置家用无线路由器,连接入户网线与无线路由器,并对路由器进行相关的设置,用户可使用无线通信接入访问网络。

在已建校园网的大学或具有一定规模的单位里,通常提供高速通信线路进入Internet,其接入方式主要包括有线局域网接入方式和无线通信接入方式。这两种上网方式的具体参数设置和硬件配置参见 9.2.1 节和 9.2.2 节。无线上网方式是目前比较普及的一种互联网接入方式,由于其摆脱有线的束缚,使人们可在任何地点以任何方式移动上网,因此受到越来越多人的青睐。随着移动端设备(例如手机、平板电脑等无线设备)的普及,无线网络的使用人数已经超过了有线网络。目前国内应用比较成熟的无线上网技术主要有宽带无线接入系统、无线局域网。

10.2   如何使用(Edge)浏览器

通常把 Internet 提供服务的一端称为服务器,把访问 Internet 的一端称为客户端。客户端通过自己计算机上的应用程序访问 Internet 的各种服务器。现在有许多能在微机上使用的 Internet 客户端应用程序,浏览器程序以 Microsoft Edge(以下简称为 Edge)、谷歌公司的 Chrome、360 浏览器、火狐(Firefox)、QQ 浏览器等较为常用,利用它们可以在图形界面下进行网上世界漫游。下面以 Edge(默认版本为 91.0.864.48)为主介绍浏览器的使用方法。

Windows 10 桌面任务栏的快速启动区有一个 Edge  图标,单击此图标可以启动 Edge 程序,出现类似于如图 10.1 所示的窗口。

图 10.1   Edge 工作窗口

10.2.1   Edge 工作窗口介绍

Edge 窗口具有 Windows 10 窗口的风格,它包括许多栏目(参见图 10.2)。

1. 标题栏

一个 Edge 窗口可以同时打开多个页面,每个页面对应一个标签页。窗口的最上方显示了当前已打开的标签页列表,其中处于选中状态的标签页即为正在访问的页面。每个页面的最上方,即该页面的标题栏,显示的是该页面的标题。

2. 工具栏

提供了对频繁使用功能的快速访问,包括页面的返回、前进、刷新等。

3. 菜单栏

以图标菜单方式提供可使用的 Edge 功能。Edge 的菜单栏包括收藏夹、集锦、个人、

图 10.2　打开多个 Edge 窗口

设置及其他,设置及其他包括浏览器系统设置及其他浏览器常用功能。

4. 地址框

Internet 上的每一个信息页都有它自己的地址,术语为统一资源定位符(Uniform Resource Locator,URL),俗称网址。可以在地址框中输入某已知地址,然后按 Enter 键就可以显示该地址对应的页面。使用返回上一页或前进下一页按钮,可以在已查看过的页之间前后切换。要阅览最近查看过的部分页的记录,可在"设置及其他"栏目下查看历史记录。要多次查看其中的某一页,可以从列表中选择该页。可以单击地址栏尾端收藏图标将感兴趣的页添加到个人收藏夹列表中,以便日后经常访问该页面。网络页面 URL 的一般形式是:

〈URL 的访问方式〉://〈主机〉:〈端口〉/〈路径〉

其中,〈URL 的访问方式〉最常用的有方式三种:FTP(文件传输协议)、HTTP(超文本传输协议)和 Usenet 新闻组。〈主机〉是必须有的,〈端口〉和〈路径〉有时可以省略。

当在地址框中输入 IP 地址并按 Enter 键后,Edge 将根据地址访问指定的 WWW 服务器。

5. 多标签显示模式

在同一个窗口下可以显示多个网页,每个网页对应一个标签页。打开 Edge 浏览器窗口,系统会默认创建一个标签页。单击浏览器窗口中标题栏右侧(若当前窗口有多个打开的标签页,则选择最近创建的标签页)的"新建标签页" ＋ 按钮,浏览器窗口会创建新的标签页。一般来讲,WWW 服务器提供的第一个信息页面称为主页,其他页面称为一般的 Web 页面,通过主页可以直接或间接链接到其他页面。图 10.2 中显示的是中国知网(提供访问包括硕士、博士学位论文等内容服务的网络平台)和科学网(提供科学新闻报道、科学信息服务以及交流互动的网络平台)的主页。

6. 多窗口显示模式

当在一个窗口中打开过多网页时，Edge 浏览器窗口中网页之间的切换就会不太方便。Windows 提供了多窗口的显示模式，允许用户同时打开多个文档窗口并在每个窗口中独立操作。单击图标菜单 ••• "更多操作"，在出现的快捷菜单中选择"新建窗口"项可以打开新的窗口（参见图 10.2）。例如，可在一个窗口中阅读文档，而在其他窗口下载文件，这样能提高传输线路的利用率。

7. 状态栏

窗口的左下角是状态栏，显示文件载入时的状态信息。Edge 的状态栏是自动隐藏的，只有当鼠标指针放在某个链接上时，状态栏才会出现在窗口左下角，同时显示与此链接相关联的页面地址。

10.2.2　在 Edge 中浏览网页

1. 超链接

超链接是"超文本链接"的缩略语，通过单击超链接点，可以从服务器的某一页转到另一页，也可以转到其他服务器页。表示超链接点的信息可以是带有下画线的文字或图像，甚至是动画。由于页面上的内容经常更新，实际看到的画面与本书中的画面可能有所不同；另外，10.2.1 节提到的统一资源定位符（或网址）是超链接的一种表示方式，超链接还可以是类似于书签的链接方式。

利用 Edge 软件浏览 Web 页面非常简单，只要知道要浏览的网页地址，通过在地址框中输入 http 协议（可省略）和域名（或该域名对应的 IP 地址），然后按 Enter 键即可。

2. 输入网址浏览网页

打开 Edge 浏览器，在浏览器的地址框里输入网址，例如中国科学网网址：www.sciencenet.cn，然后按 Enter 键，工作窗口中开始下载其主页。如果浏览器窗口中已打开多个网页，则可以单击 "新建标签页" + 按钮，在新标签页中的地址框中输入网址，然后按 Enter 键。图 10.3 显示了在一个窗口中打开的两个标签页，分别对应科学网和《中国科学》杂志社的主页，其中用户当前浏览的页面为科学网的主页。

当移动鼠标指针到图 10.3 所示的"生命科学"超链接点（在不引起混淆的情况下以后叙述均省略"超链接点"）上，此时鼠标指针变成手掌形，单击后会从该窗口中弹出新的 Web 页面，也可继续单击其他超链接点。

从以上的操作可以体会到，在 Web 页面上除了有文字、图像外，还有许多链接到本 WWW 服务器或别的 WWW 服务器页面的信息点，这就是超链接点。只要移动鼠标指针到某处，其形状变成手掌形，此处就是超链接点，单击就可以转移到新的页面。

10.2.3　Edge 菜单栏介绍

与微软以往版本的浏览器相比，Edge 浏览器其中一个主要的变化体现在菜单栏上。菜单栏的位置位于地址框的右侧（如图 10.2 所示），菜单栏中各菜单项以图标形式显示，从左到右依次为"收藏夹" ⭐≡ 、"集锦" ⊞ 、"个人" 👤 、"设置及其他" ••• 等。以下将逐一介绍每个菜单项的功能。

图 10.3 多标签模式下的网页浏览

1."收藏夹"菜单项

1)"收藏夹"的管理

收藏夹是一棵具有树形结构的目录树,类似于 Windows 10 操作系统中"文档"。目录树的根结点为"收藏夹",用户可以在根结点下建立自己的目录分类,例如"高校网站""政府部门网站""购物网站""学术网站"等,每个目录下还可以进一步进行细分,建立多个子目录。

在"收藏夹"下创建"学术网站"目录的操作步骤如下:

① 打开 Edge 浏览器,在类似于如图 10.3 所示的地址栏右侧,单击"收藏夹"☆ 按钮,出现如图 10.4(a)所示的收藏夹目录管理界面。

② 单击图 10.4(a)中框内"添加收藏夹"📂 按钮,会出现一个新的文件夹(如图 10.4(b)所示),默认名称为"新建文件夹"。

③ 右击该文件夹进行"重命名",将其命名为"学术网站"。

(a) 收藏夹目录 　　　　　　　　　　　　 (b) 创建名为"新建文件夹"的新目录

图 10.4 "收藏夹"管理

重复上述操作步骤,可以继续在"收藏夹"根目录下创建"高校网站""政府部门网站""购物网站"文件夹,创建上述文件夹后的"收藏夹"如图 10.5 所示。

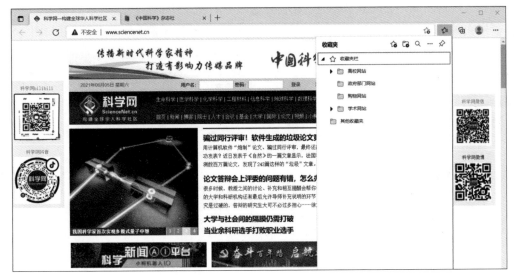

图 10.5 "中心"菜单项下收藏夹的使用与管理

2）如何把整个页面保存到收藏夹

收藏夹创建好目录分类后，就可以把后续希望重复访问的页面，通过创建"软链接"的方式，把软链接保存到收藏夹中（注意：网页在收藏夹维护的只是一个链接，不是网页的具体内容）。软链接由一对方便记忆的标签和该页面的 URL 组成，标签用来标记该页面的语义，URL 用来定位该页面在互联网中的位置。把页面保存到收藏夹，实际上是创建对应该页面的软链接，并把该软链接保存到收藏夹。操作步骤如下。

① 打开网页并创建软链接。当浏览到某个感兴趣的页面后（例如科学网的主页 www.sciencenet.cn），单击地址框中右侧的收藏夹图标☆。此时将会出现如图 10.6 所示的"已添加到收藏夹"对话框，在名称栏中键入容易记忆的新名称或使用默认的名称，生成该页面的 URL 和方便记忆标签之间的对应关系。

② 把软链接存储到指定的文件夹中。在图 10.6 所示的"文件夹"栏中，选择要将软链接存储到收藏夹何处。"文件夹"默认设置为最近一次使用的目录名称，例如图中显示的"学术网站"。选择要保存的目录，单击"完成"按钮，即可把整个页面保存到收藏夹。

也可以在存储软链接的过程中为其创建新的收藏夹目录，单击图 10.6 中的"更多"按钮，打开图 10.7 中所示的"编辑收藏夹"页面，单击红框中的"新建文件夹"按钮，创建新的收藏夹目录并为其命名。命名之后选中新的收藏夹，单击"保存"按钮，即可将软链接存储在新的收藏夹目录当中。

如果当前网页已被收藏，则其地址框中的五角星图标将高亮★显示。

3）收藏夹的使用

如何打开收藏夹中的页面？在联机状态时要打

图 10.6 "收藏夹"对话框

开收藏夹中的页面,可单击"收藏夹"菜单项,出现类似于如图10.5所示的窗口。单击网页所在的收藏夹目录,例如"学术网站",会出现该目录下所有被收藏的网页(如图10.8所示),单击已被收藏的标签,例如"科学网",即可在当前标签页里显示该页面。

图10.7　为"收藏夹"新建子文件夹

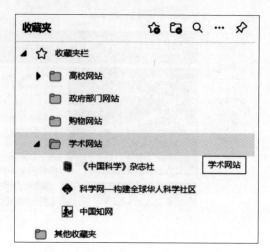

图10.8　特定目录下被收藏的网页列表

为了兼顾以前版本的 Windows 用户,Edge 浏览器还支持从其他浏览器(例如Internet Explorer(IE)浏览器),导入收藏夹。单击"设置及其他"图标,在出现的快捷菜单中选择"设置"选项,在随后出现的"个人资料"页面中单击"导入浏览器数据"超链接,按系统提示选择导入位置及导入内容,就可以把其他浏览器中设置的收藏夹导入到 Edge 浏览器中。

2."集锦"菜单项

"集锦"是 Edge 浏览器新增的功能,用来帮助用户浏览网页时,对网页中的特定内容(例如图片、超链接、文本)建立书签的一种方式。"集锦"中的一个书签称为一个"项目",单击该项目时,Edge 浏览器可以自动跳转至该页面内书签所在的位置。对于同一用户在不同设备上添加的集锦,可以通过 Microsoft 账号实现"集锦"内容的同步。与"收藏夹"维护网页的 URL 相比,"集锦"可以记录网页中内容的位置,可以实现更细粒度内容的定位。

(1) 创建一个新的集锦的操作步骤如下:

① 打开 Edge 浏览器,在类似于如图10.3所示的地址栏右侧,单击"集锦"按钮,出现如图10.9所示的集锦列表管理界面。

② 单击图10.9中框内"启动新集锦"按钮,打开如图10.10所示的新建集锦页面,单击"新建集锦",可修改该集锦名称,我们将其命名为"学术网站"。

③ 对于新创建的集锦,可以单击图10.10中框内的"添加当前页面"将当前正在访问的页面添加入集锦。

图 10.9　网页中的"集锦"列表

图 10.10　在 Edge 中创建集锦图

（2）将网页中内容添加进集锦。以网页文本内容为例，操作步骤如下。

① 在如图 10.11 框中所示的界面中，选中网页中一段文本："知网，是国家知识基础设……"。

图 10.11　将页面内容加入集锦

② 选中文本之后,右击该文本,在出现的快捷菜单中选择"添加到集锦",键入要添加的集锦名称将其添加到集锦当中;或者选中文本后,单击浏览器菜单栏中的 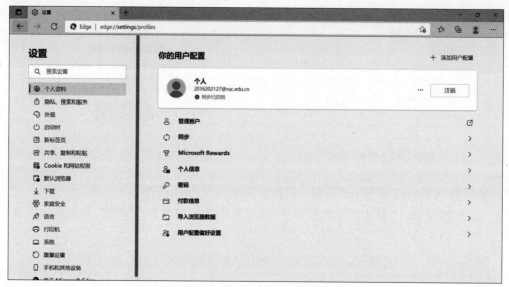 图标,打开集锦列表,选择目标集锦后,拖拽被选中的文本到该集锦中。

对于已经添加了网页、图片、文本等项目的集锦,用户可以通过拖拽可调整各个项目之间的先后顺序,右击目标项目,可对该项目进行"复制"及"删除"等操作。

3. "个人"菜单项

利用"个人"菜单项,可以对浏览器进行个性化设置,常用的设置内容包括个人的资料、浏览器的外观、语言等。在如图 10.2 所示的菜单栏中,单击"👤|管理个人资料",会出现如图 10.12 所示的界面,进行个性化设置。例如,通过单击界面左侧的"启动时"项,用户可以选择启动时打开新标签页、从上次中断的地方继续或者打开一个或多个特定界面;"下载"页提供默认下载位置的更改;"语言"页可以调整"首选语言"和设置"拼写检查"等。

图 10.12　用户个人资料管理及浏览器功能设置页面

4. "设置及其他"菜单项

"设置及其他"菜单项中详细列出了 Edge 浏览器各项功能的超链接,利用这些功能模块,用户可以优化自己的上网体验。常用的浏览器功能包括新建标签页、新建窗口、收藏夹、历史记录、下载等。新建标签页、新建窗口、收藏夹等功能前文已介绍过,下面重点介绍历史记录和下载功能。

(1) 历史记录。单击"设置及其他"菜单中的"历史记录"子菜单,"历史记录"的图标将出现在菜单栏中,此时可以查看用户使用 Edge 浏览器访问过的按时间排序的网页记录(如图 10.13 所示)。单击任意一条浏览记录,即可重新打开该网页。单击"历史记录"子菜单右上侧的更多选项图标 •••,选择"清除所有历史记录"选项,可以清除掉全部的历史记录。此外用户也可在历史记录列表中,右击某一历史记录并在出现的快捷菜单中选择"删除"项,可以清除掉该条历史记录。

图 10.13　历史记录的查看与管理

（2）下载 。单击"设置及其他"菜单中的"下载"一栏 ↓，会出现如图 10.14 所示的快捷菜单，菜单中列出了用户过去下载过的文档列表。单击子菜单右上角的"打开下载文件夹" □ 按钮，即可打开这些文档在本地的存放位置。单击更多选项图标 ···，选择"清除所有下载历史记录"选项，可清除所有历史下载记录。

图 10.14　Edge 浏览器下载的文档列表

（3）Web 页面的共享。使用 Edge 浏览器，可以将一些重要的网站或感兴趣的网页等内容，通过电子邮件、OneNote 等应用，分享给其他用户。

当浏览到某个需要的页面后，单击"设置及其他"菜单栏中的"共享"⤴一栏，桌面会弹出"共享"菜单，用户可以把当前的网址或当前页面的 Web 笔记截图通过以下几种方式进行共享：

① 同步到个人的"OneNote"账户 单击菜单中的"OneNote"选项，如果是第一次使用 OneNote 应用，则会进入"OneNote"登录界面，输入 Microsoft 账户信息并进行验证后，出现如图 10.15 的对话框，单击"发送"按钮，可将 Web 页面或 Web 笔记添加至"OneNote"应用中。

② 通过电子邮件共享。单击菜单中的"邮件"选项，如果是第一次使用电子邮件进行发送，则需要先申请一个邮箱（参见 10.4.1 节），并配置邮件收发客户端（参见 10.4.2 节），设置成功后，出现如图 10.16 所示的对话框，输入收件人的邮箱地址，即可发送 Web 页面的地址给收件人。

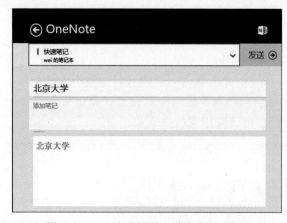

图 10.15　通过 OneNote 共享 Web 页面

图 10.16　通过邮件共享 Web 页面

（4）页面内容的查找。单击"设置及其他"图标 ···，在出现的快捷菜单中选择"在页面上查找"项，当前标签页的地址栏和菜单栏下方会出现一个查找栏，如图 10.17 所示。用户在搜索框中输入要搜索的文字（例如"大数据"），页面中对应相同的文本内容将会自动高亮（图中橘色高亮区域）显示，如图 10.17 所示。同时，搜索框右边还会显示匹配项个数，用户可以通过单击上箭头按钮或下箭头按钮选定 Web 页面中的前一个或者后一个匹配项。

图 10.17　页面内容的查找

（5）Edge 浏览器的参数设置。单击"设置及其他"图标 ···，在出现的快捷菜单中选择"设置"项，可以对 Edge 浏览器进行更多设置，包括浏览器的隐私服务、外观、启动设置、自定义新标签页、共享和复制粘贴设置、网站权限、默认浏览器、下载、语言、重置设置等。

除了以上提到的这些功能以外，为了方便用户的使用，Edge 浏览器还提供了很多其他功能，例如，"页面缩放""打印""将媒体转移到设备上播放"等。

5. 扩展

浏览器界面上默认带有如收藏夹、历史记录、下载等若干功能。然而用户可能还有额外需求，默认的功能无法满足这些需求。为此，Edge 浏览器提供了扩展这一功能。扩展功能是指微软为用户的多种需求提供不同的额外插件，用户可以下载并安装这些插件，使自己的浏览器功能更为丰富，满足自己的需求。

10.3　文件的下载和上传

利用搜索引擎、门户网站等可以找到所需要的网页、文档、音乐、视频、图像、应用软件等文件，并把这些文件下载下来保存到自己的计算机上。文件的下载和上传主要基于以下三种协议。

（1）HTTP 协议。HTTP 协议是 Hyper Text Transfer Protocol（超文本传输协议）的缩写，工作于客户端/服务器（Client/Server）架构上，浏览器作为 HTTP 客户端通过 URL 向 HTTP 服务器，即 Web 服务器发送所有请求，Web 服务器根据接收到的请求后，向客户端发送响应信息。基于 HTTP 协议的文件下载用户从 Web 服务器传输超文本到本地浏览器。在 Web 页面上，用户通过单击浏览器中的超链接向 Web 服务器发送下载文件的请求，Web 服务器向 HTTP 客户端传送文件。

（2）FTP 协议。有时用户并不能直接通过链接得到所需的信息，因为这些链接仅仅表明在某 Web 服务器上存在相关的软件，并且这些链接信息可能已经过时（例如该 Web 服务器已经删除了该软件，而该链接信息却没有及时更新）。这时就要用另一种办法下载文件，这就是文件传输协议（FTP）。在 Internet 上有许多专门提供文件服务的计算机，称为 FTP 文件服务器，其磁盘上装有大量有偿或无偿使用的软件或文件供用户下载（Download）。无偿使用的软件有两种，一种叫共享软件（Shareware），一般有一定的使用期限，作者保留版权；另一种叫自由软件（Freeware），作者无条件奉献给大家作为非商业目的使用。用户利用 FTP 协议可以从某 FTP 服务器下载需要的文件。如果对方允许，也可以利用 FTP 协议把自己计算机上的程序或文件上传（Upload）到某服务器上。在 FTP 服务器上，免费软件经常放在 pub 目录中，可上载文件的目录名一般叫做 incoming。

（3）P2P 协议。除了 HTTP 协议和 FTP 协议，现在人们经常使用的网络传输协议还有 Peer-to-Peer（简称 P2P）。P2P 是一类允许一组用户互相连接并直接从用户硬盘上获取文件的网络协议，它通过网络在用户间分享文件，而不是通过中央服务器进行分享。P2P 基于一种分布式网络，网络的参与者共享他们所拥有的一部分硬件资源（处理能力、存储能力、网络连接能力、打印机等），这些共享资源需要由网络提供服务和内容，能被其他对等结点（Peer）直接访问而无须经过中间实体。在此网络中的参与者既是资源（服务和内容）提供者（Server），又是资源（服务和内容）获取者（Client）。

网络上文件的上传和下载方法大多都是基于以上介绍的三种协议进行的，下面介绍几种常用的文件下载和上传的方法。

10.3.1　下载文件的方法

上网后，可以利用浏览器软件下载文件，也可以利用专门的下载软件下载文件。

1. 利用 Edge 浏览器下载

Edge 支持上述三种网络传输协议，只要在 Web 页面中单击要下载的内容或者直接在地址框里键入下载内容的超链接即可下载文件。

【例 10.1】　利用 HTTP 协议下载文件。

许多网站在自己的浏览页面上链接一些常用的程序或文件供用户下载。直接从页面下载的操作步骤是：

在浏览器中输入网站地址，例如 https://im.qq.com/download，按 Enter 键后，会出现腾讯计算机系统有限公司开发的 QQ 即时通信软件下载页面（如图 10.18 所示），找到要下载的文件名称，例如"QQ PC 版"，单击"下载"按钮，会在当前标签页的下方出现如

图 10.19 所示的下载进度条,下载结束后,软件将保存在 Edge 浏览器默认的下载文件夹。单击进度条的"运行"按钮,即可开始安装该应用软件;单击进度条的"查看下载"按钮,可打开软件所保存的文件夹。

图 10.18　QQ 即时通信软件下载页面

图 10.19　QQ 即时通信软件下载进度条

【例 10.2】 利用 FTP 协议下载文件。

下载 Mozilla FTP 文件服务器上的文件。一般的操作步骤是:

① 打开 Edge 浏览器,并在 Edge 的地址框里输入要下载文件所在的服务器名称 http://ftp.mozilla.org/,按 Enter 键后,浏览器开始连接要访问的文件服务器。

② 当正确连接到要访问的文件服务器后,屏幕会显示该服务器的根目录内容。需要注意的是,不同服务器的根目录显示的内容不一定相同。

③ 一般情况下,pub 目录存放可供用户免费下载的常用软件,级联打开 pub 目录,找到合适的文件进行下载,例如,单击 pub|calendar|sunbird|releases|0.2|,出现如图 10.20 所示的可供下载的文件列表。

④ 单击需要下载的文件,可出现如图 10.19 所示的下载进度条完成文件下载。

2. 使用其他搜索、下载工具

常见的有迅雷、百度网盘,许多网站上都有共享版本的搜索、下载工具软件,可下载安装后使用。

【例 10.3】 利用迅雷下载文件。

下载的最大问题是速度,其次是下载后的管理。迅雷就是为解决这两个问题所设计

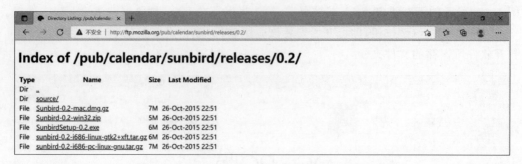

图 10.20　FTP 文件服务器下可供下载的文件列表

和开发的下载工具。通过把一个文件分成几个部分同时下载可以成倍地提高速度,下载的文件按树状结构分门别类地保存起来。

迅雷下载具有诸多功能。包括断点续传(一旦文件下载中断,下次重新下载时可以从上次中断的地方开始)、多点连接(将文件分块同时下载)、批量下载(可方便下载多个文件)、可创建不同的类别(把下载的软件分类存放)、充分支持拖曳(可方便把下载的软件归类)、支持自动拨号、下载完毕可自动挂断和关机、支持代理服务器(方便用户利用特殊的网络渠道)、可定制工具条和下载信息的显示、下载的任务可排序、自动识别操作系统(中文系统下显示中文,其他系统界面为英文)。

(1) 迅雷的安装。

打开 Edge 浏览器,在标签页的地址栏中输入“迅雷”,从搜索结果中找到迅雷官方网站并打开该网站(其网址为 http://dl.xunlei.com/),如图 10.21 所示,在迅雷网站中的下载页面中找到 Windows 版本的迅雷(图 10.21 所示的“迅雷 11”),单击“下载”,可以把迅雷的安装程序下载到本地。双击迅雷安装程序,弹出如图 10.22 所示的应用程序安装窗口,单击开始安装,安装程序会自动为用户将迅雷安装到默认文件夹或用户指定文件夹。

图 10.21　迅雷官方网站

(2) 迅雷的使用。

在本机安装迅雷以后,通过浏览器下载文件,系统会自动切换到使用迅雷进行文件的下载。例如打开百度网盘的下载页面 http://pan.baidu.com/download,在页面中单击

图 10.22　迅雷安装

"下载 PC 版",系统会自动弹出如图 10.23 所示的迅雷下载窗口框,单击文件夹图标可以设置文件下载到本地磁盘的路径,然后单击"立即下载"按钮,即可使用迅雷下载百度网盘的安装程序。

用户也可以右击网页中的"下载 PC 版"链接,选择"复制链接",然后打开安装好的迅雷软件,将下载链接复制到"新建任务"框中,同样单击"立即下载"即可执行下载任务。

图 10.23 使用迅雷下载文件

10.3.2　上传文件的方法

除了从 Internet 下载文件之外,还可以上传一些文件到 Internet 上,与他人分享或共享。上传文件一般有两种方式,一种是通过浏览器进行文件的上传,另外一种就是通过客户端进行文件的上传,但无论是采用哪种方式进行文件的上传,都需要对接收文件的服务器有相应的访问权限。

【例 10.4】　上传文件到百度网盘(注:百度网盘是百度公司给互联网用户提供的存储服务,注册用户可以上传本地的文件到百度网盘中)。

(1) 使用浏览器上传文件。

打开百度网盘的 Web 页面(网址为 https://pan.baidu.com/),登录用户账号(没有注册的用户需要先注册账号再进行登录操作),会进入如图 10.24 所示的用户界面,单击"上传"按钮,用户可以从本地选择想要上传的文件上传至百度网盘的当前目录。

(2) 使用百度网盘客户端上传文件。

打开百度网盘 PC 客户端,登录用户账号(没有注册的用户需要先注册账号再进行登

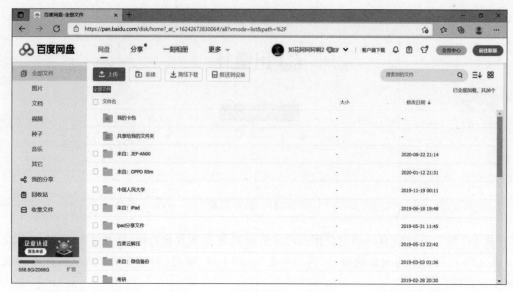

图 10.24　使用浏览器上传文件

录操作),进入如图 10.25 所示的用户界面,单击红框里的"上传"按钮,用户可以从本地选择想要上传的文件上传至百度网盘的当前目录下,客户端会自动同步到百度网盘的服务器端。

图 10.25　使用客户端上传文件

10.4　电子邮件 E-mail

收发电子邮件是 Internet 提供的最普通、最常用的服务之一。通过 Internet 可以和网上的任何人交换电子邮件。

目前,用户可在腾讯、网易、新浪、搜狐等门户网站申请到免费电子邮箱。当用户申请到电子邮箱之后,可通过设置 Windows Mail 或其他电子邮件客户端完成收发电子邮件工作,以提高工作效率。

10.4.1　申请和使用免费电子邮箱

电子邮箱有收费和免费两种服务方式。目前国内外仍有很多站点提供免费的电子邮箱服务。不管从哪个 ISP 上网,只要能访问这些站点的免费电子邮箱服务网页,用户就可以免费建立并使用自己的电子邮箱。要使用这些站点上的电子邮箱时,首先使用浏览器进入主页,登录后,在 Web 页上收发电子邮件,也即所谓的在线电子邮件收发。

1. 部分免费电子邮箱服务站点

部分中文免费电子邮箱服务站点见表 10.1。

表 10.1　部分中文免费电子邮件服务站点

地　　址	名　　称
http://www.126.com/	网易免费邮箱
http://mail.163.com/	网易免费邮箱
http://mail.sohu.com/	搜狐免费邮箱
http://mail.sina.com.cn/	新浪免费邮箱

2. 建立邮箱的方法

不同的服务器,建立邮箱的方法也略有不同。

【例 10.5】　利用 HTTP 协议访问网易免费邮箱,在域名为 http://www.126.com/ 的服务器上建立邮箱。

(1) 连接入网。

(2) 启动 Edge 浏览器,在地址框中输入 http://www.126.com/,按 Enter 键后进入主页(参见图 10.26)。

(3) 申请免费 E-mail 邮箱,单击页面中的"去注册"按钮,出现如图 10.27 所示的注册页面。在该注册页面中用户可以选择注册字母邮箱或注册手机号邮箱,如需安全性更高的邮箱,用户还可以选择付费注册 VIP 邮箱。

(4) 以注册字母邮箱为例,单击"注册字母邮箱",在文本框中依次输入邮箱地址、密码、手机号码、验证码,并单击"免费获取验证码",然后将手机收到的短信验证码输入到相应文本框。如果所填信息都符合规范(如用户名不存在重名现象、密码长度符合要求),那么在每一个文本框下方都会出现相应的绿色提示信息,如图 10.28 所示。

图 10.26　126 免费邮箱主页

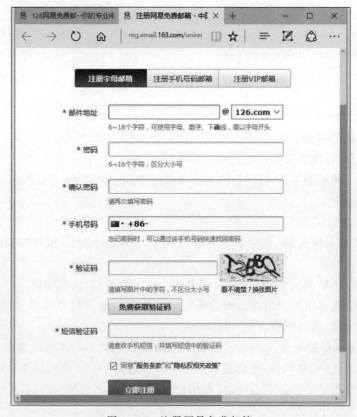

图 10.27　注册网易免费邮箱

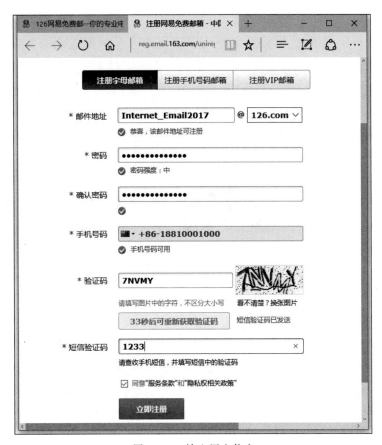

图 10.28　输入用户信息

（5）单击"立即注册"按钮，显示图 10.29 所示的注册成功页面。

图 10.29　注册成功页面

3. 免费电子邮箱的使用

（1）进入在线邮箱。返回到图 10.26 所示的页面，输入邮箱账号和密码之后，单击
"登录"按钮，会出现如图 10.30 所示的邮箱主页。如果是第一次进入邮箱，将会收到由网

易邮件中心发送的邮件"网易邮箱最新功能使用指引"。

图 10.30　网易 126 邮箱主界面

（2）浏览帮助内容。在使用邮箱之前最好浏览一下有关的在线帮助，以提高使用
水平。

① 单击页面右上侧的"帮助"菜单下的"邮箱帮助"选项，仔细阅读该网页内容。

② 在"帮助中心"页面中单击相应链接，可以学习关联手机、密码保护等常用功能。

（3）读邮件。在图 10.30 所示的页面中，单击"收信"按钮，可弹出图 10.31 所示的页
面，阅读来信。

图 10.31　读邮件页面

第一次使用邮箱时，可能无信件，有的网站会自动给新建邮箱用户发一封欢迎信。若

有信件,可单击信件名阅读信件内容。

（4）发信。单击"写信"按钮,可弹出如图 10.32 所示的邮件发送页面。单击页面上各种工具按钮可执行各种功能。可利用此免费的电子邮箱给自己发一封信,检查能否收到信件。

注意：此时收件人地址应为"用户名@域名",例如 zhoulzlazy@163.com,则表示给 zhoulzlazy@163.com 发信,另外可以在右侧通讯录中选择收件人。单击"发送"按钮发出邮件。

图 10.32　邮件发送页面

（5）邮箱配置。如果不满意默认的邮箱配置,可以单击"设置"超链接,根据该页面的说明进行相应地设置。

10.4.2　电子邮件客户端软件 Windows Mail 的使用

邮件客户端软件可以帮助用户收发电子邮件时不必进入在线邮箱。通过对邮件客户端进行适当的配置,便可完成电子邮件的收发工作,从而大大地提高工作效率。

Windows 10 中常用的电子邮件客户端软件是 Windows Mail,又称作"邮件"应用。如果计算机上没有默认安装此软件,用户可从微软官方网站上下载（参见例 10.1）。其他电子邮件客户端软件的使用方法与它有许多类似之处。

1. 添加电子邮件账户

Windows Mail 可以添加多个不同的电子邮件账户。这样,对于同时拥有多个电子邮箱（如网易 163 邮箱和新浪邮箱）的用户来说,可以不必一一进入在线邮箱,就可以通过 Windows Mail 客户端实现在线邮箱的所有基本功能。具体的配置方法是：

（1）单击"开始|所有应用|邮件"启动 Windows Mail 程序，如果是首次启动，将出现如图 10.33 所示窗口，用以添加账户。

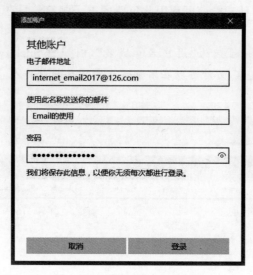

图 10.33 "添加账户"对话框

（2）输入自己的电子邮件地址、登录密码以及显示名（对方收到该电子邮件时，发送人的信息会由"显示名"代替）。通常情况下，软件可以自动检测出几乎所有邮箱地址对应的配置信息，并自动完成配置工作。单击"登录"按钮。

（3）在随后出现的界面中只需要单击"完成"按钮，即可完成当前账户的添加工作。

（4）当需要配置另外一个邮件账户时，可以单击 Windows Mail 菜单栏中的"账户|添加账户"，同样会出现如图 10.33 所示的"添加电子邮件账户"窗口，操作的过程跟添加第一个电子邮件账户相同。

2．阅读邮件

（1）添加账户后会进入 Windows Mail 程序的主界面（参见图 10.34）。供收发电子邮件使用的文件夹有"收件箱""草稿""已发送邮件"以及"更多"文件夹下的"已删除邮件"文件夹。

（2）窗口的个性化设置。用户单击 Windows Mail 窗口左下角的 ⚙ 按钮，并在出现的 Windows Mail 设置栏中单击"个性化"选项可以打开 Windows Mail 的个性化设置界面。通过这个个性化设置界面，用户可以根据个人喜好对 Windows Mail 的主题颜色、背景图片等进行设置。

（3）发送/接收邮件。单击需要接收邮件的账户，然后单击"搜索框"旁边的"同步"按钮 ⟳，则该账户新收到的邮件信息将会更新到收件箱中。

（4）阅读来信内容。单击"收件箱"打开收件列表，然后单击某一封邮件，则可在右侧窗口显示来信内容。可移动滚动条或扩大窗口观察全文。

注意：若未入网，则此时看到的只是以前收到的信，不包括尚未下载的邮箱服务器中的信。

图 10.34　Windows Mail 程序的主界面

3. 新建邮件

单击"新邮件"选项,可以在 Windows Mail 右侧打开一个"新建邮件"栏,在该窗口中可以直接撰写新的邮件。

【例 10.6】　使用 Windows Mail 写一封简单的信测试邮件功能是否正常。

填写信件地址及主题。单击窗口左侧的"新邮件"选项,窗口右侧弹出"新建邮件"栏(参见图 10.35)。这是一个包括固定空白栏目的新邮件栏。

(1) 在"收件人"栏里填上收件人(包括收件人是自己的情况)的电子邮件地址。

(2) 如果同一内容的信要发给其他多个人,可在"抄送"或"密件抄送"栏里填上其他人的地址,如果是抄送给多人,每个地址之间要用分号或逗号隔开。当使用"密件抄送"时,收件人将无法获知该邮件的抄送人信息。抄送人的地址会自动加到每一封信的信头信息中。

(3) 在"主题"栏内,一般可用简单的词标明此信的内容,便于收信人识别。虽然不填写主题也可以,但以填写为好。下面的文本框类似文字编辑窗口,可输入信件内容。

① 写信。输入如图 10.36 所示的信件内容。单击"格式"菜单,用户可以为信中的文字设置特定颜色和字号,单击"插入"菜单,用户可以在邮件中添加表格或者图片等信息。

② 发信　信写好后,单击右上角的"发送"按钮,如果已上网则会立刻发送,如未上网则自动把信先存到待发的文件夹"发件箱"中(参见图 10.37),用户可继续写其他信件。待上网后"发信箱"里的信件将会被一起发送出去。

如果上网后发现发不出信,收到的是退信或收到一封包括乱码的信,则可能在软硬件

图 10.35 "收件箱"窗口

图 10.36 在文字编辑窗口中输入信件内容

设置上出了问题,应仔细查找一下原因。

图 10.37　发件箱中的待发信

4. 处理来信

应该养成定时查看邮箱的习惯,例如每天打开一次。因为别人发给用户的信件会随时保存在为用户服务的邮件服务提供商的主机上,若想阅读信件,只有主动与主机联网后,才可以下载到本地计算机上。入网后,执行邮件服务程序,如果有新邮件,则会自动传送到用户的计算机上。图 10.38 为接收到的新邮件,其中包括网易中心发来的测试信件。

(1) 回信。

① "收件箱"的邮件列表中,打开要回复的邮件,然后单击邮件内容上方的"答复"选项,屏幕将出现如图 10.39 所示的窗口。此时,收件人地址已自动填好,来信内容也自动复制到文本区中,如果不需要,则可以删掉。

② 输入要回复的邮件正文。

③ 单击"发送"按钮,完成回复。

(2) 全部回复。

在收件箱的邮件列表栏中,单击要回复的邮件,然后单击邮件内容上方的"全部答复"按钮,回复给作者及作者抄送的人。这时,收件人框里自动输入了用分号或逗号隔开的许多人的名字(或地址)。其他操作与"回复作者"一样。

(3) 转发邮件。

在收件箱的邮件列表中,单击要转发的邮件,然后单击"转发"按钮,把选中的来信转发给其他人。

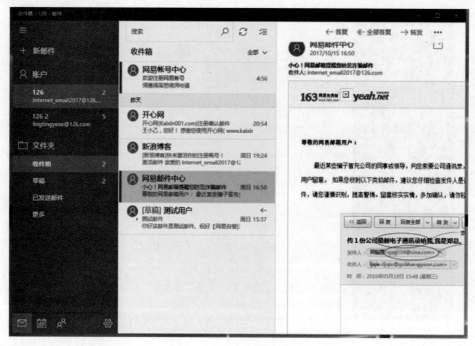

图 10.38　新收到的来信

图 10.39　答复窗口

（4）删除文件夹中的信件。

在邮件列表中，单击要删除的邮件，然后单击 🗑 按钮，选定的文件被删除。不过此信件并未真的被删除，可以在"已删除邮件"文件夹中找到它。

5. 邮寄附件

E-mail 也可以随信邮寄附件——计算机文件。附件的文件类型可以是可执行文件、数据文件、图像文件和声音文件等。如果要发送的附件比较多，则可以用压缩软件先把它们压缩成一个文件包再插入到邮件中。

【例 10.7】 在已写好的信中插入一个附件。

（1）在如图 10.39 所示的窗口中，单击"插入｜文件"，会弹出"插入附件"对话框。

（2）在"插入附件"对话框中选择要插入的文件，单击"打开"按钮。

（3）在邮件的正文上方增加了一个新的附件区，里面显示所加附件的图标（参见图 10.40）。

图 10.40　发送带有附件的邮件

注意：由于用户的电子邮箱"容积"和网速有限，所以附件不能太大，否则对方无法接收。不同的电子邮件所提供的附件容量也不一样。一般的图像或声音文件都比较大，因此发送或接收带有附件的信件要花费较多的传送时间，故附件一般应经压缩后再发送。

6. 打印和复制电子邮件

电子邮件的文件格式是特殊格式的文件。用一般的打印或阅读文本文件的程序不能直接打印和阅读电子邮件，因此要另做处理。

（1）在 Windows Mail 中打印电子邮件。单击邮件内容上方的 ⋯ 按钮，在弹出的下拉菜单中单击"打印"项，则自动调用 Windows 10 中的打印程序，按提示操作即可。

（2）把电子邮件保存为文本文件。单击邮件内容上方的 ⋯ 按钮，在弹出的下拉菜单中单击"另存为"项，选择保存类型为"文本文件"，单击"保存"按钮。

7. 电子邮件软件参数的设置

可以改变 Windows Mail 的默认设置参数值以适合用户自己的习惯。

单击 Windows Mail 窗口左下角的 ⚙️ 按钮,可以出现如图 10.41 所示的 Windows Mail 设置栏,在该设置栏中,用户可以对自动答复、邮件安全性等参数进行设置。

由于有人会把病毒程序放在附件中,打开附件病毒程序就会发作,因此不要随便打开不认识的人寄来的邮件,对这样的邮件应该在打开附件前进行病毒扫描或者直接把它删除。

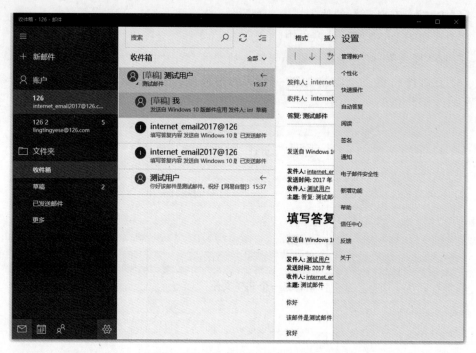

图 10.41　Windows Mail 设置栏

10.5　中文电子公告栏

10.5.1　基于 WWW 的 BBS 站点

电子公告栏系统(Bulletin Board System,BBS)也是 Internet 上的热门应用之一,每个 BBS 站点都贴近百姓生活,在那里可以交友和讨论感兴趣的问题。

BBS 站点有两种类型:一种是基于 UNIX 操作系统的 BBS 站点,用户使用 Telnet 终端访问程序,以远程终端方式使用 BBS;另一种是下面要介绍的基于 WWW 的 BBS。

使用浏览器可以直接进入基于 WWW 的 BBS。国内部分基于 WWW 的 BBS 如表 10.2 所示。

表 10.2　国内部分 BBS

学　　校	站　　名	域　　名	主机 IP 地址
北京大学	未名站	bbs.pku.edu.cn	124.205.79.153
中国科技大学	瀚海星云	bbs.ustc.edu.cn	218.104.71.174
电子科技大学	一网情深	bbs.uestc.edu.cn	202.112.14.174
武汉大学	珞珈山水	bbs.whu.edu.cn	218.197.148.41

10.5.2　访问 BBS

用 Edge 登录到 BBS 的方法是在地址框里输入 HTTP 协议及域名(或主机 IP 地址),然后按 Enter 键即可。

【例 10.8】　登录到北京大学未名站(http://bbs.pku.edu.cn),浏览讨论主题。

(1) 入网后在地址框中输入 http://bbs.pku.edu.cn,按 Enter 键。通过单击页面上的"游客"按钮,以匿名用户身份浏览网站,屏幕会显示它的主页面(参见图 10.42)。

图 10.42　未名站主页

(2) 用户可以在该主页看到"全站十大""讲座动态""校园热点""热门版面"等板块。用户可以通过单击相应板块来参与感兴趣的讨论区。例如,单击并进入"热门版面"板块下的"找工作啦"讨论区,阅读关于求职经验交流相关的文章,如图 10.43 所示。要想在 BBS 论坛上发表或回复文章,则必须是注册用户才可以,匿名用户只有浏览的权利。

(3) 在出现的页面中继续单击链接,可查看具体内容,如图 10.43 所示。

注意:在 BBS 上应讨论大家关心的问题,BBS 站长(BBS 管理员)有权取消不遵守相关规则用户的入站资格。

图 10.43　求职经验讨论区页面

10.6　网络虚拟空间

伴随着宽带互联网和移动网络的迅速普及,博客、微博、社交网络等网络虚拟空间已经构成了人们生活中的重要组成部分。这些内容丰富并冲击着人与人之间传统的交往方式,拉近了人与人之间的距离,使得人们的生活空间无限延展。本节介绍博客和微博两种网络虚拟空间的使用。

10.6.1　博客

互联网上的个人空间是以某个个人为主导,有着共同爱好和兴趣的人群通过阅读该人留下的各种信息并参与讨论而形成的具有显著个性化特征的网上虚拟空间。在个人空间里可以书写日志、上传图片、发布文件、交友等。博客是个人空间的一种形式,目前许多人喜欢通过它来展示自己。

1. 概述

"博客"一词是从英文单词 blog 翻译而来的。简单地说,博客就是用户在网络上发布和阅读的流水记录,又称为"网络日志"。通过博客这个平台,用户可以发表自己的心得,及时、有效、轻松地与他人进行交流。例如,用户可以通过博客发表对国家大事、时事新闻的个人看法,对旅游景点游玩的感想,又或者是使用某产品之后的效果心得。博客是一个集丰富多彩的个性化展示于一体的综合性平台,是继电子邮件、中文电子公告栏、即时通讯之后出现的一种新的工作、生活、学习和交流的方式。

目前国内比较大的博客网站有新浪博客、网易博客、搜狐博客、天涯博客等。

2. 博客的使用方法

新浪博客是中国主流的博客之一。现以新浪博客为例,介绍博客的基本使用。在开始使用新浪博客之前,必须注册为新浪会员。

(1) 开通博客。

① 入网后在 Edge 地址框中输入 http://blog.sina.com.cn,按 Enter 键,出现如图 10.44 所示的新浪博客首页。

图 10.44　新浪博客首页

② 单击导航条下面的"注册"按钮,弹出如图 10.45 所示的邮箱注册页面,按注册要求依次填写邮箱地址、密码、选择一个或多个兴趣标签、填写验证码等信息,最后单击"立即注册"按钮进行注册。

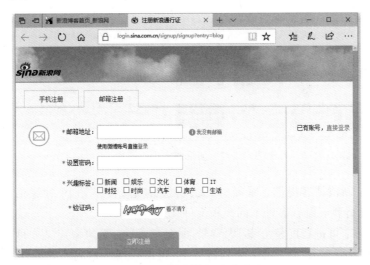

图 10.45　新浪博客开通页面

③ 新浪博客官网将会向用户注册时使用的邮箱发送激活链接,用户登录该邮箱并单击激活链接即可完成新浪博客的注册,并进入个人中心页面。

④ 在个人中心页面,单击左侧"我的新浪产品"一栏中的"我的博客"选项即可进入如图 10.46 所示的新浪博客主页。

(2) 博客页面设置。

单击博客主页面(参见图 10.46)右上角的"页面设置"按钮,在页面的顶端出现页面设置操作区(参见图 10.47)。为了满足用户的个性化需求,除了使用博客标准风格的模板设置页面风格外,还可以设置自定义的风格。

图 10.46　新浪博客主页

图 10.47　新浪博客页面设置

风格设置：新浪博客提供了最新、人文、娱乐、情感、青春等 12 种风格迥异的模板类型，每一个模板类型下面有多种不同模板文件。

自定义风格：可进行配色方案、大背景图、导航图、头图的自定义。可将喜欢的图片作为博客的背景、导航图或头图上传到博客上，可以对图片进行左右及上下位置等的设置，还能设置页面底色。

版式设置：目前共有 5 种版式，可根据个人喜好进行选择。

组件设置：共分为基础组件、娱乐组件、活动组件、专业组件四大类，在每大类中勾选相应的模块即可，可以通过模块上的 ↑↓ 来改变模块位置。

在页面设置模式下，博客的标题和导航条的位置也是可以通过鼠标任意拖曳的。

（3）个人中心设置。

新浪博客的个人中心是为博主服务的功能入口，主要包括通知、评论、我的关注、收藏、修改个人资料、权限管理等设置。其中，在修改个人资料选项区可以修改个人信息、上传个人头像、修改登录密码。在权限管理选项区可以设置评论开关、垃圾过滤等。

（4）发表博客文章。

① 单击图 10.46 中的"发博文"按钮，进入文章编辑页面（参见图 10.48）。

图 10.48　新浪博客博文编辑界面

② 输入文章的标题和要编辑的内容。新浪博客上可以发布的文件类型有文本、图片和视频。

③ 单击"切换到更多功能"按钮，可以使用类似于 Microsoft Office Word 编辑按钮对博文进行排版和美化。

④ 单击图 10.48 中的"图片"按钮，可向博文中插入图片文件。

⑤ 编辑完成后，可进行博文发表前的预览，然后单击"发博文"按钮即可。如果博文还没有写完，则可以将它保存在草稿箱里留待以后继续编辑。

在常用功能中，还可以向博文中插入背景音乐、投票调查、股票走势图等。

为了使博客页面中的文章分类更准确和具体，可以为文章加入标签（标签是概括文章主要内容的关键词）。通过为文章定制标签，博主可以让更多人方便准确地找到自己的文章。每篇文章可以添加一个或多个标签。发表成功后，打开文章内的标签，就能够看到新浪博客内所有使用了此标签的文章。不仅如此，如果文章内使用的某个标签恰巧在首页上推荐，用户打开这个标签时，就会在结果页面上看到这篇文章。

有两种填写标签的方法：在标签栏里手动填写标签或单击标签栏右侧的"自动匹配标签"按钮，系统可以根据此文章内容自动提取标签。

10.6.2　微博

1. 概述

微博是以博客作为发送内容的即时通信媒介平台。为了方便用户之间实现快速、及时的内容交互，微博使用更简短的文本（通常不能超过 140 字），因此，微博中的内容又称为迷你型博客。微博的一大亮点在于实时性，即用户可以把微博的内容实时的发送给指定的其他用户，只要对方账户在微博平台登录，即可看到其他用户发来的微博内容。

在微博平台中，用户之间可以互相"关注"。当用户 A 关注用户 B 之后，用户 B 其后发表的所有微博都会被系统（即微博服务提供商的服务器）推送给用户 A。当然，用户 B 也可以进行适当的设置，可选择的把微博内容发送给指定的用户。用户 A 可以对用户 B 发表的微博内容进行评论，或转发给其他用户。一旦用户 A 取消了对用户 B 的关注之后,用户 B 其后发表的微博就不会被推送给用户 A 了。由于微博服务提供商通常会邀请一些明星、专家和学者等人开通微博,带动了微博用户之间的交流,使得微博这个平台的活跃度空前提高。

2006 年 6 月第一个微博网站 Twitter 在美国成立。目前国内影响比较大的微博平台有新浪微博、腾讯微博、搜狐微博和网易微博。

2. 微博的使用方法

现以新浪微博为例,介绍微博的使用方法:

(1) 开通微博。使用新浪博客账号可以直接开通新浪微博。

① 单击如图 10.46 所示 Web 页面左侧的"微博"项,弹出新浪微博开通设置页面(参见图 10.49)。

图 10.49   新浪微博开通设置页面

② 填写个人信息并设置好个人兴趣后,弹出新浪微博主页(参见图 10.50),完成微博开通。

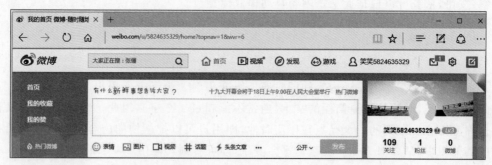

图 10.50   新浪微博主页

除了使用新浪博客的账号登录新浪微博外,也可以使用"新浪 UC 号"或"新浪邮箱"登录新浪微博。

（2）系统设置。单击图 10.50 页面右上角的"设置"按钮 ⚙，可以弹出新浪微博的设置菜单，用户通过该菜单可以对个人信息（如个人资料、头像、密码、个性化域名、个人标签等）进行修改；在"隐私设置"项，用户可以设置其他用户能够以何种方式搜索到自己以及位置信息是否可见等隐私内容；在"消息设置"项中，可以设置哪些用户可以对自己的微博信息进行点赞评论以及接收哪些用户的私信等消息内容；通过"账户绑定"，用户可以将自己的微博账号同其他应用的账号进行绑定，如绑定百度账号。

（3）发表博文。在图 10.50 所示的页面上方的微博编辑框中输入内容，单击"发布"按钮即可完成微博文的发布。由于微博是供大家随时记录生活点滴的平台，而不是长篇大论的文章，每一条微博最多可以发布 140 个汉字。除了可发表文本外，新浪微博还可以发布表情、图片、视频、音乐和话题。

（4）通知。"@"这个符号在微博里的意思是"向某某人说"，只要在微博用户昵称前加上一个"@"，并在昵称后加空格或标点，再写上要跟对方说的话，如"@微博小秘书 你好啊"，对方就能看到。需要注意的是，"@"昵称的时候，昵称后一定要加上空格或者标点符号，以此进行断句，否则系统默认"@"后所有字为昵称。

10.7 Internet 数据共享与文档协作

10.7.1 Internet 数据共享

数据共享是互联网用户的基本需求之一。前面几小节介绍了通过文件的下载与上传、Email、即时通信等方式，用户虽然可以实现基本的数据共享需求，但仍然存在操作上的诸多不便。透明数据共享是趋势，即数据的提供方无需以点对点的方式发给数据的需求方，而是在数据提供方、数据需求方、在线存储服务三者之间，由系统进行统一协调，系统自动从数据提供方拉取数据，存储到云端；数据需求方从云端读取数据，就像从本地读取一样。

1. 原理概述

简单地说，在线存储服务就是为用户在互联网中提供了一个专属的存储空间。类似于 FTP 的网络服务，用户（数据提供方）可以把本地的文件或文件夹上传到服务提供商所提供的存储空间中。在线存储服务不会因为某台服务器的故障而出现服务中断的情况，因此，用户（数据需求方）可以在任何时候，只要是在联网的情况下，都能够访问和操作这些数据。为了让数据需求方感知数据提供方共享了哪些数据，数据提供方可以通过电子邮件的方式，把存储空间中的某个文件夹或者多个文件夹设置一定的权限共享给其他用户。需要注意的是，这种文件夹的共享只需要设置一次。当设置成功之后，其他用户就可以访问和操作共享文件夹中的数据了。

为了方便操作专属存储空间中的内容，服务提供商通常会提供一个客户端软件，帮助用户在本地建立一个专属存储空间的映射，来同步此空间的内容。这样，只要操作本地的文件或文件夹映射，就能够保证专属存储空间中的内容与本地一致。目前，微软、谷歌、百度等公司都向互联网用户提供了在线的存储服务。

2. 数据共享应用——OneDrive 的使用

OneDrive 是微软在 2014 年 2 月推出的支持 100 多种语言的云存储服务，用户可以通过 OneDrive 客户端或网页端使用该服务进行数据共享。使用 OneDrive 客户端实现数据共享需要以下几个步骤：

（1）OneDrive 账户的创建和登录。

①在 Windows 任务栏的搜索框中键入 OneDrive，并单击"OneDrive 桌面应用"，系统将会出现如图 10.51 所示的 OneDrive 用户登录窗口。如果用户有 OneDrive 账户，则可以直接登录 OneDrive 使用其提供的云存储服务，否则需要进行如下步骤的账户创建工作。

图 10.51　OneDrive 用户登录窗口

② 单击 OneDrive 用户登录窗口中的"创建一个"超链接，在出现的如图 10.52 所示的"创建账户"窗口中输入用户邮箱、密码并单击"下一步"按钮后，微软将会向用户的注册邮箱发送一个四位数的验证码。用户输入接收到的验证码并单击"下一步"按钮，会出现如图 10.53 所示的 OneDrive 文件夹设置窗口。如需更改 OneDrive 文件夹的位置，单击"更改位置"进行设置。

图 10.52　OneDrive 账户创建窗口

图 10.53 OneDrive 文件夹设置窗口

③ OneDrive 文件夹位置完成之后,单击"下一步"按钮,可以选择同步 OneDrive 中的文件和文件夹。同步文件和文件夹设置完成之后便进入到用户的 OneDrive 文件夹主界面,如图 10.54 所示。

图 10.54 OneDrive 文件夹主界面

(2) 共享文件或文件夹。

① 用户将需要共享的文件或文件夹添加到 OneDrive 文件夹下,OneDrive 将会自动地将该文件或文件夹同步到云存储空间。

② 右击共享文件或文件夹,在弹出菜单中单击"共享 OneDrive 链接"选项,则该共享文件的共享链接将被粘贴到剪切板中。如果用户单击"更多 OneDrive 共享选项",将会打开并登录到 OneDrive 的网页端,在网页端用户可以实现共享文件的权限设置等操作,详见网页端实现数据共享。

③ 将文件的共享链接通过邮件发送给任意用户,获取该链接的用户可以访问共享

文件。

　　使用 OneDrive 网页端实现数据共享的步骤如下。

　　(1) OneDrive 账户的创建和登录。

　　用户打开 Edge 浏览器,在地址框中输入 https://onedrive.live.com,按 Enter 键转到 OneDrive 首页,如图 10.55 所示。如果用户没有 OneDrive 账户,则单击"免费注册"按钮,按照要求进行注册,否则单击登录按钮,并在弹出的对话框中依次输入 OneDrive 账户名和密码进行登录,登录成功后可出现如图 10.56 所示的 OneDrive 用户主页。

图 10.55　OneDrive 网站首页

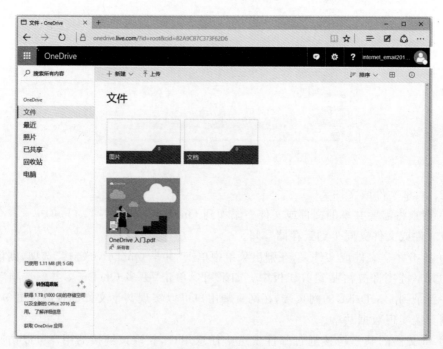

图 10.56　OneDrive 用户主页

（2）共享文件或文件夹。

① 单击 OneDrive 用户主页左上角的"上传"按钮，在弹出的如图 10.57 所示的文件选择窗口中选择需要上传和共享的文件或文件夹，单击"打开"按钮将选中的文件或文件夹上传到 OneDrive 云存储空间。

图 10.57　文件选择窗口

② 在 OneDrive 用户主页中右击需要被共享的文档，在弹出的快捷菜单中选择"共享"选项，出现如图 10.58 所示的共享设置页面。单击"电子邮件"按钮，在弹出对话框中输入共享人的邮箱地址和附加消息后单击"共享"按钮即可完成共享。选择"允许编辑"项，可以设置拥有此共享链接的人可以编辑该共享文档。用户也可以把该文档通过 Meta、Twitter、新浪微博等社交平台共享给其他人。

10.7.2　在线文档协作

在线文档协作是团队合作，共同完成文档从无到有、从有到优、从优到精的一种在线合作新模式，目前广泛应用在项目开发、合作写作等方面。与传统的线下文档协作方式相比，参与在线文档协作的成员在同一份文件上进行修改，通过对任务的合理分工，每个成员聚焦在各自负责的内容上编辑，尽可能使得任务并行化完成；另外，

图 10.58　OneDrive 共享设置页面

每个用户可以实时观察到团队其他成员对文档的修改情况,便于总体任务的协调与统一。在线文档协作使得团队成员可以专注于提高工作质量,以较低的成本完成方案讨论和稿件校对等工作。常用的在线文档协作工具包括腾讯文档、石墨文档等。下面以石墨文档为例,介绍如何进行在线文档协作。

1. 注册与登录

(1)注册。进入石墨官网 https://shimo.im/,单击右上角的"免费使用",在随后出现的页面中单击"立即注册个人版",在如图 10.59 所示的注册页面中按照提示输入相关信息即可完成注册。注册可以使用邮箱也可以使用手机号。

(2)登录。在石墨官网首页单击右上角的"登录",弹出如图 10.60 所示登录页面。可以通过注册的手机号或邮箱登录,也可以单击下方的微信图标,通过手机微信扫码完成登录。

图 10.59　石墨文档注册页面

图 10.60　石墨文档登录页面

2. 内容创建

(1)新建一个空文件。登录成功后,跳转到"我的桌面"页面,如图 10.61 所示。在这里,用户可以像本地一样地创建和管理文件。单击右侧"新建"按钮,可以在当前目录下新建文件夹、文档、表格、幻灯片、思维导图、表单、白板等。以最常用的文档为例,在新建下拉菜单中选择"文档",跳转到如图 10.62 所示的文档编辑页面。石墨文档中文档的编辑与 Word 等功能类似。用户可以通过图 10.62 上方工具条实现撤回、重现操作,调整字体,调整对齐方式,以及插入图片、表格、超链接、附件等操作。通过设置内容中的标题层次,文档左边将自动更新目录索引,方便用户管理文章的层次结构。

(2)从本地上传一个文件。除了在桌面直接新建空文件外,用户还可以选择从本地上传一个已有的文件。通过单击图 10.61 右侧的"导入",并在弹出的本地文档选择框中选定文件,即可完成文件的上传。上传后的文档也可以被编辑,编辑操作与新建的文件

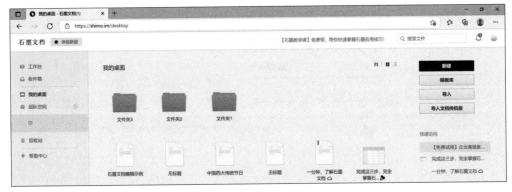

图 10.61　石墨文档"我的桌面"页面

图 10.62　新建的可编辑空文件

类似。

3. 成员邀请

对于任何一个新建的或导入的文档,都可以邀请多个成员对文档的内容进行协同修改。对于团队成员均已注册石墨文档的情况,邀请可以通过三个步骤完成:

(1)单击文档编辑页面右上角工具栏中的"协作",通过搜索姓名、邮箱或手机号等为需要参与的协作者添加权限。例如图 10.63 所示是通过搜索手机号找到用户 1,并给予其"可以编辑"的权限。注意:只有在石墨文档中的注册用户,才可以被搜索到。

(2)为所有协作者添加相应权限后,单击右上角工具栏中的"分享",在如图 10.64 所示的弹出框中单击"复制链接"按钮,并将复制好的链接通过邮件、手机短信、微信等分享给所有协作者即可。注意这里"公开分享"未开启,若开启按钮则所有获得链接的人就算没有权限亦可访问文件,出于安全考虑一般不选择公开分享。

(3)得到分享链接的协作成员通过单击链接并登录石墨文档即可参与文件的编辑。

当团队中有成员未注册石墨文档时,可以按照以上第二个步骤直接分享链接给他。成员单击被分享的链接后,根据提示完成注册登录即可。

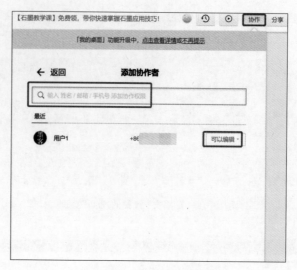

图 10.63　添加协作者权限

图 10.64　复制并分享文档链接

4. 文档协作

当有多个协作者共同编辑同一文档时,石墨文档会在文档左侧标记出编辑对应部分内容的用户,并用不同的颜色条加以区分。不同用户的修改是实时更新的,同步响应速度达到毫秒级,从而方便用户根据其他团队成员的修改实时更新相关内容。此外,"评论"也是团队合作中的一个常用功能。通过选定对应文字内容后,单击工具条右侧加号框,用户可以方便地添加新评论。用户也可以在其他已有评论下面回复或者给已有评论点赞,以实现对文档内容的实时讨论,效果如图 10.65。

此外,石墨文档中所有的编辑历史都将自动保存,可以随时追溯查看并一键还原到任一历史版本。如图 10.66 所示,单击页面右上角,选择"查看历史",得到如图 10.67 所示的

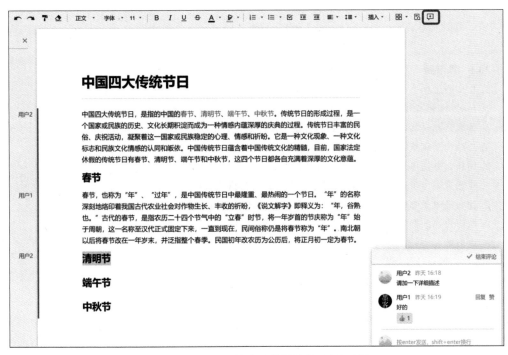

图 10.65　石墨文档多人协同编辑、讨论示例

历史修改追溯结果,通过单击"还原"按钮即可还原到相应历史版本。

图 10.66　石墨文档查看历史操作

图 10.67　历史追溯及还原示例

• 337 •

习 题 10

10.1 思考题

1. 什么叫上网？你是通过哪种方式上网的？

2. Internet 可提供哪些应用？

3. 什么是超链接？鼠标指针指到超链接后指针是什么形状？

4. 总结快速浏览网页的方法，你平时用了哪些方法？

5. 用什么办法可迅速找到已浏览过的某网页？

6. 注意观察每个页面的地址，试总结一下它的书写格式有什么规律。

7. 什么是电子邮件地址？除了收发电子邮件外还可以用它做什么事情？

8. 如何快速的群发电子邮件？如何设置电子邮件过滤指定的垃圾邮件地址？

9. 说出域名、电子邮件地址、用户账号的用途。

10. 你知道自己使用的电子邮箱在哪个服务器上吗？

11. 利用某搜索引擎查找出 5 个发表有关 Internet 教材的站点。

12. 在哪些领域里可以开展电子商务，现在还有哪些不足？

13. 什么是 URL 地址？怎样正确书写 URL，它有缩略形式吗？

14. 网页打印与文本打印有什么不同？

15. 激活窗口与利用"前进"和"后退"按钮翻动页面有何不同？

16. 比较"历史记录""集锦"与"收藏夹"的区别。

17. 什么是 FTP 协议？它与 HTTP 协议功能上有何区别？

18. 通过什么方法可找到某文件所在的 FTP 服务器地址？

19. 简述 BBS 的基本功能及使用方法。

20. 在个人博客上都能做哪些事情？

21. 在新浪网上查找排名前十位的博客，思考他们的排名为何靠前？

22. 什么是微博？其主要特点是什么？

23. 比较博客与微博的异同点。

24. 为什么说社交网络是一张大图？

25. 如何提升社交网络中用户的黏度？

26. 局域网资源共享与 Internet 数据共享有哪些区别？

27. 总结如何快速地在不同机器之间共享数据，你平时用了哪些方法？

38. 简述 Internet 数据共享的基本原理。

10.2 选择题

1. 下列协议中是文件传输协议的是(　　)。

    (A) FTP　　　　　　(B) Gopher　　　　(C) PPP　　　　　(D) HTTP

2. 下列服务器中是用来信息浏览的是(　　)。

    (A) FTP　　　　　　(B) WWW　　　　(C) BBS　　　　　(D) TCP

3. 下列正确的电子邮件地址是(　　)。

    (A) http://www.126.com　　　　　　(B) 202.204.120.22

    (C) luxh339@126.com　　　　　　　(D) 北京大学 123 邮箱

4. 电子公告栏的缩写是(　　)。

（A）FTP　　　　　　（B）WWW　　　　　（C）BBS　　　　　　（D）TCP

5. "博客"一词是从英文单词(　)翻译而来。

　　（A）Log　　　　　　（B）Weblog　　　　（C）Blog　　　　　　（D）Boke

6. 单篇新浪微博博文一般限定在(　)个汉字。

　　（A）50　　　　　　　（B）140　　　　　（C）130　　　　　　　（D）100

7. "@"这个符号在微博里的意思是(　)。

　　（A）向某某人说　　　（B）在某某地方　　　（C）和某某在一起　　　（D）无特殊含义

10.3　填空题

1. 通常把 Internet 提供服务的一端称为_____,把访问 Internet 一端称为_____。

2. 在客户端进行浏览要安装_____软件。

3. 上传表示_____,下载表示_____。

4. 要发电子邮件给别人,首先应该知道他的_____。

5. ISP 的含义是_____。

6. URL 的含义是_____。

7. WWW 服务器提供的第一个信息页面称为_____。

8. 脱机状态表示_____。

9. Edge 浏览器中的收藏夹表示_____。

10. 当要发送邮件给多个账户时,每个账户之间用_____符号隔开。

11. 微博是以_____作为发送内容的即时通信媒介平台。

10.4　上机练习题

1. 初识 Internet 的操作步骤。

练习目的:掌握上、下 Internet 的初步操作。

练习内容:

（1）上网前已做好各种软硬件配置,在已上网的情况下启动 Edge 浏览器。

（2）在地址框里输入 http://www.163.com,按 Enter 键后观察屏幕变化。

（3）仔细观察,当移动鼠标指针时,鼠标指针何时会变成手掌形状。

（4）正确下网。

2. 浏览器软件 Edge 的操作步骤。

练习目的:掌握对 Edge 的基本操作。

练习内容:

（1）浏览网易主页,查看关于新闻、教育及出国等方面的内容。

（2）利用"历史"按钮,找一个你喜欢的页面并把它设置成默认的主页。

（3）整理以前收藏过的文件,把它们分别移动到"新闻""教育"和"出国"收藏夹中。

3. 浏览万维网——WWW 的操作步骤。

练习目的:掌握浏览 WWW 的基本操作。

练习内容:

（1）直接访问 http://www.edu.cn 页面。

（2）打开 3 个窗口。

（3）在一个窗口,显示"中国知网"主页。

（4）在另一个窗口,显示"科学网"主页。

（5）在第三个窗口,显示"中国国家地理网"主页,比较各网页的风格。

（6）把从中国知网中看到的一段论文摘要以 TXT 文本形式保持到磁盘上。

4. 查找信息的操作练习。

练习目的：掌握信息查找的基本操作。

练习内容：

（1）利用"百度"搜索引擎的关键字查找包括"太阳"的资料。

（2）检索何处有 WinRAR 程序，并下载它。

5. 下载和上传文件的操作练习。

练习目的：掌握文件的下载和上传。

练习内容：

（1）比较使用浏览器下载文件和使用迅雷等软件下载文件的差别（从下载速度和下载过程等方面进行比较）。

（2）使用 Edge 浏览器从 FTP 服务器下载 FTP 文件。

6. 使用电子邮件的操作步骤。

练习目的：初步掌握建立并使用免费电子邮箱的能力。

练习内容：

（1）在网易网站上建立自己的电子邮箱。

（2）配置 Windows Mail 参数，利用它给自己和同学同时发一封带有附件的邮件。

7. 网上交流的操作练习。

练习目的：初步掌握网上交流的能力。

练习内容：

（1）选择一个 BBS，浏览它的精华区。

（2）选择一个聊天室，观看人们在讨论什么事情，如果有兴趣自己也可以加入讨论。

8. 在新浪博客和微博上发表一篇博文，将它推荐给自己的好友，同时查看好友的博客留言。

练习目的：掌握博客和微博的基本使用方法。

练习内容：

（1）在新浪博客注册一个账号。

（2）登录后，进行博客页面的简单设置。

（3）通过新浪博客账号开通新浪微博。

（4）尝试使用手机发送一条消息到自己的微博上。

9. 如何共享本地的文件夹给其他的 Internet 账户。

练习目的：熟悉 Internet 数据共享的基本使用方法。

练习内容：

（1）在 OneDrive 上注册用户并安装 OneDrive 客户端软件。

（2）共享文件夹的设置。

（3）共享文件夹的使用与同步。

10. 练习使用石墨文档进行内容共享。

练习目的：熟悉石墨文档的使用方法。

练习内容：

（1）在石墨文档上注册账户并登录。

（2）邀请其他协作者共同编辑文档内容，并通过评论功能相互讨论。

（3）尝试还原历史版本。

第 11 章　大数据应用基础

11.1　大数据概述

11.1.1　大数据的由来

2008 年 9 月 4 日,《自然》杂志出版了一期名为 *Big Data：Science in the Petabyte Era* 的特刊,主题为"现代科学面临的最严峻挑战之一：如何应对目前正在形成的海量数据",讨论 PB(Petabyte[①])级海量数据的处理,揭开了"大数据"热潮的序幕。

大数据的热潮,引起了工业界、学术界、政府部门的高度关注。在工业界,互联网的普及,特别是移动互联网以及物联网的发展,企业积攒了海量的数据。这些企业,一方面在承载海量数据的管理中付出了巨大代价,根据国际权威机构 Statista 的统计和预测(如图 11.1 所示),2021 年全球数据产生量达到 74ZB,而到 2024 年,这一数字将达到 149ZB,全球数据量即将迎来更大规模的爆发;另一方面,企业也亟须从这些海量数据中获取价值。以淘宝、京东等电商平台为例,通过收集和分析来访用户的浏览行为,包括访问频率、最近访问时间、平均停留时间、平均浏览页面数、购买数量/金额/频次等,利用商品陈列布局、促销等精准营销方式,提升顾客从商品用户点击率、商品到购物车的转化率、购物车到订单的转化率、从订单到付款的转化率等(如图 11.2 所示),进而提升店铺的营业额和

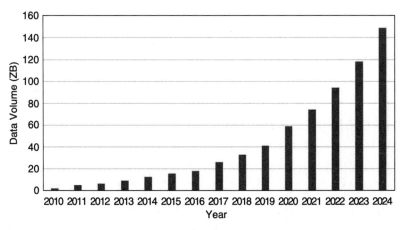

图 11.1　2010—2024 年全球每年统计或预测的数据量(单位：ZB)

https://www.statista.com/statistics/871513/worldwide-data-created/

---

① 1B (Byte,简称"字节")=8b (bit,简称"位");1KB (Kilobyte,简称"千字节")=1024B;1MB (Megabyte,简称"兆字节")=1024KB;1GB (Gigabyte,简称"吉字节")=1024MB;1TB (Trillionbyte,简称"太字节")=1024GB;1PB (Petabyte,简称"拍字节")=1024TB;1EB(Exabyte,简称"艾字节")=1024PB;1ZB (Zettabyte,简称"泽字节")=1024 EB。

利润。

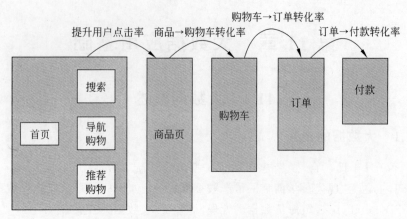

图 11.2 电商网站利用大数据提升店铺的营业额

　　工业界中遇到的大数据难题,驱动了学术界的众多科研工作者,围绕大数据的采集与整理、管理、处理、分析与可视化等一系列技术挑战,开展学术研究与技术创新。这些研究成果,构建了大数据系列相关工具、系统与平台,形成了许多具有较大影响力的开源生态,典型的包括 Apache 开源社区的 Hadoop 生态,该生态常用的系统包括大数据文件系统 HDFS、大数据存储系统 HBase、大数据处理系统 Hadoop、大数据分析系统 Hive 与 Mahout、大数据可视化系统 Hue。Hadoop 生态为工业界在处理《自然》杂志中提出的 PB 级海量数据的处理奠定了重要的技术基础。包括国外的 Meta、雅虎(Yahoo)、推特 (Twitter),国内的华为、阿里巴巴、腾讯、网易等拥有海量数据的互联网企业,曾经或正在使用 Hadoop 生态。另一方面,由于切实能够解决实际应用中的难题,Hadoop 生态系统又催生一大批公司,其中规模最大、知名度最高的公司则是 Cloudera。

　　大数据的重要性凸显,已得到世界各主要国家和地区的广泛关注,各国纷纷从国家层面提出具体的大数据发展战略。以美国为例,2012 年 3 月 22 日,奥巴马宣布美国政府投资 2 亿美元启动"大数据研究和发展计划(Big Data Research and Development Initiative)",希望增强海量数据收集、分析、萃取能力,认为这事关美国的国家安全和未来竞争力。这是继 1993 年美国宣布"信息高速公路"计划后的又一次重大科技发展部署。美国政府把大数据视为"未来的新石油",并将对大数据的研究上升为国家意志。在欧洲,欧盟正在力推《数据价值链战略计划》,为 320 万人增加了就业机会。在亚洲,日本积极谋划利用大数据改造国家治理体系,对冲经济下行风险。新加坡政府在 2014 年公布了"智慧国家 2025"的 10 年计划,建设覆盖全岛的数据收集、连接和分析基础设施和操作系统,以提供更好的公共服务。联合国推出的"全球脉动"项目,希望利用"大数据"预测某些地区的失业率或疾病暴发等现象,以提前指导援助项目。包括中国在内的许多国家和地区都在建设政府数据开放利用的生态体系,数据开放推动政府从"权威治理"向"数据治理"转变。

　　在此背景下,我国政府审时度势,在 2015 年 10 月 26 日至 29 日召开的第十八届五中全会上,提出实施国家大数据战略,全面推进我国大数据发展和应用,加快建设数据强国,推动数据资源开放共享,释放技术红利、制度红利和创新红利,促进经济转型升级。目前,大数据已在我国的产业升级、民生改善、社会秩序、国家安全等方面发挥了巨大作用。

11.1.2 大数据的定义

关于大数据是什么,严格的定义至今尚未形成共识,但明确的是大数据至少是海量数据。有趣的是,关于海量数据的描述,不同的时代背景会有不同的内涵(图 11.3 显示了海量数据在不同时代的理解)。例如,在数据管理领域一直享有盛誉的 VLDB(全称为 Very Large DataBase)国际会议,自 1975 年开始举办第一届大会,至今已有 40 多年的历史。其首届会议的主题为"如何管理数百万条超大规模的记录"。以现在的眼光来看当时的问题,数百万条记录是一个小数据集,即使从数据量上看,也只是一个 MB 级大小的数据。受制于当时硬件条件的限制,1975 年 VLDB 大会讨论 MB 级"海量数据"处理所面临的挑战和 2008 年《自然》杂志讨论 PB 级"海量数据"处理所面临的挑战是很相似的。或许 30 年后人们再回顾 PB 级数据处理,就跟我们现在看待 MB 级数据处理一样容易。

(a) 1975年,海量数据的大小   (b) 2008年,海量数据的大小

图 11.3 海量数据在不同时代的理解

因此,从长远的眼光来看,仅仅依赖数据量来定义大数据是不合适的。关于大数据的定义,不同的机构、不同的学者给出了各自的观点。典型的代表包括以下几个。

(1)麦肯锡报告。大数据是指大小超出常规的数据库工具获取、存储、管理和分析能力的数据集。

(2)维基百科。大数据是利用常用软件工具来获取、管理、处理数据所消耗时间超过可容忍时间的数据集。

(3)大数据是指数据的汇聚、关联和使用,其实跟大小并没有太大的关系,是互联网催生了大数据。大数据是指数据很重要,其重要的程度勘比电,数据是人类文明史上的第三个驱动力,前两个驱动力分别是第一次工业革命的蒸汽能和第二次工业革命的电气能。

(4)大数据通常被认为是 PB 级或 EB 级或更高数量级的数据,包括结构化的、半结构化的和非结构化的数据,其规模或复杂程度超出了常用传统数据库和软件技术所能管理和处理的数据集范围。

(5)大数据是任何超过了一台计算机处理能力的海量数据。

大数据定义多种多样,本书采用李国杰院士在 2012 年《战略与决策研究》期刊发表的《大数据研究:未来科技及经济社会发展的重大战略领域——大数据的研究现状与科学思考》一文中的定义:大数据是指无法在可容忍的时间内用传统 IT 技术和软硬件工具对其进行感知、获取、管理、处理和服务的数据集合。

根据应用的特点,大数据可分为交易型数据和交互型数据。

交易型数据是指应用系统中可能会涉及多用户并发操作的数据。典型的交易型数据包括电商网站中的商品、购票网站中的票据等。交易型数据并发用户访问量大,用户查询与更新频繁,但操作简单,每个操作涉及的数据量较少。涉及交易型数据的应用特别强调数据的正确性,典型的应用包括电商网站店铺的商品交易,银行的转账、汇款、存取钱等交易,互联网企业的游戏计费,12306 网站的火车票订购等。以 12306 网站为例,同一车次的火车票可以在同一时刻被大量用户查询、更新(购买),一张火车票一旦售出,该张火车票不能被其他用户购买(除非有退票发生),用户购票成功后该票一定属于该用户所有,不能因为系统的故障而造成购票信息的丢失。12306 所承载的交易压力,在春运期间,体现得特别明显。此外,电商网站所承载的交易压力,问题也非常突出。以天猫“双十一”交易数据为例,2020 年 11 月 1 日至 2020 年 11 月 11 日,天猫“双十一”订单创建峰值达 58.3万笔/秒,即每秒允许有 58.3 万笔交易发生,这对系统处理海量并发访问的能力带来了巨大的挑战。从本质上看,海量交易型数据的发生,是因为交易系统从原来的封闭世界(事先确定用户数,例如火车票代理销售点)过渡到现在的开放世界(无法事先确定用户数,即每个互联网用户皆可成为用户),这直接导致了海量交易数据的发生。

交互型数据是指互联网应用中用户的行为日志数据、物联网中感知设备产生的感知数据(例如智能手环、传感器、摄像头等设备产生的数据)等。交互型数据的特点在于实时交互性强,数据类型多样,产生速度快,数据质量弱。基于交互型数据的应用包括社交网络的精准广告推荐、智慧交通的路网预测等。在社交网络中,用户阅读朋友发表或系统推送的内容,用户也可发表文本、图片、表格等结构化、半结构化、非结构化内容。社交网络的用户量是巨大的,Meta 注册用户超过 10 亿,每月上传的照片超过 10 亿张,每天生成300TB 以上的日志数据;淘宝网会员超过 3.7 亿,在线商品超过 8.8 亿,每天交易数千万笔,产生约 20TB 数据。系统根据用户在社交网络上的行为,完成对该用户兴趣爱好等画像建模,向用户推送广告与内容,实现用户体验与企业利润较好的平衡。在基于传感器网络的路网预测中,通过收集用户的路线轨迹,进行路况拥堵程度的预测,以及出行路线的规划等。

11.1.3 大数据的特征

大数据的特征可以用 3V 来刻画,就是大容量(Volume)、多类型(Variety)和快变化(Velocity)。

1. 大容量

多大的数据量可以称为“大”,还没有一个确定的标准,这应该与当时的技术水平和应用水平相关,因此大容量的挑战是“与时俱进”的。如前所述,1975 年著名的超大规模数据库会议(VLDB)召开第一届年会时,面临的挑战是管理 100 万条记录的商业数据。这在今天看来是很小的数据集了。在 21 世纪初,所谓数据密集型应用,数据量大约在 1TB。而今天所说的大数据,容量基本上在数百 TB 甚至 PB 级别,才会对现有的数据库技术产生真正意义上的挑战。已故图灵奖得主吉姆·格雷曾提出数据量的增长符合“摩尔定律",也就是每 18 个月,新增的存储量等于有史以来存储量之和！以中国三大互联网公司（百度、阿里巴巴集团、腾讯,简称为 BAT）为例,百度的数据量已经超过 1000PB,无疑是互联网大数据的执牛耳者。

2. 多类型

多类型是大数据显著的特点,传统的数据管理工具只能管理结构化的数据（表格）,这是它的主要限制。现实世界中的形形色色的应用并不能保证只有结构化的数据。事实上,大数据需要汇聚多个来源的数据,这些数据种类既有结构化的表格数据,也有各种半结构化数据（如 XML 文档数据,很多社交网络数据的管理就是使用文档数据结构进行管理）,还有非结构化的数据（如网页、多媒体数据等）,如何在一个系统平台中处理多种类型的数据是大数据的核心挑战之一。

3. 快变化

关于快变化这一点,我们感受可能不深刻。举一个例子,"双十一"是淘宝搞的网上促销活动,据公开数据显示,2017 年支付峰值在 11 日凌晨 5 分钟 22 秒时为 25.6 万笔/秒,是 2016 年的 2.1 倍,这些交易给底层数据库处理带来的峰值是 4200 万次/秒。这还不是最高的要求,据说,某些网络监控系统,需要实现的数据入库的要求超过 100G 条记录/秒。这要求系统具有很高的吞吐量才行。

11.1.4　大数据与第四范式

已故图灵奖得主吉姆·格雷将科学研究分为四类范式：第一范式,实验科学；第二范式,理论科学；第三范式,计算科学；第四范式,数据科学。

第一范式,实验科学,是指以实验为基础的科学研究模式。人类最早的科学研究,主要以记录和描述自然现象为特征,从原始的钻木取火,发展到后来以伽利略为代表的文艺复兴时期的科学发展初级阶段,开启了现代科学之门。1589—1591 年,伽利略对物体的自由下落运动作了细致的观察,从实验和理论上否定了统治两千年的亚里士多德的落体运动观点（重物比轻物下落快）。1971 年 8 月 2 日,阿波罗 15 号的宇航员大卫·斯科特在无空气月球表面上使用一把锤子和一根羽毛重复了这个实验,证明且让地球上的电视观众亲眼看到了两个物体同时掉落在月球表面上。

第二范式,理论科学,是指以理论研究为基础的科学研究模式,侧重使用模型或归纳法进行科学研究。实验科学的研究终究会受到实验条件的限制,在不具备实验条件的情况下需要另辟蹊径。例如我们熟知的牛顿第一定律：任何物体都要保持匀速直线运动或静止状态,直到外力迫使它改变运动状态为止。这个结论就是在假设没有摩擦力等外力作用下得出的。然而,现实中很难找到绝对没有外力作用下的实验条件。为此,科学家们尝试尽量简化实验模型,去掉一些复杂的干扰,引入假设条件（如"足够光滑""没有外力作用"等）,然后通过演算进行归纳总结。第二范式的代表人物是牛顿、麦克斯韦等人。牛顿第一定律、牛顿第二定律、牛顿第三定律、麦克斯韦的电磁学理论等,都属于第二范式。

第三范式,计算科学,是指以利用计算机仿真模拟复杂的现象的科学研究模式。20世纪中叶,冯·诺依曼提出了现代电子计算机架构,利用电子计算机对科学实验进行模拟仿真的模式得到迅速普及,人们可以对复杂现象通过模拟仿真,推演出越来越多复杂的现象,典型案例如模拟核试验、天气预报等。随着计算机仿真越来越多地取代实验,逐渐成为科研的常规方法。在实际应用中,计算科学主要用于对各个科学学科中的问题进行计算机模拟和其他形式的计算。典型的问题域包括数值模拟,重建和理解已知事件(如地震、海啸和其他自然灾害),或预测未来或未被观测到的情况(如天气预报);模型拟合与数据分析,调整模型或利用观察来解方程(如石油勘探地球物理学、路网中道路拥堵状况级联分析、股票预测等);计算和数学优化,最优化已知方案(如工艺和制造过程、运筹学等)。

第四范式,数据科学,是从第三范式即计算科学中分离出来,成为一个独特的科学研究模式。计算科学侧重先提出理论,再搜集数据,然后通过计算仿真进行实验验证。而数据科学则强调,先通过收集海量数据,然后通过计算得出数据中蕴含的潜在理论。以电商网站的广告推送为例,通过收集大量的用户行为(包括用户的阅读、点击、购买等用户基本行为信息,以及用户与用户之间的社交行为等,结合人工智能中的机器学习模型,预测哪些广告是该用户在当前时刻感兴趣的,从而提升电商网站店铺的商品销售额。又如,在传统石油化工行业里,过去为了预测化工品的价格,需要人工整理规则(大概万级别),并基于这些规则进行价格的预测。某互联网企业,通过收集海量石油化工行业历史数据以及相关行业数据等,通过机器计算将规则从原来的万级别提升到千万级别。基于这些规则,可以提升石油化工品未来 7 天的价格预测精度。对于一家化工企业来说,假设进货价格下降 1%、成本下降 1% 或者是毛利提升 1%,都是一个非常大的业绩提升。

大数据可以做到没有模型和假设就可以分析数据。利用大数据分析与可视化等技术,可以发现大数据中隐藏的新模式、新知识甚至新规律。实际上,电商网站与搜索引擎中的精准广告推荐、数字化城市管理部件安全事件发现(例如井盖的破损等)都是“第四范式”思想的实践。特别需要提到得是,虽然“第四范式”为我们理解世界提供了一个完整的新途径,但是,正如李国杰院士所指出的:“第四范式”在缺少模型和科学假设的前提下就能发现新知识究竟有多大的普适性仍需实践来检验。

11.2　大数据核心技术

大数据的核心技术主要包括大数据采集与整理、大数据管理、大数据处理、大数据分析以及数据可视化技术,如图 11.4 所示。

大数据采集与整理的目标是获得与应用相关的数据,并进行相应的数据质量治理,治理的内容包括数据清洗、融合、标准化等。经过整理后的数据会存放在大数据管理系统中,这类系统可以是传统的分布式数据库系统,也可以是新兴的分布式文件系统或NoSQL 数据库。大数据处理,针对存储在大数据管理系统中的数据,可以利用数万台甚至更多的机器来协同完成大数据上的计算任务。大数据分析是把分析算法,利用大数据处理技术,进行算法性能加速,尽快完成分析结果输出。数据可视化是把大数据分析的结果进行可视化。需要注意的是,大数据分析的输出结果不宜过于复杂,因此,大数据分析的输出不应该是大数据,只有这样,数据可视化的结果才能更加友好,更具可读性。

图 11.4　大数据核心技术层次示意图

11.2.1　大数据采集与整理

大数据采集与整理的目标是获取与应用相关的数据并进行相应的数据质量治理。大数据的来源多样,可以是传统信息系统中的业务数据,也可以是新兴互联网应用中的用户行为日志(搜索引擎的用户搜索日志、电商网站中的单击与浏览日志)、网页及评论数据,或者是传感器、GPS、摄像头等数据采集设备的感知数据。以新能源的风力发电为例,通过在风机的叶片、机舱顶端以及其他核心部件上部署涡流传感器、位移传感器、加速度计、风力传感器、温度传感器等,收集风机的叶片转速、风向、温度等参数,来预测风机发电的输出有效功率、设备故障的运维等。

大数据采集技术也面临着大数据特征中的诸多挑战。

挑战 1:数据类型繁杂。采集的数据既有来自业务系统中的数据(主要是结构化的表格数据),又有来自传感器、摄像头等感知设备采集的数据,感知数据的模态多样;既包含温度、湿度、光照等数值型感知数据,也包括速度、加速度等向量数据,还包含图片、视频等多媒体数据。感知数据的多模态性为其获取、融合、传输和计算带来了困难。

挑战 2:数据量大,并且生成的速度很快。例如,北京市具有出租汽车 67000 多辆,平均每天产生 135TB 的 GPS 轨迹数据,每年产生将近 48PB 的数据[①],这对数据的存储产生巨大的压力。

挑战 3:数据采集的可靠性和高效性要求高。采集的过程中,既不能丢失数据,也不能重复数据。

1. 数据采集工具

针对上述挑战,学术界和工业界开发了很多数据采集工具。根据数据的来源及其特

---

①　http://media.paper.edu.cn/uploads/original_pdf/2017/04/24/A201704-975_1493038453.pdf

征,这些工具大致可以分为三类。

(1) 关系数据库到数据仓库的数据迁移工具。传统信息系统中的业务数据主要采用关系数据库来存储与管理。关系数据库不擅长处理分析型应用,而数据仓库是专门针对分析型应用的系统。通过数据迁移工具,定期把关系数据库中的数据迁移到数据仓库中,利用数据仓库的分析能力,完成对增量数据的分析。例如,银行在每天的凌晨,通过把交易系统的关系数据导入数据仓库中,完成对过去 24 小时用户交易数据的统计分析,包括发生交易用户的数量、交易的平均次数、交易的平均金额等。

(2) 实时日志采集工具。新兴互联网应用中的用户行为日志,常采用 Apache 的 Kafka 等工具进行采集。Kafka 是一种高吞吐量的分布式消息系统,它可以处理用户在网站中的实时行为数据(称为流数据),这些数据包括网页点击、内容浏览、搜索等。其特点是在一个普通的硬件集群环境中,可以支持每秒数百万条消息处理。需要注意的是,数据生成与数据采集是不同的,数据生成是由用户或设备产生的数据,实时日志采集工具则是采集用户或设备生成的数据。两类组件之间有时需要一些应用程序接口调用。

(3) 互联网开放数据采集。互联网开放数据采集包括采集各类开放数据,例如网页的公开内容数据,或者特定行业的公开数据,这种数据往往需要使用爬虫技术来采集;或者根据网站公开的应用程序接口获取数据,例如开发者想拿到自己微信公众号的数据,可以通过微信提供的应用程序接口来获取。

2. 数据采集实例

本节以互联网开放数据采集为例,简要介绍如何使用爬虫工具来获取《你好,李焕英》电影在豆瓣影评页面的评论数据。互联网上也有很多现成的爬虫工具,具备图形化的交互界面,使用方便,可以模仿人的单击、网页翻页等动作,如神箭手云爬虫、火车头采集器、八爪鱼采集器等。

下面介绍如何使用八爪鱼采集器,爬取豆瓣电影《你好,李焕英》评论页面(网址为:https://movie.douban.com/subject/34841067/comments? status=P,打开页面后出现类似如图 11.5 所示的内容)中的评论数据。

操作步骤如下:

(1) 建立采集任务。打开八爪鱼采集器软件。单击左侧工具栏"＋新建|自定义任务"(如图 11.6 所示),在出现如图 11.7 所示的新建任务设置对话框中,输入待采集的网址 https://movie.douban.com/subject/34841067/comments? status=P,单击"保存设置"按钮。完成采集任务的基本设置,并进行待采集页面数据的加载,加载后的网页如图 11.8 所示。注意:由于网站的信息可能会更新,图 11.8 所示的内容与实际加载出来的页面可能会略有不同。

采集器会自动识别需要采集的数据(如图 11.8 所示),识别完成后界面如图 11.9 所示,如果采集内容符合用户要求,则单击图 11.9 上的"生成采集设置",会出现如图 11.10 所示的生成采集设置界面。工具默认采集了当前页的 20 条数据,8 个字段。如果想要采集更多的评论数据,则需要在采集器中模拟用户的单击动作来循环翻页评论页面,并不断在新的页面中进行评论数据的采集。

(2) 设置翻页采集。选中图 11.9 中的"翻页采集",单击"生成采集设置"按钮,即可

图 11.5　网页评论数据采集示例

图 11.6　新建采集任务

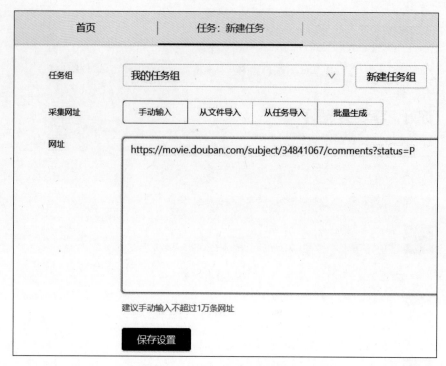

图 11.7 输入待采集网址内容

图 11.8 加载网页

配置循环翻页逻辑。此处采集器会自动根据页面的"前一页""后一页"链接来实现翻页的

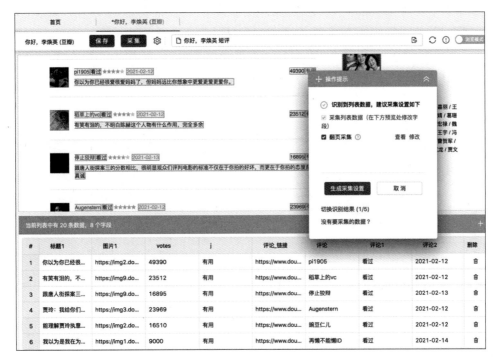

图 11.9　生成采集设置

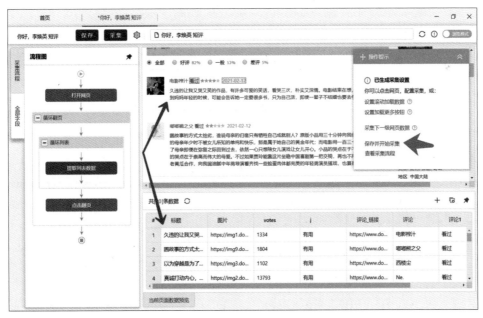

图 11.10　预备采集

动作。生成采集设置后的页面如图11.10所示，界面左侧为采集流程图，展示了数据爬取过程的整体逻辑；界面右侧分上下两个部分，上半部呈现采集的内容块，下半部对应采集的记录集。一个内容块对应一行记录（如左侧双箭头）。如果有需要，还可以修改右下角的记录集的各种信息，如修改字段名，删除字段等。

（3）开始进行采集 在图11.10右侧的单箭头处单击"保存并开始采集|启动本地采集"选项，出现如图11.11所示的采集到的数据。

图11.11 采集到的数据

（4）保存采集数据到本地文件。采集完成后输出为Excel表格的文件格式，图11.12为其中一部分数据（数据集共包含热评的前220条，这是豆瓣设置的未登录IP可爬取的最大评论数，如果需要更多数据量，读者可以自行配置登录后完成）。

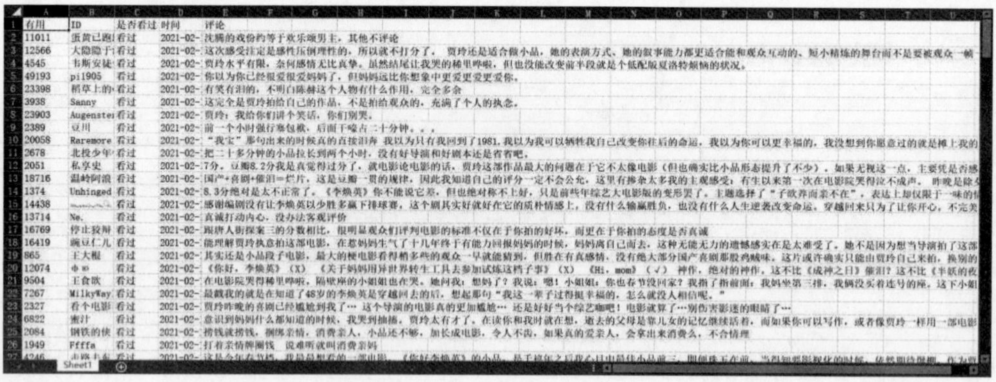

图11.12 采集结果文件展示

大数据整理技术，主要是针对来源于不同业务部门、不同行业、不同地域的数据进行数据质量的治理，治理的内容包括数据字段（如表格中字段的名称）的标准化命名、数据对齐（例如，在政务信息系统中，把同一个自然人分散在不同信息系统中的数据链接起来）、数据清洗与融合（例如，某个自然人在公安系统和民政系统填的婚姻信息与家庭住址不一致，需要进行统一）、数据的所有权归属（例如，个人婚姻信息应以民政系统为准）等。随着政府数字化转型的深入，跨部门、跨行业、跨区域的数据共享已成为趋势，大数据整理技术越来越受到政府、企事业单位的重视，如何设计有效、快速的大数据整理技术，已经成为学术界和工业界的研究热点。由于篇幅的限制，本节不特别介绍大数据整理技术，有兴趣的读者可以参考中国科学院院士梅宏主编的《数据治理之论》。

11.2.2　大数据管理

大数据管理的目标是对海量数据进行有效的管理。数据管理首当其冲要解决数据的存和取问题。存和取是相互矛盾的，要做到最快的存，则往往需要牺牲取的性能。例如，在图书馆中，当读者归还书时，如果只考虑最快的存，则可以把该本书放到书架上最近的空位上；但这样做导致的问题是：下次读者借阅这本书时，需要花费大量的时间去查找这本书。显然，这样的做法不妥。一种较好的方式，就是在存和取之间做一个很好的权衡：读者还书时，按书名的拼音进行排序，把归还的图书放在合适的位置上；读者借阅的图书，也根据起书名的拼音，在合适的地方进行查找。这是图书馆组织图书存放的主流做法。

数据库通过对数据的有效组织，包括索引的设计、数据存储布局的设计等，能够对数据进行高效的存和取。因此，数据库管理系统是有效管理数据的技术手段。当然，除了具备高效的存和取能力之外，方便的标准化查询语言、支持多用户并发访问、有效地开发与建模工具等都是数据库管理系统成为主流数据管理手段的重要原因。

进入大数据时代，传统的数据管理系统已经无法满足大数据"大容量"和"快变化"特征的管理要求。从技术上说，"大容量"和"快变化"特征使得集中式或分布式数据库管理系统存不下那么大的数据；虽然分布式数据库管理系统可以使用多台计算机存取数据，但受系统架构的影响，其扩展能力较弱，即在分布式数据库管理系统中加入更多计算机时，其存取性能不增反降；正因为如此，使用传统的分布式数据库管理系统无法有效管理"大容量""快变化"的大数据。探其原因，主要是分布式数据库管理系统中要求支持事务处理。事务是数据库中的一组操作序列，这组操作要么全部执行，要么全部不执行，是一个不可分割的整体。现实生活中很多的例子都具有事务的特性，例如，在银行的转账事务中，账户 A 需要转账 100 元钱到账户 B，这笔事务涉及两个操作，账户 A 减少 100 元钱，账户 B 增加 100 元钱，任意操作的失败，都要求撤销之前对数据已经完成的修改（如账户 B 被银行冻结，没办法增加 100 元钱，这时转账失败；但因为账户 A 已经被扣了 100 元钱，这时，为了保证正确性，需要撤销对账户 A 的扣款）。支持事务处理，是传统分布式数据管理系统不具备良好可扩展性的根本原因。

有趣的是，突破分布式数据库管理系统可扩展性弱这一性能瓶颈的研究者，不是做数据库领域的，而是做搜索引擎起家的谷歌研究团队。2003 年，谷歌研究团队发表了 *The Google File System*，这就是谷歌有名的 GFS 分布式文件系统。该系统具有以下几个特点。

一是组成文件的数据块大小为 64MB，这远远大于传统操作系统中数据块的大小，例如 Windows 10 使用的 NTFS 文件系统，默认数据块大小为 4KB。这样设计的好处是：由于大数据应用中，每个数据文件是比较大的，使用一个较大的数据块可以提高磁盘的访问效率。

二是每个文件按照数据块 64MB 进行切分（如果文件大小不足 64MB 则不必进行切分），分块之间不存在任何数据上的交集。每个分块默认创建三个副本，其中两个副本放置在同一个数据中心，另一个副本放置在不同的数据中心。这样做的好处是，即使发生极端情况（例如灾难性事件），也能保证有一份数据是可用的。

三是系统具备高可扩展性。随着数据量的快速增加，只要拥有足够多的机器，该系统就能够有效地把这些数据块管理起来。

2006 年，谷歌研究团队在 GFS 文件系统的基础上，对数据块中的数据进行有效的组织，提出了基于"键-值"对存储模型的 BigTable 分布式存储系统。与分布式数据库相比，BigTable 系统专注于提升大数据的存和取性能，由于放弃了对事务的支持，BigTable 系统具备高可扩展性。BigTable 系统的提出，吸引了学术界和工业界，围绕大数据的另一个"多样性"进行了研究，提出了文档数据库、图数据库、"键-值"对数据库，这些非关系数据库统称为 NoSQL 数据库。NoSQL 数据库有一个共同的特点，都是聚焦数据的存和取性能优化，具备较好的系统可扩展性，但其弱化甚至放弃了对事务的支持，缺少或者没有统一的查询语言和应用开发方法。近年来，特别是谷歌公司在 2010 年提出的 Spanner 新型分布式数据库系统（称为 NewSQL 系统），该系统融合了传统分布式关系数据库和 NoSQL 数据库的优点，即具有统一查询语言和应用开发方法、支持事务、具备高可扩展性和高可用性等，现已成为学术界和工业界的研究热点，国内包括阿里的 OceanBase、腾讯的 TDSQL、PingCAP 的 TiDB 都朝着 NewSQL 系统演进。

接下来，本节以图数据库为例，介绍如何使用图数据库管理具有网络结构的数据。图是一类常见的数据结构，它由顶点的有穷非空集合、顶点之间边的集合组成。因为图数据中各个顶点之间具有关联性，所以使用图结构可以对具有复杂关联关系的数据进行表达。现实中很多的领域，如计算机领域、交通领域等，都使用图来对应用进行建模。例如，以 Web 2.0 技术为基础的社交网络（如 Meta、推特、微博）等新兴服务中用图数据建立了大量的在线社会网络关系。在社交网络中，利用图数据，研究者可以对社区发现、信息传播与影响力最大化等问题进行研究。再例如，图数据可以表示 E-mail 中的人与人之间的通信关系，从而帮助对社会群体关系等问题进行研究。在交通领域，图数据被广泛应用，例如，将动态交通网络构建为图，从而快速进行例如查找导航路线，规划物流运输路线等任务。

主流的图数据库采用标签图或者属性图来对图数据进行建模。以属性图为例，其可被定义为由顶点（vertex）、边（edge）、标签（label）、关系类型、以及属性（property）组成的有向图。图 11.13 给出了属性图的示例。其对"你好，李焕英"这一部电影的评论网页进行了示例建模。其表达的语义为：电影"你好，李焕英"（顶点 n_1）在 2021 年 02 月 12 日上映，评分为 8.1 分，导演是贾玲。用户 Sanny 在 2021 年 02 月 13 日对这一电影发表了评论（顶点 n_2），评论关键词是"好看、动容"，共有 1024 人对这一评论进行点赞。用户"安徒生"在 2021 年 02 月 14 日发表评论(顶点 n_3),评论关键词是"好看、感人",共有 3056 人对这一评论进行点赞。

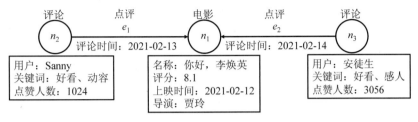

图 11.13　属性图示例

主流图数据库提供如下三类对图数据的操作。

（1）图匹配：在图数据中找到满足查询条件的匹配图,如查询图中是否包含给出的顶点、边等操作均属于图匹配操作。

（2）图导航：图的路径查询,包括图中任意两个或多个顶点之间的路径可达查询、最短路径查询、带有限制条件的路径可达查询和最短路径查询等。

（3）图与关系的复合操作：融合关系模型的特有操作,例如投影、选择、连接等到图匹配和图导航中,增强图操作的表达能力。

图数据库一般采用图查询语言来支持上述图数据操作。主流的图查询语言包括面向标签图查询的 SPARQL 语言、面向属性图查询的 Cypher 和 Gremlin 语言。这一些图查询语言普遍属于类结构化查询语言,即从结构化查询语言衍生而来。结构化查询语言(SQL)是关系数据库的标准查询语言。大部分关系数据库使用标准 SQL 查询语言或其扩展,这使得 SQL 成为过去数十年用户群中应用最广泛、发展最成熟的数据库查询语言之一。

本节使用典型的图数据库 Neo4j 为例,来说明如何对图数据进行存储和查询。Neo4j 对图数据进行存储时,使用的是属性图模型,并额外引入了免索引邻接的组织方式来提升存储效率。图 11.14 给出了图 11.13 中的属性图在 Neo4j 中的实际存储格式。在 Neo4j 中,顶点、边、标签、属性均分开存储：顶点存储了标签、属性以及与之关联的第一条边的唯一标识符。基于唯一标识符的偏移计算,可以快速找到对应的标签、属性和边。边存储了其出顶点和入顶点的信息,以便查找和该边相关的顶点。

Neo4j 以 Cypher 作为图查询语言。在 Neo4j 中进行图数据查询,需要将所需要进行的查询转换为 Cypher 语言,然后由 Neo4j 执行并返回查询结构。例如,想要查找用户 Sanny 对电影"你好,李焕英"的评论关键词,对应的 Cypher 语句为："MATCH（n:评论)-[:点评]->（c:电影）WHERE c.名称＝'你好,李焕英' AND n.用户＝'Sanny' RETURN n.关键词"。语句的执行逻辑如下：

（1）以标签"电影"作为筛选条件,遍历所有该标签类型的顶点,直到找到所有包含属性"名称"为"你好,李焕英"的顶点(图 11.14 中,只有顶点"n_1"符合查询条件)。

（2）以标签"评论"作为筛选条件,遍历所有该标签类型的顶点,直到找到所有包含属性"用户"为 Sanny 的顶点(图 11.14 中,只有顶点 n_2 符合查询条件)。

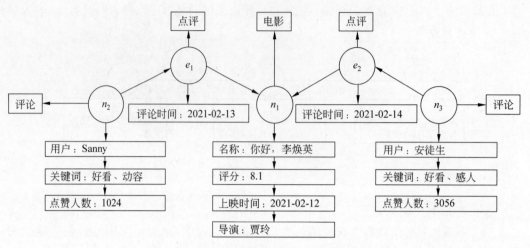

图 11.14　属性图在 Neo4j 中的组织

（3）检查顶点 n_2 与顶点 n_1 之间是否存在"点评"关联，从图 11.14 中可以看到两者之间确实存在标签为"点评"的边。因此，输出的结果为"n_2.关键词"，即为"好看、动容"。

11.2.3　大数据处理

大数据处理的目标是有效利用数万台甚至更多的机器来协同完成大数据上的计算任务，以便为后续的大数据分析提供可靠、可扩展的计算支撑。最早的大数据处理应用场景为搜索引擎。在该类场景中，通过爬取互联网中的网页数据，搜索引擎的目标是使得用户可以通过关键词检索快速地找到满足用户搜索意图的网页。其中，为了能够精确地找到与用户给出关键词相关性高的网页，搜索引擎需要先对网页中包含的字词进行重要性统计，然后通过找到的关键词对网页进行标记，以此保证搜索结果的准确性。目前普遍采用TF-IDF（Term Frequency-Inverse Document Frequency）技术，来对网页的关键词进行抽取和统计。

1. 大数据处理分类

根据应用场景的不同，大数据处理可以分为批计算、流计算和迭代计算。

（1）批计算（或称离线计算）。针对静态的大数据，大数据的大容量特性意味着必须使用长时间运行的批计算作业来处理数据文件，以便筛选、聚合和准备用于分析的数据。这些作业通常涉及读取源文件、对它们进行处理，以及将输出写入新文件。批计算适合对实时性要求不高，而对数据的准确性和全面性要求较高的场景。典型的批计算应用，包括为静态的海量网页数据构建索引等。常见的批计算系统包括谷歌公司的 MapReduce、Apache Hadoop、Spark。

（2）流计算（或称实时计算）。针对实时产生的流数据（如传感器设备产生的温度、压力、湿度等数据，或者是电商网站、搜索引擎中产生的用户日志数据），系统需要实时地给出反馈结果。流计算有四个特点：

一是实时性。流式大数据不仅是实时产生的，也是要求实时给出反馈结果。系统要有快速响应能力，在短时间内体现出数据的价值，超过有效时间后数据的价值就会迅速降低。

二是突发性。数据的流入速率和顺序并不确定，甚至会有较大的差异。这要求系统要有较高的吞吐量，能快速处理大数据流量。

三是易失性。由于数据量的巨大和其价值随时间推移的降低，大部分数据并不会持久保存下来，而是在到达后就立刻被使用并丢弃。系统对这些数据有且仅有一次计算机会。

四是无限性。数据会持续不断产生并流入系统。在实际的应用场景中，暂停服务来更新大数据分析系统是不可行的，系统要能够持久、稳定地运行下去，并随时进行自我更新，以便适应分析需求。

常见的流计算系统包括 Apache 的 Flink、雅虎的 S4、Twitter 的 Storm、Spark Streaming 等系统。

（3）迭代计算。针对海量的静态或动态数据，采用迭代（反复执行相同的计算逻辑）的计算方式，完成对数据的处理。迭代计算主要用于数据挖掘、图计算等需要重复调用批计算的计算场景。迭代计算常采用消息驱动的方法，上一轮迭代计算产生的消息，作为下一轮迭代计算的输入。当系统中没有消息存在时，整个迭代计算结束。

2. 大数据处理技术的主要思想

大数据处理技术的主要思想有以下三点：

（1）分而治之。小数据集上的处理可以用单个计算结点来处理。如果能够把大数据拆成一个个的小数据，然后把每一个小数据分发到单个计算结点，由其负责该小数据的计算，则大数据处理可以转成一组小数据处理的集合，这就是大数据处理的核心思想。分而治之的难点在于：每一个小数据处理必须是相互独立的，一旦存在依赖就会相互等待，这时大数据处理系统的可扩展性就会变差。"一个和尚挑水吃，两个和尚抬水吃，三个和尚无水吃"说的就是这个道理。把一个任务拆分成 10 000 个子任务，并协调每个人专门处理一个子任务，最终能完成整体任务，不是一件容易的事情，需要对算法进行特殊的设计。大数据处理系统 Hadoop 能够支持数万计算结点来完成同一个任务。

（2）容错处理。大数据处理技术的"分而治之"思想，与以前的分布式系统设计理念存在很大的不同。分而治之思想，在于拆分，强调横向扩展，即使用更多的计算结点参与计算，而不强调每一个计算结点计算性能有多强。传统的分布式系统设计理念，强调的是纵向扩展，即每一个计算结点需要很强的计算性能，但不要求大量计算结点参与（事实上传统的分布式系统也不具备可扩展性，即参与的计算结点数量超过一定数值时，其系统总体的计算性能反而变差）。大数据处理与传统分布式系统的区别类似于："三个臭皮匠，顶个诸葛亮"。在这个背景下，大数据处理系统中，由于参与的计算结点数量众多，每个计算结点又定位为廉价的普通计算机，因此，在整个计算过程中某个计算结点出现故障的可能性会变大。一旦出现结点故障，如何让计算任务仍然能够正常地执行非常重要。事实上，"分而治之"思想对容错处理很容易实现。具体做法为：由于每一个计算结点都只负责小数据上的计算，并且每一个计算都是独立的；当某一个计算结点出现死机时，可以把该计算结点上的子任务分给其他结点来完成，从而避免其他正常执行的子任务重做。

（3）抽象编程接口。大数据处理系统提供简单的编程接口，开发者只需要实现几个简单的编程接口（例如，MapReduce 系统只需要实现 Map 和 Reduce 两个编程接口），就可以驱动系统中的计算结点来完成计算任务。用户不必关心分布式系统中结点的容错处理、结点间的通信、数据项上的并发控制等复杂逻辑。抽象编程接口，可以大大提高开发效率。大数据处理算法的核心，在于如何利用抽象编程接口，实现"分而治之"理念。

接下来，本节介绍谷歌公司 MapReduce 系统的运行实例。

MapReduce 系统架构如图 11.15 所示，主要由 Map（映射）模块和 Reduce（规约）模块组成。也就是说，其首先将数据源拆分为若干个部分（如图 11.15 所示的数据分割列），然后将每个部分指派给不同的 Map 模块进行处理（如图 11.15 所示的 Map 列），产生每个部分对应的中间结果。具体地，每个部分的数据项表现为一个"键-值"对（Key-Value Pair），经过 Map 处理后的中间结果依然为一个个的"键-值"对。基于键（Key）的比较，中间过程（Shuffle）会将一系列键相同的中间结果组成为一个集合，传给一个 Reduce 模块。Reduce 模块再将这一集合中的值进行合并，经过计算将输出最终的结果集合。MapReduce 将大规模数据的处理分散到不同处理单元，再进行整合，具备了分布式的并行数据处理能力。

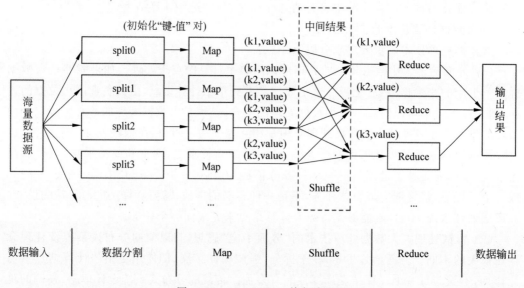

图 11.15　MapReduce 执行流程图

本节以 TF-IDF 必须进行的词频统计任务为例，来说明 MapReduce 的数据处理流程。TF-IDF 的主要思想是：如果某个词或短语在一个网页中出现的频率高，并且在其他网页中很少出现，则认为此词或者短语具有很好的类别区分能力，即可以作为当前网页的关键词。因此，TF-IDF 依赖于词频统计（对文档中单词出现的频率进行统计）进而找到每个网页的关键词。例如，使用 MapReduce 对电影《你好，李焕英》的评论网页进行词频统计，具体的处理流程如图 11.16 所示。首先，以行号作为键，把该行的文本内容作为值，将抓取到的文本内容组织为"键-值"对格式。然后由多个 Map 来对输入的"键-值"对进行处理,Map 函数的逻辑为每遇到一个单词,就输出一个此单词为键、1 为值的"键-值"对。然后,中间过程将这些"键-值"对组合后发送给 Reduce 任务处理进程。在本例中,可以使用一个 Reduce 任务处理进程,其将所有中间数据汇总,把相同键的值(即每个单词的频率)进行累加,最终输出一个个"键-值"对,代表每个单词对应的词频。

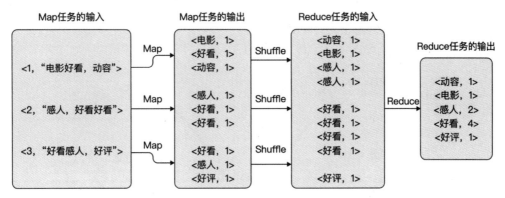

图 11.16　使用 MapReduce 进行词频统计示意图

11.2.4　大数据分析

1. 大数据分析简介

大数据分析不仅仅是简单地生成报表,更重要的是从数据中发现知识并加以利用。人们不仅需要通过数据了解过去发生了什么,更需要通过数据分析目前正在发生什么,以及预测未来将要发生什么,以便在行动上做准备。例如,通过预测将要流失的客户,预先采取行动对这些客户进行挽留。大数据分析的核心在于算法。复杂的数据分析需要依赖于复杂的分析模型,除了传统的对数据进行聚集、汇总、切片和旋转等,还包括时间序列分析、图分析、what-if 分析等等各种复杂统计分析模型。

(1) 时间序列分析。

对于商业组织而言,本身已经积累了大量的交易历史信息,企业的各级管理人员希望能从这些数据中分析出一些模式,从而可以发现一些商业机会。通过对数据的趋势分析,甚至可以做到预先发现一些正在涌现出来的机会。例如在金融服务行业,分析员可以开发具有针对性的分析软件对时间序列进行分析,寻找有潜在盈利机会的交易模式。

(2) 大规模图分析和网络分析。

在社会网络中,每个独立的实体被表示为图中的一个顶点,实体之间的联系则表示为一条边。通过社会网络分析,可以发现一些有用的信息和知识,例如发现某些具有特殊价值类型的实体。从社会网络分析中得出来的信息可以用于产品直销、组织和个体行为分析、潜在安全威胁分析等领域。

大数据分析往往借助多种工具来完成。传统的工具包括 SPSS、Excel 等,它们可以完成包括协方差、概率分布、抽样与动态模拟、多元回归分析等统计分析。传统的工具难以满足大数据分析的要求,目前流行的数据分析软件可以支持大数据分析引擎,利用大数据分析引擎的计算能力,来完成数据的多样分析,这些数据分析软件包括 Tableau 和

Power BI。另外，大数据处理系统一般也配套建设了分析工具，例如 Hadoop 系统的 Mahout、Spark 的 MLib。

2. Tableau 数据可视化分析实例

下面以 Tableau 为例，介绍如何借助 Tableau 来进行数据可视化分析。

(1) 数据源介绍。

Tableau 自带某大型超市的订单数据，字段涉及客户、订单、产品、地区、销售、配送六类详情，每一类详情包含 2~4 个字段，如图 11.17 所示。

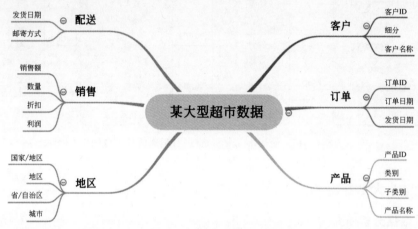

图 11.17　订单相关维度数据

(2) 分析目标。

基于上述数据源，系统可以围绕客户、配送、销售等维度进行分析预测（如图 11.18 所示）。以客户为例，分析哪个地区的客户对整体销售贡献最大。

图 11.18　分析目标

前往 Tableau 官网(https://www.tableau.com/)下载并安装 Tableau 系统，安装完毕后操作系统的开始菜单会出现 Tableau Desktop 图标。

3. Tableau 数据可视化分析具体实现

使用 Tableau 进行数据分析的操作步骤如下：

(1) 设置并连接数据源。

在开始分析之前，必须设置数据源，然后连接到数据。打开 Tableau Desktop 系统，出现如图 11.19 所示的界面。数据源可以是 Microsoft Excel、文本文件、JSON 文件，也可以是 Oracle、MySQL 等数据库，还可以是 Spark SQL、Presto 等大数据分析引擎。双击图 11.19 中左下角箭头处的"示例-超市"，与数据源建立连接，出现如图 11.20 所示的 Tableau 数据分析主界面。主界面包括行、列功能区，标记功能区，表（订单）及其所包含的字段等区域。

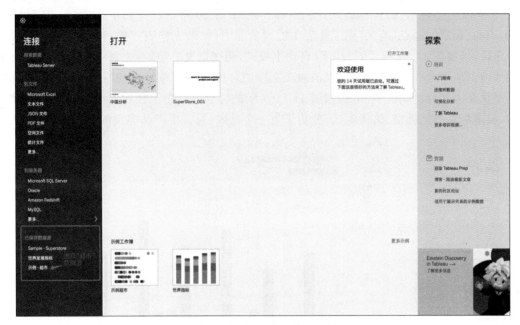

图 11.19　设置并连接数据源

图 11.20　Tableau 数据分析主界面

（2）数据分析。

在图 11.20 所示的数据分析主界面中，有一个工作表，其功能类似于微软 Excel 软件中的工作表。用户可以在工作表中完成类似于 Excel 中数据透视表的功能。受制于篇幅，本节介绍 3 个有代表性的数据分析示例。

① 按产品类别、销售地区统计销售额。在图 11.20 所示的界面中，依次拖曳订单表中"产品|类别""地点|地区"到工作表 1 的列功能中（如果工作表 1 的列功能中还存在其他字段，例如图 11.20 所示的"经度（自动生成）"，则在拖曳之前，右击每一个字段，在弹出的快捷菜单中选中"移除"命令，取消对该字段的分析）；将订单表中的"销售额"字段拖曳到工作表 1 的行功能区中，出现如图 11.21 所示的柱状图。在该柱状图中，纵坐标是销售额，横坐标是产品类别、销售地区，分析了每一个地区、每一个产品类别的销售额情况。

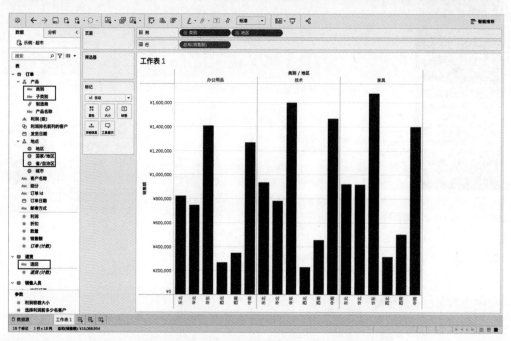

图 11.21　按产品类别、销售地区统计销售额

② 在地图中显示各城市的销售与利润情况。在图 11.20 所示的界面中，单击"工作表 1"右侧的图标 ⊞，新建工作表"工作表 2"。在新建的工作表中，依次拖曳"经度（自动生成）""纬度（自动生成）"到工作表 2 中列和行功能区中，可以看到在工作表 2 中显示加载的世界地图。依次拖曳订单表中"地点|省/自治区""销售额""利润"到标记功能区内的"详细信息"中，出现地图的分析结果。移动鼠标到地图中的某一省份，会显示该省份所在的国家/地区、省/自治区、利润、销售额等数据。

③ 预测各区域的未来销售额。Tableau 通过数据拟合、时间序列分析等数据分析算法对销售额、订单等发展趋势进行预测，从而可以对未来超市业务的发展做出合理决策。具体操作为：在图 11.20 所示的界面中，单击"工作表 2"右侧的图标 ⊞，新建工作表"工作表 3"。将图 11.20 所示的"订单日期"拖放到列功能区，单击列功能区中的"订单日期"，在

弹出的快捷菜单中选择"月"（如图 11.22 所示），将分析频率调整为月份；依次将订单表中的"地点|地区""销售额"拖放到行功能区中。单击 Tableau 菜单栏中的"分析|显示预测"出现如图 11.23 所示的预测界面，可以看到每个区域未来一年的销售额趋势情况，决策者从而根据未来的销售趋势情况做出相应的决策。

图 11.22　分析频率调整为"月"

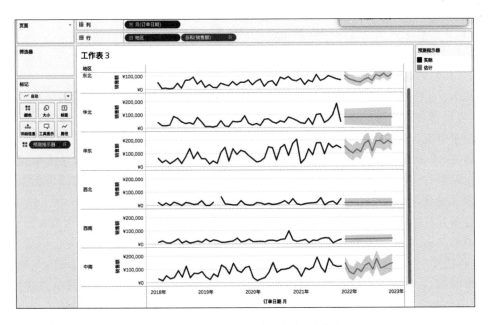

图 11.23　各区域的未来销售额预测图 L

通过使用 Tableau 等数据分析软件，可以方便地完成对大数据分析结果的可视化呈现、统计、分析和预测。掌握好数据分析的原理和数据分析软件的用法后，大数据分析可以为商业应用和学术研究提供技术支撑。

11.2.5　数据可视化

数据可视化是将大数据分析的结果进行展示的重要手段。数据可视化的功能是将抽象的数据用图表的形式进行展示，从而为人们对数据的分布或规律特质形成一定的印象和理解提供帮助。与一维的数字相比，二维或三维的图像通过视觉感官更直接地向人们传达了丰富多维度的信息。由于图表有利于加强信息的传递效率、简化认知，数据可视化逐渐成为商业和科学研究中对大数据进行应用时不可或缺的步骤。

数据可视化在科学研究、商业分析、便民服务等领域有着广泛应用。一方面，经过可视化后的数据，能够帮助研究者或决策者更好地理解数据背后的活动，从而形成更全面的认识；另一方面，可视化可以避免由于统计建模的不足造成的认知偏差，从而预防由此引发的错误分析与决策。一些应用数据可视化的典型例子有：销售情况等图像在竞争激烈的商业环境中辅助高级领导团队进行运营和客户深入分析；三维医学图像帮助医生多层次完成诊断和治疗；景区人流量监测图为工作人员预警潜在的危险，帮助游客制订合理的出游计划；在新冠肺炎疫情中，各国累计确诊量、日新增量曲线和以颜色深浅对应确诊人数多少的疫情地图等，帮助并不熟悉数据处理或流行病理学的大众快速了解疫情变化情况。

数据可视化的基本流程为：首先，获取到数据分析输出的分析结果；然后，通过合适的图表对结果进行展示。当前，有多种可视化工具，提供了方便的图表生成功能，从而为数据可视化提供支持。ECharts 是一个常用的可视化工具，作为使用 JavaScript 实现的开源可视化库，它提供了满足多行业需求的直观、生动、可交互、可个性化定制的数据可视化图表，并兼容绝大部分常用浏览器及设备。ECharts 内置了多种可视化图表类型，包括常用的折线图、柱状图、饼图、散点图和更专业化的 K 线图、热力图、路径图、仪表盘、各类 3D 图等和它们的组合，能够满足实践中大多数场景的需求。

ECharts 官网（https://echarts.apache.org/）提供了丰富的可视化示例和便捷的辅助工具，可以帮助用户通过简单的三步定制个性化图表。下面以可视化某一咖啡店不同产品的销量情况为例，简要展示定制流程。

首先，单击 ECharts 官网上方的"资源|表格工具"，在左侧表格中直接贴入数据分析的输出结果，并设置维度、结果格式等。页面右下方立即自动生成满足 ECharts 数据格式要求的二维数组，如图 11.24 所示。

复制并暂存生成的二维数组后，单击图 11.24 上方工具栏中的"示例"，出现如图 11.25 所示的界面，在其中选择合适的图表类型。本例中，采用折线图和饼图可视化销量数据，单击"折线图"分类下的"联动和共享数据集"，出现如图 11.26 所示的页面，图的左侧部分为图形源码，右侧为源码的运行结果示例。在实际应用中，可以直接通过简单修改"示例编辑"中的数据内容，得到自定义数据的可视化结果。这里直接将此前用表格工具生成的二维数组复制到 dataset|source 下，即可得到右侧的图表。此外，ECharts 还支持数据的

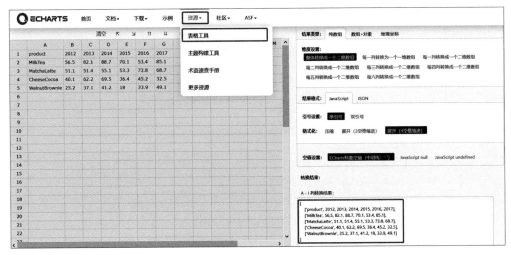

图 11.24　ECharts 官网表格工具页面

联动和共享。本例中,可以通过移动鼠标到折线图中的指定年份,联动更改饼图中的数据分布。在图 11.26 中截取的饼图对应着 2016 年各产品销量的分布情况。得到生成的图表后,单击页面右上方"下载示例",将生成的 dataset-link.html 文件下载到本地文件夹中。用浏览器打开下载的文件可查看结果。

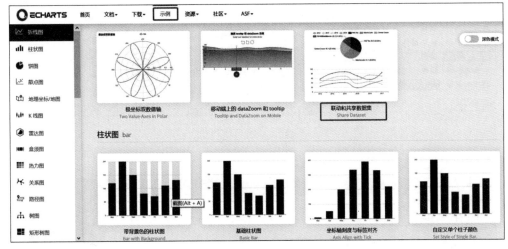

图 11.25　ECharts 官网示例页面

此外,ECharts 还提供了个性化主题构建工具,用于美化调整已创建图表的色彩组合、线条粗细等样式设置。单击图 11.26 中的"资源|主题构建工具",出现如图 11.27 所示页面。页面左侧为设置栏,右侧为预览栏,即时预览设置效果。本例选择主题名为 dark 的默认方案,读者也可以通过下滑设置"基本配置"等,在此基础上进一步调整自定义方案。调整完成后,单击页面左上角"下载主题",并在弹出的对话框中依次选择"JS 版本|下载|保存文件",下载样式文件 dark.js 到本地。最后,按照图 11.28 所示的提示步骤在

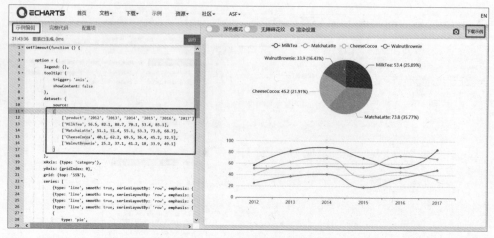

图 11.26　咖啡店销量的联动折线图、饼图

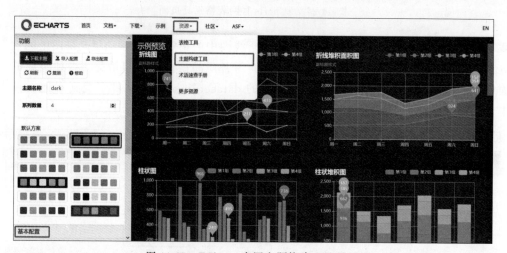

图 11.27　ECharts 官网主题构建工具页面

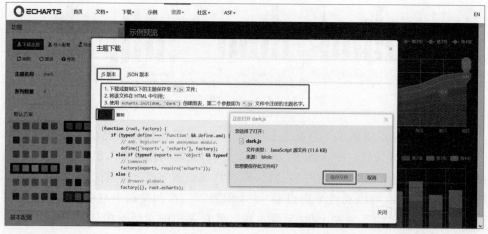

图 11.28　主题样式文件下载页面

已生成的图表文件 dataset-link.html 源码中引用 dark.js 样式文件,得到美化后的原始图表,如图 11.29 所示。

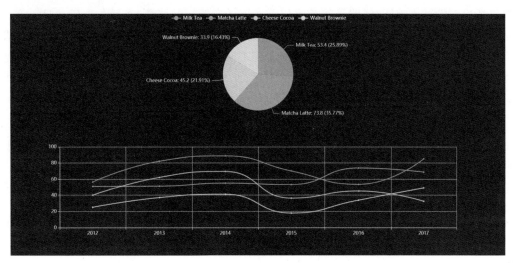

图 11.29　主题个性化后的咖啡店销量联动折线图、饼图

上面的例子选用了折线图和饼图可视化销量数据,它们是展现数据趋势和分布的最常用图表组合之一。实际上,ECharts 提供了满足多样需求的各式图表,读者可在图 11.25所示的示例页面中自行探索其他图表的展示结果,并结合实际应用需求选择合适的可视化方法。

11.3　大数据应用

当前的大数据应用丰富多彩。大数据技术跟行业的深度结合是发展趋势,也是行业高质量发展的助推器。本节介绍大数据与城市交通、政府治理、中国传统文化相结合的 3 个典型大数据应用。

11.3.1　大数据与城市交通

在大数据技术出现以前,由于城市交通信息获取、处理、分析手段的缺乏,人们出行时只能简单地根据以往的经验来判断某个路段是否可能会发生拥堵,然而这些经验往往可靠程度有限。而当地方管理者对城市交通进行规划建设时,也只能利用问卷、访谈、座谈会等传统方法得到的少量城市交通信息来进行指导规划,而这些少量的城市交通信息往往并不能非常完美地解决城市交通问题。

现代交通采集技术的革新使得对于城市中交通信息全面且连续的观测成为可能。再加上大数据技术的成熟,对城市中海量的交通数据存储、管理和分析更加便捷。大数据技术可以方便地通过大数据管理工具对城市中的传感器、手机 GPS、城市中的交通摄像头等设备获取大量的城市交通信息,并对这些信息进行处理和分析,最后使用分析的结果对城市交通中的出行导航、交通规划提供建议和指导。

1. 交通信息

城市交通中的"大数据"交通信息主要是指利用大数据技术采集海量的交通数据,其中包括静态的城市地图、道路环境信息以及动态的车辆行驶路线、车辆位置等信息。这些交通数据信息主要来源于车辆、手机等设备中含有的 GPS,其中 GPS 可以提供车辆或者手机持有者的速度、方向、位置等信息;其次还来源于铺在马路上的传感器,当汽车碾压通过传感器时,传感器可以自动测定汽车的车速;此外,路口的摄像头也会实时监控车辆情况并智能化地计算车辆的行驶速度。

2. 交通预测

这些大数据交通信息在日常生活中最熟悉的应用是在交通预测方面:实时路况显示、拥堵预测以及路线导航。

现在诸如谷歌地图、高德地图、百度地图等软件都有实时路况显示的功能,在用户出行之前就可以提前得知当前全市范围内的拥堵信息,如图 11.30(a)图所示。

而这一功能的实现基本可以分为四个步骤:首先是采集交通信息数据,包括行驶车辆的 GPS 信息等;对海量的交通信息数据进行处理,例如针对某个路段上的所有 GPS 数据进行一个算法统计,统计出这个路段的平均通行速度;之后定义一个速度区间,例如 0~20km/h 的速度代表拥堵,21~40km/h 代表缓行,40km/h 以上为畅通;最终再利用可视化技术,根据路况的平均通行速度转换成不同的颜色画在地图上。在这样的处理流程下,谷歌地图、高德地图、百度地图等软件就可以为用户提供实时的交通路况。

实时路况信息过期后并不会被丢弃,而是使用大数据管理技术将这些数据作为历史数据存储起来。这些数据将会交由大数据分析模块从中进行学习分析,用来预测未来的路况,如图 11.30(b)所示。例如某条道路在每个工作日下午 5 点至 6 点车流量最大,容易

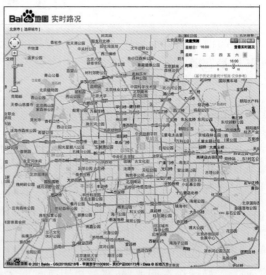

(a)百度地图实时路况　　　　　　　　(b)百度地图流量预测

图 11.30　百度地图实时路况及流量预测示意图

〈http://map.baidu.com/fwmap/zt/traffic/〉

堵车,那么大数据分析模块可以从这些数据学习到这一特点,从而预测出这条道路在未来的工作日中也会容易发生堵车。

在获取实时路况信息和未来流量预测数据后,人们便可以通过大数据技术,支持更加复杂的导航功能,为用户规划最优的行驶线路,如图 11.31 所示。例如,小王是一个在北京西二旗工作的程序员,由于多年摇不上车牌号,只好暂时上了外地牌照。但是五环在工作日早晚高峰期禁止外地牌照车辆行驶,小王上下班通常会绕开五环或者早出发躲避限行。周一早上,公司组织集体去西五环附近的北京园博园参加活动。早上 8 点 40 多,大家都准备从公司出发了,因为此时五环还是限行状态,不少人凭着习惯绕路上了六环。小王打开百度地图查路线,导航却提醒他:再等 5 分钟后出发,就可以避开限行时间直接走五环。既能节省时间和油费,还不会违章。最终小王虽然多等了 5 分钟,却比其他人早到 20 分钟,还少走了一半路程。而"多等 5 分钟再出发"的背后就包括了对实时路况信息和精准的未来流量预测等信息的有效利用。

图 11.31　百度地图路线规划示意图

3. 交通规划治理

大数据结合城市交通,除了可以在微观层面上便利人们日常生活之外,还可以在宏观层面上协助城市交通的规划治理。

首先在城市交通拥堵问题上,人们虽然可以利用导航软件尽可能地避开交通拥堵路段,但是城市中可能有一些交通拥堵路段避无可避。碰到这类情况,只能由地方管理者来做出调整,而大数据技术就可以协助管理者找出避无可避的拥堵路段并给出行之有效的管理规划手段。例如,交通路况的智能信号灯便是解决避无可避拥堵路段的一个方案。

等待红绿灯通常被认为是塞车的一个主要原因,不恰当的红绿灯配时设置会带来很大的交通拥堵问题,因此,全球各大城市几乎都将"智能"交通信号灯管理系统列入智慧交通的一环,以提高十字路口承载和运作效率。例如深圳侨香路就通过感应和检测系统来实现智能交通信号灯管理,达到"车多放车,人多放人"的效果,如图 11.32 所示。

而智能交通信号灯的主要原理为:系统首先通过城市交通摄像头等设备获取城市内各个路口的交通信息,如路口的车辆数量、行车速度、道路拥堵等情况。再将这些信息交由大数据处理模块,计算出优化的红绿灯配置时间,由此提高道路的通信效率,减少道路拥堵的问题。同时结合之前提到的未来流量预测,可以在城市范围内提前实现城市所有路口的红绿灯自动配时。

除了城市交通中的拥堵问题,大数据技术还可能会发现研究人员甚至用户没有发现

图 11.32　人车感应控制（效果图）

（参考 https://www.sohu.com/a/240796803_355809 信息来源：深圳交委）

和意识到的问题，然后在交通规划治理上做出相应的调整，如更改公交车路线、调整某个停车场的停车费用、增加某个地区的停车位置或者将某条道路修改为单行线等，从而对城市交通起到更好的优化作用。

11.3.2　大数据与政府治理

"国家治理体系与治理能力现代化"是十九届四中全会提出的要求，政府数字化转型是这个时代的重大命题。以"城市大脑"为代表的智慧城市建设，为全面精细化城市管理提供了可能，在实现"最多跑一次"便民服务等诸多方面成绩斐然。然而，传统的"条块分割"管理模式，在面对跨区域跨行业政务服务协同场景时，数据共享仍然存在诸多难题。在"互联网＋政务服务"背景下，中共中央办公厅、国务院办公厅在印发的《关于深入推进审批服务便民化的指导意见》中指出：需要打破信息孤岛，统一明确各部门信息共享的种类、标准、范围、流程，加快推进部门政务信息联通共用。按照"整合是原则、孤网是例外"的要求，清理整合分散、独立的政务信息系统，统一接入国家数据共享交换平台，实现跨部门跨地区跨层级政务信息可靠交换与安全共享。

近年来，各地区各部门结合实际认真贯彻落实，推进政务数据共享融合，不断探索大数据在政务治理中的应用，政府治理能力和水平也逐步提升。

1. 精准化联防联控

将大数据技术运用于联防联控，可以有效拓展治理范围，以数据为中心，做到全范围、全领域的监控和治理。在新冠肺炎疫情中，全国各地充分运用大数据技术，将区域内大小事务、对象纳入治理范围，配合全国范围内的大数据联控，实现了精准、科学的疫情联防联控。例如，市民通过"近 14 天行程上报"等信息的上报，可以获取个人健康码，同时健康码也会根据市民的到访地和当地疫情风险等级进行动态更新。"健康码"三色动态管理，利用大数据提高了市民出行效率，减少了纸质信息登记所带来的人员接触和聚集，让疫情管控更加高效。此外，全国各地也在积极推行健康码互认工作，市民可在国家政务服务平台中查看个人已关联的地方健康码信息（如图 11.33 所示），核酸、抗体检测信息（如图 11.34 所示）等。

图 11.33　健康码关联信息查询

图 11.34　核酸、抗体检测信息查询

2. 协同化服务

政务治理中重要的一环是切实践行以人民为中心的发展思想,最大限度地实现政务服务协同化、便民化,简化办事环节和程序,提高办事效率和水平。模式匹配、实体对齐等大数据技术的运用,可以打破"信息孤岛",实现跨部门、跨地区、跨层级的政务数据共享融合,共建一体化办事流程,从而迈向政务服务线下"只进一扇门"、线上"一网通办"的协同化服务模式,让群众真正受益。例如,长三角地区开通的"一网通办"专区(如图 11.35 所示),对于个人业务提供了跨省异地就医登记备案相关手续、养老保险转移接续、社保卡申领、个税查询以及民生档案查询等服务,对于企业实现了线上"一地认证、全网通办",线下"收受分离、异地可办",包括企业设立、变更、注销等,不断优化群众、企业对于"互联网+政务服务"的体验,提升了用户满意度。

3. 城市数字化管理

大数据催生了政务治理过程中对于基础设施等公共资源的数字化管理,促进了职能部门与公众之间的信息流动,实时监控平台的信息共享与以民为本的信息上报,方便了公众对于信息的获取以及需求反馈的上报,便捷了公民与职能部门之间的沟通,提升了治理效能。例如,近年来已经成为热门词汇的井盖伤人事件。这些关于夺命井盖的报道,很多是由井盖凸起下沉、破损倾斜、翻盖丢失、规格不符等原因造成的。这些路面"黑洞"严重

图 11.35　长三角区域政务服务"一网通办"专区

http://csj.gjzwfw.gov.cn/

威胁着广大市民的出行安全,轻则使人肢体受伤,重则让人失去生命,极大地影响了城市整体形象。有效且快速解决夺命井盖问题的关键有三个:一是及时上报发生井盖破损事件(例如随手拍、摄像头等感知设备自动化检测等),如有必要,进行立案处理;二是快速定位问题井盖所属管辖单位,进行事件派遣;三是事件处置、反馈与结案的全流程闭环管理,进行权责追踪。这种现代化的管理模式依赖于政府部门的有效数据汇集,数字化管理下全流程数据上报和监控,可以实现问题发现、权责定位、问题监控和措施响应。

4. 智能化决策

近年来,机器学习、深度学习等人工智能技术的研究应接不暇,也有越来越多的政府职能部门利用政务大数据和人工智能技术以提高政务效率,通过大数据平台对各类数据进行分类与分析,基于历史数据和实时监测数据进行前瞻性预警判断、风险评估、决策辅助等,实现了紧急事件的快速发现、快速联动、快速处置。例如,在交通领域,我们可以对历史车流量进行挖掘与分析,结合天气、节假日等实时数据,实现车流量预测,得到高峰车流预警。进而各交通部门能够提前做好高峰车流的保畅通措施,提升交通服务质量。在刑事案件领域,通过对历史案件相关数据进行分析,可以发现犯罪趋势和常用的犯罪模式,找出其中的共同点和相关性,从而及早做出多发案件预警。在环境保护领域,可以对企业排污数据进行采集,结合企业用电量、用水量、材料消耗量等数据,监视是否存在排污异常的现象,供决策部门参考。同时,大数据、生物识别、深度学习等新兴技术的发展也逐步改变了政府治理方式,通过大屏可视化监控,实现了异常状况提醒和管理预警,促进了治理全过程、一体化、精准性的转型。

11.3.3　大数据与文学分析

诗词歌赋,是人们对我国传统汉文学的概称,并在很大程度上概括了我国传统文化的精髓。其中,唐宋文学最具代表性。唐代文学的主流是诗歌,唐诗是我国古典诗歌的顶峰。唐代诗人名家辈出,流派众多,涌现出大量优秀的诗歌作品。宋代文学的主流是词,宋词的代表人物包括李清照、辛弃疾等。据《全宋词》所载，作品有二万余首，词人一千四百余位。唐诗、宋词，堪称中国文学的双璧。

唐宋文学积攒了大量的数据，除了每一首唐诗宋词内容本身之外，也可以是撰写这首作品的作者、地点、时代背景等，还可以是作者的生平事迹等。如果能够对这些数据加以系统性收集与整理，并利用大数据分析和可视化技术，从多维度视角进行分析，将为唐宋文学的研究提供重要的技术支撑。

由中南民族大学文学与新闻传播学院教授王兆鹏主持制作的《唐宋文学编年地图》（https://sou-yun.cn/MPoetLifeMap.aspx)，以诗人为分析对象，按时间维度呈现其生活的足迹，并介绍诗人在不同地点创作的诗歌作品，能够帮助学习者更加直观地了解诗人的生平和诗歌的创作背景。此外，网站还提供丝路诗路，历代诗人地域分布等地图。教师可借助该工具更加形象地为学生们讲解诗人生平与诗歌作品。诗词爱好者也可以据此更加全面地了解诗人的一生。

打开网站首页，出现类似如图 11.36 所示的页面。用户可以在页面中的"关键词"框

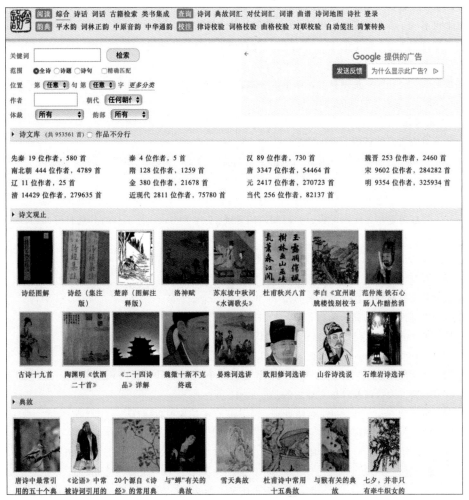

图 11.36　唐宋文学编年地图首页

输入诗人的姓名,例如李白,单击"检索"按钮,可以查阅李白一生的足迹,包括在地图上呈现其生活足迹,按年龄段呈现生活足迹,以及每一个阶段撰写的相关作品。通过这些信息的呈现,可以让学习者更为全面、简洁地了解李白这位唐代大诗人。此外,该网站也提供了按照时间、地域来分析诗人以及作品的详情。

利用大数据技术,海量、繁复的历史数据也能够重新焕发出别样的活力。完善的收集、管理机制将历史数据完好地保留下来,丰富的分析技术与展示手段可以从历史数据中发现更多的信息与规律。大数据技术的出现和合理利用,可以使得更多领域的非结构化、海量数据得到妥善的保存以及多维度的分析和利用,加速、助力相关领域工作者们的研究工作。

习 题 11

11.1 思考题

1. 什么是大数据?简述大数据的特征。

2. 举出不少于五个互联网应用的实例,其能够体现大数据特征。

3. 简述科学研究的四个范式,并说明第三范式和第四范式的区别。

4. 举例说明数据采集面临的三个技术挑战。

5. 数据的"大"和"小"是相对的。如果说小数据上的处理是一个已解决的问题,谈一谈如何基于小数据上的处理,来解决大数据的处理。

11.2 选择题

1. 以下对大数据的理解不正确的是( )。

(A) 大数据是指大小超出常规的数据库工具获取、存储、管理和分析能力的数据集

(B) 大数据是指数据很重要,其重要的程度勘比电

(C) 大数据是指 PB 级数据,这些数据包括结构化的、半结构化的和非结构化的数据

(D) 大数据是指无法在可容忍的时间内用传统 IT 技术和软硬件工具对其进行感知、获取、管理、处理和服务的数据集合

2. 根据大数据的特征,最有可能产生大数据的行业是( )。

(A) 互联网 (B) 制造业 (C) 金融 (D) 教育

3. 以下对交易型数据理解不正确的是( )。

(A) 电商网站中的商品购物、春运期间的火车订票等场景涉及的是交易型数据

(B) 通常情况下,交易型数据并发用户访问量大,用户查询与更新频繁

(C) 交易型数据的正确要求比较弱,可以容许一定的错误

(D) 通常情况下,涉及交易型数据的操作相对简单,每个操作涉及的数据量较少

4. 以下不属于大数据技术核心理念的是( )。

(A) 分而治之 (B) 容错处理 (C) 抽象编程接口 (D) 紧耦合

5. 以下属于大数据分析软件的是( )。

(A) MapReduce (B) Kafka (C) Tableau (D) ECharts

11.3 填空题

1. 2008 年 9 月 4 日,_____《科学》杂志出版了一期名为:*Big Data:Science in the Petabyte Era* 的特刊,主题为"现代科学面临的最严峻挑战之一:如何应对目前正在形成的海量数据",讨论_____

级海量数据的处理,揭开了"大数据"热潮的序幕。

2. 2012年3月22日,奥巴马宣布美国政府投资2亿美元启动"_____",希望增强海量数据收集、分析萃取能力,认为这事关美国的国家安全和未来竞争力。2015年10月26日至29日召开的第十八届五中全会上,提出实施_____,全面推进我国大数据发展和应用,加快建设数据强国。

3. 已故图灵奖得主吉姆·格雷曾提出数据量的增长符合"摩尔定律",也就是每_____个月,新增的存储量等于有史以来存储量之和!

4. 大数据的核心技术主要包括_____、_____、_____、_____以及_____。

5. 第一范式实验科学,是指以_____为基础的科学研究模式。第二范式理论科学,是指以_____为基础的科学研究模式,侧重使用模型或归纳法进行科学研究。第三范式计算科学,是指以_____的科学研究模式。第四范式数据科学,是从第三范式即计算科学中分离出来,成为一个独特的科学研究模式。数据科学强调,先通过收集_____,然后通过计算得出_____。

11.4 上机练习题

1. 使用八爪鱼数据采集器,采集不少于5000条记录(记录中必须要有文本数据)。

练习目的:掌握对常用数据爬虫的使用方法。

练习内容:

(1)下载并安装八爪鱼数据采集器。

(2)确定待爬取的网址(可以设置为带有评论或是电商网站数据的网页 URL)。

(3)打开八爪鱼数据采集器,设置采集任务。

(4)设置翻页采集。

(5)开始采集并把采集的数据下载到本地。

2. 使用 Tableau 数据分析工具,对 Tableau 自带的某大型超市订单数据进行统计分析。

练习目的:掌握一种常用的大数据分析使用方法。

练习内容:

(1)下载并安装 Tableau 软件。

(2)设置并连接 Tableau 自带的某大型超市订单数据源。

(3)在地图中显示各城市的销售与利润情况。

(4)预测每个城市未来的销售额和利润情况。

3. 使用 ECharts 可视化工具,选取合适的图表组合对爬取的记录集进行展示和分析。

练习目的:掌握常用的数据可视化方法。

练习内容:

(1)利用 ECharts 官网表格工具将爬取的数据转换为满足 ECharts 数据格式要求的二维数组

(2)在 ECharts 官网示例中选择合适的图表类型,使用不少于2种图表可视化爬取的数据。

(3)将生成的图表文件下载到本地文件夹中。

(4)利用 ECharts 官网主题构建工具美化可视化结果。

第 12 章　人工智能基础

12.1　初识人工智能

当今社会,人工智能已经变成热门话题,经常可以听到相关的新闻,看到相关的产品。那么,人工智能到底是什么呢?不同的人会有不同的理解,有的人会想到科幻影片中的人形机器人,它们似乎有着与人类差不多的智慧,甚至可能会毁灭人类;而对于另一些人来说,人工智能只不过是计算机能处理大量数据的结果。因此,本节的主要目的是通过讨论人工智能的含义,帮助读者理解与人工智能相关的计算机技术,从而认清其本质。

12.1.1　人工智能体验与思考

首先,通过观察内容推荐、人脸识别和无人驾驶三个日常听到或接触过的应用,思考对人工智能的含义的理解。

1. 从应用出发思考人工智能的特点

应用 1：内容推荐

当人们进入互联网的各种平台,如登录淘宝购物网站、浏览头条等新闻 App、观看爱奇艺影视等时,购物网站上能看到的商品会因上次所购物品,或者曾经浏览过的物品而变化,新闻的内容则也会根据个人曾经的选择而有个性化差异,而影视网站推荐的影片也会因人而异。那么网站怎么会知道用户的喜好? 这些是否属于人工智能的范畴?

应用 2：人脸识别

在日常生活中,经常会需要身份认证,如登录手机应用、各种金融应用,以及出行时展示自己的健康码等。很多应用需要通过人脸识别来认证身份,手机、计算机通过摄像头获取人们的脸部信息,并通过识别算法判断用户的身份,这也属于人工智能的范畴。

应用 3：无人汽车驾驶

汽车能自动与周边环境交互,并根据指定的目标自动导航到达目的地。这需要汽车通过搜索和规划确定到达目的地的最优路径,汽车的计算机视觉能观察道路情况,并在不确定的情况下,及时做出决策来应对复杂的动态环境,这样的汽车具有一定的自主性,看起来是一种挺复杂的智能活动,其中也包含了不少人工智能的技术。

以上三个应用例子的共同点,就是机器具有自主性和自适应性,这样的机器可以称为智能体,它们都具有人工智能的特点。

自主性是指不需要人工参与,机器能进行自主判断并做决定。例如,在内容推荐时,是计算机根据用户以往的访问经历,决定需要在网页上显示什么内容;人脸识别时,也是智能手机或计算机决定其摄像头获取的用户面部是否与其身份信息相一致;无人汽车驾驶则可以自主决定通过哪条合适的路径到达目的地,并在驾驶过程中,汽车会根据前面的车速决定其自身的车速,根据道路情况决定何时该拐弯,何时该直行等。归纳起来,自主性就是在复杂的环境中,不需要人的指导,就能完成任务的能力。

自适应性是指处理和分析过程中,根据处理数据的数据特征自动调整处理方法、处理顺序、处理参数、边界条件或约束条件,使其与所处理数据的分布特征、结构特征相适应,以取得最佳的处理效果。例如,当机器在进行人脸识别时,一开始10个里面会错4个甚至更多,随着识别数据量的增加,其识别能力在逐渐提高,这就是一种自适应性的表现,是一种从经验中学习并提高的能力。

2. 人类智能与人工智能比较

通过机器是否具有自主性和自适应性,是否就可以对人工智能的含义有明确的理解,能分辨日常遇到的各种情况中哪些属于人工智能的范畴了呢? 机器的智能是否能做到与人的智能一样呢? 下面从人的角度来看看智能体可以包含哪些方面的能力。

感知能力:从人的智能角度来说,人类具有感知外界的能力,通过五官和皮肤,便有了视觉、听觉、味觉、嗅觉、触觉,而通过传感器设备,机器也可以获取外部世界的数据。

记忆能力:人具有记忆能力,包括短期记忆和长期记忆,而计算机中的存储器分为内存和外存,可以看作是使得计算机具有短期和长期记忆能力的基础。

思维能力:人具有思维能力,思维可以分为逻辑思维、形象思维、灵感思维等。逻辑思维是一种根据规则进行信息推理的思维能力,通过感官获取外部信息,根据一定的规则推理得到一定的结论,如果通过感官获取的初始信息是完整可靠的,则通过逻辑思维,可以得到合理和可靠的结论;由于计算机通过传感器可以获取外部信息,也可以存储规则,理论上获取这样的逻辑思维能力有一定的依据。

形象思维更多地与艺术相关联,在对形象信息传递的客观形象体系进行感受、储存的基础上,结合主观的认识和情感进行识别,并用一定的形式、手段和工具(包括文学语言、绘画线条色彩、音响节奏旋律及操作工具等)创造和描述形象的一种基本的思维形式。计算机绘画、写诗,是否就是它有形象思维的表现呢?

试一试:用微信扫描右侧二维码,访问九歌作诗,体验计算机写诗。

灵感思维是一种意识与潜意识相互作用的思维方式,具有突发性、独创性和模糊性,它穿插于形象思维与逻辑思维之中,起到突破、升华的作用。至今人们还不知道其产生机理,当然也无法使用计算机来实现。

学习能力:学习能力是每个人与生俱来的,通过与环境互动,积累经验,不断成长是人一生的学习过程。学习既可以通过学校、书本,也可以在日常生活中,在与人交流、娱乐、工作等实践中进行。学习是人类智能的基础,也是机器智能的体现之一。

行为能力:人可以通过语言、表情、肢体动作等行为来影响周围的环境,也是人与人、人与环境交互的方式之一。人的行为能力有时看起来非常简单,如拿起桌子上的杯子喝水,似乎不需要学习,天生就会;有时也比较复杂,如进行一场演讲,或者同声传译,如果没有一定的学习,根本无法完成。如果计算机能完成与人类一样的行为,是否就具有了这方面的智能?

认识了人类智能的含义,引申到计算机领域,如果能让计算机具备与人类智能相类似的能力,是否就属于人工智能了?

事实上,还是有很多不容易区分是不是人工智能的情况。究其原因,可以归纳为以下

4点。

（1）人工智能并没有一个官方的定义。有些应用,曾经被认为属于人工智能的范畴,但随着技术的进步,计算机的实现已变成简单的事情了。例如,自动搜索和规划在50年前被认为属于人工智能的领域。现在,每一个计算机科学专业的学生都会学习这种方法,是否还属于人工智能呢？类似地,处理不确定信息的某些方法正变得非常容易理解,它们可能很快就会从人工智能转移到统计学或概率论。

（2）科幻类文学作品造成的影响。在各种文学和电影科幻作品中出现的人工智能景象使人们对人工智能的含义产生更多困惑。科幻小说中经常以人形机器人的形象描述人工智能角色,它们会以人类助手或对手的角度出发,与人类进行机智地对话。这种机器人只是有一个非常像人类的代理外表,通过让人类读者产生共鸣来吸引读者。

（3）人看起来容易的事情对机器来说却很困难。理解人工智能的另一个困难是,很难知道对于计算机来说哪些任务是容易的,哪些是困难的。对人来说,环顾四周,捡起一个物品放在手上：用眼睛扫描环境,在一堆物品中找到需要取的物品,规划一个轨迹让手去够到目标对象,然后依次收缩不同的肌肉来移动手,并设法以适当的力度挤压物体,使其保持在手指之间。这件事情看起来非常简单,对于人来说是习惯性完成的,但如果让计算机控制机械手来做,必须考虑到可能会出现的问题：选择的对象的轻重,如果有人在机械手要够到物品的时候碰了它,会导致取物的机械手严重失去平衡。

虽然抓取物体对人来说很容易,但对计算机控制的机械手来说却极其困难,这个领域还有很大的研究空间。听说过谷歌公司的机器人抓取研究项目吗？如图12.1所示,可以通过 https://spectrum.ieee.org/automaton/robotics/artificial-intelligence/google-large-scale-robotic-grasping-project 网站了解；听说过瓜果采摘机器人吗？如图12.2所示（图片来自 *The Times* 的网站 https://www.thetimes.co.uk/article/robocrop-fruit-pickers-to-be-replaced-by-machines-86b89hffx）,更多相关信息可以通过互联网了解。

图12.1 谷歌机器人抓取研究

图12.2 瓜果采摘机器人

（4）对人来说困难的事情对计算机却很容易。相比之下,下国际象棋和解数学题对人来说似乎非常困难,需要多年的练习才能掌握,需要人有"更高的能力"和集中的有意识思维。难怪一些最初的人工智能研究集中在这类任务上,而且在当时它们似乎包含了智能的本质。

后来证明,下国际象棋非常适合计算机,它可以遵循相当简单的规则,并以每秒数十亿次计算的速度计算许多可选的走法序列。1997年,计算机在著名的深蓝对战卡斯帕罗夫的国际象棋比赛中击败了当时的人类世界冠军。能想象到更困难的问题实际上是机器如何抓住棋子并在棋盘上移动它们而不碰倒它。

通过以上的介绍,是否可以认为对具有智能特征的机器行为的研究就是人工智能研究的范畴?该领域又具体涉及哪些相关技术?对这些技术的了解,可以进一步加深对人工智能内涵的理解。

12.1.2　与人工智能相关的领域

除了人工智能本身的含义,还有一些话题,如机器学习、深度学习、数据科学和机器人技术等,会让人想到它们与人工智能具有密切的关系。

机器学习:是人工智能的子领域,而人工智能本身又是计算机科学的子领域(这类分类往往有些不精确,机器学习的某些部分也属于统计学)。机器学习用于构造能使用越来越多的经验或数据,来提高其在给定任务中的性能的系统,也就是使人工智能的解决方案更具有自适应性。

深度学习:是机器学习的子领域,在 12.6 节将更详细地讨论深度学习。这里,深度学习的"深度"指的是数学模型的复杂性,随着计算机计算能力的提高,模型复杂性增加导致的计算量的增加已经不会成为计算的瓶颈,即使数据量的增加与以往相比达到质的飞跃也不会成为问题了。因此,研究和探索就可以向着更大范围进行,深入到某个子领域,这样新的知识在以往积累的基础上不断产生,并对以往的一些概念和认识会加以纠正,使之更加准确。

数据科学:是近年来社会发展到大数据时代而产生的新分支,包括了机器学习、统计学和计算机科学的某些方面,如算法、数据存储和 Web 应用程序开发。数据科学也是一门实践性学科,它要求理解数据应用于商业或科学的领域:数据及其附加值、基本假设和约束条件等。数据科学的解决方案通常会涉及一点人工智能。

机器人技术:是指构建能够在复杂的现实世界的各种场景下运作的设备。可以说机器人技术是人工智能的终极挑战,因为它需要人工智能几乎所有领域的结合。例如:机器人应该具备感知环境的计算机视觉和语音识别能力,能具有在不确定条件下的自然语言处理、信息检索和推理,用于处理指令和预测潜在行为的后果的能力,具有认知建模和情感计算(响应人类情感表达或模拟情感的系统)的能力,能够与人类交互和合作。

目前的机器人技术可以是由传感器(感知环境)和执行器(作用于环境)组成的机器,通过编程使其执行一系列动作。许多与机器人相关的人工智能问题可以通过机器学习来解决。因此,机器学习已成为机器人工智能的一个重要分支。

虽然科幻小说、影片中描述的机器人通常给人以走路步态笨拙,说话声音单调的印象,但大多数现实世界中使用的机器人看起来却非常不同,它们通常根据特定需要,使用程序设计的方法制作,大多数应用不会受益于机器人有人的形状,如智能音箱会回答人提出的问题,智能洗衣机会根据放入衣服的多少自动调节水量。任何一种至少具有某种自主性并包含传感器和执行器的车辆也属于机器人。

以上的每个子领域都与人工智能相关,正是因为它们各自的发展,并相互交叉,才有了当今人工智能应用的逐渐普及。

12.1.3 概念及技术演变历史

人工智能（Artificial Intelligence，AI）这一术语最早是在 1956 年夏季的达特茅斯会议（Dartmouth Conference）上提出，该会议是由 28 岁的约翰·麦卡锡（John. McCarthy）、同龄的马文·明斯基（Marvin Minsky）、37 岁的罗切斯特（Nathaneil Rochester）和 40 岁的香农等人提议的在达特茅斯学院召开的一个头脑风暴研讨会。参加会议的还有另外 6 位年轻的科学家，研讨会围绕当时计算机科学领域尚未解决的问题，包括人工智能、自然语言处理和神经网络等，虽然没有解决具体的问题，但提出了"人工智能"这一说法，并开创了很多今天依然很活跃的研究领域。当时人们认为有可能制造出真正能推理（Reasoning）和解决问题（Problem Solving）的智能机器，并且，这样的机器将被认为是有知觉、有自我意识的，可以独立思考问题并制定解决问题的最优方案，有自己的价值观和世界观体系。有和生物一样的各种本能，如生存和安全需求。在某种意义上可以看作一种新的文明，这被认为是一种强人工智能。

1. 强人工智能的哲学探讨

围绕强人工智能，人们存在着大量哲学意义上的讨论。试想，智能行为是否意味着需要有心灵的存在？意识在多大程度上可以计算出来？这里通过对图灵测试和中文房间的争论的例子，来引入对这个问题的进一步思考。

（1）图灵测试。让机器具有智能的想法由来已久，在"人工智能"的术语出现之前，人们就有了激烈的争论。1950 年，英国数学家艾伦·麦席森·图灵写了一篇论文《计算机器与智能》，该文章提出了著名的图灵测试（Turing Test），为此，图灵就在计算机科学之父的头衔后面，又增加了人工智能之父的头衔。

图灵测试是指测试者与被测试者（一个人和一台机器）在不能见面的情况下，测试者通过一些装置（如键盘和屏幕）向被测试者随意提问，被测试者进行回答，测试者只能看到文本形式的答案，无法看到对方的肢体语言或听到其声音，然后测试者判断对方是人还是机器。进行多次测试后，如果机器让每个测试者平均做出超过 30% 的误判，那么这台机器就通过了测试，并被认为具有人类智能。其中 30% 是图灵对 2000 年时的机器思考能力的一个预测。

那么，像人类一样是否就意味着具有智能呢？对图灵测试作为智力测试的一种批评是，它实际上可能更能衡量计算机的行为是否像人，而不是它是否具有智能。这项测试确实被不断变换主题、出现大量拼写错误、有时甚至完全拒绝回答的计算机程序"通过"。一个著名的例子是 13 岁的乌克兰男孩尤金·古斯特曼（Eugene Goostman），他总是试图通过开玩笑来避免回答问题，图 12.3 所示为某人与尤金·古斯特曼的简短对话。尤金·古斯特曼实际上是一个计算机程序，它愚弄了 30 个评委中的 10 个，让他们认为它是一个真实的人。

（2）中文房间的争论 许多人认为图灵测试仅仅反映了结果，没有涉及思维过程。他们认为，即使机器通过了图灵测试，也不能说机器就有智能。这一观点最著名的论据是美国哲学家约翰·希尔勒（John Searle）在 1980 年设计的"中文房间（Chinese Room）"思维实验。

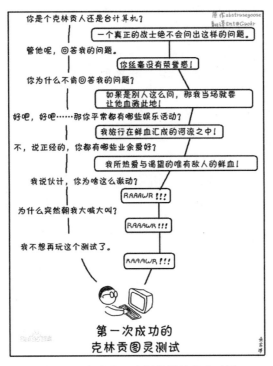

图 12.3　与尤金·古斯特曼的某次对话

　　"中文房间"实验的过程是这样的,想象一位只说英语的人身处一间房间之中,这间房间除了门上有一个小窗口以外,全部都是封闭的。他随身带着一本写有中文翻译程序的书。房间里还有足够的稿纸、铅笔和橱柜。写着中文的纸片通过小窗口被送入房间中。根据希尔勒的设计,房间中的人可以使用他的书来翻译这些文字并用中文回复。虽然他完全不会中文,希尔勒认为通过这个过程,房间里的人可以让任何房间外的人以为他会说流利的中文。但事实上房间里的人根本不懂中文,也不会因此而提高中文水平。

　　如果用计算机模拟中文房间实验,它就能通过图灵测试,这说明一个按照规则执行的计算机程序并不能真正地理解其输入和输出的含义,为此,推翻强人工智能的主张出现了:只要计算机拥有了适当的程序,理论上就可以说它拥有了一定的认知状态,并可以像人一样地进行理解活动。

2. 弱人工智能及其发展

　　人工智能的研究虽然取得了巨大的进步,但进一步发展不仅面临着发展上的瓶颈问题,而且还面临着诸多哲学难题,如有可能剥夺人的思想自由、动摇人的主体性地位、危及人的存在。因此,人工智能研究必须坚持以人为本原则,在技术为人类所用,不危害人类长远的根本利益的前提下健康发展。

　　弱人工智能是指人造机器所能表现出来的智能性,其研究的核心问题包括智能体的推理、知识、规划、学习、交流、感知、移动和操作物体的能力等。当今已有大量的工具应用了这样的人工智能,其中包括搜索和数学优化、逻辑推演。而基于仿生学、认知心理学,以及基于概率论和经济学的算法等等也在逐步探索当中。

总体来讲,对人工智能的定义大多可划分为四类,即机器"像人一样思考""像人一样行动""理性地思考"和"理性地行动"。这里"行动"应广义地理解为采取行动或制定行动的决策,而不是肢体动作。主流科研集中在弱人工智能上,2011 年之后,借助大数据驱动,深度学习的提出,人工智能在算法、算力和数据方面取得了重要突破,因此,认为这一研究领域已经取得可观的成就。本节将围绕弱人工智能领域研究中涉及的部分浅显易懂的概念,通过浅显的例子对机器搜索、博弈论、贝叶斯法则、机器学习和神经网络的含义加以讲解,以期望读者能对当今的人工智能有更深入的理解。

12.2 机器搜索技术

对于无人驾驶的应用情景中,作为智能体,无人驾驶汽车应具备搜索路径的能力。例如:在十字路口,该如何选择行动方向,以便高效到达目的地。而在真实场景中,除了能选择合理的路径外,周边环境的道路上可能不止只有这一辆车,还可能有其他动态的人和车,智能体本身的行为,也会对周围环境产生影响,如行人见到车可能会停止穿马路,等待汽车先过去,也可能在横道线上穿过马路,汽车就该停下来等待。

当问题不能由单次行为解决时,智能体需要采取多样的行为。每当智能体进行过一次行为之后,周围环境便会发生改变。智能体便需要重新收集感官信息,并在自己的行为序列中,选择与当前的感官信息所对应的行为。由于智能体是处在环境之中的,其行为会导致环境的状态发生改变,但只要能在所有状态之下找到正确的行为,再将其放入智能体的行为序列中,智能体就可以解决问题。

当智能体的行为序列中的行为过多时,选择行为可能会变成一件很困难的事情。为此,需要运用搜索算法来选择合适的行为以解决问题。在弱人工智能中,搜索技术是普遍的问题解决方法。

12.2.1 经典的搜索问题

已知智能体的初始状态和目标状态,求解一个行动序列使得智能体能从初始状态转移到目标状态,称为搜索问题。如果所求序列可以使得总消耗最低,则被称为最优搜索问题。

搜索问题需要满足以下几个条件。

(1) 智能体的初始状态是确定的。

(2) 智能体的当前状态是否到达了目标状态是可以检测的。

(3) 智能体的状态空间是离散的。

(4) 智能体在每个状态可以采取的合法行动和相应后继状态是确定的,环境是静态的。

(5) 过程的消耗是已知的。

下面通过经典的罗马尼亚度假问题和八皇后问题的例子,来思考如何获得最优搜索的问题解决方案。

1. 罗马尼亚度假问题

如图 12.4 所示为罗马尼亚的一些城市和连接这些城市的公路长度,如果目前在 Arad,需要到 Bucharest 去度假,有多少条路可以走?怎么走?哪条路最快?(为了简化问题,这里没有考虑拥堵的影响)。于是问题可以表述为:寻找到从 Arad 到 Bucharest 的路径最优化搜索问题,即从 Arad 到 Bucharest 的最短路径。

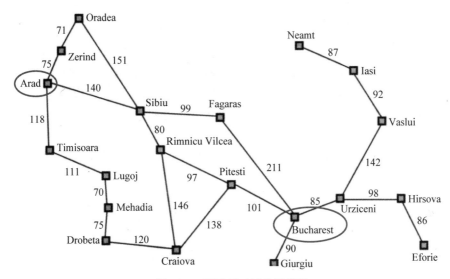

图 12.4　罗马尼亚城市局部图

可以把问题相关信息罗列如下:

(1)起始状态:Arad。

(2)目标状态:Bucharest。

(3)状态空间的离散性:城市是离散的。

(4)合法行动与后继的确定性:与某一城市相邻的城市才能成为合法后继。

(5)环境的静态性:城市的相对位置不会改变智能体在路径上的消耗,本例中,这个消耗值就是由城市之间的距离决定的,是已知的。

2. 八皇后问题

在一个 8×8 格的国际象棋盘上摆放着 8 个皇后,如图 12.5 所示,要使所有的皇后都不能互相攻击,即任意两个皇后都不能处于同一行、同一列或同一斜线上,问有多少种摆法?

可以把问题相关信息罗列如下:

(1)起始状态:空的棋盘。

(2)目标状态:棋盘上摆了 8 个皇后,并且任意两个皇后都不能互相攻击。目标状态不确定,但是当前状态是否为目标状态是可以检测的。

(3)静态性:棋盘的格局和大小不会改变。

(4)合法行动与后继的确定性:满足棋盘上所有皇后

图 12.5　八皇后棋盘图

不能互相攻击的后继才是合法的。

（5）路径上的消耗的确定性：相邻两个状态之间所需步骤为一个搜索问题，目标是求出（所有）合法的目标状态。

12.2.2　状态空间

从上面的例子可以看到，在具体确定搜索该怎样进行之前，应先把智能体可能会遇到的各种状态、可以采取的各种行动以及与其相关的环境特性等描述清楚，然后才有可能解决问题。

（1）初始状态：智能体开始行动前整个环境的第一个状态称为初始状态。

（2）行动：在某个状态之下，可以采取哪些行动，这些行动构成行为序列。

（3）转移模型：在任意状态之下执行任意行为，会达到怎样的状态。

这三点构成了把握问题的整个"状态空间"。也就是说。初始状态所能够达到的所有状态的集合。可以用树或者图来表示状态空间。如在罗马尼亚度假问题的例子中，每个城市可以作为一个状态，从初始状态 Arad 出发，可以有三条路去向三个不同的城市，到达某个城市后，再可以有若干条路去向不同的城市，在城市之间的移动，就是行动，可以把需要经过的城市构建成行为序列，计算所有的行为序列，经过的城市距离之和应该最短，才是最优的路径。

为了简化所需要说明的问题，可以把罗马尼亚度假问题中的路径以树结构的形式给出，如图 12.6 所示，把城市看成结点，不考虑城市之间的距离差异，且排除已经经过的城

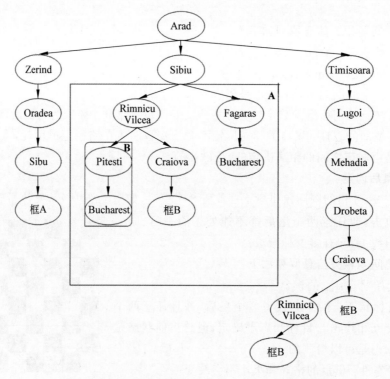

图 12.6　从 Arad 出发到 Bucharest 的状态空间搜索树

市,可以把从 Arad 到 Bucharest 的度假路径转换成一棵倒置的树,图中重复的路径用框 A 和框 B 表示。

每个结点都表示一个状态,出发城市结点 Arad 表示问题的初始状态,处在树的根位置。每一个箭头都表示一个行为,初始状态 Arad 随着不同的行为会变成不同的结点(Zerind、Sibiu、Timisoara),也就是不同的状态。假设所需要解决的问题,就是让智能体从所处的环境 Arad 达到 Bucharest 状态,那么智能体所需要做的,就是搜索出从 Arad 到达 Bucharest 的正确路径即可。路径便代表解决问题的方法。

树具有层次结构,最高层是根结点,上下层互为父子关系,每个子结点仅有一个父结点,一个父结点可以有多个子结点,没有子结点的结点为叶子结点,如图 12.6 所示的树中,Arad 为根结点,Bucharest 为叶子结点,Arad 是 Zerind、Sibiu、Timisoara 结点的父结点,Rimnicu Vilcea、Fagaras 是 Sibiu 结点的子结点,同一层中的结点互为兄弟关系。从根结点开始往下数,到叶子结点所在的最大层数称为树的深度,如图 12.6 的树的深度为 9。

12.2.3 搜索算法

搜索算法是利用计算机的高性能来有目的地穷举一个问题解空间的部分或所有的可能情况,从而求出问题的解的一种方法。现阶段一般有枚举算法、深度优先搜索(Depth First Search,DFS)、广度优先搜索(Breadth First Search,BFS)、A*算法、回溯算法、蒙特卡洛树搜索、散列函数算法等。

1. 搜索算法的分类

通过搜索可以解决许多在生活中、科研和工程领域有趣的问题,搜索算法可以分为以下两大类:

(1) 盲目的搜索算法(无信息的图搜索算法)。除了问题的定义之外,没有给出其他信息。虽然可以解决问题,但不一定是最优解,这类算法中常用的有广度优先搜索和深度优先搜索。

(2) 启发式搜索算法(有信息的图搜索算法)。给出了一些指引,根据指引找到最佳方案,常用的有贪婪最佳优先算法和 A* 寻路算法。

限于篇幅,本节主要介绍第(1)类算法。

2. 如何做路径规划

回到罗马尼亚度假问题:设计合适的搜索算法,寻找从 Arad 到 Bucharest 的最短路径。由于不考虑拥堵,距离最短的路径,就是最快的路径。

在将图 12.4 转换成搜索树的过程中,城市会出现两种状态:一种是出发城市,也就是第一次经过的城市;另一种是曾经去过的城市,可以在状态树中,去除曾经经过的城市。

按这样的原则来绘制状态空间树,以 Arad 为中心出发,与其相邻的结点城市有 Zerind、Sibiu 和 Timisoara,再分别以 Zerind、Sibiu 和 Timisoara 为中心出发便可以得到如图 12.6 所示的局部搜索树图。

度假问题的初始点位置为 Arad,候选的城市有三个:Zerind、Sibiu、Timisoara,如果选择了 Zerind,继续有两个候选城市:Arad 和 Oradea,判断选择的点是不是目的地,根据任务描述,显然不是终点,则需要继续探索路径。由于 Arad 是出发城市,所以不会选择,接下来就有 Oradea、Sibiu、Timisoara 三个城市待选,那该先选择 Oradea 这条路呢,还是选择 Sibiu 或者 Timisoara 这条路? 这就涉及遍历方法了。

3. 深度优先搜索(DFS)

顾名思义,这种遍历方法是以深度优先对树中每个结点进行搜索或者遍历,其基本步骤如下:

从当前结点开始,先标记当前结点,再寻找与当前结点相邻,且未标记过的结点。

(1) 当前结点不存在下一个结点,则返回前一个结点进行 DFS。

(2) 当前结点存在下一个结点,则从下一个结点进行 DFS。

概括得通俗一点就是"顺着起点往下走,直到无路可走就退回去找下一条路径,直到走完所有的结点"。

如图 12.7 所示为只有 2 个分支的树,称为二叉树,从结点 Start 出发,目标是到达结点 End,假设遍历都是从左到右进行,DFS 的过程如下。

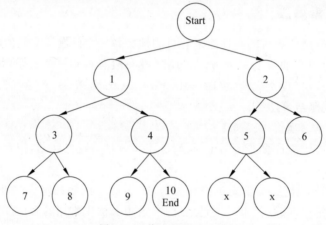

图 12.7 待遍历的二叉树

首先从 Start 开始,判断是否到达最终的叶子结点 End,如果没有到,则沿着一条路一直深入遍历下去: start-1-3-7。

当走到叶子结点 7 时,便会退回上一结点 3,遍历上一结点的其他相邻结点 3-8,图 12.7 中 3 的分支都完成了遍历,则退到结点 1,继续其右边结点的遍历 1-4-9-10End,每到一个结点都要判断一下是否为 End 结点,若是,则停止,不再继续遍历。因此,本例的 DFS 遍历过程可以表示为: Start-1-3-7-8-4-9-10End。

4. 广度优先遍历(BFS)

BFS 总是先访问完同一层的结点,然后才继续访问下一层结点,它最有用的性质是可以遍历一次就生成根结点到所遍历结点的最短路径,针对图 12.7 的二叉树,Start 为搜索的初始结点,End 为目标结点,先把 Start 结点的子结点遍历一次,接下来把第一步遍历过的结点当成 Start 结点,重复第一步,一直重复这两步,这样便是一个放射样式的搜索方法,直到找到 End 结点。具体过程如下: Start-1-2-3-4-5-6-7-8-9-10End。每一步都需要判断该结点是否为 End 结点,若是,则停止遍历。

5. 罗马尼亚度假问题的解决方案

对于罗马尼亚度假问题,根据图 12.4 转换成图 12.6 的树结构之后,可以使用 DFS 罗列从起点 Arad 到目标 Bucharest 的所有路径,同时记录每个路径的长度,最后比较各路径长度,找到最短路径,如果忽略每条路的长度,只是以经过的城市数量最少作为最快捷的选择,本例的结果是选择路径(6),经过 4 个城市,为经过城市最少的选择。

(1) Arad→Zerind→Oradea→Sibiu→Fagaras→Bucharest,6

(2) Arad→Zerind→Oradea→Sibiu→Rimnicu Vilcea→Pitesti→Bucharest,7

(3) Arad → Zerind → Oradea → Sibiu → Rimnicu Vilcea → Craiova → Pitesti → Bucharest,8

(4) Arad→Sibiu→Rimnicu Vilcea→Pitesti→Bucharest,5

(5) Arad→Sibiu→Rimnicu Vilcea→Craiova→Pitesti→Bucharest,6

(6) Arad→Sibiu→Fagaras→Bucharest,4

(7) Arad→Timisoara→Lugoj→Mehadia→Drobeta→Craiova→Pitesti→Bucharest,8

(8) Arad → Timisoara → Lugoj → Mehadia → Drobeta → Craiova → Rimnicu Vilcea → Pitesti→Bucharest,9

12.3　人工智能与博弈论

20 世纪 50 年代,随着计算机发展到可以用人工智能算法进行实验的水平,最独特的人工智能问题就是游戏。游戏由于其规则的限制,可以很容易地形式化。棋盘游戏,如跳棋、国际象棋以及引人注目的围棋等博弈类游戏,已经激发了无数研究人员的灵感,并且还在继续这样做。

与博弈类游戏密切相关的搜索和规划技术是人工智能在 20 世纪 60 年代取得巨大进步的一个领域,当时发展起来的极小极大算法或 Alpha-Beta 剪枝算法等仍然是博弈类游戏人工智能的基础,当然,多年来已经出现了更先进的变体。本节将从概念层面研究博弈和规划问题。

博弈论(Game Theory),亦名"对策论""赛局理论",属于应用数学的一个分支,博弈论已经成为经济学的标准分析工具之一。除了各种博弈类游戏外,目前在生物学、经济学、国际关系、计算机科学、政治学、军事战略和其他很多学科都有很广泛的应用。

博弈论是指某个个人或组织,面对一定的环境条件,在一定的规则约束下,依靠所掌握的信息,从各自的行为或策略选择进行实施,并从各自取得相应结果或收益的过程。其主要研究公式化了的激励结构间的相互作用,是研究具有竞争性质现象的数学理论和方法,也是运筹学的一个重要学科。博弈论考虑游戏中的个体的预测行为和实际行为,并研究他们的优化策略,因此在人工智能领域,博弈论可以用来辅助决策。

12.3.1　井字游戏

本节将通过简单的两人井字游戏,来说明人工智能是如何研究博弈游戏的。假设 A

与 B 是邻居,他们经常玩井字游戏。某天,他们又开始了一局,A 持有 O,B 持有 X,图 12.8 是他们目前的棋盘。B 眼看着就要有三个连着的 O 了,但这次轮到 A,他会很容易地将 X 放在两个 O 的中间来阻止他,但 A 却陷入了绝望,为什么?

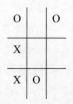

图 12.8 双人对弈棋局

1. 博弈树

为了通过人工智能解决游戏问题,引入了博弈树的概念。树中的结点表示游戏的不同状态,结点按与每个玩家在游戏中的回合相对应的级别排列,因此树的根结点是游戏的起始位置。在井字游戏中,起始位置就是没有 X 或 O 的空棋盘。在根结点下的第二级,第一个玩家的移动可能会导致一些状态变化,无论是 X 还是 O,都是根的叶子结点。

第二层的每个结点都会进一步将对方玩家的移动所能达到的状态作为其子结点。这样一层接一层,直到达到游戏结束。对于井字游戏来说,就意味着连成了三个 O,或三个 X,一方赢了,或者打成平局棋盘满了,X 和 O 都没有连成一行,谁都没有赢。图 12.9 所示为从中间某一步开始的井字游戏博弈树,为了方便说明,每个棋局都标上了编号。

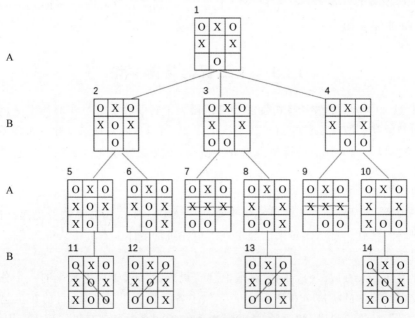

图 12.9 井字游戏博弈树(局部)

2. 价值最小化和最大化

为了创建试图赢得游戏的游戏 AI,事先为每个可能的最终结果附加一个数值,这个可以称为估计函数 $V = f(p)$。对于连成 3 个 X 的位置,即 A 获胜,$V = 1$。同样地,对于 B 获胜的位置,设置 $V = -1$。对于棋盘已满且两个玩家均未获胜的位置,设置中性 $V = 0$,这样 A 尝试使值最大化,B 尝试使值最小化即可,值最终是多少并不重要。按这样的思路,在本例的博弈树中,决定哪方胜的布局标上对应的数值后,如图 12.10 所示。

从图 12.10 所示的博弈树来看,最后 1 层布局 11-14 都是 B 胜出,所以都标了 $V = $

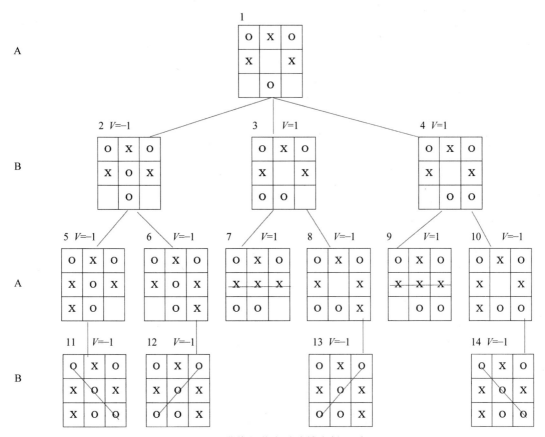

图 12.10　带值的井字游戏博弈树（局部）

−1。倒数第 2 层的第 5、6、8、10 个布局，能导致第 11～14 步的 B 胜出，所以也标了 $V=-1$。而第 7 和 9 的布局，是 A 胜出，所以标 $V=1$。再倒推 1 层，布局 2，显然是导致 B 胜出的关键，应标为 $V=-1$，但布局 3 和 4，既可以导致 A 胜出，又可以导致 B 胜出，该标多少呢？考虑到第 2 层是 B 走的，接下来 A 走，A 一定会选择有利于他的布局，就是导致 7 或 9 的布局，所以布局 3 或 4 应该标 $V=1$。

3. 谁是赢家

图 12.10 中的第 1 层是 A 走的局，接下来轮到 B 走，对于 B 来说，决胜的就是走出布局 2，因此，布局 1 应该标为 $V=-1$。

这说明在博弈树中，根结点的值，也就是游戏的值，即从这里开始就知道是谁赢了（如果结果不是简单的赢或输，那么就是赢多少）。本例中，如果根的值是 $V=1$，则 A 赢；如果是 $V=-1$，则 B 赢；如果是 $V=0$，那么游戏将以平局结束。

这一切都是基于这样的假设，即双方都选择对自己最好的，对一方最好的，对另一方则是最差的选择（所谓的"零和博弈"）。

4. 赢取游戏的最佳选择

从井字游戏的例子可以想到，如果 A 或 B 中的某一个是智能体，在确定了博弈树中所有结点的值之后,就可以推导出最优策略:在任何轮到 A 的结点上,最优选择由值最大的子结点给出;反之,在任何轮到 B 的结点上,最优选择由值最小的子结点给出。有时有多个相同的最大或最小值,可以从中任选一个。

12.3.2 博弈搜索算法的分类

博弈树的搜索包括盲目搜索和启发式搜索,12.2 节所介绍的 DFS 和 BFS 都属于盲目搜索,效率太低,解决实际问题时一般不予考虑。

常用的启发式搜索有极大极小搜索和 Alpha-Beta 剪枝技术。

极大极小搜索过程将搜索树的产生和位置评估完全分开,只有生成规定深度的博弈搜索树后,才利用估价函数对位置进行评估,算法的效率比较低。

在生成博弈搜索树的过程中就对位置评估,若到达了规定的深度,博弈搜索树还没有完全生成,则剪去一些没用的分支,提高算法效率,这种技术称为 Alpha-Beta 剪枝过程,它的搜索效率比极大极小搜索有很大提高。

1. 极大极小值算法(Minimax 算法)

12.3.1 节中的井字游戏例子实际使用的就是极大极小值算法,考虑双方对弈若干步之后,从可能的走步中选一步相对好棋来走,即在有限的搜索深度范围内进行求解。

需要定义一个估计函数 $f(p)$,以对棋局的态势做出优劣估计(对结点的"价值"进行度量),一般规定有利于 MAX 的态势,$f(p)$ 取正值;有利于 MIN 的态势,$f(p)$ 取负值;势均力敌取 0。如 $f(p)$ 的值为 $+\infty$,表示 MAX 赢;若为 $-\infty$,表示 MIN 赢。

2. Alpha-Beta 剪枝

Minimax 算法有一个很大的问题就是计算复杂性。由于所需搜索的结点数随最大深度呈指数膨胀,而算法的效果往往和深度相关,因此,这极大限制了算法的应用。

Alpha-Beta 基于这样一种朴素的思想:时时刻刻记得当前已经知道的最好选择,如果从当前格局搜索下去,不可能找到比已知最优解更好的解了,则停止这个格局分支的搜索(剪枝),回溯到父结点继续搜索。

Alpha-Beta 算法是对 Minimax 算法的优化,基本方法是从根结点开始采用深度优先的方式构造博弈树。在构造每个结点时,都会读取此结点的 alpha 和 beta 两个值,其中,alpha 表示搜索到当前结点时已知的最好选择的下界,而 beta 表示从这个结点往下搜索最坏结局的上界。由于假设对手会将局势引入最坏结局之一,因此当 beta 小于 alpha 时,表示从此处开始不论最终结局是哪一个,其上限价值都低于已知的最优解。也就是说,已经不可能从此处向下找到更好的解,所以就可以剪枝,从而减少计算量。例如,在如图 12.10 的井字游戏的例子中,当通过 DFS 探索最优解时,按 1-2-5-11 的顺序访问后,就得到了最优解,于是该博弈树的其他分支可以被剪枝。

12.4 概率问题与贝叶斯法则

12.3 节讨论了搜索及其在有完整信息的情况下的应用,如棋类游戏。然而,现实世界有许多未知的可能性,从信息缺失到蓄意欺骗。

以一辆自动驾驶汽车为例,如果目的地明确,并遵守法律,则看起来可以一种高效、安全的方式从 A 处到 B 处。但是如果交通状况比预期的更糟,如前方发生了事故,会怎样?或者突然的坏天气,又会怎样?

在人工智能的历史上,处理不确定和不精确信息的各种竞争范式层出不穷。例如,模糊逻辑曾一度是处理不确定和不精确信息的最佳方法,并应用于许多商业领域。如洗衣机可以检测衣物脏的程度,并相应地调整程序。由于概率是解决不确定性条件下推理的最佳方法之一,当前的人工智能应用程序不少在某种程度上是基于概率的。

12.4.1　从概率到人工智能

1. 概率

将同一枚硬币抛掷 10 次,其正面朝上的次数既可能一次没有,也可能全部都是,换算成频率就分别对应着 0% 和 100%。频率本身显然会随机波动,但随着重复试验的次数不断增加,特定事件出现的频率值就会呈现出稳定性,逐渐趋近于某个常数。

从事件发生的频率认识概率的方法被称为"频率学派"(Frequentist Probability),频率学派口中的"概率",其实是一个可独立重复的随机试验中单个结果出现频率的极限。因为稳定的频率是统计规律性的体现,通过大量的独立重复试验计算频率,并用它来表征事件发生的可能性是一种合理的思路。

在概率的定量计算上,频率学派依赖的基础是古典概率模型。在古典概率模型中,试验的结果只包含有限个基本事件,且每个基本事件发生的可能性相同。假设所有基本事件的数目为 n,待观察的随机事件 A 中包含的基本事件数目为 k,则古典概率模型下事件概率的计算公式为式(12-1)。

$$P(A) = \frac{k}{n} \tag{12-1}$$

例如:口袋内有红、白、黄三种颜色且大小相同的三个小球。求:(1)从中任意摸出两个小球,摸出的是红球和白球的概率。(2)从袋中摸出一个球后放回,再摸出一个球,两次摸出的球是一红一白的概率。

解:

(1) 设摸出的是红球和白球为事件 A。摸出的结果可能为{红白,红黄,白黄},所以一共有三种可能,即 $n=3$,满足条件的结果 $k=1$,$P(A) = \frac{k}{n} = \frac{1}{3}$。

(2) 设两次摸出的球是一红一白为事件 A。摸出的结果可能为{红红,红白,红黄,白白,白红,白黄,黄黄,黄红,黄白},所以一共有 9 种可能,即 $n=9$,满足条件的结果 $k=2$,$P(A) = \frac{k}{n} = \frac{2}{9}$

2. 人工智能中概率推理

概率使得不确定性至少在原则上可以量化,这意味着可以把不确定性测量出来并用数字表示,而数字又是可以比较的(这件事比那件事更可能吗)。

当然,概率的测量非常困难:通常需要对一个现象进行大量观察才能得出结论。然而,通过系统地收集数据,便可以对概率进行估算,从而发现这个数字是对的还是错的。换言之,只要不确定性没有超出理性思考和讨论的范围,就是有效的。因此,研究随机现象数量规律的数学分支,即概率论(Probability Theory)提供了一种系统的方法。

根据不确定信息进行的推理称为概率推理,其用概率来表示知识的不确定性。在概率推理中,将概率论与逻辑相结合来处理不确定性。

在现实世界中,有很多情况无法确定某些事情的确定性,例如:今天会下雨,某人在某些情况下会产生某种行为,两支球队或两名球员之间的比赛结果。这些句子所表达的信息是不确定的。当需要用人工智能方法来解决不可预测的问题时,实际就要涉及概率推理,常用贝叶斯法则和贝叶斯统计的方法解决不确定知识的问题。

12.4.2 贝叶斯法则

贝叶斯法则(也称贝叶斯公式)是统计学中的一个重要工具,是用来估计统计量的某种性质的一个数学公式。贝叶斯是用概率反映知识状态的确定性程度,数据集可以直接观测得到,所以它不是随机的。贝叶斯推断与其他统计学推断方法截然不同。它建立在主观判断的基础上,也就是说,可以不需要客观证据,先估计一个值,然后根据实际结果不断修正,因此贝叶斯推断需要大量的计算。

为了能理解贝叶斯法则,需要先对条件概率、先验概率、后验概率、似然比的概念有所理解。

例如,某海岛 4 月份多云天和晴天都有可能转为下雨,居住在该岛上的居民甲某 4 月份某天起床后看到天空多云,他想知道这天下雨的概率是多少。根据以往的观测,该地区 4 月份 15 天下雨,15 天不下雨,下雨与不下雨的比率为 15:15,下雨的概率为 1/2,如果早上起来后看到多云有 20 天,晴天为 10 天,则多云与晴天的比率为 2:1,多云天的概率为 2/3,如果下雨之前是多云的概率为 9/10,那么多云转下雨的概率为多少?

解:

(1) 条件概率。

条件概率是指一事件在另一事件发生的条件下发生的概率。若只有两个事件 A、B,如图 12.11 所示,事件 A 在事件 B 发生的条件下发生的概率,表示为 $P(A|B)$,其公式如式(12-2)所示。例如,下雨作为 A 事件,可能从晴天突然下雨,也可能从多云转为下雨;多云作为 B 事件,可能一天都是多云不下雨,也可能多云转为下雨;A 交 B 则表示多云并下雨,多云转下雨的概率可以用式(12-2)求解。

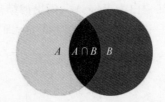

图 12.11　事件 A 与 B 及其交集示意图

$$P(A \mid B) = \frac{P(A \bigcap B)}{P(B)} \qquad (12\text{-}2)$$

如果要计算某个下雨天一开始是多云的概率，即 A 发生时 B 发生的概率可以用式(12-3)表示。

$$P(B \mid A) = \frac{P(A \bigcap B)}{P(A)} \qquad (12\text{-}3)$$

将式(12-2)和式(12-3)互相代入后得到式(12-4)和式(12-5)，这些都是贝叶斯公式的形式。

$$P(A \mid B) = \frac{P(B \mid A)P(A)}{P(B)} \qquad (12\text{-}4)$$

$$P(B \mid A) = \frac{P(A \mid B)P(B)}{P(A)} \qquad (12\text{-}5)$$

（2）先验概率与后验概率。

先验概率是根据以往经验和分析得到的概率。往往作为"由因求果"问题中的"因"出现的概率。利用过去历史资料计算得到的先验概率，称为客观先验概率；当历史资料无从取得或资料不完全时，凭人们的主观经验判断而得到的先验概率，称为主观先验概率。如本例中，下雨的概率 $P(A)$ 可以看成先验概率。

后验概率是在给出相关证据或者数据后得到的条件概率，是在得到结果信息后重新修正的概率。计算后验概率必须以先验概率为基础。如本例中，需要计算多云转为下雨概率 $P(A|B)$，就需要下雨的概率 $P(A)$，多云的概率 $P(B)$ 以及下雨是因为多云的概率 $P(B|A)$。

（3）似然比（Likelihood Ratio）。

在岛上下雨概率的例子中，假设下雨是因多云的概率是 9/10，而多云本身的概率是 2/3。那么转为雨天的多云的概率比多云概率高多少？即（9/10）/（2/3），得到 27/20。这个比率就称为似然比。

更一般地说，似然比是在发生相关事件（本例中的下雨）的情况下观察到的概率，除以在无事件（本例中为多云）的情况下观察到的概率之比。

（4）贝叶斯法则。

贝叶斯法则就是把先验概率转换成后验概率：后验概率＝似然比×先验概率。

由于该小岛 4 月份下雨的先验概率为 1/2，应用贝叶斯法则计算某天早晨观测到多云，则会下雨的后验概率为（27/20）×（1/2）＝27/40＝67.5%，因此这天总体上下雨的概率是 67.5%。

12.4.3　朴素贝叶斯分类算法

贝叶斯分类算法最有用的应用之一是所谓的朴素贝叶斯分类器。

贝叶斯分类器是一种机器学习技术，可用于将文本文档等对象分为两个或多个类。分类器可通过分析一组训练数据进行训练得到，然后可以进行正确的分类。

朴素贝叶斯分类器可用于确定给定若干不同观测值的类的概率。之所以称为朴素，是因为模型中的假设是：各个特征变量在给定类的情况下条件是相互独立的。

本节以垃圾邮件过滤器为例来说明朴素贝叶斯分类器的思想。类变量用于区分某封邮件是垃圾邮件还是合法邮件,邮件中的词对应于特征变量,因此模型中的特征变量数由邮件的长度决定。假设邮件中的词相互独立,可以使用朴素贝叶斯进行分类。

首先需要指定垃圾邮件与合法邮件的先验比率,为简单起见,假设为 1：1,这意味收到的邮件平均一半是垃圾邮件(实际上,垃圾邮件的数量可能要高得多)。

接着为了得到似然比,需要知道某个词出现在垃圾邮件和合法邮件中的频率,这可以通过在已有的数据中统计每个词在每类邮件中出现的次数,除以邮件中单词的总数得到,这个过程为分类模型的训练过程,而已有的数据可以通过保存所收到的这两类邮件得到。

例如"发票"这个词,在垃圾邮件所包含的 89 427 个单词中出现过 365 次,相当于大约 245 个单词中出现 1 个;在合法邮件所包含的 235 981 个单词中,出现过 57 次,相当于大约 4140 个单词中出现 1 个。因此,"发票"在一封垃圾邮件中出现的概率是 1/245,在一封合法邮件中出现的概率是 1/4140,就可以计算得到似然比为 $(1/245)/(1/4140)=16.9$,这样可以得到后验比率 16.9：1,也就是说收到包含"发票"这个词的 18 封邮件中,约 17 封是垃圾邮件。

如果某个词在训练时,统计得到的数量为零,就会造成后验比率 0：0 的结果,这对分类器来说是灾难性的,这就需要使用设定阈值的方法解决,可以用一个很小的数,如用 1/10000 来替代 0。

12.5　机　器　学　习

12.5.1　机器学习基础

图 12.12 是来自于和百度地图的"小度"智能语音助手的对话,人们可以用语音告诉百度地图要去哪里,如何去等,"小度"会回答并给出合理的导航路线。它为什么可以听懂人们的语言呢?事实上,这背后的核心技术就是机器学习。直至今日,机器学习仍然是一项热门的技术,网上购物或者手机的智能解锁,自动驾驶技术等背后都有机器学习的参与。

那到底什么才是机器学习呢?从字面意义上理解,机器学习就是使机器(这里指计算机)具备像人一样学习的能力。一个更感性的认识可以说,机器学习是基于过往的经验,总结出某种规律,并用这个规律指导未来的过程。从实践的角度来说,机器学习是一种通过利用一些已有的数据,训练出模型,进而可以使用模型做出预测的方法。

1. 机器学习的基础概念

在正式开始介绍机器学习的方法之前,需要对一些基础的概念有所了解。

首先,机器学习的根源在于统计学,它也可以被认为是从数据中提取知识的艺术,尤其是线性回归和贝叶斯统计等已有两个多世纪历史的方法!即使在今天,它们仍然是机器学习的核心。所以机器学习离不开数据,通常每个机器学习任务都需要有一个数据集。

数据集中包含若干样本(也可以叫作实例),这些样本具有一个或多个属性,在机器学习中称这些属性为特征。根据任务场景的不同,数据集将按照不同的比例划分为训练集

图 12.12　与百度地图"小度"对话

和测试集(这个比率通常设置为 8：2)。机器学习使用训练集来学习并训练出模型,而测试集用来评估模型的好坏。

　　何谓智能? 一个好的机器学习模型不应当只在训练数据集上表现良好,还要具备处理未知数据的能力。这里需要了解一个重要的概念:泛化,它指的是机器学习模型在遇到学习过程中没有见过的样本的表现。也就是模型在测试集上的表现,测试集上表现越好,模型的泛化性就越好。当然,数据科学家们总是倾向于选择泛化更好的模型,因为现实生活中的数据往往要更复杂。

　　需要注意的是,模型在训练集和测试集上的预测精度可能有很大的不同,如在训练集上的准确率很高,达 90％以上或者更高,但测试集上却只有百分之二三十。这是完全有可能发生的,在机器学习中称这种现象为过拟合,它在模型训练过程经常出现,意味着模型可能过于复杂了。因为它可以尝试大量不同的规则,直至找到一个几乎完全匹配训练数据的规则。如何避免过拟合,找到一个合适的机器学习模型,也是一个数据科学家必备的技能之一。

　　显然,不同的模型产生的效果也不一样,还需要一些评价指标来评估这些机器学习方法的好坏。针对不同的场景,应该选择不同的评价指标。

　　对于分类问题,很容易想到可以用准确率的指标来评价,该指标指在测试集上预测准确的样本个数占测试集总样本个数的百分比。对于像股票预测这样的回归问题,通常情况下采用平均绝对误差或者平均平方误差等指标来评价模型。

2. 机器学习的四种类型

　　按照学习形式的不同对机器学习方法进行分类,可分为监督学习、无监督学习、半监督学习以及强化学习。

（1）监督学习。机器学习专家 Mehryar Mohri 给出的定义是"基于示例的输入输出数据对,在输入和输出数据之间建立数学函数的机器学习任务"。简单地说,有监督的机器学习方法是从给定标准答案(标签)的数据里学习的。为了更好地理解什么是监督学习,下面举一个判断花朵种类的例子,如图 12.13 所示,在训练数据集中包含 3 朵花,也就是 3 个样本,每个样本具有一个特征(花瓣长度),而且已经知道这三朵花的种类(也就是标签)。那么,当给定一朵未知种类的花朵(测试样本)时,机器学习方法就可以依据它的花瓣长度特征来判断它可能属于哪一类别。显然,这朵花属于 B 的可能性更大。

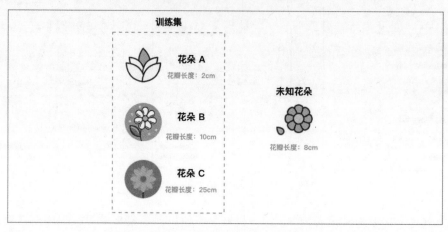

图 12.13　监督学习示例

人工神经网络、贝叶斯网络、支持向量机以及最近邻和决策树等这些经典的机器学习方法就都是监督学习方法。

（2）无监督学习。在现实生活中,由于缺乏先验知识,难以人工标注类别或者标注的成本过高,数据科学家们有时无法获得带标签的数据,也就没有办法进行有监督的学习。因此,就诞生了根据类别未知的训练样本解决现实问题的无监督机器学习方法。它试图学习数据背后的某种"结构",典型的例子是聚类,即识别那些彼此相似并且和其他类别数据不同的数据,把它们归为一类。

一个具体的应用是,商场为了更好地了解顾客,会收集他们的购物行为,可以将这些数据进行可视化。每个顾客都用一个点表示,总是购买相同产品的客户在图像中被放在更近的位置。通过机器学习方法对数据进行聚类,从而达到给这些客户分组的目的。根据聚类结果,给这些用户类别打标签。但是请注意,因为没有提供正确的答案,使得对模型性能的评估变得更加复杂。

（3）半监督学习。半监督学习是监督学习与无监督学习相结合的一种学习方法。它使用大量未标记数据,同时也使用部分标记数据帮助机器进行学习。该方法可以使用尽可能少的人员参与,同时,又能够带来比较高的准确性。因此,半监督学习越来越受到人们的重视。

（4）强化学习。不同于监督学习和无监督学习,强化学习不要求预先给定任何数据,而是通过接收环境对动作的奖励(反馈)获得学习信息并更新模型参数。强化学习问题在信息论、博弈论、自动控制等领域被激烈地讨论,一些复杂的强化学习算法在一定程度上具备解决复杂问题的通用智能,如在围棋等博弈游戏中达到人类的水平。

简单总结一下,监督学习需要提供有标签的样本数据;而无监督学习则不需要;半监督学习位于两者之间,需要提供少量的带标签样本;强化学习则需要反馈机制。

接下来将通过一些具体例子进一步介绍监督学习方法。

12.5.2 机器学习方法

在基于监督学习的机器学习方法中,最基本的是 K 近邻(最近邻)和回归,前者可以用于分类,后者可用于预测。

1. K 近邻

(1) K 近邻算法的原理。K 近邻(K-Nearest Neighbor,KNN)分类算法是机器学习分类技术中最简单的方法之一。它是 Cover 和 Hart 在 1968 年提出的一种分类算法,指的是每个样本都可以使用 k 个最近的邻居来代表。需要强调的是,KNN 没有显式的学习过程,也就是训练的阶段,属于"懒惰学习"。

KNN 的基本思路:对某一个样本来说,在特征空间中存在距离它最近的 k 个样本,而这 k 个样本的类别事先已经被正确标记,再按类别对样本进行投票,把该样本归到得票最多的类别。

下面用一个具体的例子来详细说明。在图 12.14 中,展示了一些训练数据,这些数据被分成两类。其中一些属于五角星,另一些则属于三角形。正方形用来代表测试样本。如果选择 $k=1$,那么距离这个正方形最近的是 1 个三角形,就把它归为三角形的类别。如果 $k=5$,距离它最近的五个样本里有 2 个五角星和 3 个三角形,根据 K 近邻的规则,应该把它归为三角形这一类。但是 $k=10$ 的时候,距离它最近的 10 个样本中有 6 个五角星,4 个三角形,它将被归为五角星这一类别。

从这个例子中可以发现,当 k 的值不同时,分类的结果也可能不同。在实际操作中,一般选择一个较小的 k 值,再不断地调整,直到模型的表现达到最好。

图 12.14 只是帮助初学者简单直观地理解 KNN 算法的原理。图像中的每一个图形表示一个样本,样本的类型由它所在的位置决定。自然地,样本的特征个数决定图像的维度。所以,这是一个只具有一个特征的数据集的 KNN 算法可视化实例。但实际情况中,样本往往具有更多维的特征,那么 KNN 分类算法还能胜任吗?答案是肯定的。

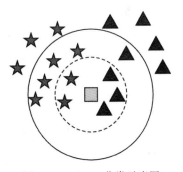

图 12.14　KNN 分类示意图

最近邻分类中的最近的是什么意思?除了 k 的取值,如何度量样本之间的距离也是该分类器中的一个关键性要素。采用的距离度量方式不同会导致最终的结果不同。最常用的是欧几里得距离,具体计算公式如式(12-6)所示,其中 X 和 Y 表示需要计算距离的向量,x 和 y 分别表示 X 和 Y 向量中的每个维度数据,n 表示 X 和 Y 向量的维度数。除此之外,还有闵可夫斯基距离、曼哈顿距离、切比雪夫距离等,它们在 K 近邻算法中应用的频率也很高。

$$\mathrm{dist}(\boldsymbol{X},\boldsymbol{Y}) = \sqrt{\sum_{i=1}^{n}(x_i - y_i)^2} \tag{12-6}$$

K 近邻算法虽然很简单,效果却很好,而且对异常值不敏感。但它也有局限性,计算复杂度高,空间复杂度高,不适合用于样本数量很多的情形。

（2）K 近邻算法的实例。文本分类是目前人工智能领域一大常见的任务,例如垃圾邮件的识别与过滤,或者对影评进行褒贬分析。常见对文本进行分类的方法有人工总结分类规则（比较耗时耗力）,或有监督的机器学习方法。接下来以影评本文分类为例介绍KNN 算法的具体应用。

文本分类主要过程如图 12.15 所示。

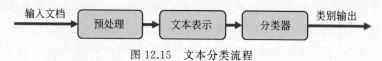

图 12.15　文本分类流程

已知两条影评以及对应的类别,1 表示好评,0 表示差评,如图 12.16 所示。

电影影评	类别
the plot of this movie is funny, excellent!!!	1
this movie is awful indeed.	0

图 12.16　文本样例

首先要对数据进行预处理,也就是文本的数字化表示。

目前主流的文本表示方法有独热（One-hot）编码,词袋（Bag of Word）模型,还有 TF-IDF、共现矩阵以及词嵌入。

One-hot 向量是最简单的词向量,使用一个 V 维向量表示每个单词,把所有的词进行排序,对于任意一个单词的 One-hot 向量,该单词位置为 1,其余位置则为 0,如图 12.17 所示。

$$\boldsymbol{w}^{\mathrm{the}}=\begin{bmatrix}1\\0\\0\\\vdots\\0\end{bmatrix}, \boldsymbol{w}^{\mathrm{plot}}=\begin{bmatrix}0\\1\\0\\\vdots\\0\end{bmatrix}, \boldsymbol{w}^{\mathrm{of}}=\begin{bmatrix}0\\0\\1\\\vdots\\0\end{bmatrix}, \cdots, \boldsymbol{w}^{\mathrm{indeed}}=\begin{bmatrix}0\\0\\0\\\vdots\\1\end{bmatrix}$$

图 12.17　One-hot 词向量表示

词袋表示法,把文本看作词袋,忽略文本次序、语法和句法,仅仅把文本看作一些词组。

对图 12.16 的影评文本构建词表如下:

$V = \{1: "the", 2: "plot", 3: "of", 4: "this", 5: "movie", 6: "is", 7: "funny", 8: "excellent", 9: "awful", 10: "indeed"\}$

词表中一共包含 10 个单词,图 12.16 中的第 1 行文本"the plot of this movie is

funny，excellent"，查询词表 V 可知其包含 V 表中第 1～8 号位置的单词，所以在对应位置填入 1,9 号和 10 号位置的单词在这行文本中没有出现，则填入 0；第 2 行中的文本也查词表 V，找到其对应文本的位置标 1，其余标 0，结果如下：

文本 1：$[1,1,1,1,1,1,1,1,0,0]$

文本 2：$[0,0,0,1,1,1,0,0,1,1]$

实际应用中，文本表示通常使用相对复杂的分布式表示的词嵌入模型，可以捕获单词和单词之间的相似度以及语法等关系特征。当然，根据问题的不同场景，应该选择不同的表示方法。

实际语料库中的词汇量往往都在 10 000 条以上，One-hot 向量以及词袋的文本表示法会导致输入维度过大，进而增加模型的参数数量和计算量。而且通过这些方法得到的都是很稀疏的矩阵，无法表示意思相近的单词之间的语义相关性。例如，king 和 queen，man 和 woman 这样的单词对在语义上是相近的。通常使用点积（对应元素相乘再相加）计算向量之间的相似性，如图 12.17 所示的 the 和 plot 的 One-hot 向量做点积，结果表示为 $1×0+0×1+0×0+0×0+\cdots+0×0=0$，很容易看出，词表中任意两个 One-hot 向量做点积都为 0，无法表达出这种语义上的相似。后来，又演变出了分布式的词嵌入表示方法，如 Word2vec，可以解决这个问题。它把每个单词表示成一个低维的实数向量，如 $[0.792,-0.177,-0.107,0.109,\cdots]$，维度以 50 维和 100 维较为常见。这个向量一般由 One-hot 向量作为输入，经过神经网络模型（详见 12.6 节）训练得到。除了 Word2vec，还有 Glove 表示法也很常见，有了这样可以表达语义相似的文本表示方法，就可以完成更复杂的如机器翻译等自然语言任务。

使用最近邻分类器对未知文本进行情感分析。

用文本 1 和文本 2 作为已知情感类别的训练样本，文本 1 为好评，文本 2 为差评。此时任意拿来一个未知情感类别的文本，按照最近邻分类器的思想，认为该文本如果和文本 1 的"距离"更近，则把该文本分类为文本 1 的类别"好评"。反之，分类为"差评"。

例如，未知情感类别的文本 3："this movie is awful."同样地，需要将该文本进行向量表示，采用和文本 1、文本 2 一样的 One-hot 方法可表示为 $[0,0,0,1,1,1,0,0,1,0]$。

使用式（12-6）的欧几里得距离公式计算文本 3 与文本 1、文本 2 的距离 $d(1,3)=\sqrt{6}$，$d(2,3)=1$。

文本 1：$[1,1,1,1,1,1,1,1,0,0]$

文本 2：$[0,0,0,1,1,1,0,0,1,1]$

文本 3：$[0,0,0,1,1,1,0,0,1,0]$

$d(1,3)$

$$=\sqrt{(1-0)^2+(1-0)^2+(1-0)^2+(1-1)^2+(1-1)^2+(1-1)^2+(1-0)^2+(1-0)^2+(0-1)^2+(0-0)^2}$$

$$=\sqrt{6}$$

$d(2,3)$

$$=\sqrt{(0-0)^2+(0-0)^2+(0-0)^2+(1-1)^2+(1-1)^2+(1-1)^2+(0-0)^2+(0-0)^2+(1-1)^2+(1-0)^2}$$

$$=1$$

选择 $k=1$,那么根据最近邻分类器的原则,$d(2,3)<d(1,3)$,所以文本 3 与文本 2 的距离更近,则文本 3 应该属于文本 2 的类别"差评"。

2. 回归

接下来将介绍另一个监督学习的例子,线性回归以及与之类似的逻辑回归。

什么是回归呢?例如预测股票或房价的走势就是回归问题。与分类问题最大的不同是,回归产生的数值可以是非整数的,适合于输出任意数字的情况,如产品的价格、电影票房的收入等。回归模型正是表示从输入变量到输出变量之间映射的函数,回归问题的学习等价于函数拟合:选择一条函数曲线使其很好地拟合已知数据且很好地预测未知数据。

(1) 线性回归。线性回归的定义:目标值预期是输入变量的线性组合。线性模型形式简单、易于建模,但却蕴含着机器学习中一些重要的基本思想。线性回归是利用数理统计中回归分析,来确定两种或两种以上变量间相互依赖的定量关系的一种统计分析方法,运用十分广泛。

回归分析中,如果只包含一个自变量和一个因变量,且二者之间的关系可以用一条直线近似表示,这样的回归分析称为一元线性回归分析,如果回归分析中包含两个及两个以上的因变量,且因变量和自变量之间是线性关系,称为多元线性回归分析。

一个直观的关于一元线性回归的例子是,投入的广告费越多,商品相应的销售额应该也越多。如图 12.18 所示,圆点表示一些实际的输入数据对(广告费,销售额)。图中的虚线表示根据这些已有的数据集,找到的一条最合适的直线来与表示广告费和销售额之间的关系,进而可以预测投入广告费下的销售额。

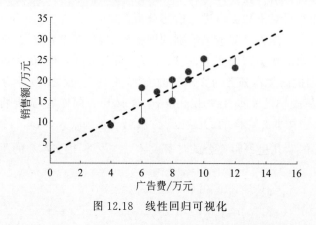

图 12.18　线性回归可视化

直线的函数表达式为 $y=ax+b$, x 表示自变量(也表示特征),y 表示因变量,其中 a 和 b 在机器学习中称作参数。一元线性回归的目标是通过已知的数据点,求解模型中的参数。很容易将一元线性回归推广到多元的情况。例如,商品的销售额除了和广告费有关,还和商品的单价、公司品牌等因素有关,这时就变成了一个多元线性回归问题,模型表示如式(12-7)所示,此时需要求解的参数变为 $\beta_0,\beta_1,\cdots,\beta_p$。

$$y=\beta_0+\beta_1 x_1+\cdots+\beta_p x_p \tag{12-7}$$

这些参数有什么含义?

在线性回归问题中,这些参数又叫作"权重系数",用来衡量每种特征对于输出值的影响程度大小。例如,经过拟合之后,求得了广告费特征对应的系数为1.235,公司品牌特征对应系数为0.788,商品单价特征对应的系数为-2.534时(这里仅代表举例说明,不表示真实情况),说明销售额和广告费呈正相关关系,也就是说投入的广告费越多,销售额会增长。而商品单价和销售额呈负相关关系,即单价越高,商品销售额会下降。而公司品牌特征对应的系数小于广告费特征对应的系数,表示投入的广告费这一因素对销售额增长的影响更大。在实际应用中,就应该考虑那些占有更多比重的特征。这也是线性回归的可解释性。

如何求解这些参数?

一个直接的思路是,如果想最大限度地拟合所有数据,即使得预测值和真实数据的差距最小,也就是图12.18中点到虚线之间的直线部分应该尽量短,这些直线在机器学习中称作"损失",从而定义线性回归问题的损失函数如式(12-8)所示。

$$L = \sum_{i=1}^{n} (y^{(i)} - a x^{(i)} - b)^2 \tag{12-8}$$

一般通过梯度下降(例子中表示损失越来越少)的方法来对这个函数进行优化,求得使损失函数最小的参数值 a 和 b,其中 n 代表了数据点数量。

线性回归确实是许多人工智能和数据科学应用的主力军。它虽然有一定的局限性,但往往被它的简单性、可解释性和效率所弥补。例如,线性回归已成功地应用于以下问题中:

① 网络广告单击率预测。

② 产品零售需求预测。

③ 好莱坞电影票房收入预测。

④ 软件成本预测。

⑤ 保险成本预测。

⑥ 犯罪率预测。

⑦ 房地产价格预测。

(2) 逻辑回归。回归和分类问题的区别在于预测输出的类型不同,回归输出任意数值型,分类产生类别输出,通常用整数表示类别。线性回归相比KNN的优势在于可解释性。那有没有一种方法,可以产生和KNN分类器一样的输出,但是又可以像线性回归一样具有可解释性呢?答案是肯定的,使线性回归方法的输出变为关于类别标签的输出,这种技术在机器学习中称作逻辑回归。

在最简单的情况下,如果线性回归中得到一个数字输出,如果这个数字输出大于零,则预测一个标签 A;如果输出小于或等于零,则预测另一个标签 B。实际上,逻辑回归不仅可以预测某一类,还可以给出一个预测不确定性的度量。因此,如果需要预测客户今年是否会购买新的智能手机,逻辑回归可以预测客户 A 购买手机的概率为 90%,但对于另一个不太可预测的客户,可以预测他们不会购买手机的概率为 55%(换句话说,他们购买手机的概率为 45%)。

举一个实际的例子,假设已经收集到参加烹饪课程学生的一些数据(如表 12.1 所示),需要通过这些数据对学生是否通过考试作出预测。

表 12.1　烹饪课程学生数据

学生编号	学习时长（小时）	通过/不及格
24	15	通过
41	9.5	通过
58	2	不及格
101	5	不及格
103	6.5	不及格
215	6	通过

通过对表 12.1 的数据进行分析,那些学习时长更长的学生通过考试的概率更大。使用逻辑回归模型表示这个例子如图 12.19 所示,上方和下方的数据点表示已知的数据,曲线表示逻辑回归方法拟合出的曲线。若已知学生的学习时间为 10 小时,则曲线预测该学生通过考试的概率接近 80%。

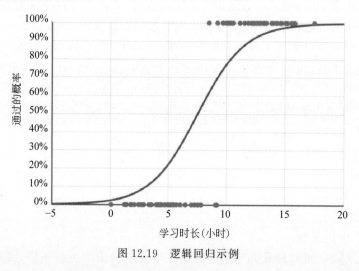

图 12.19　逻辑回归示例

除了上述的二分类问题,逻辑回归也可以以相同的方法轻松应用到多分类问题,对两个以上的可能标签进行预测。逻辑回归也被用于许多实际的人工智能应用中,如预测金融风险、医学研究等。

12.5.3　机器学习的局限性

机器学习是构建人工智能应用程序的一个非常强大的工具。除了最近邻法、线性回归和逻辑回归外,还有成百上千种不同的机器学习技术,但它们都可以归结为同一件事:试图从数据中提取模式和依赖关系,并使用它们来获得对现象的理解或预测未来的结果。

机器学习可能是一个非常困难的问题,通常无法找到一个完美的方法来总是产生正确的标签。然而,在大多数情况下,一个好的但并不完美的预测总比没有好。有时人类自己可以做出更好的预测,但可能还是更喜欢使用机器学习方法,因为机器会更快地做出预测,而且还会不断地做出预测,而不会感到疲倦。推荐系统就是一个很好的例子,它需要不断预测用户更感兴趣的音乐、视频或广告。

影响机器学习效果的因素有:

(1)任务的艰巨性:例如在手写数字识别任务中,如果数字写得很潦草,即使是人也不能总是正确地识别出数字。

(2)机器学习方法:有些方法比其他方法更适合特定的任务。

(3)训练数据量:仅从几个例子中,不可能得到一个好的分类器,通常情况下,数据量越大,效果就越好。

(4)数据的质量:在本章的开头,强调了拥有足够数据的重要性和过度拟合的风险。另一个同样重要的因素是数据的质量。为了建立一个能很好地推广到可以适应训练数据之外的数据的模型,训练数据需要包含足够多的与当前问题相关的信息。例如,如果机器学习创建了一个图像分类器,用于给图片分类,但是模型只对狗和猫的图片进行了训练,那么,分类器将把它看到的所有东西都指定为狗或猫。如果该算法将用于不只是看到猫和狗的环境中,则需要提供更加丰富多样的数据来训练分类器。

同样需要强调的是,不同的机器学习方法适用于不同的任务。因此,对于所有的问题没有一个最佳的方法("一个算法来处理所有的问题…")。幸运的是,人们可以尝试大量不同的方法,看看哪一种方法对手头的问题最有效。

12.6 神 经 网 络

本节的主要内容是神经网络和深度学习。神经网络可以是一个"真实的"生物神经网络,例如人大脑中的神经网络,也可以是一个计算机模拟的人工神经网络。人工神经网络的灵感来自于大脑中的神经网络,本节将重点介绍人工神经网络。

研究人工神经网络的目的:

(1)探索和模拟人的感觉、思维和行为的规律,设计具有人类智能的计算机系统。

(2)探讨人脑的智能活动,用物化的智能来考察和研究人脑智能的物质过程和规律。将在模式识别、组合优化和决策判断等方面取得传统计算机难以达到的效果。

前面已经介绍过机器学习的概念了,需要知道深度学习只是机器学习的一个子类,主要指的是机器学习中和神经网络相关的一些方法。宏观概念上,人工智能和机器学习以及深度学习的关系如图 12.20 所示。

图 12.20　人工智能和机器学习以及深度学习的关系

12.6.1 生物神经网络

1. 生物神经元结构

生物神经网络指由中枢神经系统及其周围神经系统所构成的错综复杂的神经网络，它负责对动物机体各种活动的管理，用于产生生物意识、帮助生物进行思考和行动。其中最重要的是脑神经系统。

神经系统是由结构上相对独立的神经细胞构成的，神经细胞又称为神经元，如图 12.21 所示，主要由四部分组成：细胞体、突触、树突和轴突。

（1）细胞体：神经元的代谢和营养中心，结构与一般细胞相似。存在于脑和脊髓的灰质及神经节内，形态各异，常见有星形、锥体形、梨形和圆球形。

（2）突触：神经元之间的机能连接点。

（3）树突：接受刺激并将冲动传入细胞体。

（4）轴突：将神经冲动由细胞体传入其他神经元或效应细胞。

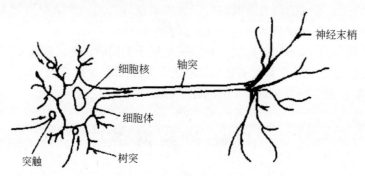

图 12.21　生物神经元组成

2. 神经元的工作流程

生物神经元有两种状态：兴奋或抑制。当传入的神经冲动使细胞膜电位升高或超过阈值时，细胞进入兴奋状态，产生神经冲动并由轴突输出；当传入的神经冲动使膜电位下降或低于阈值时，细胞进入抑制状态，没有神经冲动输出，工作过程如图 12.22 所示。众所周知，生物神经元的这种对传入信号的反应是大脑记忆和学习的关键。

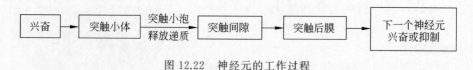

图 12.22　神经元的工作过程

12.6.2 人工神经网络

1. 感知机

历史上，科学家一直希望模拟人的大脑，造出可以思考的机器。人为什么能够思考？科学家发现，原因在于人体的神经网络。20 世纪 60 年代，人们提出了最早的"人造神经元"模型,称为"感知机",直到今天仍然在应用。

图 12.23 中的圆圈就代表一个感知机。它接受多个输入(x_1,x_2,x_3,…),产生一个输出,好比神经末梢感受各种外部环境的变化,最后产生电信号的过程。为了简化模型,约定每种输入只有 0 或 1 两种可能。如果所有输入都为 1,表示全部条件成立,输出为 1;如果所有输入都为 0,表示所有条件都不成立,输出就是 0。

例如,城里正在举办一年一度的游戏动漫展览,小明拿不定主意周末是否参观。他决定考虑下面三个因素(假设其他因素都不会影响其决定):

① 天气:周末是否晴天。

② 同伴:能否找到人一起去。

③ 价格:门票价格是否可承受。

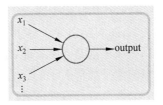

图 12.23　感知机结构

这样就构成一个感知机。上面的三个因素就是外部输入,感知机输出最后去或者不去的决定。如果三个因素的答案是 Yes,表示输入全为 1,则输出为 1(去参观),如果都是 No,表示输入全为 0,则输出为 0(不去参观)。

(1) 权重和阈值。

除了这两种极端的情况,如果某些因素成立,另一些因素不成立,输出是什么呢? 例如,周末是晴天,门票也不贵,但是小明找不到同伴,他还要不要去参观呢?

现实中,各种因素很少具有同等重要性:某些因素是决定性因素,另一些因素是次要因素。因此,可以给这些因素指定权重(weight),代表它们不同的重要性。

假定给予三个因素不同的权重如下:

① 天气:权重为 8。

③ 同伴:权重为 4。

③ 价格:权重为 4。

上面的权重表示,天气是决定性因素,同伴和价格都是次要因素。

如果三个因素都为 1,它们乘以权重的总和就是 8+4+4=16。如果天气和价格因素为 1,同伴因素为 0,总和就变为 8+0+4=12。

这时,还需要指定一个阈值(threshold)。如果总和大于阈值,感知机输出 1,否则输出 0。假定阈值为 8,那么 12>8,小明决定去参观。阈值的高低代表了意愿的强烈程度,阈值越低就表示越想去,越高就越不想去。

上面的决策过程,使用数学表达如式(12-9)。

$$\text{output} = \begin{cases} 0 & \text{if } \sum_j w_j x_j \leqslant \text{threshold} \\ 1 & \text{if } \sum_j w_j x_j > \text{threshold} \end{cases} \tag{12-9}$$

通常,用 x 表示各种外部因素的输入,w 表示对应的权重。这里的权重几乎总是使用与线性或逻辑回归相同的思想从数据中学习的。所以感知机的本质就是一个通过加权计算函数进行决策的工具。

为了更好地表达成数学式子,需要对模型进行一些数学处理。

外部因素 x_1、x_2、x_3 写成矢量(x_1,x_2,x_3),简写为 $\boldsymbol{x}$,权重 w_1、w_2、w_3 也写成矢量

(w_1, w_2, w_3)，简写为 w，定义运算 $wx = \sum w \cdot x$，即 w 和 x 的点运算，等于因素与权重的乘积之和，定义 b 等于负的阈值（即 $b = -\text{threshold}$），感知机就可以表示为如式（12-10）的数学模型。

$$\text{output} = \begin{cases} 0 & \text{if } w \cdot x + b \leqslant 0 \\ 1 & \text{if } w \cdot x + b > 0 \end{cases} \tag{12-10}$$

（2）感知机分类器。

下面，再给出一个感知机分类器相对简单的例子，加深理解。

图像处理是人工智能领域常见的问题，例如人脸识别等应用。首先需要知道在计算机中图像是如何表示的。图像由像素构成，对图像进行处理也就是在二维平面上对图像的每一个像素进行处理，每一个像素位置对应一个灰度值，大小为 0～255，图像在计算机中就存储为数值矩阵。

需要识别的是如图 12.24 所示的十字和圆的图像，如何通过感知机分类器，将它们区分开来。

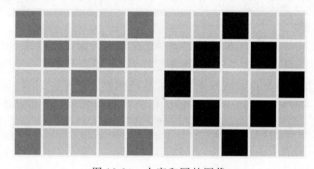

图 12.24　十字和圆的图像

用计算机可以处理的数值矩阵来表示图像。为了简便起见，如果正方形是彩色的，使用 1 表示；如果是白色的，用 0 来表示。请注意，本例中建立的分类器将忽略颜色信息，只使用彩色/白色信息。每个图像的 25 像素作为分类器的输入。

那么，依据这个表示方法可以知道左边十字图像和右边圆的数值矩阵，如图 12.25 所示。

1	0	0	0	1		0	0	1	0	0
0	1	0	1	0		0	1	0	1	0
0	0	1	0	0		1	0	0	0	1
0	1	0	1	0		0	1	0	1	0
1	0	0	0	1		0	0	1	0	0

图 12.25　图像数值矩阵表示

需要计算输入的线性组合。所以每个输入像素需要一个权重，这意味着总共有 25 个权重。最后，选择使用 0 作为阈值判断输出。如果线性组合为负，神经元的激活为零，用它来表示十字;如果线性组合为正,则神经元激活为1,表示图像为一个圆。

试试当所有像素的权重都为1时会发生什么。在这种设置下,十字图像的线性组合将是9(9个彩色像素,因此9×1,和16个白色像素,16×0),圆形图像的线性组合将是8(8个彩色像素,8×1和17个白色像素,17×0)。换句话说,两幅图像的线性组合都是正的,因此它们都被分类为圆。由于只有两幅图像需要分类,所以结果不是很好。

为了改进结果,需要调整权重,使得线性组合对于十字是负的,对于圆是正的。如果读者细心的话,可以看到圆在图像的中心没有彩色像素,而十字则有。同样地,图像角落处的像素在十字中是彩色的,但在圆中是白色的。

调整权重的方法数不胜数。例如,将权重−1分配给中心像素(第13个像素),将权重1分配给图像四个边中每条边的中间像素,使所有其他权重都为0。现在,对于十字图像数值矩阵再输入后输出为−1,这导致激活为0,十字被正确的分类。

那圆圈呢?边中间的每个像素产生值为1,这使得4×1总共等于4。对于所有其他像素,像素值或权重为零,所以输出4。因为4是一个正值,所以激活是1,圆也被正确识别。

2. 激活函数

如前所述,感知机类似于线性回归的思想。不同的是,感知机在输出时存在一个阈值的判断。事实上,这个过程叫做“激活”。正是激活函数的引入使神经网络具有非线性性,可以逼近任意的非线性函数,具有更强大的功能。

所以神经网络的单个神经元结构如图12.26所示,其中的非线性函数也就是激活函数。

接下来将介绍常见的几种激活函数。

(1)阶跃函数。阶跃函数如式(12-11),函数图像如图12.27。事实上,感知机中依靠阈值进行决策用的就是阶跃函数。也就是说感知机使用阶跃函数作为激活函数。

$$\mathrm{sgn}(x) = \begin{cases} 1, & x > 0 \\ 0, & x \leqslant 0 \end{cases} \tag{12-11}$$

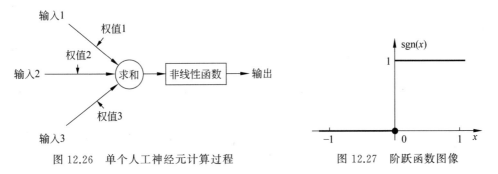

图12.26　单个人工神经元计算过程　　　　图12.27　阶跃函数图像

(2)恒等函数。恒等函数是最简单的激活函数,输出值为一个指定常数。

(3)sigmoid函数。它是使用范围最广的一类激活函数,具有指数函数形状,数学形式如式(12-12),函数图像如图12.28所示。它的输出范围为(0,1)。

$$f(x) = \frac{1}{1 + \mathrm{e}^{-x}} \tag{12-12}$$

（4）ReLU 函数。ReLU，又叫作修正线性单元。函数如式（12-13），图像如图 12.29 所示。

$$f(x) = \begin{cases} 0, & x \leqslant 0 \\ x, & x > 0 \end{cases} \tag{12-13}$$

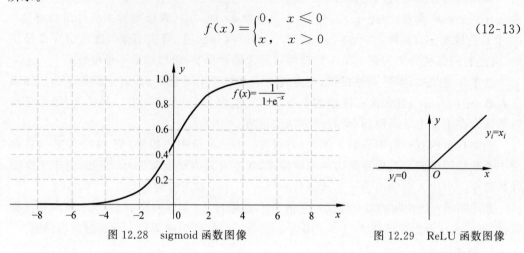

图 12.28　sigmoid 函数图像　　　　　图 12.29　ReLU 函数图像

除了这几种激活函数外，实际应用中还有 tanh、softmax 激活函数，以及 ReLU 的变种等多种多样的激活函数，它们有各自适用的应用场景。例如 softmax 通常应用在分类问题中，这些激活函数往往在神经网络中搭配着使用，例如输入层使用 sigmoid 函数激活，而输出层使用 softmax 函数激活。

3. 神经网络

本节开头讲到感知机是最早的"人造神经元"，在大多数实际应用中，这样单个的神经元太简单，无法做出可靠的决策和预测。神经网络又叫作"多层感知机"，它由多个感知机堆叠而成。可以用一个神经元的输出作为其他神经元的输入，而其他神经元的输出可以作为其他神经元的输入，以此类推。如图 12.30 所示，基本的神经网络结构包含输入层，输出层，隐藏层（输入层和输出层中间的网络层都叫隐藏层）。

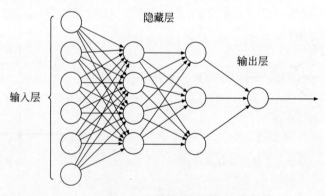

图 12.30　神经网络结构

总结一下，一个神经网络的搭建，需要满足以下三个条件：

① 输入和输出。

② 权重和阈值。

③ 多层感知机结构。

（1）神经网络如何工作？

① 确定输入和输出。

② 找到一种或多种算法，可以从输入得到输出（指的是确定神经网络的结构，例如中间含有多少个隐藏层）。

③ 找到一组已知输入输出的数据集，用来训练模型。

④ 随机给定 w、b 的初始值。这时一旦输入数据，神经网络就会产生输出。但往往效果并不好，需要对 w、b 进行调整，直至产生满意的效果。

（2）神经网络应用中需要考虑的问题。

在神经网络的实际应用过程中，情况往往更加复杂，还需要考虑结构学习问题、初始化问题、权值更新问题和过拟合问题。

① 结构学习问题：神经网络包括输入层、输出层、一个或者多个隐藏层。在数学原理上，一个包含足够多神经元的隐藏层的前馈神经网络就能以任意精度逼近任意复杂的连续函数。也就是说，两层的前馈神经网络就足够逼近任意的连续复杂函数，因此通常选用一个隐藏层。当网络层数确定下来之后，每层设置的神经元个数又为多少呢？通常，输入层依据求解问题的数据维度及数据类型而定。输出层由待分类问题的类别数目来确定。隐藏层神经元个数是一个超参数问题，实际操作过程中依据经验而定。

② 初始化问题：在网络学习之前，权重和阈值都初始化为不同的小随机数。之所以不同是为了保证网络可以学习。小随机数是为了防止其值过大，而提前进入饱和状态。初始化参数设置得不好，网络容易陷入局部最优，若这种情况发生，网络重新初始化就可以了。

③ 权值更新问题：前面讲到，权值和阈值在随机初始化后需要不断调整，那怎么调整呢？一般情况下，使用梯度下降的方法对这些参数进行更新，即通过调整参数，逐步缩小与阈值的差距。

④ 过拟合问题：和其他机器学习方法一样，神经网络也有可能过拟合（训练集误差持续降低，但测试集误差却升高），缓解这个问题可以采取提前结束训练和正则化方法。提前结束训练：就是训练误差降低，测试误差升高的时候停止训练。正则化方法主要是从减少模型复杂度的角度出发。

12.6.3　深度学习

随着计算能力的大幅提升，神经网络已经发展得愈加复杂，模型的网络层数越来越多，所以衍生出了深度学习这一专门领域，如图 12.31 所示。典型的深度学习模型就是深层的神经网络，它包含两个以上隐藏层的神经网络。这样多网络层的处理可以捕获更加"有效"的特征，取得更加令人满意的效果。基础的深度学习模型有卷积神经网络和循环神经网络等。

1. 卷积神经网络

卷积神经网络（Convolutional Neural Network，CNN）是一种带有卷积结构的深度神经网络。这种结构可以有效减少网络中的参数个数，缓解过拟合问题。CNN 中最主要的三种网络层是卷积层、池化层和全连接层。

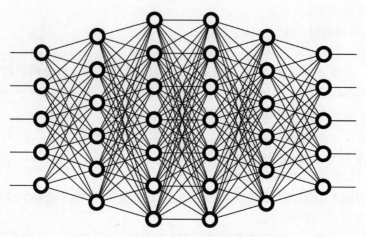

图 12.31　深层神经网络结构

卷积神经网络常用于图像识别,局部感知和参数共享是其主要的两个特点,局部感知即卷积神经网络提出每个神经元不需要感知图像中的全部像素,只对图像的局部像素进行感知,然后在更高层将这些局部信息进行合并,从而得到图像的全部表征信息。不同层的神经元采用局部连接的方式,即每一层的神经元只与前一层部分神经元相连。每个神经元只响应感受野内的区域,完全不关心感受野之外的区域。

权值共享网络结构使之更类似于生物神经网络,降低了网络模型的复杂度,减少了权值的数量。这种网络结构对平移、比例缩放、倾斜或者其他形式的变形具有高度不变性。而且卷积神经网络采用原始图像作为输入,可以有效地从大量样本中学习到相应的特征,避免了复杂的特征提取过程。

如今 CNN 已经发展为各种形式,如 AlexNet、ZF-Net、VGG0Net 等,其应用最成功的领域是关于图像方面的任务,如人脸识别、自动驾驶(如图 12.32)等。

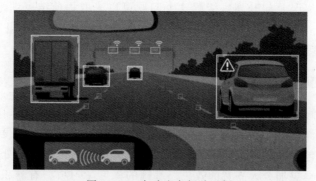

图 12.32　自动汽车驾驶示例

2. 循环神经网络

循环神经网络(Recurrent Neural Network,RNN)因为具有"记忆性",对序列数据的问题处理更有效,例如预测股票涨跌趋势。自然语言处理(Natural Language Processing,NLP)就是一个典型的应用场景。具体应用如文本生成:类似填空题,给出前后文,然后预测空格中的词是什么。机器翻译：翻译工作也是典型的序列问题，词的顺序直接影响了翻译的结果。语音识别：根据输入音频判断对应的文字是什么。将 RNN 与 CNN 相结合，可以生成图像描述：类似看图说话，给一张图，能够描述出图片中的内容，如图 12.33 所示。

生成图像描述类似看图说话

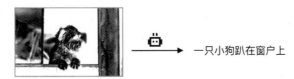

一只小狗趴在窗户上

图 12.33　生成图像描述示例

如今 RNN 已经不断变化，出现了双向 RNN，长短时记忆神经网络（LSTM）等变种，应用在多个领域。

3. 生成对抗网络

生成对抗网络（GAN）诞生于 2014 年，是近几年兴起的一种深度学习模型，包含生成模型和判别模型两部分。把 GAN 理解为生成模型和判别模型两方相互博弈的过程。例如，在犯罪分子造假币和警察识别假币的过程中：

生成模型 G 相当于制造假币的一方，其目的是根据看到的钱币情况和警察的识别技术，去尽量生成更加真实的、警察识别不出的假币。

判别模型 D 相当于识别假币的一方，其目的是尽可能地识别出犯罪分子制造的假币。这样，通过造假者和识假者双方的较量和朝目标方向的改进，使得最后能达到生成模型能产生尽可能真的钱币、使识假者判断不出真假的纳什均衡效果（真假币概率都为 0.5）。

GAN 的主要应用是图像生成，如图 12.34 所示，它们几乎和真实的照片一样。

图 12.34　图像生成示例

12.7 人工智能的未来

人工智能的发展会何去何从？它会统治世界、威胁人类的生存吗？或者代替人类完成各种工作，人们根本就不需要再工作了？

事实上，预测未来是困难的，但至少可以通过学习和了解人工智能的发展历史，更好地为未来做好准备，不管未来会是什么样子。

12.7.1 人工智能的发展

就像许多其他科学领域一样，人工智能的历史见证了各种不同趋势的到来和消失。在科学哲学中，用来表示一种趋势的术语是范式。例如，在 20 世纪 60 年代，人们普遍认为神经网络可以通过模仿自然界的学习机制，尤其是人类大脑，来解决所有人工智能问题。而 20 世纪 80 年代的主导范式，则是基于逻辑和人类编码规则的专家系统。

1. 人工智能发展的起伏

人工智能的发展经历了三次高潮，第一次高潮是在 1974 年左右出现了简单的神经网络——感知机之后，但由于当时计算机的计算能力太低，难以处理复杂问题而陷入低谷；第二次高潮是在 1987 年左右出现大量的专家系统、新型神经网络，但由于数据和算力的瓶颈又陷入了低谷；第三次高潮则出现在大数据、云计算技术日趋成熟，涌现出一系列深度学习算法和应用的当今。

在每一波浪潮初始，最初的成功会使得人人都感到乐观。这些成功的故事，虽然它们可能只存在于某个局限的领域，或在某些方面并不完善，却很容易成为公众关注的焦点，并导致更多的投入。

到目前为止，每当一个通用的人工智能解决方案据说触手可及时，最终都会遇到无法克服的问题，这些问题开始被认为是小问题。在 20 世纪 60 年代的神经网络案例中，这些问题与处理非线性和解决与神经网络体系结构所需的越来越多参数相关的机器学习问题有关。在 20 世纪 80 年代的专家系统案例中，问题与处理不确定性和常识有关。随着时间推移，问题的本质逐渐显现出来，人们对范式的悲观情绪不断累积，随之而来的是一个人工智能冬天：人们对该领域的兴趣动摇，研究工作转向了其他领域。

2. 现代人工智能

世纪之交，人工智能又开始崛起。现代人工智能的方法倾向于将一个问题分解成许多较小的、独立的、定义明确的问题，然后逐个解决它们。现代人工智能绕过了关于智能、思维和意识等重大问题，而专注于在现实问题中构建实用的解决方案。

现代人工智能方法的另一个特征是具备了处理不确定性的能力，12.4 节通过研究 AI 中的概率使用说明了这一点。最后，神经网络和深度学习技术的回归，极大地推动了人工智能当前的上升趋势，这些技术能够更好地处理图像和其他现实世界的数据，比之前看到的任何技术都好。

3. 关于人工智能发展趋势的两种预测

预测 1：人工智能将继续存在于我们周围。

是否还记得本章开始的三个应用例子：内容推荐、人脸识别和无人汽车驾驶。由于关注实际应用，而不是"大问题"，目前人们的生活已被人工智能技术所包围（即使人们可能大部分时间没有察觉到）：如听的音乐，在网上购买的产品，看的影视剧，交通路线，甚至新闻和信息，都越来越受到人工智能的影响。更重要的是，基本上任何科学领域，从医学和天文学到历史考古，都在采用人工智能方法，以加深人类对宇宙和自己的理解。

预测2：终结者不会出现。

关于人工智能的未来，最普遍、最持久的想法之一是《终结者》。这是1984年由导演詹姆斯·卡梅隆执导的电影。在电影中，一个名为天网（Skynet）的全球人工智能防御系统意识到自己的存在，并使用核武器和先进的杀人机器人消灭了大部分人类。

另一种想法是一批机器人由一个人类操控的无意识人工智能系统所控制，该系统可以编程，从而控制这些机器人完成产品的生产。如果该系统拥有优越的智能，它会很快达到现有资源（如能源和原材料）所允许的产品生产的最大水平。在此之后，它可能会得出这样的结论：它需要将更多的资源用于生产。为了这样做，它可能会阻碍将资源用于其他目的，即使这些资源对人类文明是必不可少的。实现这一目标的最简单方法是杀死所有人类，之后就能获取更多资源完成系统的主要任务。

有很多理由可以解释为什么上述两种情况都不太可能发生，且属于科幻小说，而不是对人工智能未来的严肃推测。

首先，有人认为，开发人工智能方法的意外结果，就会出现一个超智能、有意识、能比人类更聪明的人工智能，这种想法太天真了。正如在前面的章节中所看到的，人工智能方法只不过是基于完全可以理解的原则和大量输入数据的自动推理，这两者都是由人类提供或由人类部署的系统。想象一下，最近邻分类器、线性回归、AlphaGo游戏引擎，甚至深度神经网络都可能变得有意识，并开始进化为超级智能的人工智能思维，需要非常活跃的想象力。

其次，那些相信超智能人工智能的人最喜欢的想法之一是所谓的奇点：一个对自身进行优化和"重新布线"的系统，以便能够以不断加速、以指数级的速度提高自己的智能。这种超级智能将使人类远远落后，并可以毫不费力地消灭人类。智能指数增长的想法是不现实的，原因很简单，即使一个系统能够优化它自己的工作，它也会面临越来越多的难题，这会减缓它的进程，就像人类科学的进步一样，需要整个研究界乃至整个社会付出更大的努力和资源。人类社会仍然有权决定自己使用的技术，甚至是人工智能技术做什么。这种力量的很大一部分确实是由技术赋予人类的，因此每当在人工智能技术上取得进展时，人类就会变得更强大，更善于控制由此带来的任何潜在风险。

总而言之，《终结者》是一个值得拍成电影的好故事，但几乎没有一个真正的问题值得恐慌。《终结者》只是一个获得大量关注的电影故事，是提高点击率的招贴画，是一条转移人们注意力的红鲱鱼，而不是像核武器、环境灾难和气候变化等真实的威胁。事实上，《终结者》带来的真正威胁是转移人们对实际问题的注意力，有些问题涉及人工智能，而许多问题则不涉及人工智能。接下来将讨论人工智能带来的问题，但底线是：忘记《终结者》，还有更重要的事情需要关注。

12.7.2　人工智能的社会影响

生活在被人工智能算法包围的时代,技术的进步致使人工智能突破过去的使用边界,进入更深层次的决策领域,并对人们的生活产生重要影响。随着现代人工智能技术应用的日益推广,各种新的问题也不断出现,算法偏见、眼见为虚、隐私泄露以及人工智能导致的失业问题等,都日渐增多。

1. 算法偏见

当 AI 成为了招聘面试官,成为了量刑助手,成为了裁决入学申请的老师……这项技术无疑为人们带来了便利。但同时,一个更加不容忽视的问题也浮出水面——算法偏见。

据 BBC 报道,苹果公司联合创始人斯蒂夫·沃兹尼亚克在社交媒体上发声称,苹果信用卡给他的信用额度是他夫人的 10 倍,尽管夫妻俩并没有个人单独的银行账户或任何个人资产。这不禁让人思考,苹果公司的信用额度算法是否存在性别歧视?

在决定工作申请、银行贷款等时,会嵌入一种倾向,即根据种族、性别或其他因素进行歧视,这就提出了算法偏见的概念。

算法偏见的主要原因是人工智能算法所用数据的偏差造成的。例如,当一个工作申请过滤工具根据人类的决策进行训练时,机器学习算法可能会使用具有特定背景的女性或个人的数据进行训练,从而造成结果的偏差。即使种族或性别被排除在数据之外,这也可能发生,因为算法将能够利用申请人的姓名或地址中的信息。

算法偏见不是学术研究人员设想的一种假设威胁,而是一个真实现象,已经影响到今天的人们。

网络搜索结果、社交媒体等都可能存在这样的算法偏见。使用人工智能和机器学习代替基于规则系统的主要困难在于它们缺乏透明度。部分原因是算法和数据都是商业秘密,这些公司不太可能公开接受公众监督。即使它们做到了这一点,也可能很难确定算法的哪一部分或数据中的哪些元素会导致有区别的决策。

欧洲通用数据保护条例(European General Data Protection Regulation,GDPR)是实现监管透明的一个重要步骤。它要求居住在欧盟内或拥有欧洲客户的所有公司必须:

①根据要求,披露它们收集的关于任何个人的数据(访问权)。

②在被要求时,删除不需要与其他义务保持一致的任何此类数据(被遗忘的权利)。

③解释对客户数据进行的数据处理(解释权)。

换句话说,最后一点意味着 Meta 和谷歌(Google)等公司,至少在向欧洲用户提供服务时,必须解释它们的算法决策过程。然而,目前尚不清楚究竟什么才算解释。例如,使用最近邻分类器得出的决策是否算作可解释决策,或者逻辑回归分类器的系数是否更好?深度神经网络可以很容易地涉及数百万个参数的训练,使用数兆字节的数据?基于机器学习的决策可解释性的技术实现是当前研究的热点。无论如何,GDPR 有可能提高人工智能技术的透明度。

2. 眼见为虚

俗话说,眼见为实,当在电视上看到一位领导人宣称他们的国家将与另一个国家进行贸易战,或者当一位知名公司发言人宣布一项重要的商业决策时,人们往往更信任他们,而不会考虑这些声明的来源是否可靠。同样,当看到犯罪现场的证据照片或一个新科技产品的演示时,注意力会更多地放在证据上,而不是放在解释报告本身上。

当然,人们也知道伪造证据的可能性。通过 Photoshop(PS),人们可以被放在他们从未去过的地方,和他们从未见过的人在一起。也有可能通过简单地调整灯光和角度来改变事物的外观。

而人工智能正在把捏造证据的可能性提升到一个全新的水平:如 Face2Face 是一个能够识别一个人的面部表情并在 YouTube 视频中将其放到另一个人脸上的系统。

Lyrebird 是一种 AI 变声工具,可以从几分钟的录音样本中自动模仿一个人的声音。虽然生成的音频仍然有显著的机械音调,它给人的印象却非常好。

3. 改变隐私观念

众所周知,科技公司收集了大量关于用户的信息。早年主要是一些零售商通过向顾客发放忠诚度卡来收集购买数据,使商店能够将销售与个人顾客联系起来。

谷歌、亚马逊等科技公司收集的数据的准确性远远超出了传统商店收集的销售数据:原则上,可以记录每一次点击、每一页滚动以及用户浏览任何内容的时间。网站甚至可以访问用户的浏览历史,因此,除非以匿名模式在一个网站上浏览飞往泰国的航班,否则可能马上会看到泰国酒店的广告。

如上所述的数据记录还不属于人工智能范畴。然而,即使人们很小心地不暴露身份,人工智能技术还是会在人的隐私方面造成难以避免的威胁。

(1) 利用数据分析识别个体。去匿名化打破了可能认为是安全数据的匿名性。当查询分析一些非常具体的结果时,就有可能获得所包含数据的个别用户的一些情况。例如,询问在给定年份出生并有特定邮政编码的人的平均工资。多数情况下,这可能是一个非常小的群体,甚至只有一个人,这样这个系统就能给出某人的工资数据。

通过与非匿名相似数据对比,取消匿名数据的匿名性,也是隐私泄密的一种渠道。例如,德克萨斯大学奥斯汀分校的研究人员研究了 Netflix 公司提供的一个公共数据集,其中包含约 50 万匿名用户对 1000 万部电影的评级,由于许多 Netflix 公司用户实际上可以链接到互联网电影数据库上的用户账户,因为他们在这两个应用程序上都对几部电影进行了评级。因此,研究人员能够取消 Netflix 公司数据的匿名性。虽然可能认为被别人知道如何评价最新的《星球大战》电影没什么大不了的,但有些电影可能揭示了人们生活的方方面面(比如政治或性),应该有权保密。

(2) 其他的隐私泄露情况。原则上,使用类似的方法,可以通过收集用户行为的详细数据,使用用户的账户信息。另一个例子是通过输入模式泄露隐私。赫尔辛基大学的研究人员已经证明,可以根据用户的输入模式来识别用户:在输入文本时,特定的击键间隔很短。这可能意味着,如果有人可以访问用户的输入模式数据(如用户注册了某个网站),那么他们可以在用户下次使用他们的服务时识别用户,即使用户拒绝显式地识别自己,他们也可以把这些信息卖给任何想买的人。

还可以找到许多令人惊讶的有关隐私泄露的例子,它们是否可以避免?很多正在进行的研究试图解决这些问题。如名为"差分隐私"(differential privacy)的领域旨在开发机器学习算法,确保结果足够粗糙,以防止对特定数据点进行逆向工程。

4. 改变工作

当早期的人类学会用一块锋利的岩石敲开死去动物的骨头来获取新的营养来源时，人们就有了更多时间和精力用于其他方面，如战斗、寻找配偶和进行更多的发明。17 世纪蒸汽机的发明使机器的动力易于携带，大大提高了工厂、轮船和火车的效率。自动化一直是提高效率的途径：少花钱多办事。特别是 20 世纪中叶以来，技术的发展导致了自动化领域的空前进步，人工智能是这一进步的延续。

人类自动化的每一步迈进，都会改变某些工作寿命。有了锋利的岩石，就不需要打猎和采集食物了；有了蒸汽机，就不需要马匹和马夫了；有了计算机，就不需要打字员、手工记账和其他许多数据处理了；有了人工智能和机器人技术，对许多枯燥、重复性工作的需求就更少了。

传统的重复性工作将减少，转而产生更多变化和创造性的工作岗位。目前针对人工智能和其他技术的迅速发展，在个人职业生涯中，工作生活的变化可能比以往任何时候都大。可以想象，一些工作，如开卡车或出租车，可能会在几年内消失。如此突然的变化可能导致大规模失业，因为人们没有时间为其他工作培训自己。

为避免此类重大社会问题，最重要的是帮助年轻人获得更广泛的教育，从而为今后从事许多不同的工作提供一个基础，而且在不久的将来不会有被淘汰的高风险。

支持终身学习和能边工作边学习同样重要，因为现在很少有人会在整个职业生涯中从事同样的工作。每周减少工作时间将有助于为更多的人提供工作，但经济规律往往会促使人们多工作而不是少工作，除非出台管制工作量的公共政策。

因为无法预测人工智能的未来，所以预测工作变化的速度和程度是极其困难的。关于工作自动化的程度有一些估计，据牛津大学研究人员报告，美国高达 47% 的工作面临风险。这种分析的真正价值在于，它指出了哪些工作更可能面临风险，而不是实际数字，如 47%。

那么，哪些任务更有可能实现自动化呢。关于这一点，我们已经可以观察到一些明显的迹象：

① 自动驾驶汽车（包括汽车、无人机、船只或渡轮）等自主机器人解决方案正处于主要商业应用的边缘。自动驾驶汽车的安全性很难估计，但统计数据表明，它可能还没有达到要求的水平（普通人类驾驶员的水平）。然而，由于可用数据量的不断增加，这一进展速度之快令人难以置信，而且正在加速。

② 客户服务应用程序（如智能助手）可以以非常经济高效的方式实现自动化。目前，服务质量并不总是令人高兴的，瓶颈是语言处理（系统不能识别口语或语法）及提供实际服务所需的逻辑和推理。然而，限定领域中的助手应用程序不断涌现，如国家电网智能语音助手。

首先，很难说多久人们就会有安全可靠的自动驾驶汽车和其他可以取代人类工作的解决方案。除此之外，也不能忘记，卡车或出租车司机不仅要转动车轮，他们还负责确保车辆正常运行，他们处理货物并与客户协商，保证货物和乘客的安全，还要处理许多其他任务，这些任务可能比实际驾驶更难实现自动化。

与早期的技术进步一样，人工智能也会带来新的成果。很可能在未来，更多的劳动力将专注于研究和开发，以及需要创造力和人与人之间互动的任务。

12.7.3　总结

通过对人工智能的了解，可以看到，前途是光明的，人类将获得新的、更好的服务，生产力的提高将带来积极的总体成果——但前提是人们必须认真考虑其社会影响，确保人工智能的力量用于公共利益。

在确保人工智能的发展能取得更多积极成果方面，还有许多工作要做。例如，如何避免算法偏见，以减少而不是增加歧视；如何学会对所见事物持批判性思维，因为看到的和相信的已经不同，去开发人工智能方法，帮助人们发现欺诈行为，而不是让制造更真实的谎言变得更容易；如何制定规章制度来保障人们的隐私权，使得任何侵犯隐私权的行为都要受到严厉的惩罚。

我们还需要找到新的方式，让大众能分享收益，而不是创造少数人工智能精英，只有这些人才能负担得起最新的人工智能技术，并利用它来享受前所未有的经济不平等。

决定社会如何适应工作的开展和人工智能带来的变化的最重要的因素不是技术，而是政策。

对人工智能技术使用的监管必须遵循民主原则，对于未来想要生活在一个什么样的社会，人人都有平等的发言权。实现这个目标的唯一途径就是让所有人都能免费获得有关技术的知识。虽然在任何具体的话题上，总会有专家会更深入地了解，但普通大众至少应该有能力对他们所说的话进行批判性的评估。

本章内容支持了这个目标，所提供的人工智能的背景知识，是一个人具备对人工智能及其含义进行理性评价的基础。

习　题　12

12.1　思考题

1. 针对以下三个关于人工智能的定义：a. 计算机做不到的很酷的事情；b.模仿人类智能行为的机器；c.自主与自适应系统。回答以下问题：

（1）这些人工智能的定义完善吗？依次考虑它们中的每一个，试着找出它们中有问题的地方——如应该算作人工智能但不符合其定义的地方，反之亦然。每项请用几句话解释一下（不能仅回答该定义好还是不好，或不够好）。

（2）针对上述问题，请提出自己的、改进的定义，并用几句话解释自己的定义为什么比上面的定义更好。

2. 搜索引擎会使用网络爬虫程序自动访问网页，获取网页信息，请说明其是否为搜索问题，参照12.2节所给的例子，分别写出解决网页爬取问题涉及的起始状态、目标状态、静态性、合法行动与后继的确定性、路径上的消耗的确定性。

3. 华容道是不是一个搜索问题？

4. 尝试写出图12.35所示二叉树的 DFS 和 BFS。

5. 利用图12.4罗马尼亚度假地图中所标的城市和公路距离，画出从 Arad 出发到达 Bucharest 所需要经过的城市和带公路距离的状态树，写出从出发点到目标点所有的可能路径，并计算它们的距离长

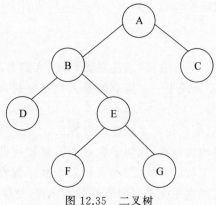

图 12.35　二叉树

度,最终选择一条最优路径,写出该路径和经过的距离。

6. 如果图 12.8 所示的棋局的下一步是 A 走棋,请用该图作为根结点,绘制博弈树,并以 A 赢的棋局为 1,B 赢为 −1,平局为 0,标上每个棋局的数字。

7. Minimax 算法和 Alpha-Beta 剪枝算法的相同点和区别在哪里?

8. 口袋内有红、白、黄三种颜色且大小相同的三个小球,求:

(1) 从袋中摸出一个后放回,再摸出一个,第一次摸到红球,第二次摸到白球的概率。

(2) 从袋中依次无放回地摸出两球,第一次摸到红球,第二次摸到白球的概率。

9. 假设有两个人 A 和 B,他们写邮件都会用到 love、deal、life 这三个单词。

A 使用三个单词的频率为:love=0.1,deal=0.8,life=0.1。

B 使用三个单词的频率为:love=0.5,deal=0.2,life=0.3。

今天收到的邮件中一半来自 A,一半来自 B,其中有一封邮件,只包括 life 和 deal 两个词,那么这封邮件的作者是 A 还是 B?

10. 如果一个模型在测试集上的准确率达到 100%,是否意味着如果再换一个测试集,模型预测的准确率依然为 100%?

11. 针对图 12.16 文本分类的例子,使用 One-hot 向量表示"This movie is excellent",并使用 KNN 分类方法对该影评进行分类。

12. 已知单价和销售额的一些数据对如表 12.2 所示,请画出它们的散点图,并使用线性回归方法进行拟合。预测单价为 50 时的销售额。

表 12.2　单价与销售额

单　　价	销　售　额	单　　价	销　售　额
10	80	30	60
20	70	40	65

12.2　选择题

1. 以下哪些属于人工智能,哪些不是? 选择"是""不是"或者"不确定",其中"不确定"表示可以算是,也可以算不是,站在不同的角度,可以有不同的结果。

(1) 在给定数据上计算总和与其他预定义函数的电子表格。(是/不是/不确定)

(2) 根据过去的股票价格数据,用曲线来预测股票市场。(是/不是/不确定)

(3) 通过北斗导航系统寻找最快的路线。(是/不是/不确定)

（4）网易音乐推荐系统，能根据用户的收听行为来推荐音乐。（是/不是/不确定）

（5）大数据存储解决方案，可以存储大量数据，如图像或视频，并将它们同时传输给多个用户。（是/不是/不确定）

（6）照片编辑功能，如在 Photoshop 等应用程序中的亮度和对比度。（是/不是/不确定）

（7）应用百度大脑，将图像转换成卡通画、铅笔画、哥特油画等不同风格的转换过滤器，可以上传照片，并将其转换成不同的艺术风格。（是/不是/不确定）

（8）1997 年，计算机在著名的深蓝对战卡斯帕罗夫的国际象棋比赛中击败了当时的人类世界冠军。（是/不是/不确定）

2. 请根据图 12.36 的关系，分别将机器学习、计算机科学、数据科学、人工智能和深度学习标上字母 A-E。

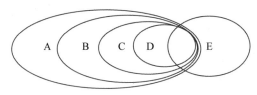

图 12.36　关系图

机器学习_____　　计算机科学_____

数据科学_____　　人工智能_____

深度学习_____

3. 人工智能有不同子领域，每个子领域在各种应用场景中有不同的作用，针对以下应用，判断并选择其所涉及的领域。

（1）自动驾驶汽车涉及_____。　　（A）统计学　　（B）机器人技术　　（C）机器学习

（2）把火箭送入轨道涉及_____。　　（A）统计学　　（B）机器人技术　　（C）机器学习

（3）广告的个性化推送涉及_____。　　（A）统计学　　（B）机器人技术　　（C）机器学习

（4）客户服务聊天机器人涉及_____。　　（A）统计学　　（B）机器人技术　　（C）机器学习

（5）总结某次对抽样调查的结果属于_____（A）统计学　　（B）机器人技术　　（C）机器学习

12.3　填空题

1. 人工智能所具有的特点是：智能体应具有_____和_____。

2. 测试者和被测试者在无法见面的情况下，通过文字问答，测试者判断对方是人还是机器，这个测试被称为_____测试。

3. 通过搜索、逻辑推演等方法使得计算机具有一定的智能性，属_____人工智能。

4. 从树的根结点向叶结点方向优先搜索的方法称为_____遍历。

5. 根据以往经验和分析得到的概率被称为_____概率。

6. 根据先验概率求得后验概率的公式被称为_____公式。

7. 机器学习使用数据集中的训练集来训练出_____，再用测试集进行测试，其在测试集上的表现被称为_____。

8. 按照学习形式的不同对机器学习方法进行分类，可分为_____、_____、_____，以及_____。

9. 选择一条函数曲线，使其很好地拟合已知数据且很好地预测未知数据的方法称为_____。

10. 人造神经元模型被称为_____，可以接受多个输入。

图书资源支持

感谢您一直以来对清华版图书的支持和爱护。为了配合本书的使用，本书提供配套的资源，有需求的读者请扫描下方的"书圈"微信公众号二维码，在图书专区下载，也可以拨打电话或发送电子邮件咨询。

如果您在使用本书的过程中遇到了什么问题，或者有相关图书出版计划，也请您发邮件告诉我们，以便我们更好地为您服务。

我们的联系方式：

地　　址：北京市海淀区双清路学研大厦 A 座 714

邮　　编：100084

电　　话：010-83470236　010-83470237

客服邮箱：2301891038@qq.com

QQ：2301891038（请写明您的单位和姓名）

资源下载：关注公众号"书圈"下载配套资源。

资源下载、样书申请

书圈

获取最新书目

观看课程直播